高等职业教育“十二五”机电类规划教材

机床电气控制与 PLC 实践

主　编　刘建功
副主编　范力旻
参　编　苌晓兵　汪　励
主　审　龚仲华

机械工业出版社

本书由两部分组成，共5个项目。第一部分由项目1～2组成，介绍电气控制中常用的低压电器、典型控制电路、典型电气控制系统的分析和设计方法；第二部分由项目3～5组成，介绍可编程序控制器基础，以西门子公司S7-200系列PLC为例，介绍西门子S7系列可编程序控制器的结构原理、指令系统及其应用、控制系统程序分析和设计方法，以及PLC通信与网络。

本书可作为高等职业院校本科自动化、电气技术及相近专业的“电气控制与PLC”或类似课程的教材，也可作为中职、职高层次相关专业的教材，并可作为电子技术、电气技术、自动化方面工程技术人员的参考书。

本书配有电子课件，凡使用本书作教材的教师可登录机械工业出版社教材服务网（http://www.cmpedu.com）下载，或发送电子邮件至cmp-gaozhi@sina.com索取。咨询电话：010-88379375。

图书在版编目（CIP）数据

机床电气控制与PLC实践/刘建功主编.—北京：机械工业出版社，2013.8（2019.8重印）

高等职业教育“十二五”机电类规划教材

ISBN 978-7-111-43364-4

Ⅰ.①机… Ⅱ.①刘… Ⅲ.①机床-电气控制-高等职业教育-教材②plc技术-高等职业教育-教材 Ⅳ.①TG502.35②TM571.6

中国版本图书馆CIP数据核字（2013）第181228号

机械工业出版社（北京市百万庄大街22号 邮政编码100037）

策划编辑：王英杰 责任编辑：王英杰 张利萍

版式设计：霍永明 责任校对：张莉娟

封面设计：赵颖喆 责任印制：常天培

北京京丰印刷厂印刷

2019年8月第1版·第4次印刷

184mm×260mm·21.5印张·529千字

标准书号：ISBN 978-7-111-43364-4

定价：49.80元

凡购本书，如有缺页、倒页、脱页，由本社发行部调换

电话服务

服务咨询热线：010-88379833

读者购书热线：010-68326294

网络服务

机 工 官 网：www.cmpbook.com

机 工 官 博：weibo.com/cmp1952

教育服务网：www.cmpedu.com

金 书 网：www.golden-book.com

前　　言

电气控制与 PLC 应用是综合了继电-接触器控制、计算机技术、自动控制技术和通信技术的一门新兴技术，应用十分广泛。由于电气控制与可编程序控制器本是起源于同一体系，只是发展的阶段不同，在理论和应用上是一脉相承的，因此，本书在编写过程中，力求做到以下几个方面：

1）实用。本书以机床电气控制为线索，由浅入深、条理清晰地呈现了电气控制的内容。例如：项目 1 中模块 2 ~ 8 分别为：机床主轴点动控制、机床主轴起停控制、机床主轴正反转控制、机床主轴软起动控制、机床主轴制动控制、机床主轴调速控制、其他控制。创新的形式以及实用的内容成为本书的一个特色。

2）好用。本书编写形式上重视理论紧密联系实际，着重突出一边做、一边学的教学思路。例如：将电器元件与电气控制的典型电路两部分内容有机地结合在一起，每介绍 2 ~ 3 个电器元件，就立即应用它们构成一种典型的控制电路，较好地避免了前学后忘，做到了学以致用、学完就用，较好地吸引了学生的注意力。随着各种电气控制的典型电路的介绍，各种常用的电器元件也逐一呈现，使元件和电路两部分内容紧密地结合。学以致用、学完就用的编写思路贯穿本书的全过程。

3）能用。本书内容相对全面、体系完整。在电气控制的内容中，较全面地介绍了各种典型控制电路，力求对每个使用到的电器元件及部件加以介绍；另外还介绍了电能的生产、传输、安全用电、触电急救、常用电工仪器仪表的使用等内容，也非常适合非电专业学生及基础较差的读者学习，同时方便读者的自学阅读。

4）安全。本书将“安全用电、触电急救”的内容设置为全书第一个项目中第一个模块的论述重点，强调授课和学习中安全问题的重要性，体现本书以人为本的理念。

本书由刘建功担任主编，范力旻任副主编，苌晓兵、汪励参编。具体分工如下：项目 1、3 由刘建功编写；项目 2、4、5 由范力旻编写；附录 A 由苌晓兵编写；附录 B 由汪励编写，全书最后由刘建功统稿、定稿。

常州机电学院龚仲华教授担任本书的主审，提出了许多宝贵的指导意见。在编写过程中，编者参阅了国内外许多专家、同行的教材、著作和论文。在此，谨致诚挚的谢意！

由于编者水平有限，书中难免存在缺点甚至错误，敬请广大读者批评指正。

编　者

目 录

前言
绪论 ………………………………………………… 1
上篇 机床电气控制 ………………………………… 3
项目1 机床电气控制实践 ………………………… 4
模块1 项目完成准备 ……………………………… 4
知识积累 …………………………………………… 4
1.1.1 关于电能 ………………………………… 4
1.1.2 关于触电 ………………………………… 5
知识拓展 …………………………………………… 7
1.1.3 安全用电 ………………………………… 7
技能训练 …………………………………………… 13
1.1.4 触电急救 ………………………………… 13
模块2 机床主轴点动控制 ………………………… 15
知识积累 …………………………………………… 15
1.2.1 电磁式接触器 …………………………… 15
1.2.2 控制按钮 ………………………………… 17
1.2.3 熔断器 …………………………………… 19
知识拓展 …………………………………………… 21
1.2.4 电磁式电器的结构和工作原理 ………… 21
1.2.5 电磁接触器的选用 ……………………… 25
1.2.6 熔断器的选用 …………………………… 28
实践探索 …………………………………………… 29
1.2.7 交流接触器的拆卸与装配 ……………… 29
控制分析 …………………………………………… 31
1.2.8 机床主轴点动控制 ……………………… 31
技能训练 …………………………………………… 32
1.2.9 电动机点动控制电路的安装与调试 …… 32
模块3 机床主轴起停控制 ………………………… 34
知识积累 …………………………………………… 34
1.3.1 热继电器 ………………………………… 34
1.3.2 电磁式中间继电器 ……………………… 36
知识拓展 …………………………………………… 37
1.3.3 热继电器的特性 ………………………… 37
1.3.4 电磁式继电器 …………………………… 38
实践探索 …………………………………………… 40
1.3.5 热继电器的调整及中间继电器的使用 … 40
控制分析 …………………………………………… 42
1.3.6 机床主轴起停控制 ……………………… 42
技能训练 …………………………………………… 43
1.3.7 电动机起、保、停控制电路的安装与调试 … 43
模块4 机床主轴正反转控制 ……………………… 44
知识积累 …………………………………………… 44
1.4.1 组合开关 ………………………………… 44
1.4.2 低压断路器 ……………………………… 46
知识拓展 …………………………………………… 48
1.4.3 低压开关类电器 ………………………… 48
1.4.4 低压断路器的选用 ……………………… 51
1.4.5 三相交流异步电动机 …………………… 52
实践探索 …………………………………………… 57
1.4.6 组合开关的拆卸与装配 ………………… 57
控制分析 …………………………………………… 59
1.4.7 机床主轴的正反转控制 ………………… 59
技能训练 …………………………………………… 60
1.4.8 电动机正、反转控制电路的安装与调试 … 60
模块5 机床主轴软起动控制 ……………………… 62
知识积累 …………………………………………… 62
1.5.1 电磁式时间继电器 ……………………… 62
知识拓展 …………………………………………… 64
1.5.2 电子式时间继电器 ……………………… 64
实践探索 …………………………………………… 69
1.5.3 时间继电器的检修与校验 ……………… 69
控制分析 …………………………………………… 71
1.5.4 机床主轴的软起动控制 ………………… 71
技能训练 …………………………………………… 73
1.5.5 Y-△减压起动控制电路的安装与调试 … 73
模块6 机床主轴制动控制 ………………………… 74
知识积累 …………………………………………… 74

1.6.1　变压器 …… 74
1.6.2　整流电路 …… 78
1.6.3　速度继电器 …… 80
知识拓展 …… 81
1.6.4　信号继电器 …… 81
控制分析 …… 84
1.6.5　机床主轴制动控制 …… 84
技能训练 …… 91
1.6.6　能耗制动控制电路的安装与调试 …… 91
模块7　机床主轴调速控制 …… 91
知识积累 …… 91
1.7.1　万能转换开关及主令控制器 …… 91
1.7.2　电磁式电流继电器 …… 93
1.7.3　电磁式电压继电器 …… 94
1.7.4　频敏变阻器 …… 96
控制分析 …… 96
1.7.5　机床主轴的调速控制 …… 96
学习拓展 …… 99
1.7.6　绕线转子异步电动机的控制 …… 99
技能训练 …… 102
1.7.7　双速电动机△/YY控制电路的安装与调试 …… 102
模块8　其他控制 …… 102
知识积累 …… 102
1.8.1　行程开关 …… 102
1.8.2　接近开关 …… 104
知识拓展 …… 106
1.8.3　接近开关的工作原理 …… 106
1.8.4　剩余电流保护器 …… 108
控制分析 …… 110
1.8.5　三相异步电动机多地控制电路 …… 110
1.8.6　三相异步电动机顺序控制电路 …… 111
1.8.7　机床工作台往返循环控制电路 …… 112
模块9　资料整理 …… 112
1.9.1　低压电器的分类 …… 112
1.9.2　电气控制系统中常用的保护环节 …… 114
1.9.3　常用电气图形和文字符号 …… 115
1.9.4　国产低压电器的表示方法 …… 118
习题与思考题1-1（低压电器） …… 121
习题与思考题1-2（典型控制环节） …… 123
项目2　机床电气维修实践 …… 125
模块1　项目完成准备 …… 125
知识积累 …… 125
2.1.1　电气控制电路的图形、文字及绘制 …… 125
技能训练 …… 129
2.1.2　电气控制系统检修 …… 129
模块2　CA6140型车床电气控制电路的检修 …… 135
控制分析 …… 135
2.2.1　CA6140型车床结构及运动形式 …… 135
2.2.2　CA6140型车床控制电路分析 …… 136
技能训练 …… 139
2.2.3　CA6140型卧式车床电气控制电路安装 …… 139
2.2.4　CA6140型车床控制电路的检修 …… 139
模块3　X62W型万能铣床电气控制电路的检修 …… 140
控制分析 …… 140
2.3.1　X62W型万能铣床结构及控制特点 …… 140
2.3.2　X62W型万能铣床控制电路分析 …… 141
技能训练 …… 145
2.3.3　X62W型万能铣床控制电路的检修 …… 145
模块4　低压电器的常见故障与检修 …… 146
知识积累 …… 146
2.4.1　电磁系统的故障与检修 …… 146
2.4.2　常用电器的故障与检修 …… 149
模块5　电气控制系统的设计 …… 157
知识拓展 …… 157
2.5.1　设计的原则、程序和内容 …… 157
2.5.2　电气原理图设计 …… 158
2.5.3　电气工艺设计 …… 162
习题与思考题2 …… 164

下篇 PLC 控制实践 …… 166

项目 3 PLC 入门实践 …… 167

模块 1 项目完成准备 …… 167
知识积累 …… 167
3.1.1 PLC 的硬件组成 …… 167
3.1.2 PLC 的工作过程 …… 170
知识拓展 …… 173
3.1.3 PLC 的产生与发展 …… 173
3.1.4 PLC 的用途及特点 …… 174
3.1.5 PLC 的主要性能指标 …… 176
实践探索 …… 177
3.1.6 观摩 PLC 构成的自动控制系统 …… 177
模块 2 PLC 外部接线的测量 …… 177
知识积累 …… 177
3.2.1 S7-200 系列 PLC 的构成 …… 177
知识拓展 …… 181
3.2.2 西门子 PLC 的历史及产品 …… 181
3.2.3 S7-200 系列 PLC 的 I/O 扩展 …… 184
实践探索 …… 187
3.2.4 PLC 外部接线的测量 …… 187
模块 3 PLC 可编程软元件 …… 188
知识积累 …… 188
3.3.1 S7-200 系列 PLC 的数据存储类型及寻址方式 …… 188
3.3.2 S7-200 系列 PLC 的数据存储区及软元件功能 …… 191
实践探索 …… 196
3.3.3 软元件逻辑值的查询 …… 196
模块 4 PLC 基本位逻辑指令 …… 196
知识积累 …… 196
3.4.1 S7-200 系列 PLC 的基本位逻辑指令 …… 196
知识拓展 …… 202
3.4.2 PLC 的软件及用户程序编程语言 …… 202
实践探索 …… 206
3.4.3 STEP 7-Micro/WIN 编程软件的使用 …… 206
3.4.4 基本逻辑指令的运行观察 …… 218
模块 5 PLC 基本位逻辑指令应用 …… 219
控制分析 …… 219
3.5.1 基本位逻辑指令应用举例 …… 219
知识拓展 …… 225
3.5.2 编程注意事项 …… 225
技能训练 …… 228
3.5.3 电动机正反转控制 …… 228
模块 6 定时器、计数器指令及应用 …… 228
知识积累 …… 228
3.6.1 定时器指令介绍 …… 228
3.6.2 计数器指令介绍 …… 232
控制分析 …… 234
3.6.3 定时器/计数器指令应用 …… 234
技能训练 …… 238
3.6.4 Y-△减压起动控制 …… 238
模块 7 功能图和步进控制指令及应用 …… 239
知识积累 …… 239
3.7.1 功能图及步进控制指令简介 …… 239
3.7.2 功能图主要类型 …… 241
控制分析 …… 247
3.7.3 功能图及步进控制指令的应用 …… 247
技能训练 …… 255
3.7.4 电动机顺序起动和停止控制 …… 255
模块 8 常用功能指令及应用 …… 255
知识积累 …… 255
3.8.1 S7-200 系列 PLC 的数据处理指令 …… 255
3.8.2 S7-200 系列 PLC 的程序控制指令 …… 257
技能训练 …… 261
3.8.3 限制循环次数的控制 …… 261
习题与思考题 3-1（PLC 硬件） …… 262
习题与思考题 3-2（PLC 原理） …… 262
习题与思考题 3-3（编程指令） …… 265
习题与思考题 3-4（编程软件） …… 267

项目 4 PLC 应用实践 …… 268

模块 1 PLC 控制系统的设计 …… 268
知识积累 …… 268
4.1.1 PLC 控制系统设计的基本原则 …… 268
4.1.2 PLC 控制系统设计的一般步骤 …… 268
4.1.3 确定控制对象和控制范围 …… 269

4.1.4 PLC 的选择 …… 269
4.1.5 硬件与程序设计 …… 273
4.1.6 总装统调 …… 274
模块 2 机械手控制系统 …… 274
控制分析 …… 274
4.2.1 工艺过程与控制要求 …… 274
技能训练 …… 276
4.2.2 系统硬件设计 …… 276
4.2.3 系统程序设计 …… 277
模块 3 混合液体装置的控制 …… 282
控制分析 …… 282
4.3.1 装置结构与工艺要求 …… 282
技能训练 …… 283
4.3.2 系统设计 …… 283
模块 4 交通信号灯的控制 …… 285
控制分析 …… 285
4.4.1 控制要求 …… 285
技能训练 …… 286
4.4.2 系统设计 …… 286
模块 5 智力竞赛抢答装置 …… 288
控制分析 …… 288
4.5.1 控制要求 …… 288
技能训练 …… 288
4.5.2 系统设计 …… 288
模块 6 高速输出功能及集成模拟量通道的应用 …… 289
控制分析 …… 289
4.6.1 控制要求 …… 289
技能训练 …… 290
4.6.2 系统设计 …… 290
习题与思考题 4 …… 292
项目 5 PLC 的通信系统 …… 294
模块 1 PLC 通信的基础知识 …… 294
知识积累 …… 294
5.1.1 网络结构和通信协议 …… 294
5.1.2 数据通信方式 …… 296
5.1.3 网络配置 …… 298
模块 2 PLC 网络及通信 …… 302
知识积累 …… 302
5.2.1 PLC 与计算机通信 …… 302
5.2.2 PLC 之间的通信 …… 304
知识拓展 …… 310
5.2.3 MAP 的产生 …… 310
5.2.4 MAP 简介 …… 310
技能训练 …… 312
5.2.5 两台 PLC 间的通信 …… 312
习题与思考题 5 …… 314
附录 …… 316
附录 A 常用电工仪表及设备的使用 …… 316
A.1 常用电工仪表 …… 316
A.1.1 常用电工仪表的介绍 …… 316
A.1.2 磁电系（永磁动圈式）仪表 …… 318
A.1.3 电磁系仪表 …… 319
A.1.4 电动系仪表 …… 320
A.1.5 感应系仪表 …… 321
A.2 万用表 …… 322
A.2.1 指针式万用表 …… 322
A.2.2 数字式万用表 …… 325
A.3 钳形电流表 …… 327
A.4 兆欧表 …… 328
A.5 调压变压器 …… 329
附录 B S7-200 系列 PLC 的指令集表 …… 330
参考文献 …… 334

绪　论

工业生产的各个领域，无论是过程控制系统还是传动控制系统，都包含着大量的开关量和模拟量。开关量也称数字量，如电动机的起停、电灯的亮灭、阀门的开闭、电子电路的置位与复位、计时、计数等；模拟量也称连续量，如不断变化的温度、压力、速度、流量、液位等。

从生产机械所应用的电器与控制方法看，最初是采用一些手动电器来控制执行电器，这类手动控制适用于一些容量小、操作单一的场合。随后发展为采用自动控制电器的继电-接触器控制系统。这种控制系统主要由一些继电器、接触器、按钮、行程开关等组成，其特点是结构简单、价格低廉、维护方便、抗干扰能力强，因此广泛应用于各类机械设备上。采用继电-接触器控制系统，不仅可以方便地实现生产过程自动化，而且还可以实现集中控制和远距离控制。目前，继电-接触器控制仍然是最基本的电气控制形式之一，由于该控制形式是固定接线，通用性和灵活性差，同时又采用有触点的开关动作，因此工作频率低，触点易损坏，可靠性差。

随着生产力的发展和科学技术的进步，人们对所用控制设备不断提出新的要求。在实际生产中，由于大量存在一些以开关量控制的程序控制过程，而且生产工艺及流程经常变化，因而应用前述的继电-接触器控制电路，就不能满足这种需要。于是由集成电路组成的顺序控制器应运而生，它具有程序变更容易、程序存储量大、通用性强等优点。

20 世纪 60 年代，出现了板式顺序控制器（Sequence Controller，SC）。所谓顺序控制，是以预先规定好的时间或条件为依据，按预先规定好的动作次序，对控制过程各阶段顺序地进行以开关量为主的自动控制。曾经流行的顺序控制器主要有三种类型：基本逻辑型、条件步进型和时间步进型，其特点是：通用性和灵活性强，通过更改程序可以很方便地适应经常更改的控制要求，容易对大型、复杂系统进行控制，但程序的实现和更改方式并没有从本质上改变，仍然是对硬件进行设置和更改。

1969 年，出现了可编程序逻辑控制器（Programmable Logic Controller，PLC），它是计算机技术与继电-接触器控制技术相结合的产物，具备逻辑控制、定时、计数等功能，并取代了继电-接触器控制。PLC 采用计算机存储程序和顺序执行的原理；编程语言采用直观的类似继电-接触器控制电路图的梯形图语言，这使得控制现场的工作人员可以很容易地学习和使用。控制程序的更改可以通过直接改变存储器中的应用软件来实现，由于软件的更改极易实现，从而在实现方式上有了本质的飞跃，其通用性和灵活性进一步增强。

20 世纪 70 年代，出现了以一位微处理器为核心的可编程序控制器，又称为工业控制单元（Industrial Control Unit，ICU）。它是基于逻辑式和步进式顺序控制器的工作原理和目的而开发的，专门应用于工业逻辑控制的微处理器，并组成以 ICU 为核心的可编程序顺序控制器。它将原来顺序控制器中程序的编制和执行改由计算机软件来实现，成为一种新型的工业控制装置，在顺序控制领域开辟了新的途径。

1980 年前后，出现了可编程序控制器（Programmable Controller，PC），它是在可编程序逻辑控制器 PLC 基础上进一步发展而来的。它是由中央微处理器（CPU）、大规模集成电路、电子开关、功率输出器件等组成的专用微型电子计算机，不但继承了 PLC 原有的功能，而且具有顺序控制、算术运算、数据转换和通信等更为强大的功能，指令系统丰富、程序结构灵活、用它可代替大量的继电器，且功耗低、体积小、在电气自动控制上获得了广泛应用。采用 CPU 技术使电动机的运行从断续控制步入了连续控制。

为了有别于个人计算机（Personal Computer，PC），人们通常仍习惯地称可编程序控制器（PC）为 PLC。

虽然可编程序控制器的功能极为强大，既可实现开关量（数字量）的控制，也可实现连续量（模拟量）的控制，但它最初是为了在数字量控制中取代继电-接触器控制系统而产生的，设计思想源自继电-接触器，两者有许多相同和相似之处。因此，熟悉继电-接触器控制技术后，就很容易接受可编程序控制器的编程语言，为进一步学习可编程序控制器奠定基础。

另一方面，许多控制要求不太复杂的场合仍在使用继电-接触器。如电动机控制中，主电路的通断仍由接触器来完成。另外，机床、电力设备和工业配电设备仍以继电-接触器等为主。继电-接触器控制与 PLC 控制各有特点，并不因为 PLC 的高性能而完全取代继电-接触器等传统器件。可以预见，在今后相当长时间内，PLC 与继电-接触器等传统器件仍将会是电气自动控制装置的主要元器件。

目前可编程序控制器 PLC 主要是朝着小型化、廉价化、标准化、高速化、智能化、大容量化、网络化的方向发展，与计算机技术相结合，形成工业控制机系统、分布式控制系统（Distributed Control System，DCS）、现场总线控制系统（Fieldbus Control System，FCS），这将使 PLC 功能更强，可靠性更高，使用更方便，适用面更广。

上篇　机床电气控制

机床是典型的机电一体化产品，机床的电气控制涵盖了电气控制的大部分环节，因此本篇以机床为载体，介绍电气控制技术所涉及的常用低压电器元件、典型控制环节及整机的控制。

电气控制技术是以各类电动机为动力的传动装置与系统为对象，以实现生产过程自动化的控制技术。电气控制系统是其中的主干部分，在国民经济各行业中的许多部门得到广泛应用，是实现工业生产自动化的重要技术手段。

作为生产机械动力的电动机拖动，经历了漫长的发展过程。20 世纪初，电动机直接取代蒸汽机。开始是成组拖动，用一台电动机通过中间机构（天轴）实现能量分配与传递，拖动多台生产机械。这种拖动方式电气控制电路简单，但机构复杂，能量损耗大，生产灵活性也差，不适应现代化生产的需要。20 世纪 20 年代，出现了单电动机拖动，即由一台电动机拖动一台生产机械。相对成组拖动，单电动机拖动的机械设备结构简化，传动效率提高，灵活性增大。这种拖动方式在一些机床中至今仍在使用。随着生产发展及自动化程度的提高，又出现了多台电动机分别拖动各运动机构的多电动机拖动方式，进一步简化了机械结构，提高了传动效率，而且使机械的各运动部分能够选择最合理的运动速度，缩短了工时，也便于分别控制。

继电-接触器控制系统至今仍是许多生产机械设备广泛采用的基本电气控制形式，也是学习更先进电气控制系统的基础。它主要由继电器、接触器、按钮、行程开关等组成，由于其控制方式是断续的，故称为断续控制系统。它具有控制简单、方便实用、价格低廉、易于维护、抗干扰能力强等优点。

项目1 机床电气控制实践

工厂的各种生产机械，大都以电动机为动力来进行拖动，继电-接触器控制是最常见的控制方式，称为电气控制。

电气控制电路是将各种有触点的继电器、接触器、按钮、行程开关等电器元件，按一定方式连接起来组成的控制电路。其作用是实现对电力拖动系统的起动、反向、制动和调速等运行状态的控制，实现对拖动系统的保护，满足生产工艺要求，实现生产加工自动化。

任何复杂的电气设备或系统都是由基本控制电路组成的。而机床主轴电动机的控制包括了电动机控制的大多数形式，本章以机床主轴控制为主线，主要介绍常用的低压电器和组成电气控制电路的基本环节，由浅入深、由易到难，逐步掌握电气控制电路的分析和阅读方法。

模块1 项目完成准备

知 识 积 累

1.1.1 关于电能

电是一种优质的能源，它是工业的基础、农业现代化的重要物质条件，是改善人们物质和文化生活的决定因素。了解并掌握一些电及电工的必要知识和技能，是十分重要的。

由电力线路将一些发电厂、变电所和电力用户联系起来的发电（电的生产）、输送、变电、配电和用电的整体，称为电力系统。电力系统示意图如图1-1-1所示，其中发电厂的发电机所发出电的电压经过升压变压器升压后，由高压输电线路远距离输送至用电点的区域变电所，经区域变电所降压后供给各用户。

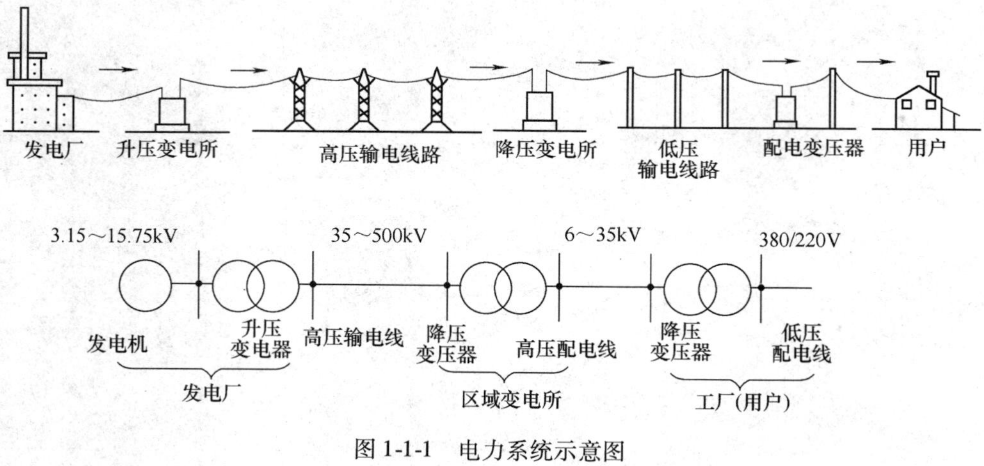

图1-1-1 电力系统示意图

1. 电能的生产

电能的生产即发电。生产电能的工厂称为发电厂。发电厂是把其他形式的能量转变成电能的场所。发电厂的种类很多，一般根据它所利用能源的不同分为火力发电厂、水电站和核电站等。此外，还有风力发电厂、潮汐发电厂、太阳能发电厂、地热发电厂和等离子发电厂等。

目前，我国的电能生产以火力发电、水力发电和核能发电三类为主。

（1）火力发电

火力发电通常以煤或油为燃料，使锅炉产生蒸汽，以高压高温蒸汽驱动汽轮机，由汽轮机带动发电机而发电。

（2）水力发电

水力发电是利用自然水力资源作为动力，通过水库或筑坝截流的方式提高水位，利用水流的位能驱动水轮机，由水轮机带动发电机而发电。

（3）原子能发电

原子能发电是由核燃料在反应堆中的裂变反应所产生的热能产生高压高温蒸汽，驱动汽轮机再带动发电机而发电。原子能发电又称核发电。

目前，世界上由发电厂提供的电力，绝大多数是交流电。我国交流电频率为50Hz，称为工频。

2. 电能的输送

电能的输送又称输电。输电的距离越长，输送容量越大，则要求输电电压越高。一般情况下，输电距离在50km以下，采用35kV电压；输电距离在100km左右，采用110kV电压；输电距离在2000km以上，采用220kV或更高的电压。

3. 电能的分配

高压输电到用电点（如住宅、工厂）后，须经区域变电（将交流电的高压降低为低压），再供给各用电点。电能提供给民用住宅的照明电压为交流220V，提供给工厂车间的交流电电压为380/220V。

注意：在工厂配电中，对车间动力用电和照明用电，需采用分别配电的方式，即把各动力配电线路与照明配电线路一一分开，这样可避免因局部故障而影响整个车间的生产。

1.1.2 关于触电

随着现代科学技术的飞速发展，种类繁多的家用电器和电气设备被广泛应用于人类的生产和生活当中。电给人类带来了极大的便利，但电是一种看不见、摸不着的物质，只能用仪表测量，因此，在使用电能的过程中，存在着许多不安全用电的问题。如果使用不合理、安装不恰当、维修不及时或违反操作规程，都会带来不良甚至极为严重的后果。因此，了解安全用电十分重要。

1. 触电定义及分类

当人体某一部位接触了低压带电体或接近、接触了高压带电体，人体便成为一个通电的导体，电流流过人体，称为触电。触电对人体产生的伤害，按伤害的程度可分为电击和电伤两种。

电击是指人体接触带电体后，电流使人体的内部器官受到伤害。触电时，肌肉发生收缩，如果触电者不能迅速摆脱带电体，电流持续通过人体，最后因神经系统受到损害，使心脏和呼吸器官停止工作而导致死亡。这是最危险的触电事故，是造成触电死亡的主要原因，也是经常遇到的一种伤害。

电伤是指电对人体外部造成的局部伤害，如电弧灼伤、电烙印、熔化的金属沫溅到皮肤造成的伤害，严重时也可导致死亡。

（1）触电电流

人触电时，人体的伤害程度与通过人体的电流大小、频率、时间长短、触电部位以及触电者的生理素质等情况有关。通常，低频电流对人体的伤害高于高频电流，而电流通过心脏和中枢神经系统最危险。具体电流的大小对人体的伤害程度可参见表 1-1。

表 1-1 电流的大小对人体的影响

交流电流/mA	对人体的影响
0.6 ~ 1.5	手指有些微麻刺的感觉
2 ~ 3	手指有强烈麻刺的感觉
3 ~ 7	手部肌肉痉挛
8 ~ 10	难以摆脱电源，手部有剧痛感
30 ~ 25	手麻痹，不能摆脱电源，全身剧痛、呼吸困难
50 ~ 80	呼吸麻痹、心脑震颤
90 ~ 100	呼吸麻痹，如果持续 3s 以上，心脏就会停止跳动

（2）安全电压

人体电阻通常在 1 ~ 100kΩ 之间，在潮湿及出汗的情况下会降至 800Ω 左右。接触 36V 以下电压时，通过人体的电流一般不超过 50mA。因此，我国规定安全生产电压的等级为 36V、24V、12V、6V。一般情况下，安全电压规定为 36V；在潮湿及地面能导电的厂房，安全电压规定为 24V；在潮湿、多导电尘埃、金属容器内等工作环境时，安全电压规定为 12V；而在环境十分恶劣的条件下，安全电压规定为 6V。

2. 常见的触电方式

常见的触电方式可分为单线触电、双线触电和跨步触电三种。

（1）单线触电

当人体的某一部位碰到相线（俗称火线）或绝缘性能不好的电气设备外壳时，电流由相线经人体流入大地的触电，称为单线触电（或称单相触电）。单线触电如图 1-1-2、图 1-1-3 所示。因现在广泛采用三相四线制供电，且中性线（俗称零线）一般都接地，所以发生单线触电的机会也最多。此时人体承受的电压是相电压，在低压动力线路中为 220V。

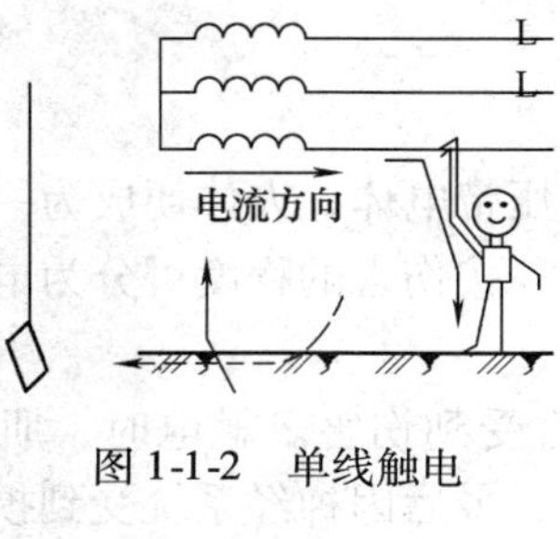

图 1-1-2 单线触电

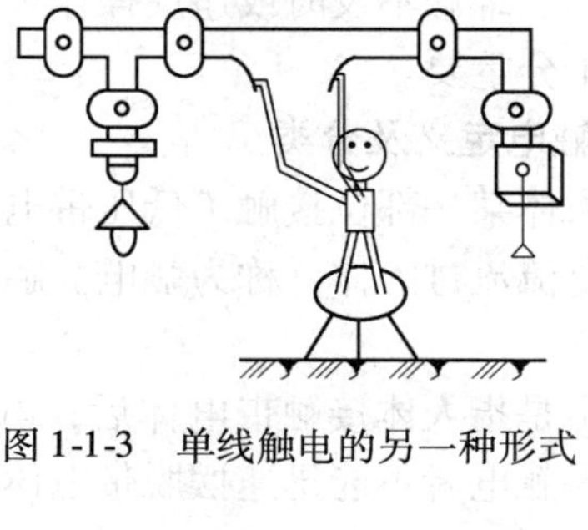

图 1-1-3 单线触电的另一种形式

（2）双线触电

如图1-1-4所示，当人体的不同部位分别接触到同一电源的两根不同相位的相线时，电流由一根相线经人体流到另一根相线的触电，称为双线触电（或称双相触电）。人体承受的电压是线电压，在低压动力线路中为380V，此时通过人体的电流将更大，而且电流的太部分经过心脏，所以比单线触电更危险。

（3）跨步触电

高压电线接触地面时，电流在接地点周围1520m的范围内将产生电压降。当人体接近此区域时，两脚之间承受一定的电压，此电压称为跨步电压。由跨步电压引起的触电称为跨步电压触电，简称跨步触电，如图1-1-5所示。

跨步电压一般发生在高压设备附近，人体离接地体越近，跨步电压越大。因此在遇到高压设备时应慎重对待，避免受到电击。

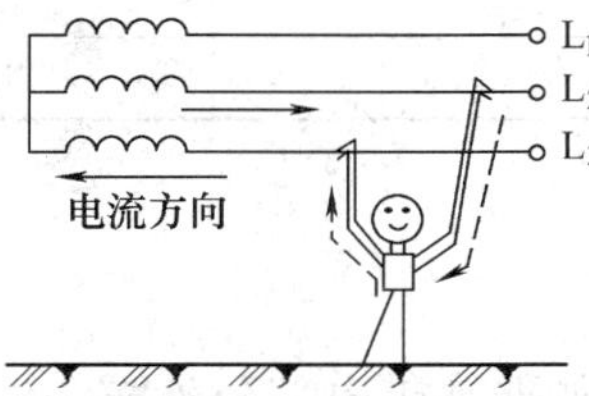

图1-1-4　双线触电

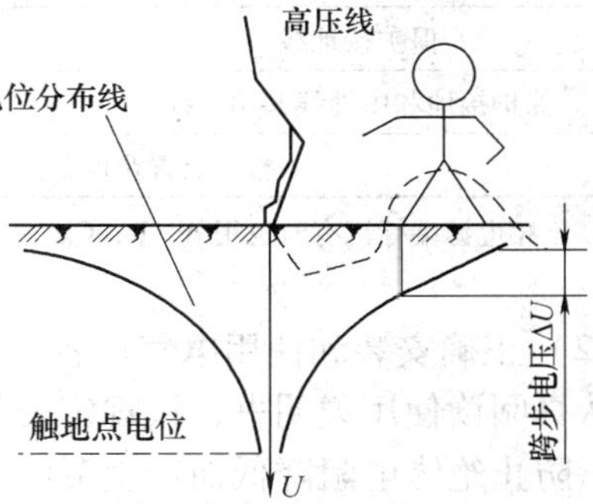

图1-1-5　跨步电压触电

3. 常见触电的原因

常见触电的原因有很多，主要如下：

①违章作业，不遵守有关安全操作规程和电气设备安装及检修规程等规章制度。

②误接触到裸露的带电导体。

③接触到因接地线断路而使金属外壳带电的电气设备。

④偶然性事故，如电线断落触及人体。

知识拓展

1.1.3　安全用电

安全用电的有效措施是“安全用电、预防为主”。为使人身不受伤害，电气设备能正常运行，必须采取各种必要的安全措施，严格遵守电工基本操作规程，电气设备采用保护接地或保护接零，防止因电气事故引起的灾害发生。

1. 基本安全措施

（1）合理选用导线和熔丝

各种导线和熔丝的额定电流值可以从手册中查得。在选用导线时应使载流能力大于实际输电电流。熔丝额定电流应与最大实际输电电流相符，切不可用导线或铜丝代替。并按表1-2中规定，根据电路选择导线的颜色。

表 1-2　特定导线的标记和规定

电路及导线名称		标　记		颜　色
		电源导线	电器端子	
交流三相电路	1 相	L_1	U	黄色
	2 相	L_2	V	绿色
	3 相	L_3	W	红色
中性线		N		淡蓝色
直流电路	正极	L +		棕色
	负极	L –		蓝色
	接地中间线	M		淡蓝色
接地线		E		黄和绿双色
保护接地线		PE		
保护接地和中性线共用一线		PEN		
整个装置及设备的内部布线一般推荐				黑色

注：三相电源端标记有时也用 A、B、C。

（2）正确安装和使用电气设备

认真阅读使用说明书，按规定安装、使用电气设备。如严禁带电部分外露，注意保护绝缘层，防止绝缘电阻降低而产生漏电，按规定进行接地保护。

（3）开关必须接相线

单相电器的开关应接在相线上，切不可接在中性线上，以便在开关关断状态下，维修和更换电器，从而减少触电的可能。

（4）合理选择照明灯电压

在不同的环境下按规定选用安全电压。在工矿企业一般机床照明灯电压为 36V，移动灯具等电源的电压为 24V，特殊环境下照明灯电压还有 12V 或 6V。

（5）防止跨步触电

应远离落在地面上的高压线至少 8～10m，不得随意触摸高压电气设备。另外，在选用用电设备时，必须先考虑带有隔离、绝缘、防护接地、安全电压或防护切断等防范措施的用电设备。

2. 安全操作（安全作业）

（1）停电工作的安全常识

停电工作是指用电设备或线路在不带电情况下进行的电气操作。为保证停电后的安全操作，应按以下步骤操作：

①检查是否断开了所有的电源。在停电操作时，为保证安全切断电源，使电源至作业的设备或线路有两个以上的明显断开点。对于多回路的用电设备或线路，还要注意防止从低压侧向被作业设备的倒送电。

②进行操作前的验电。操作前，使用电压等级合适的验电器（笔），对被操作的电气设备或线路进出两侧分别验电。验电时，手不得触及验电器（笔）的金属带电部分，确认无电后，方可进行工作。

③悬挂警告牌。在断开的转换开关或刀开关操作手柄上应悬挂“禁止合闸、有人工作”的警告牌，必要时加锁固定。对多回路的线路，更要防止突然来电。

④挂接接地线。在检修交流线路中的设备或部分线路时，对于可能送电的地方都要安装携带型临时接地线。连接接地线时，必须做到“先接接地端，后接设备或线路导体端，接触必须良好”。拆卸接地线的顺序与连接接地线的步骤相反，接地线必须采用多股软裸铜导线，其横截面积不小于 $25mm^2$。

（2）带电工作的安全常识

如果因特殊情况必须在用电设备或线路上带电工作时，应按照带电操作的安全规定进行。

①在用电设备或线路上带电工作时，应由有经验的电工专人监护。

②电工工作时，应注意穿长袖工作服，戴安全工作帽、防护手套和相关的防护用品。

③使用绝缘安全用具操作。在移动带电设备上操作（接线）时，应先接负载，后接电源，拆线时则顺序相反。

④电工带电操作时间不宜过长，以免因疲劳过度、注意力分散而发生事故。

（3）设备运行管理常识

①出现故障的用电设备和线路不能继续使用，必须及时进行检修。

②用电设备不能受潮，要有防潮措施，且通风条件良好。

③用电设备的金属外壳必须有可靠的保护接地装置。凡有可能遭雷击的用电设备，都要安装防雷装置。

④必须严格遵守电气设备操作规程。合上电源时，应先合电源侧开关，再合负载侧开关；断开电源时，应先断开负载侧开关，再断开电源侧开关。

3. 接零与接地

电力系统中，有两类接地方式：一类是中性点直接接地，称大电流接地系统；另一类是中性点不接地（或经消弧线圈接地），称小电流接地系统。在高压或超高压电力系统中，一般采用大电流接地系统，这种接地是工作接地，其目的是为了降低对电气设备的绝缘水平的要求，防止系统发生接地故障后引起的过电压，免除由于单相接地后继续运行而形成的不对称性。工厂供电系统采用的电压一般在 35kV 以下，是中性点不接地系统，但在 380/220V 的电压下，除某些特殊情况外绝大部分是中性点接地系统，这种中性点接地系统与高压或超高压电力系统中性点接地有完全不同的目的，它如同高压电气设备的外壳接地那样，是为了防止绝缘损坏而遭受触电的危险。低压配电系统接地和接零的方式和要求简述如下。

（1）保护接地

保护接地就是将电气设备在正常情况下不带电的金属部分与接地体之间作良好的金属连接。图 1-1-6 表示在中性点非直接接地系统中，有接地装置电阻为 r_d 的电气设备，当绝缘损坏、外壳带电时，接地电流将同时沿接地装置和人体两条通路流过，流经人体的电流与流经接地装置的电流比为

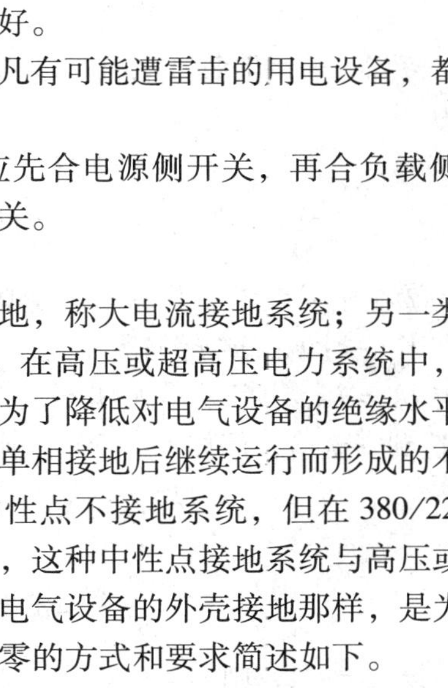

图 1-1-6　在中性点非直接接地系统中设有保护接地时，故障情况下的电流通路

$$\frac{I_{ren}}{I_d}=\frac{r_d}{r_{ren}}$$

式中 I_d 及 r_d——沿接地体流过的电流及其电阻；

I_{ren}及 r_{ren}——沿人体流过的电流及人体电阻。

为了限制流过人体的电流，使其在安全电流以下，必须使 $r_d << r_{ren}$。安全电流一般可取值如下：（通常取 $r_{ren}=1500\Omega$）

对交流电流，取 $I_{ren}<33\text{mA}$；

对直流电流，取 $I_{ren}<50\text{mA}$。

（2）保护接零

在低压三相四线制中，如果变压器二次侧中性点接地，则称为零点，这时，由中性点引出的线不叫中性线而叫做零线。在这种系统中，无论设备是否设有保护接地，均不能防止人体遭受触电的危险，分析如下：

①电气设备外壳不接地。如图 1-1-7 所示，当外壳带电时，设备外壳上长期存在电压，人体触及外壳时，流过人体的电流为

$$I_{ren}=\frac{U_x}{r_{ren}+r_0}$$

式中 U_x——相电压（V）；

r_{ren}——人体（包括靴、地）的电阻（Ω）；

r_0——接地装置电阻（Ω）。

因为 $r_0 << r_{ren}$

设 $r_{ren}=1500\Omega$

则 $I_{ren}=\frac{220}{1500}\text{A}\approx 0.147\text{A}$，超过安全电流允许值。

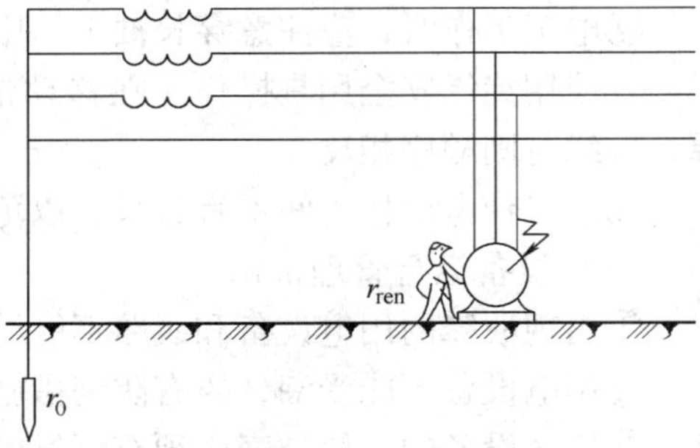

图 1-1-7 设备外壳不接地，人体触及带电外壳时的电流通路

②在接零系统中设备外壳接地。如图 1-1-8 所示，当 $r_0 << r_d$，或 r_0 略大于 r_d，在设备外壳上的电位 $U_d=I_d r_d$，都是对人体不安全的。如果要使 U_d 达到安全值，例如 $U_d=50\text{V}$，则

$$\frac{220}{r_0+r_d}r_d=50$$

$$\frac{r_0}{r_d}=\frac{220-50}{50}=3.4$$

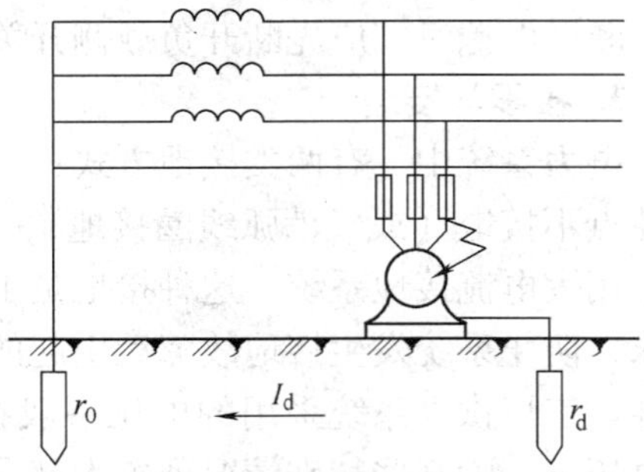

图 1-1-8 接零系统中设备外壳接地

设 $r_0=4\Omega$，则 $r_d=1.18\Omega$，要电气设备实现这样小的接地电阻是比较昂贵的。为了安全起见，要求接设备的电源处熔体熔断，但当设备容量较大时（如额定电流 $I_e=100\text{A}$），按照熔体额定电流 $I_{e\cdot rs}$必须小于或等于三倍导线按发热容许通过电流 I_{ux}的原则，即

$$I_{e\cdot rs}\leqslant 3I_{ux}=3I_e=300\text{A}$$

为了保证人身安全，接地电阻应满足

$$r_d\leqslant\frac{U_d}{I_{e\cdot rs}}=\frac{50}{300}\Omega=0.17\Omega$$

$$r_0=3.4r_d\approx 0.58\Omega$$

接地电阻要做到这样小非常困难，特别是在土壤电阻率高的地区，根本就无法达到，而且，这时其他两相的对地电压为

$$U_x' = \sqrt{(220-50)^2 + 220^2 - 2 \times 220 \times (220-50)\cos 120°}\text{V} \approx 339\text{V}$$

同时变压器低压侧中性点的对地电压将为 $U_0 = (220-50)\text{V} = 170\text{V}$。如果有人接触到与中性点连接的导线，显然是不安全的。电压相量图如图 1-1-9 所示。

③在中性点直接接地的 1000V 以下供电系统中，必须采用接零保护，如图 1-1-10 所示。由于电气设备外壳接到零线，当一相绝缘损坏与外壳相连时，则由该相线、设备外壳、零线形成闭合回路，这时，电流一般来说是比较大的，从而引起保护电器动作而使故障设备脱离电源。

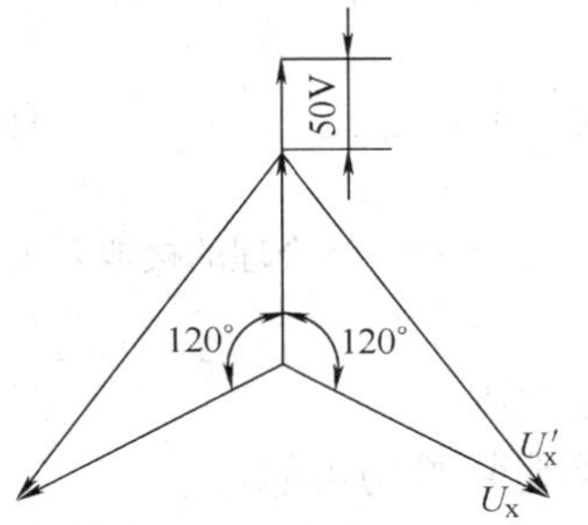

图 1-1-9　相当于图 1-1-8 且设备上 $U_d = 50\text{V}$ 的电压相量图

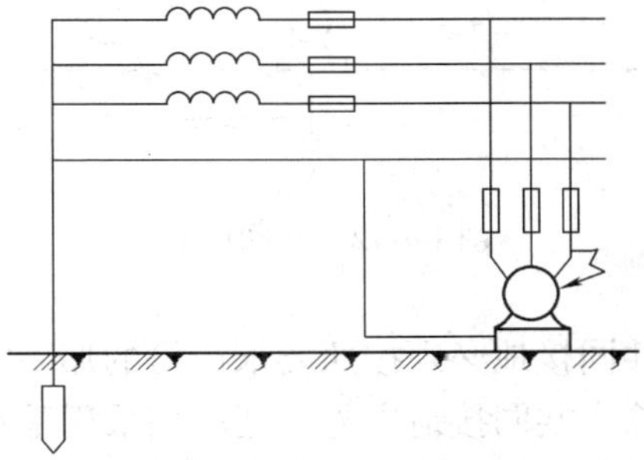

图 1-1-10　接零保护

（3）共同接地与重复接地

图 1-1-11 所示为在中性点非直接接地的系统中由同一变压器供电的供电系统中电气设备不合理的接地方式。例如若电动机 a 在 A 相上发生碰壳短接，电动机 b 在 B 相上发生碰壳短接，此时流经电动机的电流为

$$I_d = \frac{\sqrt{3}U_x}{r_{d1} + r_{d2}}$$

作用于电动机 a 外壳上的电压为

$$U_a = \frac{\sqrt{3}r_{d1}}{r_{d1} + r_{d2}}U_x$$

同理，作用于电动机 b 外壳上的电压为

$$U_b = \frac{\sqrt{3}r_{d2}}{r_{d1} + r_{d2}}U_x$$

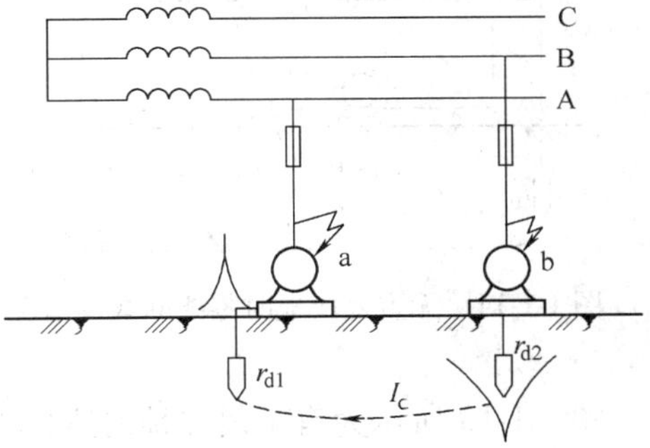

图 1-1-11　双碰壳条件下的分别接地

式中　U_x——相电压。

当 $r_{d1} = r_{d2}$ 时，$U_a = U_b = \frac{\sqrt{3}}{2}U_x$；$r_{d1} > r_{d2}$ 时，$U_a > U_b$，$U_a > \frac{\sqrt{3}}{2}U_x$；$r_{d1} < r_{d2}$ 时，$U_b > U_a$，$U_b > \frac{\sqrt{3}}{2}U_x$。

$\frac{\sqrt{3}U_x}{2}$ 都是危险电压，因为对于这种接法，无论电阻如何变化，接触到电动机外壳上都是危险的。要想用简单可靠的方法保证安全，就应当采取共同接地的方式，如图 1-1-12 所示，这样，便可以将两相分别接地短路变为相间短路，迅速使保护装置动作。

在中性点直接接地的380/220V低压电网中，由同一台发电机、同一台变压器、同一段母线供电的线路，也不应采取两种不同的接地工作制。如图1-1-13所示，如果电动机b在B相发生碰壳接地，凡是与零线连接的设备外壳都可能带上危险的电压。

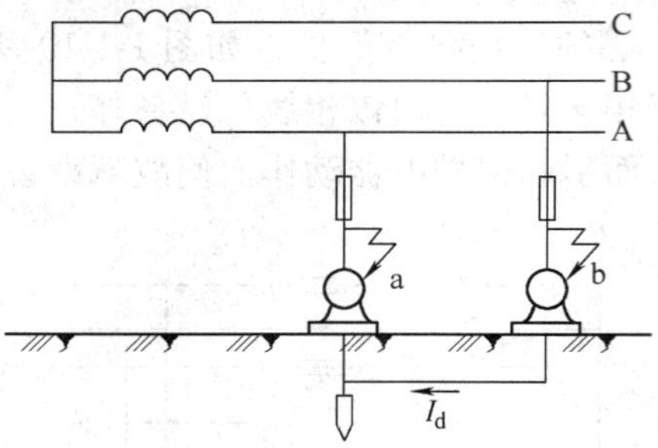

图 1-1-12 共同接地

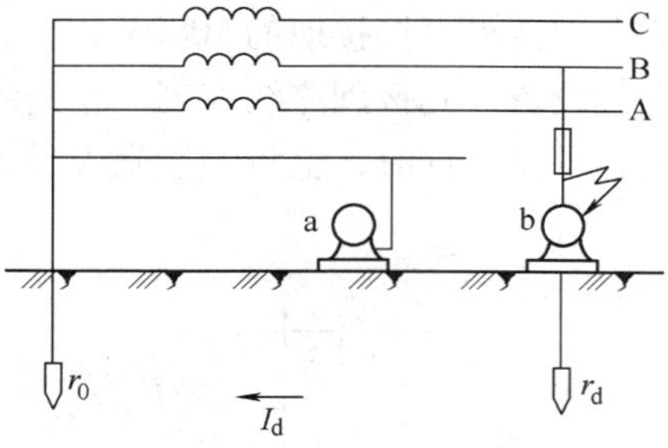

图 1-1-13 不合理的接地方式

共同接地必须按照要求严格的那一方选择共同的接地电阻。

除了共同接地之外，还应当采用重复接地，以确保接地装置的可靠。

如图1-1-14所示，如果零线断裂，则在断裂后的某一电气设备发生碰壳短路时，所有连接在该段零线上的电气设备外壳均承受接近于相电压 U_x 的电压，而断裂前的电气设备a外壳电压 $U_a \approx 0$。

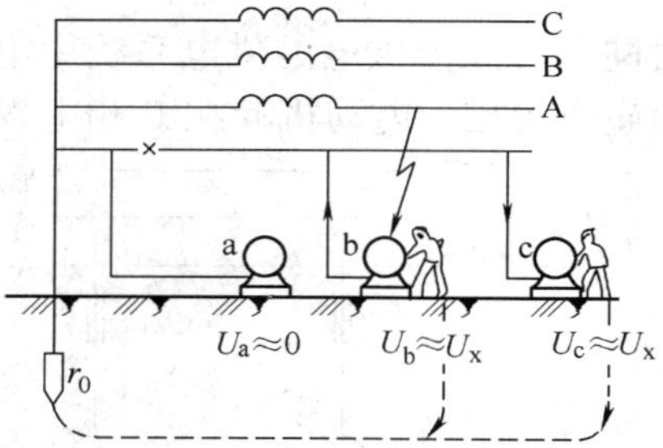

图 1-1-14 无重复接地时零线断线的情况

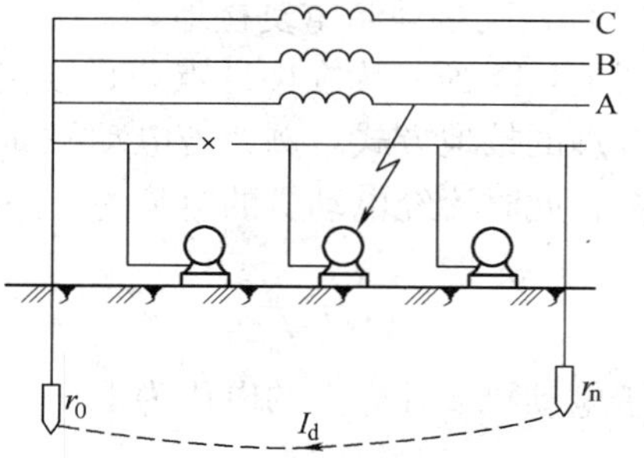

图 1-1-15 有重复接地时零线断裂的情况

图1-1-15所示为有重复接地时零线断裂的情况，如果发生A相碰壳，则断裂地点前后的电压分别为

$$U_a = \frac{U_x}{r_0 + r_n} r_0 \qquad U_b = U_c = \frac{U_x}{r_0 + r_a} r_n$$

式中 r_n——重复接地电阻（Ω）。

如果

$$r_0 = r_n$$

则

$$U_a = U_b = U_c = \frac{U_x}{2}$$

一般来说，重复接地时的接地电阻 $r_n > r_0$，所以 $U_b = U_c > U_a$ 即大于$\frac{U_x}{2}$。

重复接地电阻一般规定为10Ω，用于1000V以下的接零系统中。应当看到重复接地只能起到平衡电位的作用，因此，零线的断裂是应当尽量避免的，必须精心施工，注意维护。

重复接地有集中重复接地与环形重复接地两种，前者用于架空线路，后者用于车间，在工厂里地下金属管道与结构很多，极容易进行重复接地，并且还可以等化电位，重复接地的距离一般不超过1km。

技能训练

1.1.4　触电急救

触电急救的基本原则是动作迅速、救护得法，切不要惊慌失措、束手无策。当发现有人触电时，必须使触电者迅速脱离电源，然后根据触电者的具体情况，进行相应的现场救护。

1. 实践目的

1）熟练掌握使触电者迅速脱离电源的方法。

2）熟练掌握触电现场救护的方法。

2. 任务内容

1）将参与学生按每组5~8人分组，并下达实训任务。

2）要求每组学生根据所学内容假想出不同的触电情节。

3）根据不同的模拟触电情节策划出相应的应对措施。

3. 设备与工具

1）电工钳、有干燥木柄的斧子、绝缘手套、绝缘鞋或干燥的木棒、竹竿、塑料杆、铁锨、皮带等若干。

2）医用纱布、酒精、药棉或洁净的手绢等若干。

3）急救担架一副。

4. 训练步骤

（1）脱离电源的方法

①关断电源转换开关或刀开关。

②拔去电源插头或熔断器的插芯。

③用电工钳或有干燥木柄的斧子、铁锨等切断电源线。

④用干燥的木棒、竹竿、塑料杆、皮带等不导电的物品拉或挑开导线。

⑤救护者可戴绝缘手套或站在绝缘物上用手拉触电者脱离电源。

注意事项：

①以上通常用于脱离额定电压500V以下的低压电源，可根据具体情况选择。

②若发生高压触电，应立即告知有关部门停电。紧急时可抛掷裸金属软导线，造成线路短路，迫使保护装置动作以切断电源。

（2）触电救护

①口对口人工呼吸法。这种方法适用于无呼吸、有心跳的触电者。病人仰卧在平地上，鼻孔朝天，头后仰。首先清理口鼻腔，然后松扣、解衣，捏鼻吹气。吹气要适量，排气应口鼻通畅。吹2s、停3s，每5s一次。口对口人工呼吸法如图1-1-16所示。

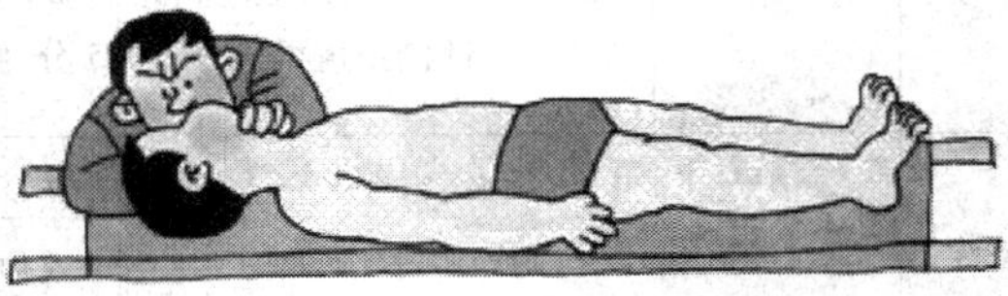

图1-1-16　口对口人工呼吸法

②胸外挤压法。这种方法适用于有呼吸、

无心跳的触电者。它包括单人心肺复苏术和双人心肺复苏术两种，如图 1-1-17 和图 1-1-18 所示。病人仰卧在硬地上，然后松扣、解衣，手掌根用力下按，压力要轻重适当，慢慢下压，突然放开，1s 一次。对既无呼吸、也无心跳的触电者应两种方法并用。先吹气 2 次，再做胸外挤压 15 次，以后交替进行。

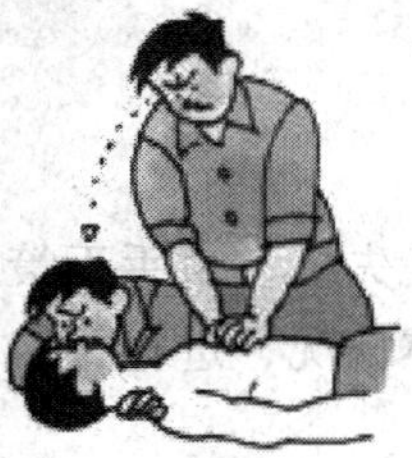

图 1-1-17　单人心肺复苏术

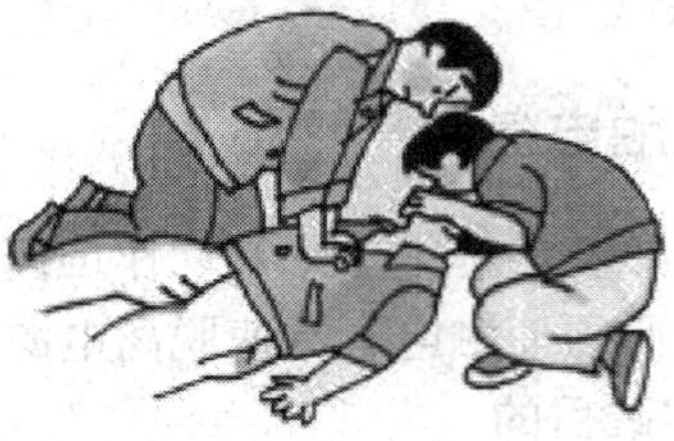

图 1-1-18　双人心肺复苏术

注意事项：

1）触电者脱离电源后，应立即进行现场紧急救护，触电者受伤不太严重时，应保持空气畅通，解开衣服以利呼吸，静卧休息，勿走动，同时请医生或送医院诊治。

2）触电者失去知觉，呼吸和心跳不正常，甚至出现无呼吸、心脏停跳的假死现象时，应立即进行人工呼吸和胸外挤压。此工作应做到“医生来前不等待，送医院途中不中断”，否则伤者可能会很快死亡。

5. 评分标准（见表 1-3）

表 1-3　评　分　表

序号	主要内容	考核要求	评分标准	配分	扣分	得分
1	实训态度	1）对待实训安全的态度：要严肃认真，着装整洁 2）对待实训操作的态度：要积极参与，积极配合 3）实训期间服从老师安排，遵守作息时间	1）对待实训安全的态度，不严肃认真，扣 15 分；着装不整洁，扣 15 分 2）对待实训操作的态度，不积极参与，不积极配合，扣 20 分 3）实训期间不服从老师安排，扣 10 分；不遵守作息时间，扣 10 分	70		
2	实训操作	1）应根据所学内容假想出不同的触电情节 2）应根据不同的触电假想情节，采取正确的脱离电源的措施 3）应根据不同的触电假想情节，进行恰当的触电救护	1）假想的触电情节不合理，扣 20 分 2）脱离电源的方法正确但不及时，扣 5 分；脱离电源的方法不正确，扣 15 分 3）触电救护的方法恰当但不及时，扣 5 分；触电救护的方法不正确，扣 15 分	50		
备注			合　计			
			教师签字	年　月　日		

模块2　机床主轴点动控制

知 识 积 累

1.2.1　电磁式接触器

电磁式接触器是用来自动地接通和分断负荷电流（大电流）的电磁式电器，主要用于控制电动机、电焊机、电容器组等设备，具有低压释放的保护功能，适用于频繁操作和远距离控制，是电力拖动系统中使用最广泛的电器元件之一。

接触器按其主触点分断电流的种类可分为直流接触器和交流接触器；按其主触点的极数可分为单极、双极、三极、四极、五极几种，单极、双极多为直流接触器。

1. 电磁式接触器的结构及工作原理

（1）交流接触器的结构

交流接触器的实物图及结构示意图如图 1-2-1 所示。

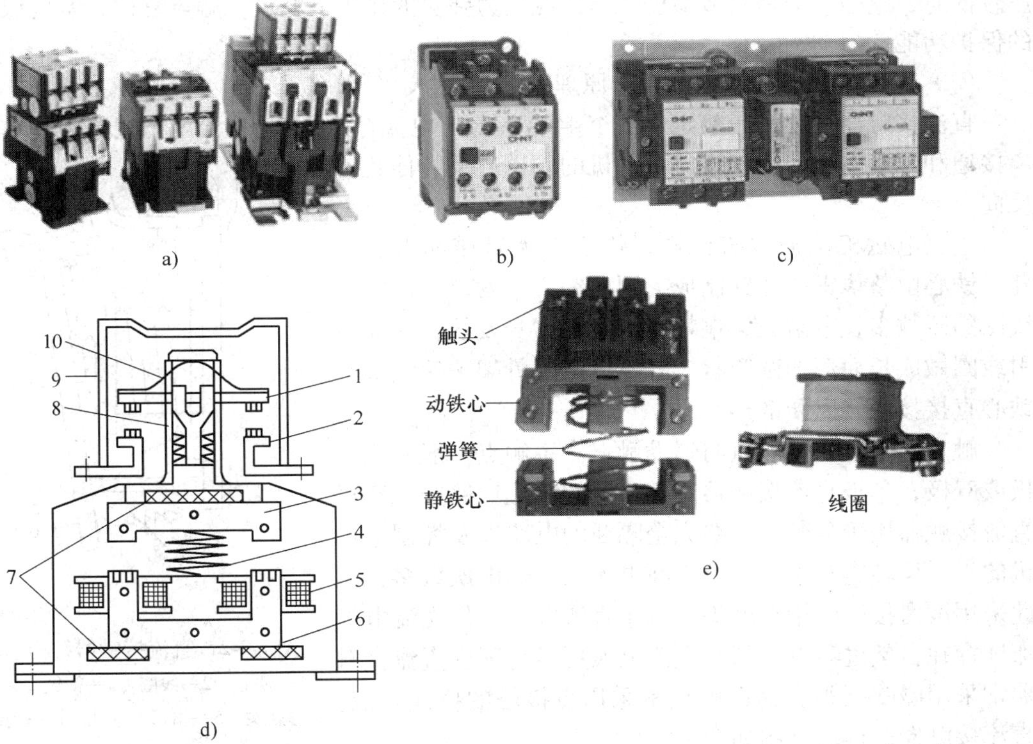

图 1-2-1　交流接触器

a）常用交流接触器　b）CJX1 系列交流接触器　c）CJX1/N 系列机械联锁交流接触器　d）CJ20 系列交流接触器结构示意图　e）交流接触器零部件

1—动触头　2—静触头　3—衔铁（动铁心）　4—弹簧　5—线圈　6—铁心

7—垫毡　8—动触头反力弹簧　9—灭弧罩　10—动触头压力弹簧

它主要由四大部分组成，即电磁机构、触点（触头）系统、灭弧装置和其他辅助部件。

①电磁机构。电磁机构由线圈、铁心和衔铁组成，用作产生电磁吸力，带动触点动作。

②触点系统。触点系统通常是由动触头和静触头构成的，触点分为主触点及辅助触点。主触点用于接通或断开主电路或大电流电路，辅助触点用于控制电路，起控制其他元件接通或分断及电气联锁作用；主触点一般容量较大，辅助触点容量较小。辅助触点结构上通常是常开和常闭成对的，当线圈得电后，衔铁在电磁吸力的作用下吸向铁心，同时带动动触头移动，使其与常闭触点的静触头分开，与常开触点的静触头接触，实现常闭触点断开，常开触点闭合。辅助触点一般不能用来分断主电路。

③灭弧装置。容量较大的接触器都有灭弧装置。对于小容量的接触器，常采用电动力吹弧、灭弧罩等，对于大容量的接触器，采用窄缝灭弧及栅片灭弧。

④其他辅助部件。其他辅助部件包括反力弹簧、缓冲弹簧、动/静触头压力弹簧、传动机构、支架及底座等。

（2）交流接触器的工作原理

当线圈通电后，线圈电流产生磁场，使铁心产生电磁吸力将衔铁吸合。与衔铁固连在一起的动触头动作，使常开触点闭合，常闭触点断开，进而完成电路的分断。当线圈断电或电压较低时，电磁吸力消失或减弱，衔铁在反力弹簧的作用下释放，触点复位，实现低压释放的保护功能。

（3）直流接触器的结构和工作原理

直流接触器主要用于额定电压至440V、额定电流至600A 的直流电力线路中，作为远距离接通和分断电路，控制直流电动机的频繁起动、停止和反向。

直流电磁机构通以直流电，铁心中无磁滞和涡流损耗，铁心由整块钢或铸铁制成，因而铁心不发热。而吸引线圈的匝数多，电阻大、铜耗大，线圈本身发热，因此吸引线圈做成长而薄的圆筒状，且不设线圈骨架，使线圈与铁心直接接触，以便散热。

触点系统也有主触点与辅助触点。主触点一般做成单极或双极，单极直流接触器用于一般的直流回路中，双极直流接触器用于分断后电路完全隔断的电路以及控制电动机的正、反转电路中。由于通断电流大，通电次数多，因此采用滚滑接触的指形触头。由于直流电弧不像交流电弧那样存在自然过零点，因此直流电弧更难熄灭，直流接触器常采用磁吹灭弧。辅助触点常采用点接触的桥式触点。直流接触器结构示意图如图 1-2-2 所示。

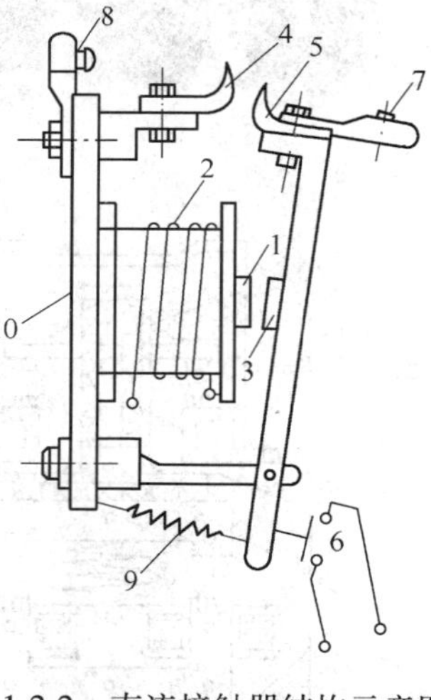

图 1-2-2 直流接触器结构示意图
1—铁心 2—线圈 3—衔铁 4—指形静触头 5—指形动触头 6—辅助触点 7、8—主触点接线柱 9—复位弹簧 10—底座

2. 接触器型号含义及符号

（1）型号含义

目前，常用的国产交流接触器主要有 CJ20、CJX1、CJX2 和 CJ12 等系列；引进产品有德国 BBC 公司的 B 系列，SIEMENS 公司的 3TB 系列，法国 TE 公司的 LC1 系列等；常用的国产直流接触器有 CZ18、CZ21、CZ22、CZ10 和 CZ2 等系列。

①国产交流接触器型号含义如下：

C J 20 - □ □ / □ □

- 接触器 — C
- 交流 — J
- 设计序号 — 20
- 有 TH 表示湿热带
- 额定工作电压代号：03-380V 06-660V 11-1140V
- 用 K 表示组成矿用起动器的接触器
- 额定工作电流(380V，AC3 时)

②引进德国 BBC 公司交流接触器型号含义如下：

B - □ □

- 额定工作电流(380V，AC3 时)
- 操作方式：无字 - 交流操作
  BE— 直流操作(叠片式铁心)
  BC— 直流操作(整块式铁心)
- B 系列交流接触器(引进德国 BBC 公司)

③引进法国 TE 公司交流接触器型号含义如下：

LC1-D □ □ □

- 交流接触器系列代号(引进法国 TE 公司)
- 额定工作电流(A)
- 线圈电压参数代号：F-110V M-220V Q-380V Y-660V
- 触点组合形式代号：3-25V 以下，触点为 3P + NO　40A 以上，触点为 3P + NO + NC

④国产直流接触器型号含义如下：

C Z 18 - □ / □ □

- 接触器 — C
- 直流 — Z
- 设计序号 — 18
- 常开触点数
- 常闭触点数
- 额定工作电流

(2) 接触器的符号

交/直流接触器的图形符号和文字符号如图 1-2-3 所示。

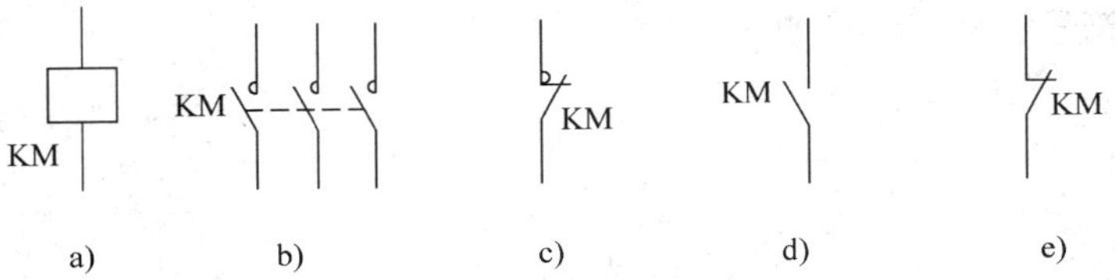

图 1-2-3　交/直流接触器的图形符号和文字符号

a) 接触器线圈　b) 常开主触点　c) 常闭主触点　d) 常开辅助触点　e) 常闭辅助触点

1.2.2　控制按钮

控制按钮是一种结构简单、使用广泛的手动主令电器，在控制电路中发出手动指令远距离控制其他电器，再由其他电器去控制主电路或转移各种信号，也可以直接用来转换信号电路和电器联锁电路等，各种常用按钮如图 1-2-4 所示。

图 1-2-4　各种常用按钮

控制按钮一般由按钮帽、复位弹簧、触点和外壳等部分组成，通常制成具有常开触点和常闭触点的复合式结构，其结构示意图如图 1-2-5 所示，每个按钮中触点的形式和数量可按需要装配成 1 常开、1 常闭到 6 常开、6 常闭形式。指示灯按钮内可装入信号灯显示信号，紧急式按钮装有蘑菇形钮帽，以便于紧急操作；另外还有旋钮式、钥匙式按钮。为便于识别各个按钮的作用，避免误操作，通常在按钮帽上涂不同颜色，以示区别。一般用红色表示停止，绿色表示起动。

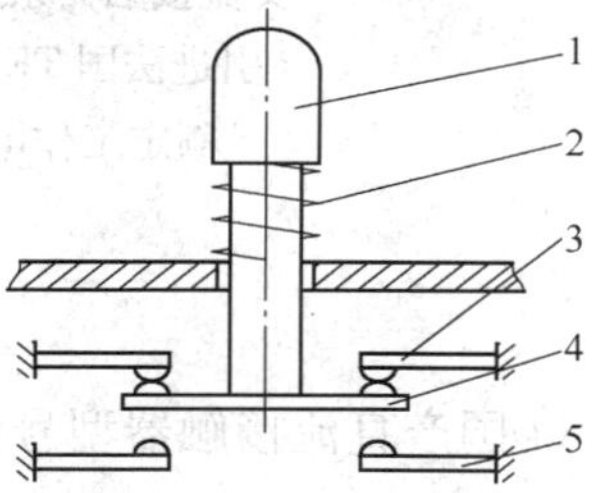

图 1-2-5　按钮结构示意图

1—按钮帽　2—复位弹簧　3—常闭静触头　4—动触头　5—常开静触头

当按下按钮时，先断开常闭触点，然后才接通常开触点；按钮释放后，在复位弹簧作用下使触点复位。按钮接线没有进线和出线之分，直接将所需的触点连入电路即可。在没有按动按钮时，接在常开触点接线柱上的线路是断开的，常闭触点接线柱上的线路是接通的；当按下按钮时，两种触点的状态改变，同时也使与之相连的电路状态改变。

按钮的图形符号和文字符号如图 1-2-6 所示。

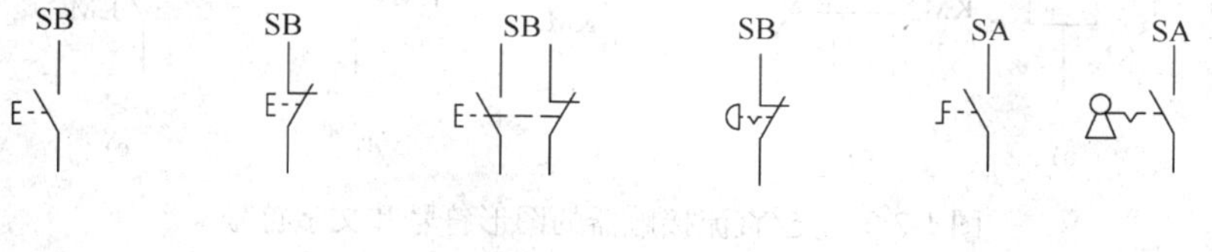

a)　　b)　　c)　　d)　　e)　　f)

图 1-2-6　按钮的图形符号和文字符号

a）一般式常开触点　b）一般式常闭触点　c）复合式触点　d）紧停式触点　e）旋钮式触点　f）钥匙式触点

常用的按钮种类有 LA2、LA18、LA19、LA20、LA25 等系列。按钮选择的主要依据是使用场所、所需要的触点数量、种类及颜色。常用按钮的技术数据见表 1-4。

表 1-4　常用按钮的技术数据

型　　号	额定电压/V	额定电流/A	结构形式	触点对数		钮数	用途
				动合	动断		
LA2	500	5	元件	1	1	1	作为单独元件使用
LA10-2K	500	5	开启式	2	2	2	用于电动机起动、停止控制
LA10-2A	500	5	开启式	3	3	3	用于电动机倒、顺、停控制
LA19-11D	500	5	带灯式	1	1	1	特殊用途
LA18-22Y	500	5	钥匙式	2	2	1	特殊用途

型号意义如下：

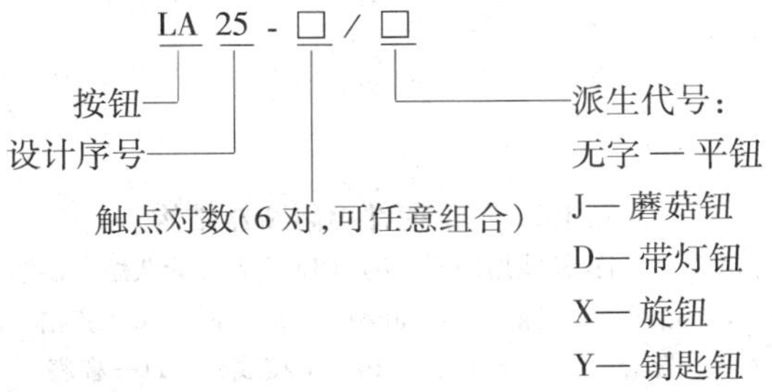

1.2.3　熔断器

1. 熔断器的结构类型

熔断器由熔体（俗称保险丝）和安装熔体的熔管（或熔座）两部分组成。熔断器在电路中用作短路保护。其中熔体是主要部分，它既是感测元件又是执行元件，熔体是由低熔点的金属材料（如铅、锡、锌、铜、银及其合金等）制成丝状、带状、片状等；熔管的作用是安装熔体和在熔体熔断时熄灭电弧，一般由陶瓷、绝缘钢纸或玻璃纤维材料制成。熔断器的熔体串接于被保护电路中，当电路正常工作时，熔体通过的电流不会使其熔断，当电路发生短路或严重过载故障时，熔体中通过很大电流，使其发热，当达到熔化温度时熔体自行熔断，切断故障电路，起到保护作用。

熔断器的种类很多，按结构来分有半封闭瓷插式（如图 1-2-7a 所示，主要用作低压分支电路的保护）、螺旋式（如图 1-2-7b 所示，多用于机床控制电路中作短路保护）、无填料密封管式（如图 1-2-8 所示，在低压电力网络、配电设备中用作短路保护）、有填料密封管式（如图 1-2-9 所示，石英砂作填充料，灭弧能力强、分断能力强，用于具有较大短路电流的电力输配电网络中）。按用途来分有一般工业用熔断器、半导体器件保护用快速熔断器和特殊熔断器（如具有两段保护特性的快慢动作熔断器、自复式熔断器）。

2. 熔断器的主要参数

1）额定电压：指熔断器长期工作和分断后能够承受的电压，其值一般等于或大于电气设备的额定电压。

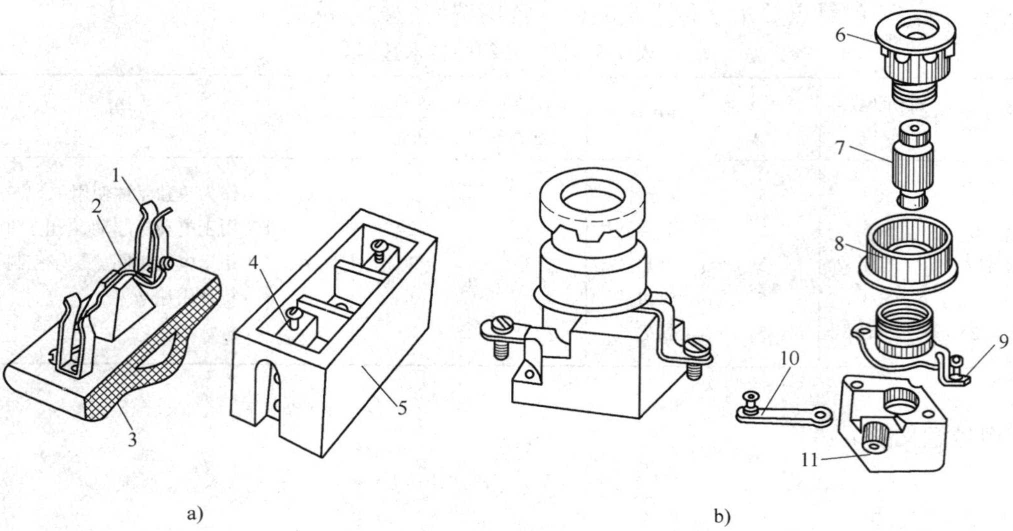

图 1-2-7 早期常用熔断器结构

a）RCIA 系列瓷插式熔断器 b）RLI 系列螺旋式熔断器结构

1—动触头 2—熔丝 3—瓷盖 4—静触头 5—瓷底 6—瓷帽 7—熔丝管

8—瓷套 9—上接线柱 10—下接线柱 11—瓷底

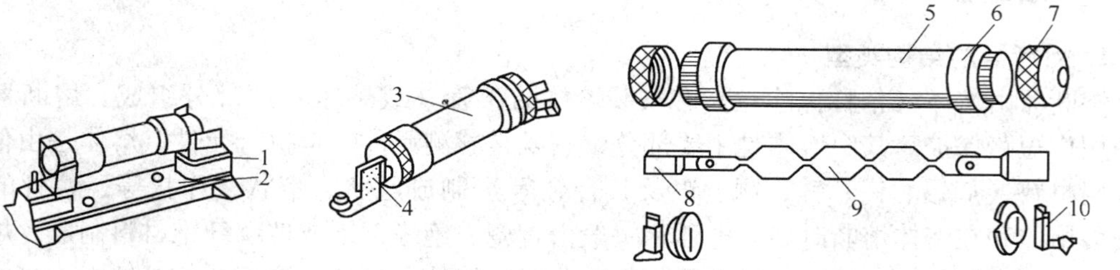

图 1-2-8 RM10 系列无填料密封管式熔断器

1、4—夹座 2—底座 3—熔丝管 5—硬质绝缘管 6—黄铜套管 7—黄铜帽 8—插刀

9—熔体 10—夹座

2）额定电流：指熔断器长期工作时，设备部件温升不超过规定值时所能承受的电流。厂家为了减少熔断器额定电流的规格，设定熔断器的额定电流等级比较少，而熔体的额定电流等级比较多，即在一个额定电流等级的熔断器适合安装几个额定电流等级的熔体，但熔体的额定电流最大不能超过熔断器的额定电流。

3）极限分断能力：指熔断器在规定的额定电压和功率因数（或时间常数）的条件下，能分断的最大电流值，在电路中出现的最大电流值一般是指短路电流值。所以，极限分断能力也反映了熔断器分断短路电流的能力。

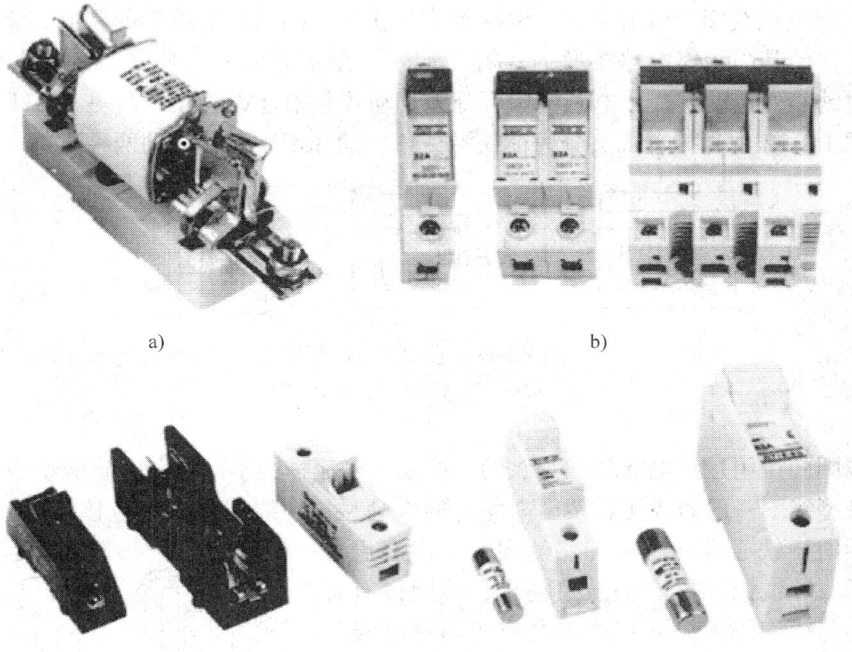

a)　b)　c)　d)

图 1-2-9　有填料熔断器外观

a）NT 系列刀形触头熔断器（有填料）　b）、c）、d）RT 系列圆筒帽形熔断器（有填料）

熔断器的型号意义如下，熔断器图形和文字符号如图 1-2-10 所示。

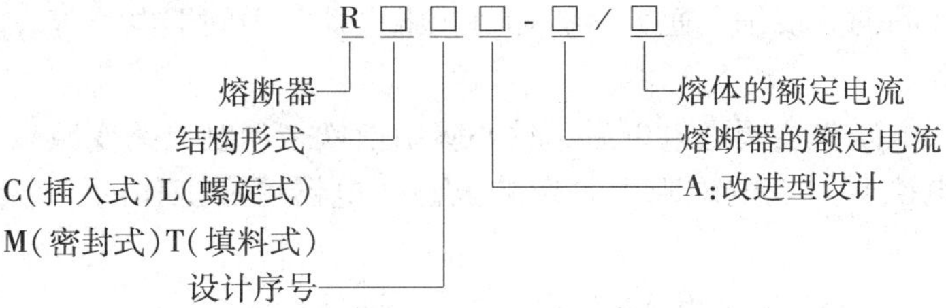

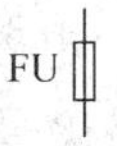

图 1-2-10　图形和文字符号

知 识 拓 展

1.2.4　电磁式电器的结构和工作原理

1. 电磁机构

各类电磁式电器在工作原理和结构上基本相同，从结构上来看，主要由两部分组成，其一为输入电路（又称感应元件），即电磁机构；其二为输出电路（又称执行元件），即触点系统。

（1）电磁机构的组成

电磁机构由线圈、铁心和衔铁组成，主要作用是通过电磁感应原理将电能转换成机械能，带动触点动作，完成接通或分断电路的功能。电磁式电器触点在线圈未通电状态时有常开（或动合）和常闭（或动断）两种状态，分别称为常开（或动合）触点和常闭（或动断）触点。当电磁线圈有电流通过，电磁机构动作时，触点改变原来的状态，常开（动合）触点将闭合，使其与相连电路接通；常闭（动断）触点将断开，使其与相连电路断开。根据衔铁相对铁心的运动方式，电磁机构可分为直动式和拍合式两种，如图 1-2-11 及图 1-2-12 所示。在图 1-2-12 中，拍合式又分为衔铁沿棱角转动和衔铁沿轴转动两种。

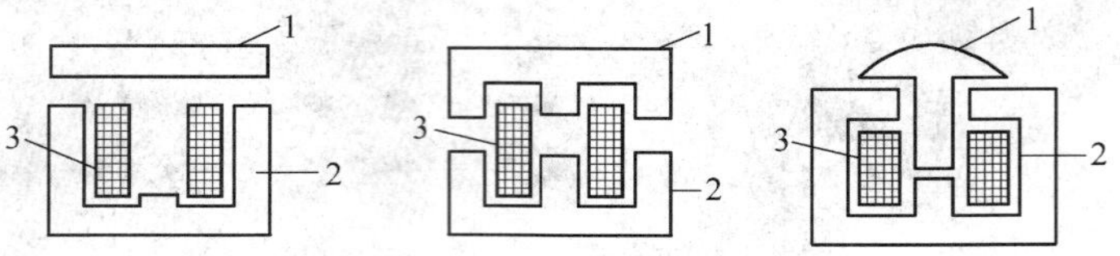

图 1-2-11 直动式电磁线圈

1—衔铁 2—铁心 3—吸引线圈

吸引线圈的作用是将电能转换为磁能，按通入电流种类不同可分为直流型线圈和交流型线圈。直流型线圈一般做成无骨架、高而薄的瘦高型，使线圈与铁心直接接触，易于散热；交流型线圈由于铁心存在磁滞和涡流损耗，铁心也会发热，为了改善线圈和铁心的散热情况，线圈设有骨架，使铁心与线圈隔离，并将线圈制成短而厚的矮胖型。另外，根据线圈在电路中的连接形式，可分为串联线圈和并联线圈。串联线圈主要用于电流检测类电磁式电器中，大多数电磁式电器线圈都按照并联接入方式设计。为减少对电路电压分配的影响，串联线圈采用粗导线制造，匝数少，线圈的阻抗较小，如电流继电器。并联线圈为减少电路的分流作用，需要较大的阻抗，一般线圈的导线细，匝数多，如电压继电器、中间继电器等。

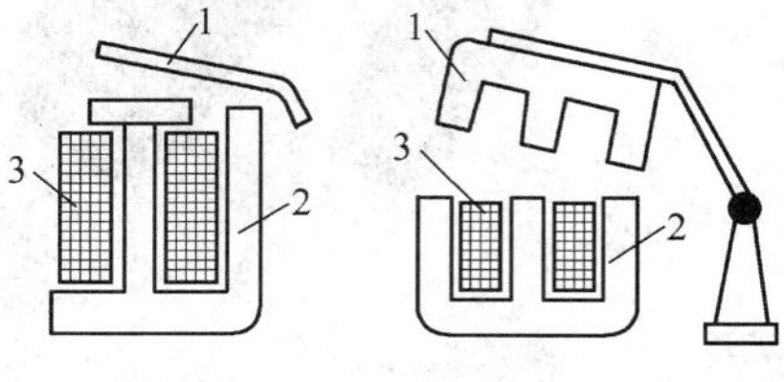

图 1-2-12 拍合式电磁线圈

1—衔铁 2—铁心 3—吸引线圈

（2）电磁特性

①电磁吸力与吸力特性。电磁铁线圈通电以后，铁心吸引衔铁带动触点改变原来状态进而接通或分断电路的力称为电磁吸力。电磁吸力是影响电磁式电器可靠工作的一个重要参数，电磁吸力可按下式计算，即

$$F=\frac{B^2S\times10^7}{8\pi}$$

式中 F——电磁吸力（N）；

B——气隙中磁感应强度（T）；

S——磁铁截面积（m^2）。

磁感应强度 B 与气隙宽度 δ 及外加电压大小有关，所以，对于直流电磁铁，外加电压恒定，电磁吸力的大小只与气隙有关。但对于交流电磁铁，由于外加正弦交流电压，在气隙宽度一定时，其气隙磁感应强度也按正弦规律变化，即 $B=B_m\sin\omega t$。所以，吸力公式为

$$F=\frac{10^7SB_m^2\sin^2\omega t}{8\pi}$$

电磁吸力也按正弦规律变化，最小值为零，最大值为

$$F_m=\frac{10^7SB_m^2}{8\pi}$$

电磁式电器在吸合或释放过程中，气隙是变化的，电磁吸力也将随气隙的变化而变化，这种特性称为吸力特性，电磁铁吸力特性曲线如图 1-2-13 所示。

②交流接触器短路环的作用。电磁吸力由电磁机构产生，当电磁线圈断电时使触点恢复常态的力称为反力，电磁电器中反力由复位弹簧和动、静触头产生，衔铁吸合时要求电磁吸力大于反力，衔铁复位时要求反力大于电磁吸力（此时是剩磁产生的电磁吸力）。当电磁吸力的瞬时值大于反力时，铁心吸合；当电磁吸力的瞬时值小于反力时，铁心释放。所以交流接触器在电源电压变化一个周期中电磁铁吸合两次，释放两次，电磁机构会产生剧烈的振动和噪声，因而不能正常工作。解决的办法是在铁心端面开一小槽，在槽内嵌入铜质短路环，如图 1-2-14 所示。加上短路环后，磁通被分为大小接近、相位相差约 90°电角度的 Φ_1 和 Φ_2 两相磁通，因两相磁通不会同时过零，故由两相磁通产生的合成电磁吸力变化较为平坦，使电磁铁通电期间电磁吸力始终大于反力，铁心牢牢吸合，这样就消除了振动和噪声，一般短路环包围 2/3 的铁心端面。

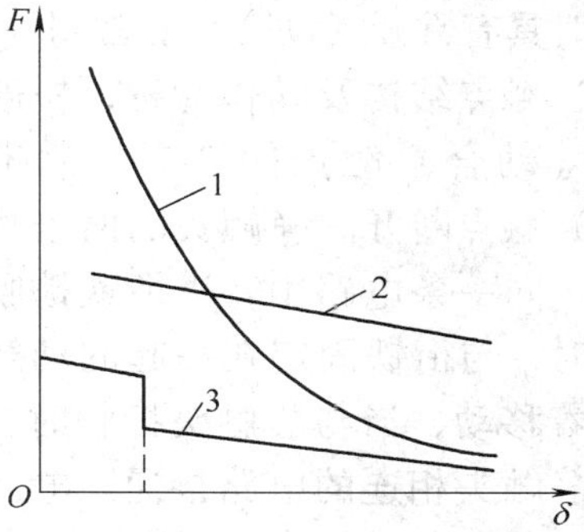

图 1-2-13　电磁铁吸力特性曲线
1—直流电磁铁吸力特性　2—交流电磁铁吸力特性　3—反力特性

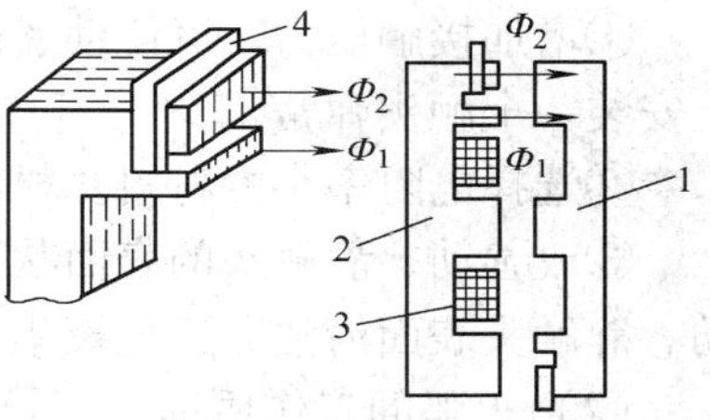

图 1-2-14　交流电磁铁短路环
1—衔铁　2—铁心　3—线圈　4—短路环

2. 触点（触头）系统

触点是电磁式电器的执行部分，电器就是通过触点的动作来接通或断开被控制电路的，所以要求触点导电导热性能要好，而触点主要是由动触头和静触头构成的，因此，触点系统也被称为触头系统。电接触状态就是触点闭合并有工作电流通过时的状态，这时动、静触头的接触电阻大小将影响其工作情况。接触电阻大时触头易发热，温度升高，从而使触头易产生熔焊现象，这样既影响工作的可靠性，又降低了触点的寿命。触点接触电阻的大小主要与触点的接触形式、接触压力、动/静触头材料及动/静触头的表面状况有关。

（1）触点

1）触点的接触形式。触点的接触形式有点接触、线接触和面接触三种，如图 1-2-15 所示。

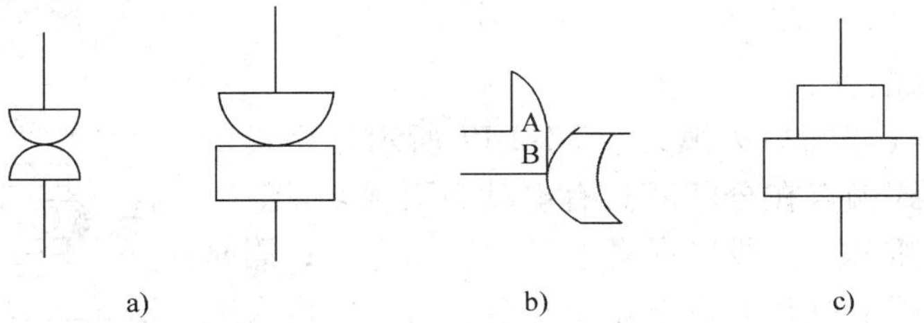

图 1-2-15　触点的接触形式
a）点接触　b）线接触　c）面接触

点接触适用于电流不大，触点压力小的场合；线接触适用于接电次数多，电流大的场合；面接触适用于大电流的场合。

2）触点的结构形式。触点主要有以下几种结构形式：

①桥式触点。图 1-2-16a、b 所示为桥式常开（或动合）触点的结构。电磁式电器通常同时具有常开（动合）和常闭（动断）两种触点，桥式常闭（或动断）触点与常开（或动合）触点结构及动作对称，一般在常开（动合）触点闭合时，常闭（动断）触点断开。静触头的两个接触点串于同一条电路中，当衔铁被吸向铁心时，与衔铁固定在一起的动触头也随着移动，当与静触头接触时，便使同静触头相连的电路接通。电路的接通与断开由两个触头共同完成，触点的接触形式一般是点接触和面接触。

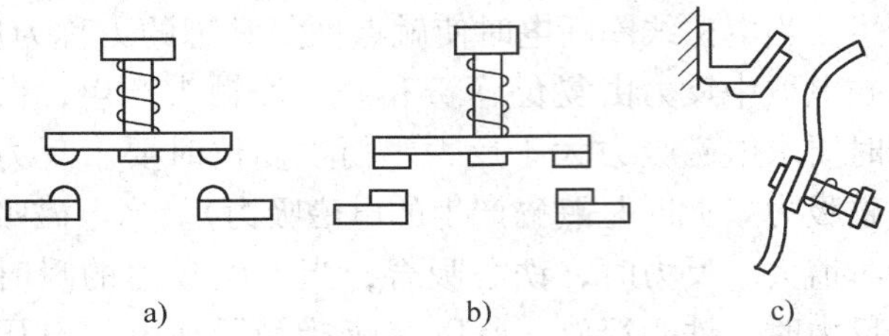

图 1-2-16 触点的结构形式

②指形触点。如图 1-2-16c 所示，触点接通或分断时触头产生滚动摩擦，能去掉动、静触头表面的氧化膜。触点的接触形式一般是线接触。

3）减少接触电阻的方法。

①增加接触压力。可使动、静触头的接触面积增加，从而减小接触电阻。一般在动触头上安装一个触头弹簧。

②选择电阻率小的材料。材料的电阻率越小，接触电阻也越小。

③改善动、静触头的表面状况。尽量避免或减少动、静触头表面氧化物形成；注意保持动、静触头表面清洁，避免聚集尘埃。

（2）灭弧的工作原理

触点在通电状态下动、静触头脱离接触时，由于电场的存在，使动、静触头表面的自由电子大量溢出，在高热和强电场的作用下，电子运动撞击空气分子，使之电离而产生电弧。电弧的存在既烧损动、静触头金属表面，降低电器的寿命，又延长电路的分断时间，所以必须迅速消除。

1）常用的灭弧原理。

①迅速拉大电弧长度而降低单位长度电弧的电压，迅速使动、静触头间隙增加，电弧长度增长，电场强度降低，同时又使散热面积增大，降低电弧温度，使自由电子和空穴复合运动加强，可以使电弧容易熄灭。

②冷却。使电弧与冷却介质接触，带走电弧热量，也可使复合运动得以加强，从而使电弧熄灭。

2）常用的灭弧装置。

①电动力灭弧（双断口灭弧）。图 1-2-17 所示是桥式双断口触点系统，桥式触点在分断时具有电动力灭弧功能，在触点分断时，将电弧分成两段以提高电弧的燃弧电压；同时利用两段电弧相互间的电动力将电弧向外侧拉长，以增大电弧与冷空气的接触面，从而迅速散热而灭弧。这种灭弧方法多用于小容量交流接触器中。

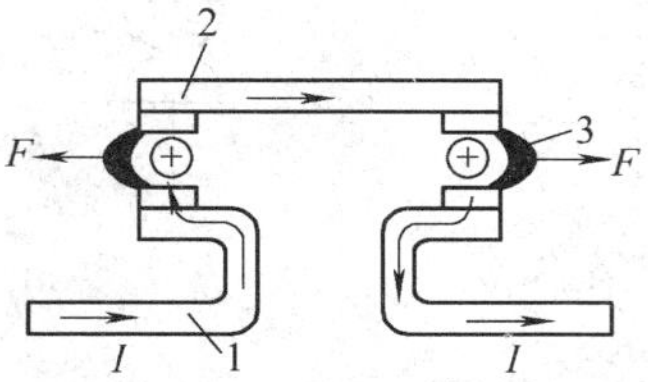

图 1-2-17 双断口结构的电动力灭弧效应
1—静触头 2—动触头 3—电弧

②磁吹灭弧。在静触头电路中串入吹弧线圈，如图 1-2-18 所示。该线圈产生的磁场由导磁夹板引向动、静触头周

围，其方向由右手定则确定（如图中＋所示），动、静触头间的电弧所产生的磁场，其方向如⊕和⊙所示。这两个磁场在弧柱下方方向相同（叠加），在弧柱上方方向相反（相减），所以弧柱下方的磁场强于上方的磁场。在下方磁场作用下，电弧受力的方向为 F 所指的方向，在 F 的作用下电弧被吹离触头，经引弧角引进灭弧罩，使电弧熄灭。直流接触器中常采用磁吹灭弧。

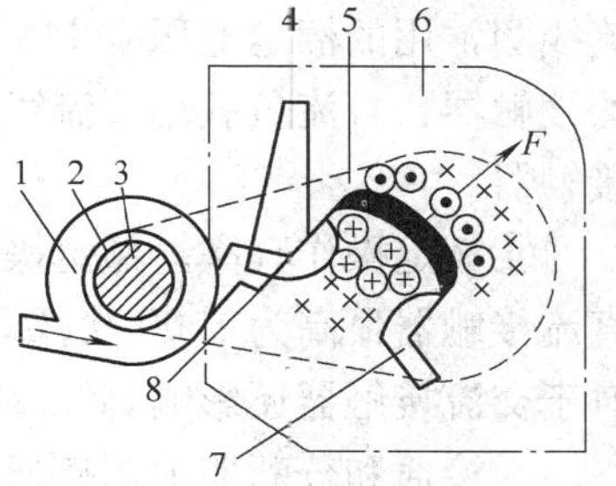

图1-2-18　磁吹灭弧示意图

1—磁吹线圈　2—绝缘线圈　3—铁心　4—引弧角　5—导磁夹板　6—灭弧罩　7—动触头　8—静触头

③栅片灭弧。灭弧栅是一组薄钢片，它们彼此间相互绝缘，如图1-2-19所示。当电弧进入栅片时被分割成一段段串联的短弧，而栅片就是这些短弧的电极，这样就使每段短弧上的电压达不到燃弧电压。同时每两片灭弧片间都有150～250V的绝缘强度，使整个灭弧栅的绝缘强度大大加强，以致燃弧电压无法维持，电弧迅速熄灭。此外，栅片还能吸收电弧热量，使电弧迅速冷却。基于上述原因，电弧进入栅片后就会很快熄灭。由于栅片灭弧装置的灭弧效果在电流为交流时要比直流时强得多，因此在交流电器中常采用栅片灭弧。

④窄缝灭弧。这种灭弧方法是利用灭弧罩的窄缝来实现的。灭弧罩内有一个或数个纵缝，缝的下部宽上部窄，如图1-2-20所示，当动、静触头断开时，电弧在电动力的作用下进入缝内，窄缝可将电弧柱分成若干直径较小的电弧，同时可将电弧直径压缩，使电弧同窄缝紧密接触，加强冷却和去游离作用，加快电弧的熄灭。灭弧罩通常用耐弧陶土、石棉水泥或耐弧塑料制成。

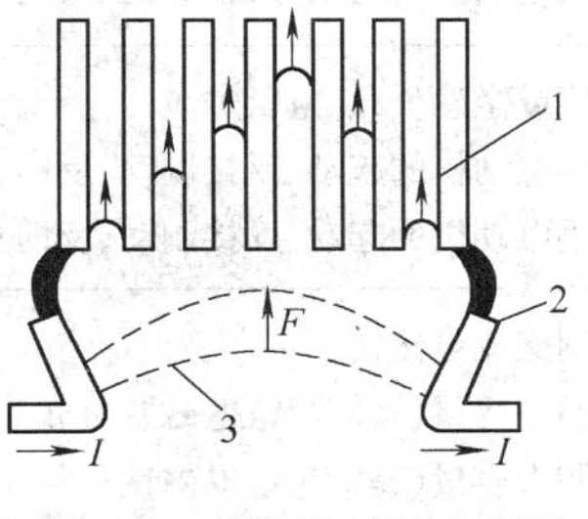

图1-2-19　栅片灭弧示意图

1—灭弧栅片　2—触点　3—电弧

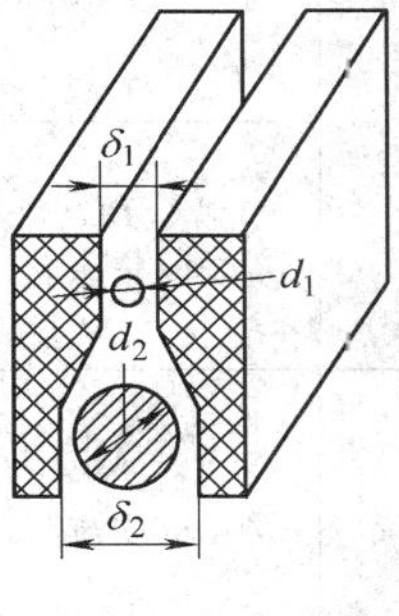

图1-2-20　窄缝灭弧室的断面

1.2.5　电磁接触器的选用

1. 接触器的主要技术参数及选用

（1）技术参数

①额定电压。接触器铭牌上标注的额定电压是指主触点的额定电压。交流接触器常用的额定电压等级有127V，220V，380V，500V，660V；直流接触器常用的额定电压等级有110V，220V，440V，660V。

②额定电流。接触器铭牌上标注的额定电流是指主触点的额定电流。交/直流接触器常用的额定电流有5A，10A，20A，40A，60A，100A，150A，250A，400A，600A，以上的电流值是接触器安装在敞开式控制屏上，触点工作不超过额定温升，负荷为间断－长期工作制

时的电流值。

③线圈的额定电压。交流线圈常用的额定电压有 36V，110V，127V，220V，380V；直流线圈常用的额定电压有 24V，48V，110V，220V，440V。选用时一般交流负载用交流线圈的接触器，直流负载用直流线圈的接触器，但交流负载在频繁动作时可采用直流线圈的交流接触器。

④额定操作频率。额定操作频率指每小时的操作次数。交流接触器最高为 600 次/h，而直流接触器最高为 1200 次/h。操作频率直接影响到接触器的电寿命和灭弧罩的工作条件，对于交流接触器还影响到线圈的温升。

⑤接通和分断能力。接通和分断能力指主触点在规定条件下能可靠地接通和分断的电流值。在此电流值下，接通时主触点不应发生熔焊；分断时主触点不应发生长时间燃弧。电路中超出此电流值的分断任务则由熔断器、低压断路器等保护电器承担。

用于不同负载时，接触器的使用类别也不同。这是由于接触器用于不同负载时，对主触点的接通和分断能力的要求不一样，而不同类别时接触器是根据其不同控制对象（负载）的控制方式所规定的。根据低压电器基本标准的规定，接触器的使用类别比较多，其中，在电力拖动控制系统中，接触器常见的使用类别及其典型用途见表 1-5。

表 1-5　接触器常见的使用类别及其典型用途

触　点	电流种类	使用类别	典型用途
主触点	AC（交流）	AC1	无感或微感负载、电阻炉
		AC2	绕线转子电动机的起动和中断
		AC3	笼型电动机的起动和中断
		AC4	笼型电动机的起动、反接制动、反向和点动
	DC（直流）	DC1	无感或微感负载、电阻炉
		DC3	并励电动机的起动、反接制动、反向和点动
		DC5	串励电动机的起动、反接制动、反向和点动
辅助触点	AC（交流）	AC11	控制交流电磁铁
		AC14	控制小容量(≤27VA)电磁铁负载
		AC15	控制大容量(≥27VA)电磁铁负载
	DC（直流）	DC11	控制直流电磁铁
		DC14	控制直流电磁铁，即电感与电阻的混合负载
		DC15	控制电路中有经济电阻的直流电磁铁

接触器的使用类别代号通常标注在产品的铭牌或工作手册中。表 1-5 中要求接触器主触点达到的接通和分断能力为：AC1 和 DC1 类允许接通和分断额定电流；AC2、DC3 和 DC5 类允许接通和分断 4 倍的额定电流；AC3 类允许接通 6 倍的额定电流和分断额定电流；AC4 类允许接通和分断 6 倍的额定电流。表 1-6 列出了常用交流接触器技术数据。

（2）交流接触器的选用

选择交流接触器时主要考虑主触点的额定电压、额定电流，辅助触点的数量与种类，吸引线圈的电压等级、操作频率等。

表1-6　常用交流接触器技术数据

<table>
<tr><th rowspan="2">型　号</th><th colspan="3">主　触　点</th><th colspan="3">辅助触点</th><th colspan="2">线　圈</th><th colspan="2">可控制电器的最大功率/kW</th><th rowspan="2">额定操作频率/(次/h)</th></tr>
<tr><th>对数</th><th>额定电流/A</th><th>额定电压/V</th><th>对数</th><th>额定电流/A</th><th>额定电压/V</th><th>电压/V</th><th>功率/W</th><th>220V</th><th>380V</th></tr>
<tr><td>CJ0-10</td><td>3</td><td>10</td><td rowspan="8">380</td><td rowspan="8">两常开两常闭</td><td rowspan="8">5</td><td rowspan="8">380</td><td rowspan="8">36、110、(127)220、380</td><td>14</td><td>2.5</td><td>4</td><td rowspan="8">≤600</td></tr>
<tr><td>CJ0-20</td><td>3</td><td>20</td><td>33</td><td>5.5</td><td>10</td></tr>
<tr><td>CJ0-40</td><td>3</td><td>40</td><td>33</td><td>11</td><td>20</td></tr>
<tr><td>CJ0-75</td><td>3</td><td>75</td><td>55</td><td>22</td><td>40</td></tr>
<tr><td>CJ10-10</td><td>3</td><td>10</td><td>11</td><td>2.2</td><td>4</td></tr>
<tr><td>CJ10-20</td><td>3</td><td>20</td><td>22</td><td>5.5</td><td>10</td></tr>
<tr><td>CJ10-40</td><td>3</td><td>40</td><td>32</td><td>11</td><td>20</td></tr>
<tr><td>CJ10-60</td><td>3</td><td>60</td><td>70</td><td>17</td><td>30</td></tr>
</table>

1）根据接触器所控制负载的工作任务（轻任务、一般任务或重任务）来选择相应使用类别的接触器。

①如果负载为一般任务（控制中小功率笼型异步电动机等），选用AC3类接触器。

②如果负载为重任务（电动机功率大，且动作较频繁），则应选用AC4类接触器。

③如果负载为一般任务与重任务混合的情况，则应根据实际情况选用AC3或AC4类接触器。

④适用于AC2类的接触器，一般不宜用来控制AC3及AC4类的负载，因为AC2类接触器的接通能力较低，在频繁接通AC3及AC4类负载时容易发生触点熔焊现象。

2）交流接触器的额定电压（指主触点的额定电压）一般为500V或380V两种，应大于或等于负载电路的电压。

3）根据电动机（或其他负载）的功率和操作情况来确定接触器主触点的电流等级。

①接触器的额定电流（指主触点的额定电流）有5A、10A、20A、40A、60A、100A和150A等几种，应大于或等于被控电路的额定电流。

②电动机类负载可按下列经验公式计算：$I_C = P_N/(KU_N)$

式中　I_C——接触器主触点的负载电流（A）；

P_N——电动机的额定功率（kW）；

U_N——电动机的额定电压（V）；

K——经验系数，$K=1\sim1.4$。

4）接触器线圈的电流种类（交流和直流两种）和电压等级应与控制电路相同。交流接触器线圈电压一般为36V、110V、127V、220V、380V等几种。

5）触点数量和种类应满足主电路和控制电路的要求，即主触点与辅助触点中常开触点和常闭触点数量符合电路需求。

2. 新型接触器

（1）真空接触器

真空接触器是一种以真空作为灭弧介质的接触器，由电磁系统、真空灭弧室、主触点、辅助触点和支架等部分构成，真空接触器与一般接触器的主要区别在于真空灭弧室和主触点部分，它用于高电压、大电流电路的分断控制。

（2）无触点接触器

交流接触器在某些工作状态下，其电气寿命比机械寿命低得多，在冶金辗轧和起重运输设备中这种情况更突出，触点在很短的时间内即被电弧烧损，只有更换才能正常工作，这给维护检修带来很大的工作量。

随着电力电子器件的发展，由晶闸管和大功率晶体管组成的无触点接触器可取代有触点接触器，它具有动作快、操作频率高、电气寿命长和无噪声等优点。

（3）无弧转换混合式交流接触器

无触点接触器有动作快、操作频率高、电气寿命长和无噪声等优点，其不足之处是：过载、过电压能力低，因管压降较大造成主触点压降损耗大，必须附加散热装置及保护电路，成本较高。无弧转换混合式交流接触器是在传统接触器的基础上，引入电子技术，取长补短，互相组合而成的新型器件。

1.2.6 熔断器的选用

1. 熔断器的保护特性

电流通过熔体时产生的热量与电流的二次方和电流通过的时间成正比，因此，电流越大，熔体熔断的时间越短，这一特性称为熔断器的保护特性（或称安秒特性），如图 1-2-21 所示。

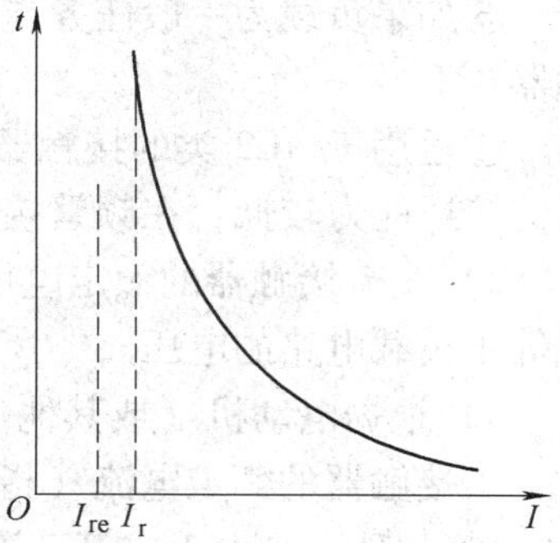

图 1-2-21 熔断器的保护特性

在保护特性中有一熔断电流与不熔断电流的分界线，与此相应的电流就是最小熔化电流 I_r。当熔体通过电流小于 I_r 时，熔体不熔断。根据对熔断器的要求，熔体在额定电流 I_{re} 时绝对不应熔断。最小熔化电流 I_r 与熔体额定电流 I_{re} 之比称为熔断器的熔化系数，即 $K_r = I_r/I_{re}$。从过载保护观点来看，K_r 小时对小倍数过载保护有利，但 K_r 也不宜接近于 1，当 K_r 为 1 时，不仅熔体在 I_{re} 下的工作温度会过高，而且还有可能因为保护特性本身的误差而发生熔体在 I_{re} 下也熔断的现象，影响熔断器工作的可靠性。

当熔体采用低熔点的金属材料（如铅、锡、铅锡合金及锌等）时，熔化时所需热量少，故熔化系数较小，有利于过载保护；但它们的电阻率较大，熔体截面积较大，熔断时产生的金属蒸气较多，不利于熄弧，故分断能力较低。当熔体采用高熔点的金属材料（如铝、铜和银）时，熔化时所需热量大，故熔化系数大，不利于过载保护，而且可能使熔断器过热；但它们的电阻率低，熔体截面积较小，有利于熄弧，故分断能力较强。由此看来，不同熔体材料的熔断器在电路中起保护作用的侧重点是不同的。

2. 熔断器的选用

熔断器的选择主要是选择熔断器的类型、额定电压、熔断器额定电流和熔体额定电流等。

（1）熔断器类型的选择

选择熔断器的类型时，主要依据负载的保护特性和短路电流的大小。例如，用于保护照明电路和电动机的熔断器，一般是考虑它们的过载保护，这时，希望熔断器的熔化系数适当小些，所以容量较小的照明电路和电动机宜采用熔体为铅锌合金的 RCIA 系列熔断器，而大容量的照明线路和电动机，除过载保护外，还应考虑短路时的分断短路电流能力，当短路电流较小时，可采用熔体为锡质的RCIA系列或熔体为锌质的RM10系列熔断器。用于车间低压供电线路的保护熔断器，一般是考虑短路时的分断能力，当短路电流较大时，宜采用具有较高分断能力的RL1系列熔断器；当短路电流相当大时，宜采用有限流作用的RT10及RT12系列熔断器。

（2）熔体额定电流的选择

①用于保护照明或电热设备的熔断器，因为负载电流比较稳定，所以熔体的额定电流应等于或稍大于负载的额定电流，即

$$I_{re} \geqslant I_e$$

式中　I_{re}——熔体的额定电流；

I_e——负载的额定电流。

②用于保护单台长期工作电动机的熔断器，考虑电动机起动时不应熔断，所以

$$I_{re} \geqslant (1.5 \sim 2.5) I_e$$

式中　I_{re}——熔体的额定电流；

I_e——电动机的额定电流。

轻载起动或起动时间比较短时，系数可取近1.5；带重载起动或起动时间比较长时，系数可取近2.5。

③用于保护频繁起动电动机的熔断器，考虑频繁起动时发热熔断器也不应熔断，所以

$$I_{re} \geqslant (3 \sim 3.5) I_e$$

式中　I_{re}——熔体的额定电流；

I_e——电动机的额定电流。

④用于保护多台电动机的熔断器，在出现尖峰电流时也不应熔断。通常，将其中容量最大的一台电动机起动，而其余电动机正常运行时出现的电流作为其尖峰电流，为此，熔体的额定电流应满足下述关系，即

$$I_{re} \geqslant (1.5 \sim 2.5) I_{emax} + \sum I_e$$

式中　I_{emax}——多台电动机中容量最大的一台电动机额定电流；

$\sum I_e$——其余电动机额定电流之和。

⑤为防止发生越级熔断，上、下级（供电干、支线）熔断器间应有良好的协调配合，为此应使上一级（供电干线）熔断器的熔体额定电流比下一级（供电支线）大1~2个级差。

（3）熔断器额定电压的选择

熔断器的额定电压应等于或大于所在电路的额定电压。

实践探索

1.2.7　交流接触器的拆卸与装配

1. 实践目的

熟悉交流接触器的外形和基本结构，掌握交流接触器的拆卸与装配工艺。

2. 任务内容

CJ0—20型交流接触器的拆卸、装配。

3. 设备与工具

1）工具：螺钉旋具、电工刀、尖嘴钳、钢丝钳等。

2）仪表：MF47 型万用表、5050 型兆欧表。

3）器材：交流接触器 CJ0-20，1 只。

4. 训练步骤

（1）交流接触器的拆卸

①卸下灭弧罩紧固螺钉，取下灭弧罩。

②拉紧主触点动触头的定位弹簧夹，取下主触点的动触头及压力弹簧片。拆卸主触点的动触头时必须将其触头侧转 45°后取下。

③松开辅助常开静触头的线桩螺钉，取下常开静触头。

④松开接触器底部的盖板螺钉，取下盖板。在松盖板螺钉时，要用手按住螺钉并慢慢放松。

⑤取下静铁心缓冲绝缘纸片及静铁心。

⑥取下静铁心支架及缓冲弹簧。

⑦拔出线圈接线端的弹簧夹片，取下线圈。

⑧取下反作用弹簧。

⑨取下衔铁和支架。

⑩从支架上取下动铁心定位销。

⑪取下动铁心及缓冲绝缘纸片。

（2）交流接触器的检查

①检查灭弧罩有无破裂或烧损，清除灭弧罩内的金属飞溅物和颗粒。

②检查动、静触头的磨损程度，磨损严重时应更换触头。若不需更换，则清除触头表面上烧毛的颗粒。

③清除铁心端面的油垢，检查铁心有无变形及端面接触是否平整。

④检查动、静触头压力弹簧及反作用弹簧是否变形或弹力不足，如有需要则更换弹簧。触头压力的测量与调整：将一张厚约 0.1mm、比触头稍宽的纸条夹在触头间，使触头处于闭合状态，用手拉纸条。若触头压力合适，稍用力纸条便可拉出，若纸条很容易被拉出，则说明触头压力不够，若纸条被拉断，则说明触头压力过大，可调整或更换动、静触头弹簧，直到符合要求。

⑤检查电磁线圈是否有短路、断路及发热变色现象。

⑥用万用表欧姆挡检查线圈及各触点是否良好；用兆欧表测量各触头间及主触头对地电阻是否符合要求；用手按动主触点的动触头检查运动部分是否灵活，以防产生接触不良、振动和噪声。

（3）交流接触器的装配

装配时按拆卸的逆顺序进行。

注意事项：

1）拆卸过程中，应备有盛放零件的容器，以免丢失零件。

2）拆装过程中不允许硬撬，以免损坏电器。装配辅助静触头时，要防止卡住动触头。

3）通电校验时，接触器应固定在控制板上，并有教师监护，以确保用电安全。

5. 评分标准（见表1-7）

表1-7　评　分　表

序号	主要内容	考核要求	评分标准	配分	扣分	得分
1	拆卸和装配	能正确拆卸、组装元件	1）拆卸步骤及方法不正确，每次扣5分 2）拆装不熟练，扣5~10分 3）丢失零部件，每件扣10分 4）拆卸后不能组装，扣15分 5）损坏零部件，扣20分	20		
2	交流接触器的检修	能正确检修元件	1）损坏电器元件或不能装配，扣30分 2）丢失或漏装零件，每只扣10分 3）拆装方法、步骤不正确，每次扣5分 4）拆装后未进行改装，扣20分 5）装配后活动不灵活，扣10分 6）不能进行通电校验，扣20分 7）通电试验不成功，每次扣10分	30		
3	校验	能正确校检元件、检验结果	1）检验的方法不正确，扣10~20分 2）检验结果不正确，扣10~20分 3）通电时有振动或噪声，扣10分	25		
4	调整触头压力	1）触头压力测量准确 2）触头压力的调整方法正确	1）不能凭经验判断触头压力大小，扣10分 2）不会测量触头压力，扣10分 3）触头压力测量不准确，扣10分 4）触头压力的调整方法不正确，扣15分	25		
5	安全文明生产	应保证人身和设备安全	违反安全文明生产规程，扣5~20分	20		
备注			合　计			
			教师签字　　　　年　月　日			

控 制 分 析

1.2.8　机床主轴点动控制

机床主轴的点动控制对应着电动机的点动控制，实现对机床主轴回转位置的手动调校，其他应用如：摇臂钻床摇臂位置、平面磨床磨头位置及机床工作台位置的手动调校，属于电动机的断续控制。电动机点动控制电路如图1-2-22所示。

按下点动按钮SB_1，KM线圈通电吸合，KM主触点闭合，电动机定子绕组得电运行。松开按钮SB_1，KM线圈断电，KM主触点断开，电动机定子绕组断电，电动机转子停转。

线路工作过程：

1）按下SB_1→KM线圈得电→KM主触点闭合→M电动机运转。

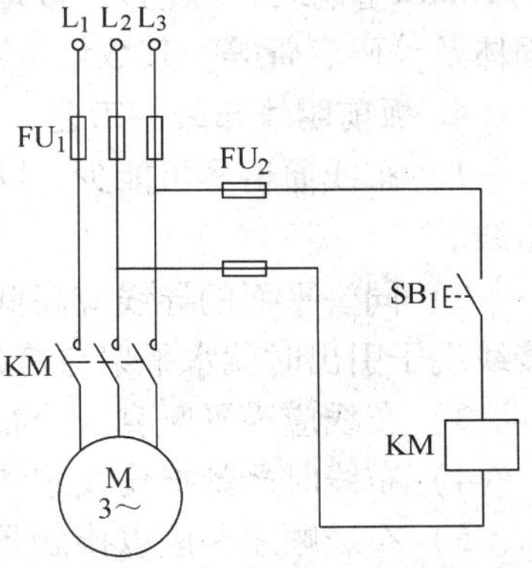

图1-2-22　电动机点动控制电路

2）松开 SB_1→KM 线圈失电→KM 主触点断开→M 电动机停转。

其中熔断器 FU 负责电路的短路保护。

技 能 训 练

1.2.9 电动机点动控制电路的安装与调试

1. 实践目的

掌握电动机的点动控制电路的安装与调试（硬线配线）方法。

2. 任务内容

1）将参与学生按每组 5 ~ 8 人分组，并下达实验、实训任务。

2）要求每组学生根据所学内容画出电动机点动控制电路原理图。

3）每组学生填写元器件明细表，见表 1-8。

表 1-8 元器件明细表

序号	名称	型号	规格	数量
1				
2				
3				
4				
5				
6				
7				
8				

注：表中的“型号”、“规格”可在学生领到元器件后填写。

3. 设备与工具

1）工具：测电笔、螺钉旋具、尖嘴钳、斜口钳、剥线钳、电工刀等。

2）仪表：MF47 型万用表、5050 型兆欧表（可选）、T301-A 型钳形电流表（可选）。

3）器材：控制板一块（500mm × 400mm × 20mm）；导线规格：动力电路采用 BV2.5mm^2 塑铜线（黑色），控制电路采用 BV1mm^2 塑铜线（红色），按钮控制电路采用 BV1mm^2 塑铜线（红色），接地线采用 BVR 塑铜线（黄绿双色，截面积至少 1.5mm^2）；紧固体及编码套管等，其数量按需要而定。

4. 板前明线布线的工艺

1）布线通道尽可能少，同路并行导线按主、控电路分类集中，单层密排，紧贴安装面布线。

2）同一平面的导线应高低一致或前后一致，不能交叉。非交叉不可时，该根导线应在接线端子引出时就水平架空跨越，但必须走线合理。

3）布线应横平竖直，分布均匀。变换走向时应垂直。

4）布线时严禁损伤线芯和导线绝缘层。

5）布线顺序一般以接触器为中心，由里向外，由低至高，先控制电路，后主电路进行，以不妨碍后续布线为原则。

6）在每根剥去绝缘层导线的两端套上编码套管。所有从一个接线端子（或接线桩）到另一个接线端子（或接线桩）的导线必须连续，中间无接头。

7）导线与接线端子或接线桩连接时，不得压绝缘层、不反圈及不露铜过长。

8）同一元件、同一回路的不同接点的导线间距离应保持一致。

9）一个电器元件接线端子上的连接导线不得多于两根，每节接线端子板上的连接导线一般只允许连接一根。

5. 训练步骤

1）配齐所用电器元件，并进行质量检验。电器元件应完好无损，各项技术指标应符合规定要求，否则应予以更换。

2）在控制板上安装所有的电器元件，并贴上醒目的文字符号。安装时，组合开关、熔断器的受电端子应安装在控制板的外侧；元件排列要整齐、匀称、间距合理，且便于元件的更换。紧固电器元件时用力要均匀，紧固程度适当，做到既使元件安装牢固，又不使其损坏。

3）按接线图进行板前明线布线和套编码套管。做到布线横平竖直、整齐、分布均匀、紧贴安装面、走线合理；套编码套管要正确；严禁损伤线芯和导线绝缘层；接点牢靠，不得松动，不得压绝缘层，不反圈及不露铜过长等。

4）根据电路图检查控制板布线的正确性。

5）安装电动机。

6）可靠连接电动机和按钮金属外壳的保护接地线。

7）连接电源、电动机等控制板外部的导线。

8）自检，校验合格后，通电试车。通电时，必须经指导教师同意后，由指导教师接通电源，并在现场进行监护。出现故障后，学生应独立进行检修。需带电检查时，也必须有教师在现场监护。

9）通电试车完毕，停转，切断电源。先拆除三相电源线，再拆除电动机负载线。

注意事项：

1）螺旋式熔断器（或低压断路器）的接线要正确，以确保用电安全。

2）接触器触点接线必须正确，否则将会造成故障。

3）通电试车时，应先合上转换开关QS，按下SB_1，接触器KM吸合。松开SB_1，观察接触器KM是否断电释放。

4）训练应在规定的时间内完成，同时要做到安全操作和文明生产。

6. 评分标准（见表1-9）

表1-9　评　分　表

序号	主要内容	考核要求	评分标准	配分	扣分	得分
1	元器件安装	1）按图样的要求，正确利用工具和仪表，熟练地安装电气元器件 2）元器件在配电板上布置要合理，安装要准确、紧固 3）按钮盒不固定在板上	1）元器件布置不整齐、不匀称、不合理，每只扣4分 2）元器件安装不牢固、安装元器件时漏装螺钉，每只扣4分 3）损坏元器件，每只扣10分	20		

（续）

序号	主要内容	考核要求	评分标准	配分	扣分	得分
2	布线	1）要求美观、紧固 2）电源和电动机配线、按钮接线要接到端子排上，进出的导线要有端子标号	1）电动机运行正常，但未按电路图接线，扣15分 2）布线不美观，主电路、控制电路每根扣4分 3）接点松动、接头露铜过长、反圈、压绝缘层、标记线号不清楚、遗漏或误标，每处扣4分 4）损伤导线绝缘层或线芯，每根扣5分	60		
3	通电试验	应保证人身和设备安全的前提下，通电试验一次成功	1）主、控电路配错熔体，每个扣5分 2）1次试车不成功扣10分；2次试车不成功扣15分；3次试车不成功扣20分	20		
4	安全文明生产	应保证人身和设备安全	违反安全文明生产规程，扣5～20分	20		
备注			合计			
			教师签字	年 月 日		

模块3 机床主轴起停控制

知 识 积 累

1.3.1 热继电器

1. 热继电器的作用及分类

热继电器对连续运行的电动机作过载及断相保护，可防止因过热而损坏电动机的绝缘材料。由于热继电器中发热元件有热惯性，在电路中不能作瞬时过载保护，更不能作短路保护，因此，它不同于过电流继电器和熔断器。常用热继电器实物图如图1-3-1所示。

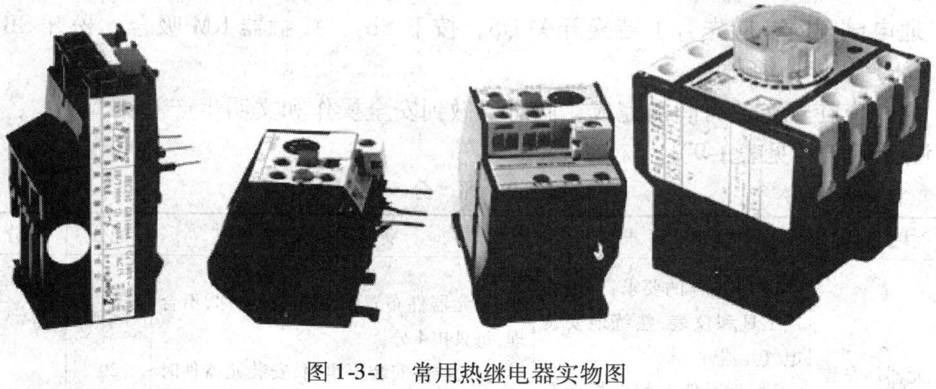

图1-3-1 常用热继电器实物图

按相数来分，热继电器有单相、两相和三相三种类型，每种类型按发热元件的额定电流又有不同的规格和型号。三相式热继电器常用于三相交流电动机作过载保护。按职能来分，三相式热继电器又有不带断相保护和带断相保护两种类型。

2. 热继电器的保护特性和工作原理

热继电器主要由热元件、双金属片和触点三部分组成。热继电器中产生热效应的发热元件，应串接于电动机绕组电路中，这样，热继电器便能直接反映电动机的过载电流。但其触点应接在控制电路中，其触点一般有常开和常闭两种，作过载保护用时常使用其常闭触点串联在控制电路中。

双金属片是热继电器的感测元件。所谓双金属片，就是将两种热膨胀系数不同的金属片以机械辗压方式使之形成一体。膨胀系数大的称为主动片，膨胀系数小的称为被动片。双金属片受热后产生线膨胀，由于两层金属的膨胀系数不同，且两层金属又紧紧地粘合在一起，因此，使得双金属片向被动片一侧弯曲，如图1-3-2所示。由双金属片弯曲产生的机械力便带动触点动作。

双金属片的受热方式有4种，即直接受热式、间接受热式、复合受热式和电流互感器受热式，如图1-3-3所示。电流互感器受热式的发热元件不直接串接于电动机电路，而是接于电流互感器的二次侧，这种方式多用于电动机电流比较大的场合，以减少通过发热元件的电流。

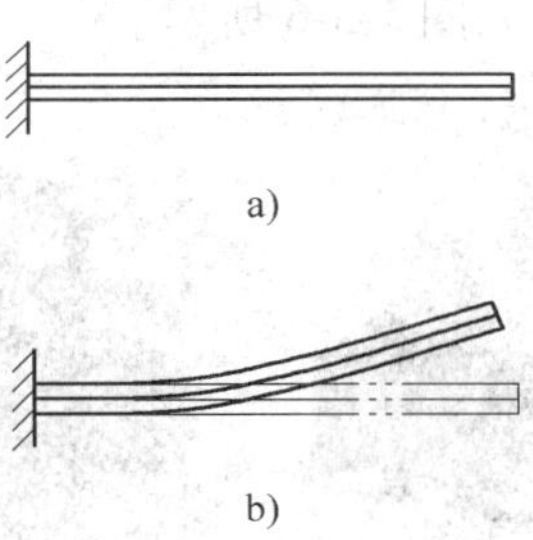

图1-3-2　双金属片工作原理

a）受热前　b）受热后

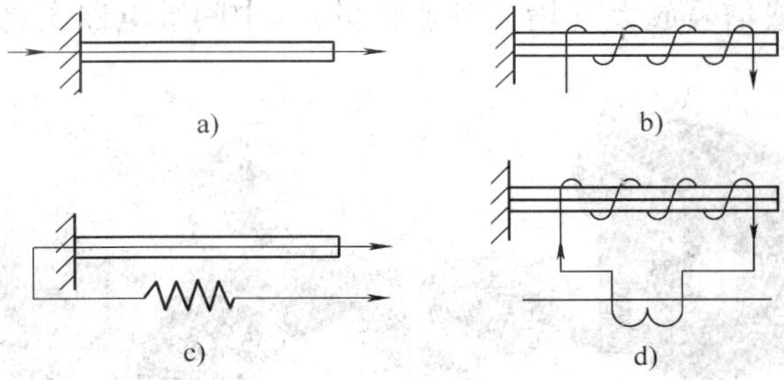

图1-3-3　双金属片的受热方式

a）直接受热　b）间接受热　c）复合受热　d）互感器受热

图1-3-4所示是热继电器的结构原理。使用时热元件3串接在电动机定子绕组中，电动机绕组电流即为流过热元件的电流。当电动机正常运行时，热元件产生的热量虽能使双金属片2弯曲，但还不足以使继电器动作；当电动机过载时，热元件产生的热量增大，使双金属片弯曲位移增大，经过一定时间后，双金属片弯曲到推动导板4，并通过补偿双金属片5与推杆14将触点9和6分开，触点9和6为热继电器串于接触器线圈回路的常闭触点，断开后使接触器失电，接触器的常开触点断开电动机的电源以保护电动机。调节旋钮11是一个偏心轮，它与支撑件12构成一个杠杆，13是一个压簧，转动偏心轮，改变它的半径即可改变补偿双金属片5与导板的接触距离，达到调节整定动作电流的目的。此外，靠调节复位

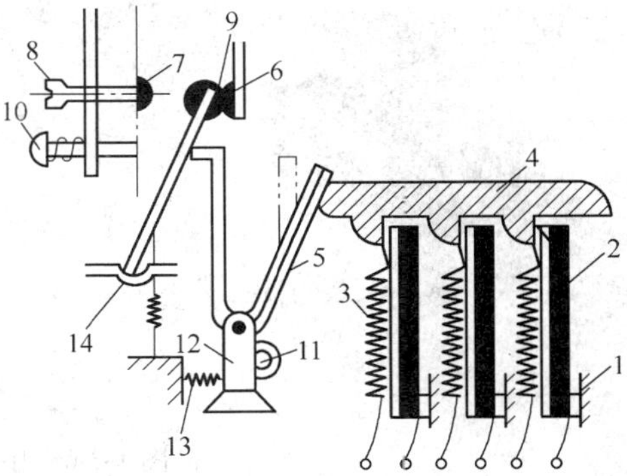

图1-3-4　热继电器的结构原理

1—双金属片固定支点　2—双金属片　3—热元件　4—导板　5—补偿双金属片　6—常闭触点　7—常开触点　8—复位调节　9—动触点　10—复位按钮　11—调节旋钮　12—支撑　13—压簧　14—推杆

螺钉来改变常开触点的位置，使热继电器能工作在手动复位和自动复位两种工作状态。调试手动复位时，在故障排除后要按下按钮 10 才能使动触头恢复到与静触头相接触的位置。

在电气原理图中，热继电器的热元件和触点的图形符号如图 1-3-5 所示。

热继电器的型号意义如下：

JR 20 - □ □ / □

- 热继电器——JR
- 设计序号——20
- 基本规格代号（以额定整定电流表示）——第一个□
- 特征代号——第二个□
  - D— 带断相保护
  - L— 单独安装式
  - Z— 与交流接触器组合使用
  - W— 带专用配套电流互感器
- 热元件编号——/□

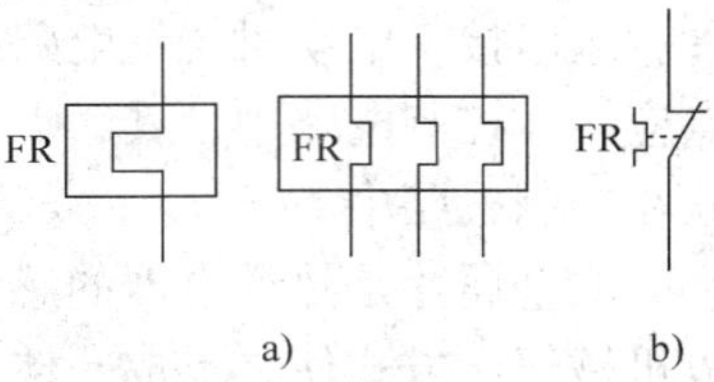

图 1-3-5 热继电器的热元件和触点的图形符号
a）热元件 b）常闭触点

1.3.2 电磁式中间继电器

中间继电器的原理和结构与接触器相同，只是其触点系统中无主、辅触点之分，各触点容量相同（一般为 5A），常用在控制电路中完成触点的转换（转换触点类型和增加触点个数）或信号放大（增大触点容量）。中间继电器实物图及其符号如图 1-3-6 所示。

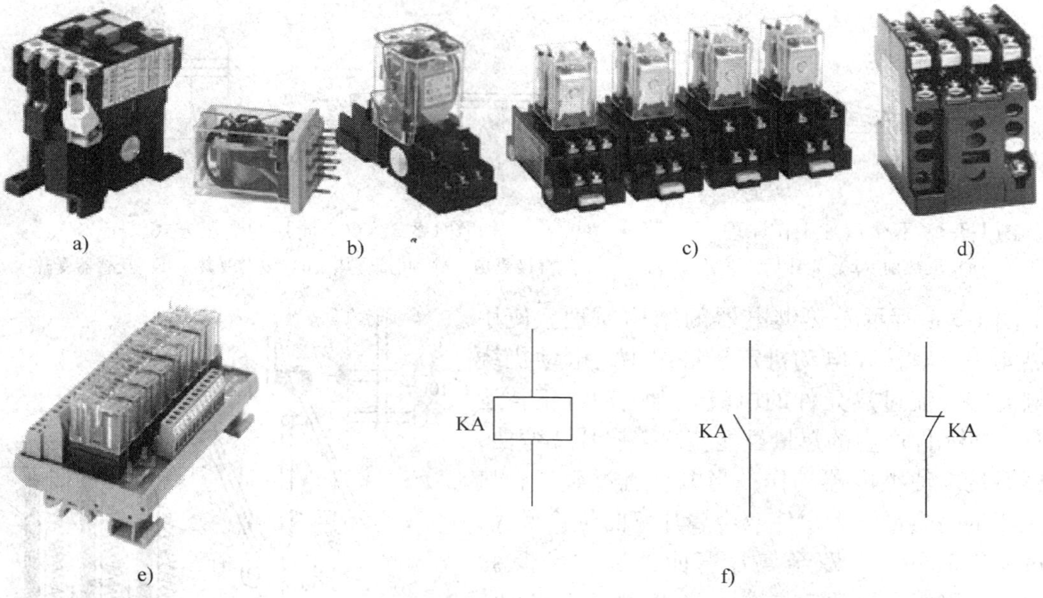

图 1-3-6 中间继电器实物图及其符号
a）JZC4 系列接触器式继电器 b）PR41 系列继电器（小型中间继电器）
c）HH5 系列小继电器（小型中间继电器） d）JZ7 系列中间继电器
e）BJCZ1 系列继电器组合模块 f）中间继电器的文字符号和图形符号

常用的中间继电器有 JZ7 系列、HH5 系列。以 JZ7-62 为例，JZ 为中间继电器的代号，7 为设计序号，有 6 对常开触点，2 对常闭触点。国产中间继电器型号含义如下：

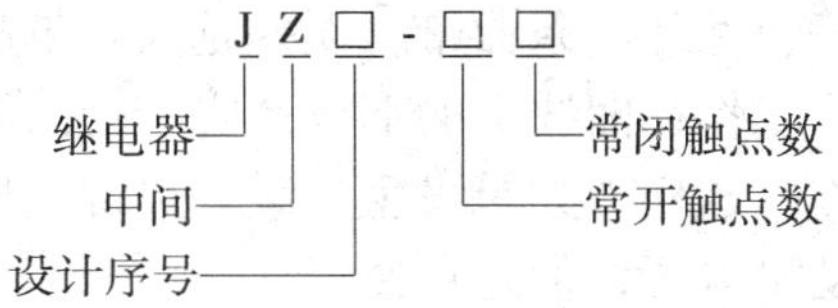

表1-10为HH5系列小型中间继电器的主要技术数据，表1-11为JZ7系列中间继电器的主要技术数据。

表1-10　HH5系列小型中间继电器的主要技术数据

最大工作电压/V	250				
额定电压/V	AC 6,12,24,36,48,110,220 DC 6,12,24,36,48,110				
动作电压/V	80%～110%额定电压时继电器能可靠动作				
释放电压/V	AC:不小于30%额定电压 DC:不小于10%额定电压				
额定工作电流/A	HH52P,HH53P:5A,HH54P:3A				
动作时间/ms	<20	释放时间/ms	<20	接触电阻	<50mΩ
消耗功率	AC:1.6VA　DC:1.0W				
绝缘电阻	不小于100MΩ	开闭频率	1800次/h		
环境温度	-10～40℃	机械寿命	200000次		
外形尺寸/(mm×mm×mm)	27×21×40(继电器) 72×32.5×69(继电器插入座)				

表1-11　JZ7系列中间继电器的主要技术数据

额定绝缘电压/V		380
额定电流/A		5
线圈电压/V		12,36,127,220,380
操作频率/(次/h)		1200
机械寿命/次		3000000
触点对数	JZ7-44	4NO 4NC
	JZ7-62	6NO 2NC
	JZ7-80	8NO 0NC
线圈参数	吸合电压	85%～105%线圈电压
	释放电压	75%～20%线圈电压
	吸合功率	75VA
	保持功率	12VA

知识拓展

1.3.3　热继电器的特性

1. 电动机的过载特性和热继电器的保护特性

因为热继电器的触点动作时间与被保护的电动机过载程度有关，所以在分析热继电器工作原理之前，首先要明确电动机在不超过允许温升的条件下，电动机的过载电流与电动机通电时间的关系。这种关系称为电动机的过载特性。当电动机运行中出现过载电流时，必将引起绕组发热。根据热平衡关系可知：在允许温升条件下，电动机通电时间与其过载电流的二次方成反比。根据这个结论，可以得出电动机的过载特性具有反时限特性，如图1-3-7中曲线1所示。为了适应电动机的过载特性而又起到过载保护作用，要求热继电器也应具有如同电动机过载特性那样的反时限特性。为此，在热继电器中必须具有电阻发热元件，利用过载电流通过电阻发热元件产生的热效应使感测元件动作，从而带动触点动作来完成保护作用。热继电器中通过的过载电流与热继电器触点的动作时间关系，称为热继电器的保护特性，如图1-3-7中曲线2所示。考虑各种误差的影响，电动

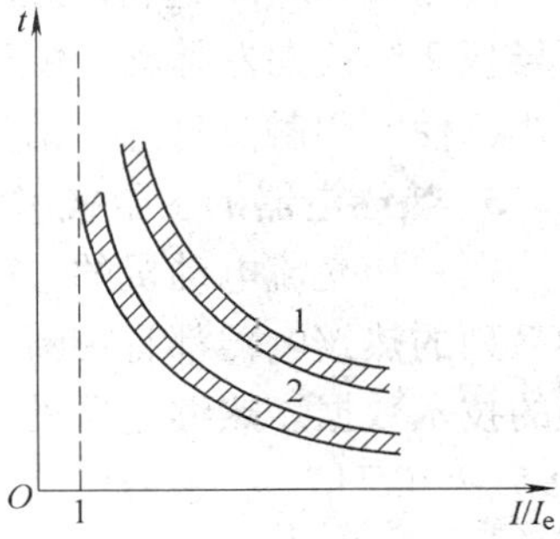

图1-3-7　热继电器的保护特性与电动机的过载特性的配合

机的过载特性和继电器的保护特性是一条曲带，误差越大，带越宽；误差越少，带越窄。由图可知，电动机出现过载时，工作在曲线 1 的下方是安全的。因此，热继电器的保护特性应在电动机过载特性的邻近下方。这样，如果发生过载，热继电器就会在电动机未达到其允许过载极限之前动作，切断电动机电源，使之免遭损坏。

2. 带断相保护的热继电器

三相电动机的一根接线断开或一相熔丝熔断是造成三相异步电动机烧坏的主要原因之一。如果热继电器所保护的电动机是Y联结，当线路发生一相断电时，另外两相电流便增大很多，由于线电流等于相电流，流过电动机绕组的电流和流过热继电器的电流增加比例相同，因此，普通的两相或三相热继电器可以对此做出保护。如果电动机是△联结，发生断相时，由于电动机的相电流与线电流不等，流过电动机绕组的电流和流过热继电器的电流增加比例不相同，而热元件又串接在电动机的电源进线中，按电动机的额定电流即线电流来整定，整定值较大。当故障线电流达到额定电流时，在电动机绕组内部，电流较大的那一相绕组的故障电流将超过额定相电流，便有过热烧毁的危险。所以△联结必须采用带断相保护的热继电器。

带有断相保护的热继电器是在普通热继电器的基础上增加一个差动机构，对三个电流进行比较。差动式断相保护热继电器动作原理如图 1-3-8 所示。

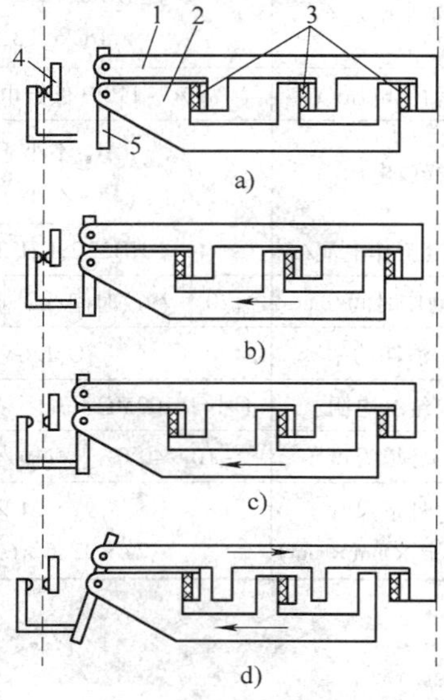

图 1-3-8 差动式断相保护热继电器动作原理

a）通电前 b）三相正常通电
c）三相均过载 d）C 相断线
1—上导板 2—下导板 3—双金属片
4—常闭触点 5—杠杆

热继电器的导杆改为差动机构，由上导板 1、下导板 2 及杠杆组成，它们之间都用转轴连接。其中，图 1-3-8a 为通电前机构各部件的位置；图 1-3-8b 为正常通电时的位置，此时三相双金属片都受热向左弯曲，但弯曲的挠度不够，所以下导板向左移动一小段距离，继电器不动作；图 1-3-8c 是三相同时过载时的情况，三相双金属片同时向左弯曲，推动下导板 2 向左移动，通过杠杆 5 使常闭触点立即打开；图 1-3-8d 是 C 相断线的情况，这时 C 相双金属片逐渐冷却降温，端部向右移动，推动上导板 1 向右移，而另外两相双金属片温度上升，端部向左弯曲，推动下导板 2 继续向左移动，由于上、下导板一左一右移动，产生了差动作用，通过杠杆的放大作用，使常闭触点打开。由于差动作用，使继电器在断相故障时加速动作，保护电动机。

3. 热继电器的主要技术参数及选用

在三相交流电动机的过载保护中，JR16 和 JR20 系列三相式热继电器应用较广泛。这两种系列的热继电器都有带断相保护和不带断相保护两种类型，表 1-12 给出 JR16 系列热继电器的技术数据。热继电器的整定电流的选择为与负载额定电流一致，即取负载额定电流的 0.95～1.05 倍。

1.3.4 电磁式继电器

以电磁力为驱动的继电器称为电磁式继电器，其结构和工作原理与接触器相似，结构上是由电磁机构和触点机构组成的。但是，继电器控制的是小功率信号系统，流过触点的电流很弱，所以不需要灭弧装置；另外，继电器可以对各种输入量做出反应，而接触器只有在一定的电压信号下动作。

表 1-12　JR16 系列热继电器的技术数据

型号	热继电器额定电流/A	热元件规格			连接导线规格
		编号	额定电流/A	刻度电流调整范围/A	
JR16-20/3 JR16-20/3D	20	1	0.35	0.25~0.3~0.35	$4mm^2$ 单股塑料铜线
		2	0.5	0.32~0.4~0.5	
		3	0.72	0.45~0.6~0.72	
		4	1.1	0.68~0.9~1.1	
		5	1.6	1.0~1.3~1.6	
		6	2.4	1.5~2.0~2.4	
		7	3.5	2.2~2.8~3.5	
		8	5.0	3.2~4.0~5.0	
		9	7.2	4.5~6.0~7.2	
		10	11.0	6.8~9.0~11.0	
		11	16.0	10.0~13.0~16.0	
		12	22.0	14.0~18.0~22.0	
JR16-60/3 JR16-60/3D	60	13	22.0	14.0~18.0~22.0	$16mm^2$ 多股铜心橡皮软线
		14	32.0	20.0~26.0~32.0	
		15	45.0	28.0~36.0~45.0	
		16	63.0	40.0~50.0~63.0	
JR16-150/3 JR16-150/3D	150	17	63.0	40.0~50.0~63.0	$35mm^2$ 多股铜心橡皮软线
		18	85.0	53.0~70.0~85.0	
		19	120.0	75.0~100.0~120.0	
		20	160.0	100.0~130.0~160.0	

1. 继电器的结构

电磁式继电器的结构和工作原理与电磁式接触器相似。电磁式继电器的典型结构如图 1-3-9 所示。

（1）电磁机构

交流继电器的电磁机构形式有 U 形拍合式、E 形直动式、空心或装甲螺管式等结构形式。U 形拍合式和 E 形直动式的铁心及衔铁均由硅钢片叠成，且在铁心柱端面上装有分磁环。直流继电器的电磁机构形式为 U 形拍合式，铁心和衔铁均由电工软铁制成。为了增加闭合后的气隙，在衔铁的内侧面上装有非磁性垫片，铁心铸在铝基座上。

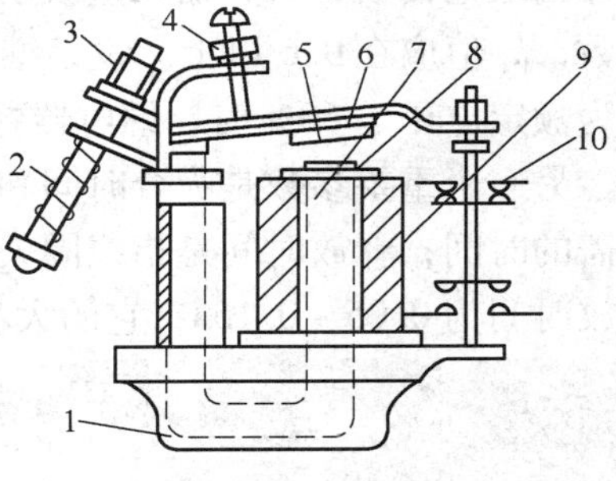

图 1-3-9　电磁式继电器的典型结构
1—底座　2—反力弹簧　3、4—调节螺钉　5—非磁性垫片　6—衔铁　7—铁心　8—极靴　9—电磁线圈　10—触点系统

（2）触点系统

交、直流继电器的触点由于均接在控制电路上，且电流小，故不装灭弧装置。其触点一般都为双断口桥式触点，有常开和常闭两种形式。

另外，为了实现继电器动作参数的改变，继电器一般还具有改变释放弹簧及改变衔铁打开状态时气隙大小的调节装置，例如调节螺母。

2. 继电器的作用

电磁式继电器根据外来信号（电压和电流），利用电磁原理使衔铁产生闭合动作，从而带动触点动作，使控制电路接通或断开，实现对控制（小电流）电路状态的改变。值得注意的是，继电器的触点不能用来接通和分断负载电路。

3. 继电器的分类

1）按输入信号不同分为电压继电器、电流继电器、时间继电器、速度继电器、温度继电器、压力继电器和中间继电器。

2）按线圈电流种类不同分为交流继电器和直流继电器。

3）按使用范围不同分为控制继电器（用于电力拖动系统以实现过程自动化和作某些保护）、保护继电器（用于电力系统作继电保护）、通信继电器（用于电信和遥控系统）和安全继电器（用于人身和设备安全）。

4）按动作原理不同分为电磁式继电器、感应式继电器、电动式继电器、电子式继电器和热继电器。

在机床控制中，用得最多的是电磁式继电器。本节主要讲述电磁式中间继电器，其他例如电流继电器、电压继电器、时间继电器将在别的章节介绍。

4. 电磁式继电器的特性

电磁式继电器的主要特性是输入—输出特性，又称为电磁式继电特性。继电特性曲线为跳跃式的回环特性，即继电器的吸合值与释放值不等，一般继电器的释放值小于吸合值，如图 1-3-10 所示。

当继电器输入量 x 增至 x_2 时，继电器吸合。当 x 减小到 x_1 时，继电器释放。x_2 称为继电器吸合值，欲使继电器吸合，输入量必须等于或大于 x_2；x_1 为继电器的释放值，欲使继电器释放，输入量必须等于或小于 x_1。

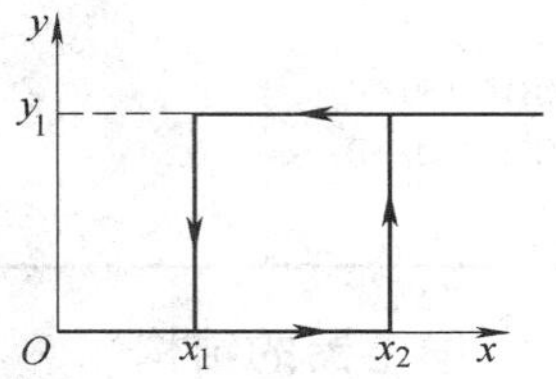

图 1-3-10 继电器特性曲线

继电器的返回系数 $k_f = x_1/x_2$，是继电器的重要参数之一。k_f 值可以通过调节释放弹簧或调整铁心与衔铁之间非磁性垫片的厚度来达到所要求的值。不同的场合要求的 k_f 值不同，例如一般继电器要求低的返回系数，k_f 值应在 0.1～0.4 之间，这样当继电器吸合后，输入量波动较大时不至于引起误动作；欠电压继电器则要求高的返回系数，k_f 值应在 0.6 以上。设某继电器 $k_f = 0.66$，当吸合电压为额定电压的 90%，则释放电压为额定电压的 60% 时，继电器释放，它起到欠电压保护作用。

另一个重要参数是吸合时间和释放时间。吸合时间是指线圈接受电信号到衔铁完全吸合所需的时间；释放时间是指线圈失电到衔铁完全释放所需的时间。一般继电器的吸合时间与释放时间为 0.05～0.15s，它的大小影响继电器的操作频率。

实 践 探 索

1.3.5 热继电器的调整及中间继电器的使用

1. 实践目的

1）熟悉热继电器的结构与工作原理。

2）掌握热继电器的使用和校验调整方法。

3）掌握中间继电器的使用。

2. 任务内容

1）观察热继电器的结构。将热继电器的后绝缘盖板卸下，仔细观察热继电器的结构，指出动作结构、电流整定装置、复位按钮及触点系统的位置，并能叙述它们的作用。

2）校验调整热继电器。

3）完成中间继电器的校验电路连接。

3. 设备与工具

1）工具：螺钉旋具、电工刀、尖嘴钳、钢丝钳等。

2）仪表：MF47 型万用表、5050 型兆欧表。

3）器材：热继电器 JR16，1 只；小型电磁中间继电器 HH53P，1 只。

4. 训练步骤

（1）热继电器校验调整

①按图 1-3-11 连接校验电路。

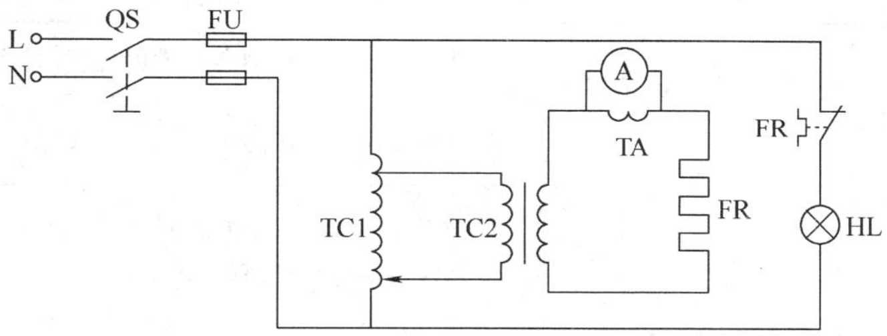

图 1-3-11　热继电器校验电路

②将调压器的输出调到零位置，将热继电器置于手动复位状态并将整定值旋钮置于额定值处。

③合上电源开关 QS，指示灯 HL 亮。

④将调压器输出电压升高，使热元件通过的电流升至额定值。1h 内热继电器应不动作，若 1h 内热继电器动作，则应将调节旋钮向额定值大的方向旋动。

⑤将电流升至 1.2 倍额定电流，热继电器应在 20min 内动作，否则，应将调节旋钮向额定值小的方向旋动。

⑥将电流降至零，待热继电器冷却并手动复位后，再调升电流至 1.5 倍额定值。热继电器冷却后应在 2min 内动作。

⑦将电流降至零，快速调升电流至 6 倍额定值，分断 QS 再随即合上，其动作时间应大于 5s。

（2）热继电器复位方式的调整

热继电器出厂时，一般都调在手动复位，如果需要自动复位，可将复位调节螺钉顺时针旋进。自动复位时应在动作 5min 内自动复位。手动复位时在动作 2min 后，按下手动复位按钮，热继电器应复位。

（3）中间继电器的校验

①按图 1-3-12 连接校验电路。

②给线路上电，观察 HL_1 和 HL_2 亮与灭的情况。

③按下 SB_2，观察 HL_1 和 HL_2 亮与灭情况的变化。

注意事项：

1）校验时环境温度应尽量接近工作温度，连接导线长度一般不小于 0.6 m，连接导线横截面积应与使用的实际情况相同。

2）校验时电流变化较大，为使测量结果准确，校验时应注意选择电流互感器的合适量程。

3）通电校验时，必须将热继电器、中间继电器、电源开关固定在校验板上，以确保用电安全。

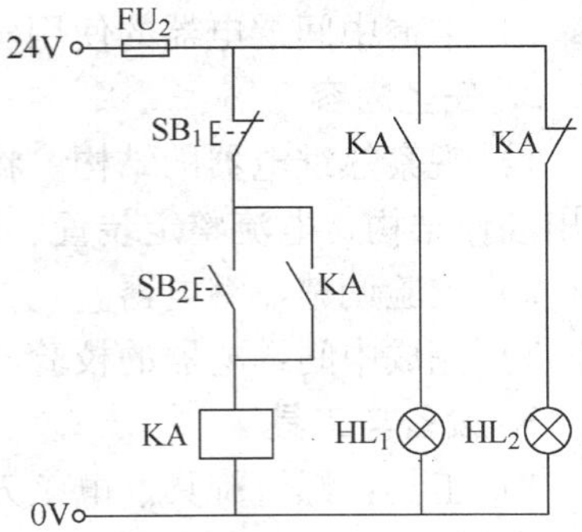

图 1-3-12　中间继电器校验电路

5. 评分标准（见表 1-13）

表 1-13　评　分　表

序号	主要内容	考核要求	评分标准	配分	扣分	得分
1	热继电器的结构	熟悉热继电器的结构与工作原理	1）不能指出热继电器各部件的位置，每个扣 5 分 2）不能说出各部件的作用，每个扣 5 分	10		
2	热继电器检修	能正确校检元件、检验结果	1）损坏电器元件或不能装配，扣 30 分 2）丢失或漏装零件，每只扣 10 分 3）拆装方法、步骤不正确，每次扣 5 分 4）拆装后未进行改装，扣 20 分 5）装配后手柄转动不灵活，扣 10 分 6）不能进行通电校验，扣 20 分 7）通电试验不成功，每次扣 10 分	50		
3	校验	能正确校检元件、检验结果	1）检验的方法不正确，扣 10 ~ 20 分 2）检验结果不正确，扣 10 ~ 20 分 3）通电时有振动或噪声，扣 10 分	25		
4	中间继电器的使用	能完成中间继电器的接线	1）线圈接错，扣 15 分 2）线圈接线正确，触点接错，每个扣 5 分	15		
5	安全文明生产	应保证人身和设备安全	违反安全文明生产规程，扣 5 ~ 20 分	20		
备注			合　计			
			教师签字　　　　年　月　日			

控 制 分 析

1.3.6　机床主轴起停控制

机床主轴的起停控制，对应着电动机的起、保、停控制，实现机床主轴的连续运行控制，其他应用如机床工作台的工步进给、冷却泵的运行、排屑电动机的起停等，均属于电动机的连续控制。电动机起停控制电路如图 1-3-13 所示。

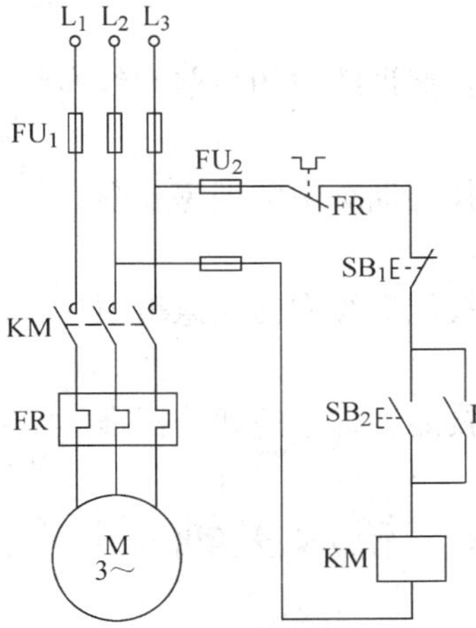

图 1-3-13　电动机起、保、停控制电路

据统计，在许多工矿企业中，三相异步电动机的数量占电力拖动设备总台数的 85% 左右。在变压器容量允许的情况下，三相异步电动机应该尽可能采用全电压直接起动，这既可以提高控制电路的可靠性，又可以减少电器的维修工作量。

线路工作过程：

（1）起动

按下 SB_2→KM 线圈得电→KM 主触点闭合 → 电动机 M 运转
　　　　　　　　　　　└→KM 辅助触点闭合 → 电路自锁

（2）停止

按下 SB_1→KM 线圈失电→KM 主触点断开 → 电动机 M 停转
　　　　　　　　　　　└→KM 辅助触点断开 → 自锁解除

其中熔断器 FU 负责电路的短路保护，热继电器 FR 负责电路的过载保护。

技 能 训 练

1.3.7　电动机起、保、停控制电路的安装与调试

1. 实践目的

掌握电动机的起动、自保及停止控制电路的安装与调试（硬线配线）方法。

2. 任务内容

1）将参与学生按每组 5 ~8 人分组，并下达实验、实训任务。

2）要求每组学生根据所学内容设计出电动机起、保、停控制电路原理图。

3）组织学生组间互评，最终确定出合理的控制电路原理图。

4）每组学生画出最终电气原理图、电器分布位置图及填写元器件明细表。

元器件明细表参见表 1-8。

3. 设备与工具

参见本项目模块 2 中 1.2.9 技能训练中的设备与工具。

4. 板前明线布线的工艺

参见本项目模块 2 中 1.2.9 技能训练中的板前明线布线的工艺。

5. 训练步骤

参见本项目模块 2 中 1.2.9 技能训练中的训练步骤。

注意事项：

参见本项目模块 2 中 1.2.9 技能训练中的注意事项。

6. 评分标准

参见本项目模块 2 中 1.2.9 技能训练中的评分标准。

模块 4　机床主轴正反转控制

知 识 积 累

1.4.1　组合开关

组合开关又称为转换开关，是一种变形的刀开关，在结构上是用动触片代替了闸刀，以左右旋转动作代替了刀开关的上下分合动作。组合开关一般用于电气设备中，作为非频繁地接通和分断电路、换接电源和负载、测量三相电压以及控制小容量异步电动机的正反转和Y-△起动等用。

HZ10 系列组合开关结构如图 1-4-1c 所示。这种开关有 3 副静触片，每一静触片的一端固定在绝缘垫板上，另一端伸出盒外，并附有接线柱，以便和电源线及用电设备的导线相连；3 个动触片装在另外的绝缘垫板上，垫板套装在附有绝缘手柄的绝缘杆上，手柄能沿任何方向每次旋转 90°，带动 3 个动触片分别与 3 个静触片接通或断开。为使开关在切断负荷电流时所产生的电弧能迅速熄灭，在开关的转轴上都装有弹簧储能机构，使开关能快速闭合与分断，其分断与闭合速度和手柄旋转速度无关。其中，凡不标出类型代号（拼音字母）者，是同时通断或交替通断的产品；有 P 代号者，是两位转换的产品；有 S 代号者，是三位转换的产品；有 Z 代号者，是供转接电阻用的产品；有 X 代号者，是控制电动机作Y-△起动用的产品。

组合开关型号的表示方法为：

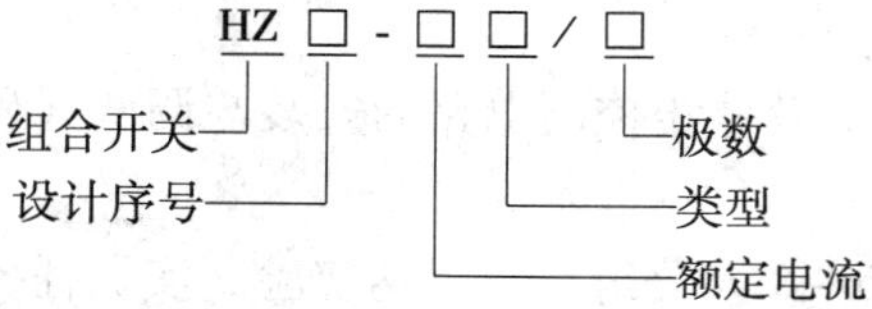

交替通断的产品，其极数标志部分有两位数字：前一位表示在起始位置上接通的电路数；第二位表示总的通断电路数。两位转换的产品，其极数标志前无字母代号者，是有一位断路的产品；极数标志前有字母代号 B 者，是有两位断路的产品；极数标志前有数字代号 0 者，是无断路的产品。HZ10 系列组合开关技术数据见表 1-14。

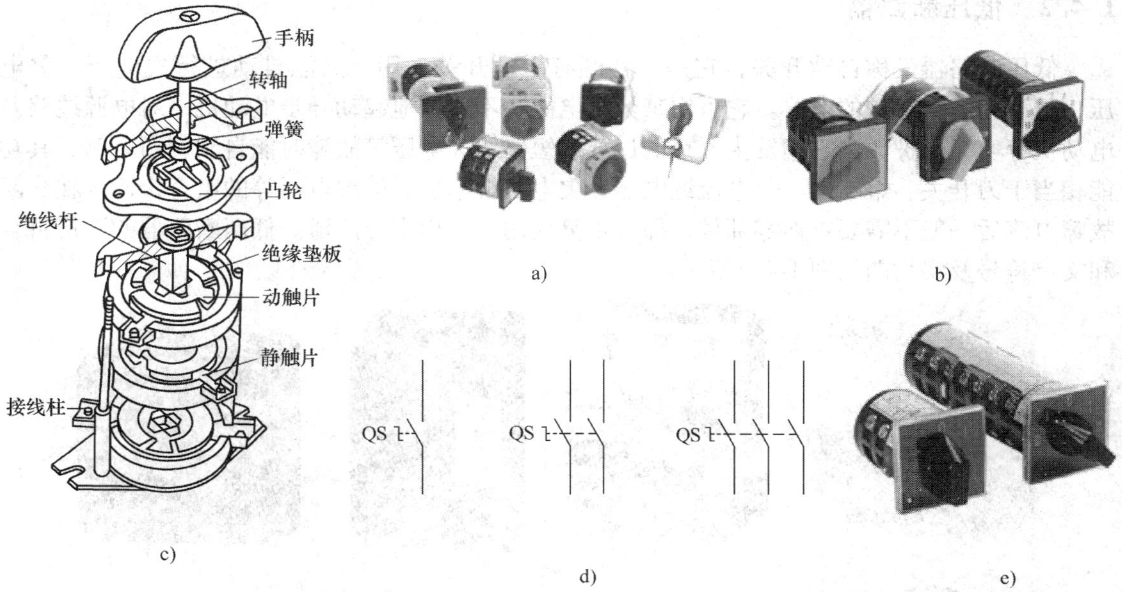

图 1-4-1　组合开关

a）HZ12 系列组合开关　b）HZ5B 系列组合开关　c）HZ10 系列组合开关结构

d）组合开关的文字及图形符号　e）HZ5B 系列组合开关

表 1-14　HZ10 系列组合开关技术数据

型号	额定电压/V	额定电流/A	极数	极限操作电流 * /A		可控制电动机最大容量和额定电流 *		额定电压及额定电流下的通断次数			
								AC cosϕ		直流时间常数/s	
				接通	分断	容量/kW	额定电流/A	≥0.8	≥0.3	≤0.0025	≤0.01
HZ10-10	DC220，AC380	6	单极	94	62	3	7	20000	10000	20000	10000
		10	2,3								
HZ10-25		25		155	108	5.5	12				
HZ10-100		100						10000	5000	10000	5000

注：* 均指三极组合开关。

组合开关的电寿命是指在额定电压下、操作频率不超过每小时 300 次、功率因数不小于规定数值时，其通断额定电流的次数。如果功率因数太低或操作频率太高，都应降低容量使用，否则不仅会降低开关的寿命，有时还可能因持续燃弧而发生事故。

虽然组合开关有一定的通断能力，但毕竟还是比较低的，所以不能用来分断故障电流。不仅如此，就是用于控制电动机作可逆运转的组合开关，也必须在电动机完全停止转动后，才允许反方向接通（只能作为预选开关使用）。

组合开关的接线方式很多，需要根据需求正确地选择相应规格的产品。由于组合开关本身是不带过载保护和短路保护的。如果需要这类保护，就必须另设其他保护电器。

1.4.2　低压断路器

低压断路器又称自动开关，它是一种既有手动开关作用，又能自动进行失电压、欠电压、过载和短路保护的电器。它可用来分配电能，不频繁地起动异步电动机，对电源线路及电动机等实行保护，当它们发生严重的过载或短路及欠电压等故障时能自动切断电路，其功能相当于刀开关、熔断器、过电流继电器、欠电压继电器、热继电器等的组合，而且在分断故障电流后一般不需要更换零部件，即可重复使用，应用十分广泛。低压断路器的图形符号和文字符号及实物图如图 1-4-2 所示。

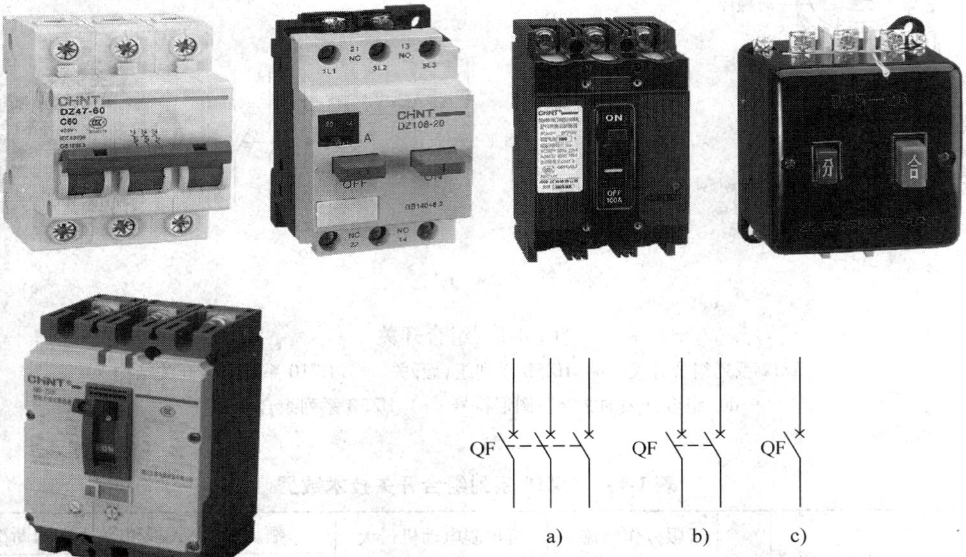

图 1-4-2　低压断路器的图形符号和文字符号

a）三极　b）二极　c）单极

1. 低压断路器的结构和工作原理

低压断路器主要由触点、灭弧系统、各种脱扣器和操作机构等组成，图 1-4-3 为其结构原理图。开关的主触点 1 是靠操作机构进行合闸和分闸的。开关的自由脱扣机构是一套连杆机构，当主触点闭合后将其锁在合闸位置。若电路发生故障，自由脱扣机构就在有关脱扣器的操纵下动作，使钩子 2 脱开，于是主触点在释放弹簧的作用下迅速分断。低压断路器的脱扣器有：

（1）电磁脱扣器（过电流脱扣器）

当流过开关的电流在整定值以内时，电磁脱扣器 3 的线圈所产生的吸力不足以吸动衔铁。当发生短路时，电流超过整定值，此时的吸力足以克服弹簧的拉力拉动衔铁，顶开钩子，使开关跳闸。

（2）热脱扣器（过载脱扣器）

热元件与主电路相串联，有电流流过时发出热量使脱扣器 5 的左端向上弯曲，发生过载时弯曲到足以将钩子顶开，使开关跳闸。

电磁脱扣器和热脱扣器都可以对脱扣电流值进行整定，这时只要改变热脱扣器所需的弯曲程度和电磁脱扣器铁心与脱扣机构的气隙大小就行了。

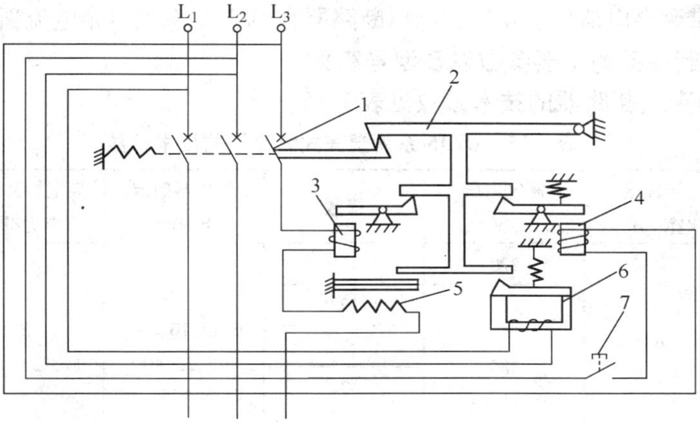

图1-4-3　低压断路器的结构原理图

1—主触点　2—自由脱扣机构　3—过电流脱扣器　4—分励脱扣器
5—热脱扣器　6—失/欠电压脱扣器　7—按钮

热脱扣器和电磁脱扣器互相配合，前者因为热惯性的原因，担负主电路的过载保护，后者可瞬时动作，担任短路故障保护。

当低压断路器因为过载而断开后，应等待2～3min才能合闸，以使热脱扣器恢复原位。

（3）失/欠电压脱扣器

失/欠电压脱扣器的工作过程与电磁脱扣器相反。当电源电压正常时，并励线圈6产生足够吸力将衔铁吸住，使开关保持合闸状态。当电源电压下降到低于整定值或降为零时，吸力不够，衔铁释放，顶开钩子使开关跳闸。

（4）分励脱扣器

用于远距离操作。正常工作时，其线圈断电，在需要远方操作时，按下按钮7，使线圈4通电，电磁铁带动操作机构动作，使开关跳闸。

2. 低压断路器的类型

1）万能式低压断路器。万能式低压断路器又称敞开式/框架式低压断路器，具有绝缘衬底的框架底座，所有的构件组装在一起，用于配电网络的保护。主要型号有DW10和DW15两个系列。

2）塑壳式低压断路器。塑壳式低压断路器又称装置式低压断路器，具有用模压绝缘材料制成的封闭型外壳将所有构件组装在一起。该类低压断路器都提供手动合/断闸、短路以及过载保护的功能，在此基础上有的也提供欠/失电压保护或分励脱扣的功能。用作配电网络的保护和电动机、照明电路及电热器等的控制开关，数控机床多用此类低压断路器。主要型号有DZ5、DZ10、DZ20等系列。

3）快速断路器。具有快速电磁铁和强有力的灭弧装置。最快动作时间可在0.02s以内，用于半导体整流元件和整流装置的保护。主要型号有DS系列。

4）限流断路器。利用短路电流产生巨大的吸力，使触点迅速断开，能用在交流短路电流相当大（高于70kA）的电路中。主要型号有DWX15和DZX10两种系列。

另外，近年来引进的低压断路器有德国的 ME 系列、西门子公司的 3VE 系列，日本的 AE、AH、TG 系列，法国的 C45、S060 系列，美国的 H 系列，这些引进产品都有较高的技术经济指标。我国生产的带剩余电流保护功能的低压断路器有 DZL25 系列剩余电流断路器等。

3. 常用低压断路器的主要参数以及型号意义

DZ15 系列塑壳式断路器的技术参数见表 1-15。

表 1-15 DZ15 系列塑壳式断路器的技术参数

型 号	壳架额定电流/A	额定电压/V	极数	脱扣器额定电流/A	额定短路通断能力/kA	电气机械寿命/次
DZ15-40/1901	40	220	1	6,10,16,20,25,32,40	3 ($\cos\varphi=0.9$)	15000
DZ15-40/2901		380	2			
DZ15-40/3901			3			
DZ15-40/3902			3			
DZ15-40/4901			4			
DZ15-63/1901	63	220	1	10,16,20,25,32,40,50,63	5 ($\cos\varphi=0.9$)	15000
DZ15-63/2901		380	2			
DZ15-63/3901			3			
DZ15-63/3902			3			
DZ15-63/4901			4			

常用低压断路器的型号意义如下：

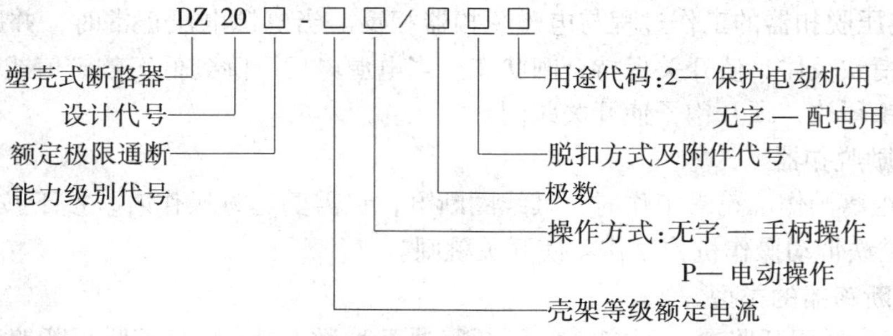

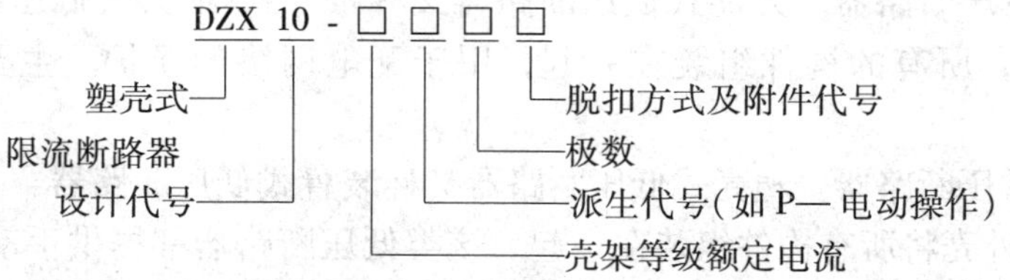

知 识 拓 展

1.4.3 低压开关类电器

低压开关类电器包括刀开关、组合开关、低压断路器三类。其中组合开关、低压断路器在机床或数控机床中使用较多，前面已作介绍，而刀开关在机床中很少使用，下面对其结构、原理等进行介绍。

刀开关又称闸刀开关，是结构最简单、应用最广泛的一种手控电器。刀开关在低压电路中用于不频繁地接通和分断电路，或用于隔离电路与电源，故又称“隔离开关”。

1. 刀开关的结构和工作原理

刀开关由绝缘底板、静插座、操作手柄、触刀和铰链支座等组成，图1-4-4所示为其结构简图。推动手柄使触刀绕铰链支座转动，就可将触刀插入静插座内，电路就被接通。若使触刀绕铰链支座作反向转动，脱离插座，电路就被切断。为了保证触刀和插座合闸时接触良好，它们之间必须具有一定的接触压力，为此，额定电流较小的刀开关插座多用硬纯铜制成，利用材料的弹性来产生所需压力，额定电流大的刀开关还要通过在插座两侧加弹簧片来增加压力。

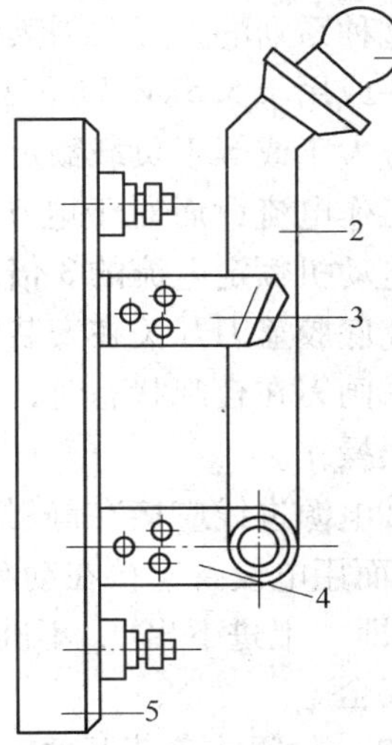

图1-4-4　低压刀开关结构简图

1—操纵手柄　2—触刀　3—静插座

4—铰链支座　5—绝缘底板

刀开关在分断有负载的电路时，其触刀与插座之间会产生电弧。为此采用速断刀刃的结构，使触刀迅速拉开，加快分断速度，保护触刀不致被电弧所灼伤。对于大电流刀开关，为了防止各极之间发生电弧闪烁，导致电源相间短路，刀开关各极间设有绝缘隔板，有的设灭弧罩。

2. 刀开关的种类及主要参数

刀开关按极数可分单极、双极和三极，按转换方式有单投、双投。在刀开关上再安装熔丝或熔断器，便组成兼有通断电路和短路保护作用的开关电器，下面介绍几种这样的刀开关。

（1）瓷底胶盖刀开关

瓷底胶盖刀开关又称开启式负荷开关，常用的有HK1、HK2系列。它由进线座、静触头、熔丝、出线座和带瓷质手柄的闸刀等组成。HK2系列瓷底胶盖刀开关如图1-4-5所示。HK2系列刀开关的技术数据见表1-16。

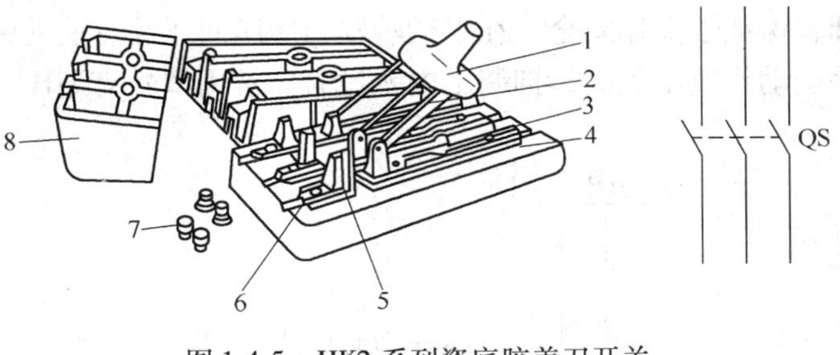

图1-4-5　HK2系列瓷底胶盖刀开关

1—瓷柄　2—动触头　3—出线座　4—瓷底座　5—静触头

6—进线座　7—胶盖紧固螺钉　8—胶盖

表1-16　HK2系列刀开关的技术数据

额定电流/A	极数	额定电压/V	可控制电动机最大容量/kW	熔体线径/mm	额定电流/A	极数	额定电压/V	可控制电动机最大容量/kW	熔体线径/mm
10	2	250	1.1	0.25	15	3	500	3.2	0.45
15	2	250	1.5	0.41	30	3	500	4.0	0.71
30	2	250	2.0	0.56	60	3	500	5.0	1.12

型号意义如下：

HK □ / □
- 额定电流
- 设计序号
- 开启式负荷开关

这种系列的刀开关因其内部设有熔丝，故可对电路进行短路保护，常用作照明电路的电源开关或用于 5.5kW 以下三相异步电动机不频繁起动和停止的控制开关。在选用时，额定电压应大于或等于负载额定电压，对于一般的电路，如照明电路，其额定电流应大于或等于最大工作电流；而对于电动机电路，其额定电流应大于或等于电动机额定电流的 3 倍。

瓷底胶盖刀开关在安装时应注意：

①闸刀在合闸状态时，手柄应朝上，不准倒装或平装，以防误操作。

②电源进线应接在静触头一边的进线端（进线座在上方），而用电设备应接在动触头一边的出线端（出线座在下方），即“上进下出”，不准颠倒，以方便更换熔丝及确保用电安全。

（2）封闭式负荷开关

封闭式负荷开关又称铁壳开关，图 1-4-6 所示为常用的 HH 系列封闭式负荷开关的结构与外形。

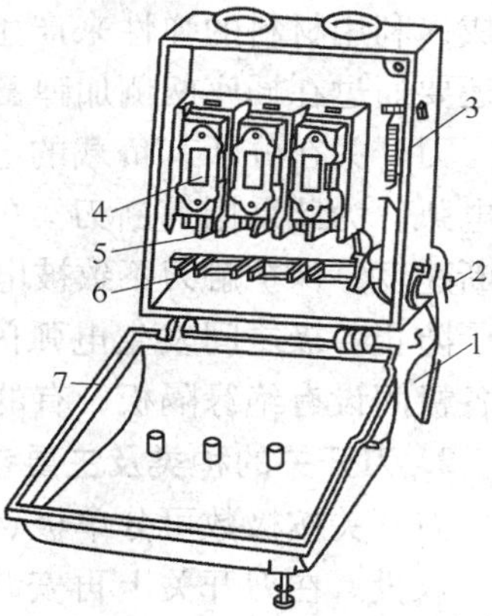

图 1-4-6 HH 系列封闭式负荷开关
1—手柄 2—转轴 3—速动弹簧
4—熔断器 5—夹座 6—闸刀
7—外壳前盖

这种负荷开关由刀开关、熔断器、灭弧装置、操作手柄、操作机构和外壳构成。它所配用的熔断器，60A 以下者为磁插式熔断器，100A 以下者为无填料封闭管式熔断器。三把闸刀固定在一根绝缘方轴上，由操作手柄操纵；操作机构设有机械联锁，当盖子打开时，手柄不能合闸，手柄合闸时，盖子不能打开，保证了操作安全。在手柄转轴与底座间还装有速动弹簧，使刀开关的接通与断开速度与手柄动作速度无关，抑制了电弧过大。常用型号有 HH3 和 HH4 等系列，型号意义如下：

HH 4 - □ / □
- 极数
- 额定电流
- 设计序号
- 封闭式负荷开关

（3）熔断器式刀开关

熔断器式刀开关用于 50Hz，电压至 660V 的有高短路电流的配电电路和电动机电路中，作电动机保护和电源开关、隔离开关及应急开关，但一般不用于直接通、断电动机。

它的结构特点是：触刀具有高分断能力的有填料熔断器（如 NT）；装有灭弧室；当熔断器带有撞击器时，则任一极熔断体熔断后，撞击器弹出，通过横杆触动装在地板的微动开关，发出信号或切断电动机控制电路，以实现断相保护。

常用型号有 HR5、HR11 等系列，HR5 系列熔断器式刀开关的主要技术参数见表 1-17。

表1-17　HR5系列熔断器式刀开关的主要技术参数

约定发热电流/A	配用熔体电流/A（熔断器型号:RTD）	额定工作电压/V	额定绝缘电压/V	约定发热电流/A	配用熔体电流/A（熔断器型号:RTD）	额定工作电压/V	额定绝缘电压/V
100 200	4～160 80～250	380	660	400 630	125～400 315～630	660	660

型号意义如下：

HR 5 - □ / □ □

熔断式刀开关——HR
设计序号——5
额定电流——第一个□
极数(2,3)——第二个□
0—无熔断指示装置；1—有熔断指示装置——第三个□

1.4.4　低压断路器的选用

低压断路器的结构及工作原理前面已经做了介绍，这里介绍其选用及使用注意事项。

1）选择低压断路器时应注意以下几方面：

①低压断路器的额定电流和额定电压应大于或等于线路、设备的正常工作电压和工作电流。

②低压断路器的极限分断能力应大于或等于电路最大短路电流。

③欠电压脱扣器的额定电压等于线路的额定电压。

④过电流脱扣器的额定电流大于或等于线路的最大负载电流。

⑤热脱扣器的整定电流与所控制负载的额定电流一致。电磁脱扣器（过电流脱扣器）的瞬时脱扣整定电流应大于负载电路正常工作时的最大电流。

对于单台电动机来说，电磁脱扣器的瞬时脱扣整定电流 I_z 可按下式计算：

$$I_z \geqslant kI_q$$

式中　k——安全系数，一般取1.5～1.7；

I_q——电动机的起动电流。

对于多台电动机来说，I_z 可按下式计算：

$$I_z \geqslant kI_{qmax} + \text{电路中其他的工作电流}$$

式中　k——取1.5～1.7；

I_{qmax}——其中一台起动电流最大的电动机的电流。

2）使用低压断路器应注意以下几方面：

①低压断路器投入使用时应先进行整定，按照要求整定热脱扣器的动作电流，以后就不应随意旋动有关的螺钉和弹簧。

②在安装低压断路器时，应注意把来自电源的母线接到开关灭弧罩一侧的端子上，来自电气设备的母线接到另外一侧的端子上。

③在正常情况下，每6个月应对开关进行一次检修，清除灰尘。

④发生断、短路事故的动作后，应立即对触点进行清理，检查有无熔坏，清除金属熔粒、粉尘等，特别要把散落在绝缘体上的金属粉尘清除掉。

1.4.5 三相交流异步电动机

交流电动机有同步电动机和异步电动机之分。同步电动机的制造工艺比较复杂，起动困难，故多用在特定的范围内（如用在发电机或带动大的负载）；异步电动机结构简单、坚固耐用、维修方便，因此得到广泛的应用。

三相交流异步电动机通常称为异步电动机。和同容量的直流电动机相比，异步电动机的重量约为直流电动机的一半，其价格仅为直流电动机的1/3；异步电动机的交流电源可直接取自电网，用电既方便又经济。所以，大部分的工业、农业生产机械，家用电器都用异步电动机作原动机，其单机容量从几十瓦到几千千瓦。我国总用电量的2/3左右是被异步电动机消耗掉的。

异步电动机的主要不足是不易经济地在较宽的范围内实现平滑调速，而且具有滞后的功率因数。

目前，由于电力电子技术的迅猛发展，变频器与异步电动机组合的交流拖动调速系统，比直流电源与直流电动机组成的直流拖动系统有更好的价格优势，其调速性能也基本相同。所以，异步电动机在大多数领域中已逐步替代直流电动机，成为电力拖动领域中最重要的驱动装置。

异步电动机可以作为电动机，也可以作为发电机。但在用作发电机时，性能远较同步发电机差，所以，异步电动机主要用作电动机。这里主要介绍三相交流异步电动机的结构和运行原理。异步电动机根据转子可分为笼型和绕线转子两种。

1. 三相异步电动机的结构

图1-4-7所示是一台笼型（鼠笼式）三相交流异步电动机的结构图。它主要由定子（静止的）和转子（转动的）两大部分组成，定子和转子之间是空气隙；另外还有端盖、轴承机座、风扇等部件。下面分别简要介绍。

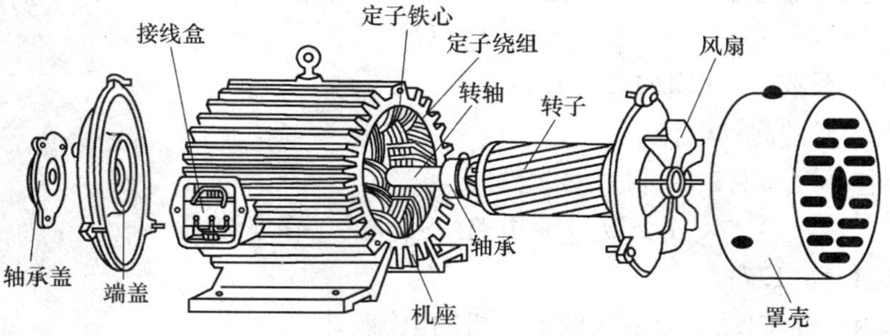

图1-4-7 笼型三相交流异步电动机的结构图

（1）异步电动机的定子结构

异步电动机的定子由机座、定子铁心和定子绕组三个部分组成。

①机座。异步电动机的机座主要用来固定和支撑定子铁心和绕组。中小型电动机一般采用机座，大中型电动机多采用钢板焊接的机座。电动机损耗变成的热量主要通过机座散出，为了增大散热面积，机座外部有很多均匀分布的散热筋。机座两端面上安装有端盖，用来支撑转子，保持定子、转子之间的气隙值。异步电动机的机座如图1-4-8所示。

②定子铁心。定子铁心是电动机磁路的一部分，装在机座里。为了降低定子铁心的铁损耗，定子铁心由0.5mm厚的硅钢片叠压而成。硅钢片两面还应涂上绝缘漆，用以降低交变磁通在铁心产生的涡流损耗。图1-4-9所示是异步电动机的定子铁心及定子冲片。在定子铁心内圆上开有槽。槽内放置定子绕组（也叫电枢绕组）。

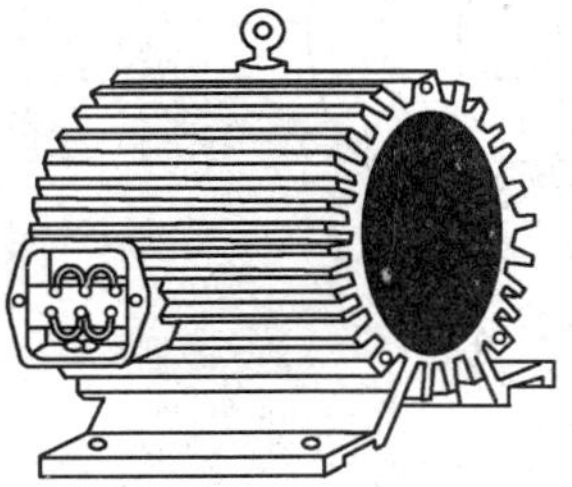

图1-4-8　异步电动机的机座

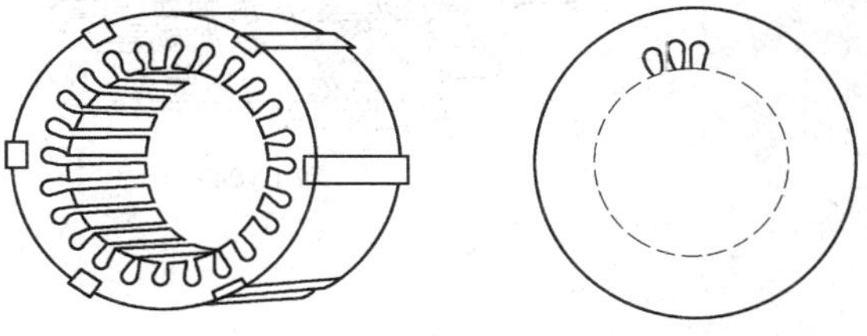

a)　　b)

图1-4-9　定子铁心及定子冲片

a）叠装好的铁心　b）定子冲片

③定子绕组。异步电动机的定子绕组是电动机的电路部分。小型异步电动机的定子绕组通常由高强度漆包圆线绕成线圈嵌入铁心槽内（适当安排其位置，可以得到 p 对磁极）；大、中型电动机使用矩形截面导线预先制成成形线圈，再嵌入槽内。每相绕组按一定规律连接，三相构成对称绕组。定子绕组用绝缘的铜（或铝）导线绕成，嵌放在定子铁心的槽中。绕组与槽壁间用绝缘层隔开。三相绕组引出六个接线端，固定在机座外壳的接线盒内（使用时，三相交流电经过电气控制电路进入接线盒内）。各相绕组的首端依次标有 U_1、V_1、W_1，末端依次标有 U_2、V_2、W_2。根据电动机铭牌标注，定子绕组的六个出线端可以接成星形（Y）或者三角形（△），如图1-4-10所示。

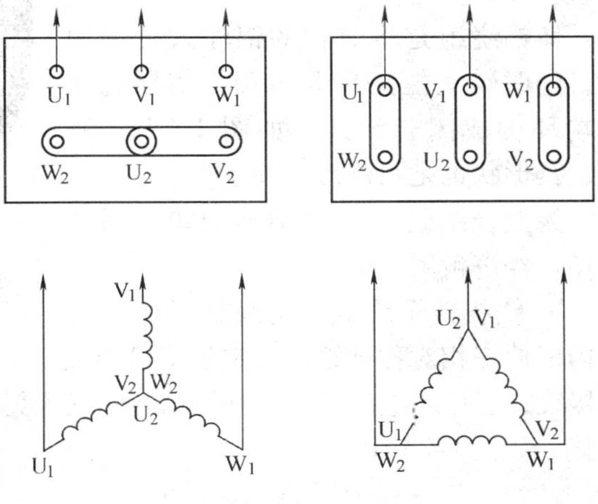

a)　　b)

图1-4-10　定子绕组接线图

a）星形（Y）联结　b）三角形（△）联结

（2）定子与转子间的气隙

异步电动机的气隙比同容量直流电动机的气隙小得多，在中、小型异步电动机中，气隙一般为0.2～1.5mm。由于气隙是电动机能量转换的主要场所，因此气隙大小与电动机性能有着很大的关系。异步电动机的励磁电流是由定子电源供给的，气隙大时，磁路磁阻增加，要求的励磁电流也增加，从而影响电动机的功率因数。为了提高功率因数，尽量让气隙小些，但也不应太小，否则，不但给制造带来困难，也可能使定子、转子摩擦或碰撞。如果从减少附加损耗以及减少谐波磁动势产生的磁通来看，气隙大点当然又有好处。因此，对气隙的大小应全面考虑。

（3）异步电动机的转子结构

异步电动机的转子是由转子铁心、转子绕组和转轴组成的，如图1-4-11a所示。

①转子铁心。转子铁心也是磁路的一部分，与定子铁心一样，也是由0.5mm厚的硅钢片叠压而成的，整个铁心固定在转轴上。转子铁心外圆上冲有均匀分布的槽，如图1-4-11b

所示，用以安放转子绕组。由于槽缝很小，因而整个转子铁心的外表面呈圆柱形。

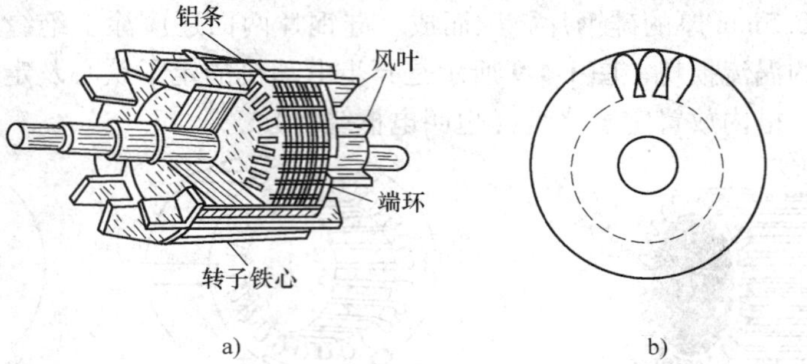

图 1-4-11　转子与转子铁心冲片

a）转子　b）转子铁心冲片

②转子绕组。三相异步电动机的转子绕组用来感应电动势及产生电流，同时与旋转磁场作用产生转矩，是电动机的重要部件之一。异步电动机的转子绕组按结构分为笼型绕组和绕线转子绕组两种。

a. 笼型绕组。笼型绕组分铜条绕组和铸铝绕组两种。铜条转子是在转子铁心槽内插入铜条（又称导条），铁心两端槽口外用铜环将全部导条焊接在一起，全部导条自行闭合，如图 1-4-12a 所示，其形状为圆柱形“笼子”。

铸铝绕组是将熔化的铝注入转子槽内，同时铸上短路环和风扇，使导电条与端环构成闭合绕组，如图 1-4-12b 所示，其形状也是圆柱形“笼子”。

笼型绕组的工艺和结构简单，制造方便，经济耐用。

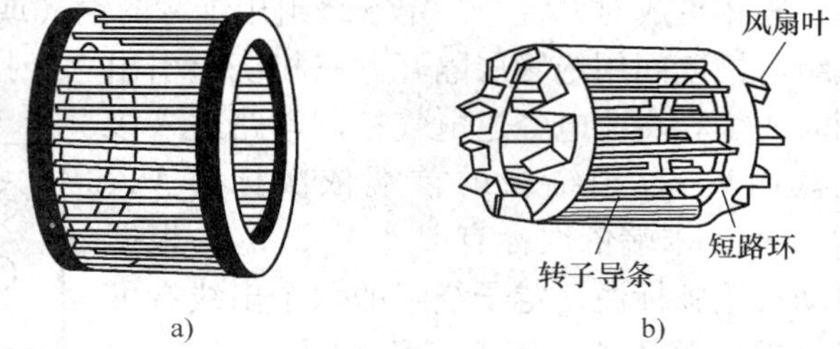

图 1-4-12　笼型转子绕组

a）铜条绕组　b）铸铝绕组

b. 绕线转子绕组。绕线转子的铁心槽内嵌放三相对称绕组，与定子绕组相似。绕线转子外形如图 1-4-13a 所示。转子绕组采用Y接线，三相绕组的首端接到转轴上的三个集电环，再通过电刷、集电环间的滑动与外电路连接，如图 1-4-13b 所示。

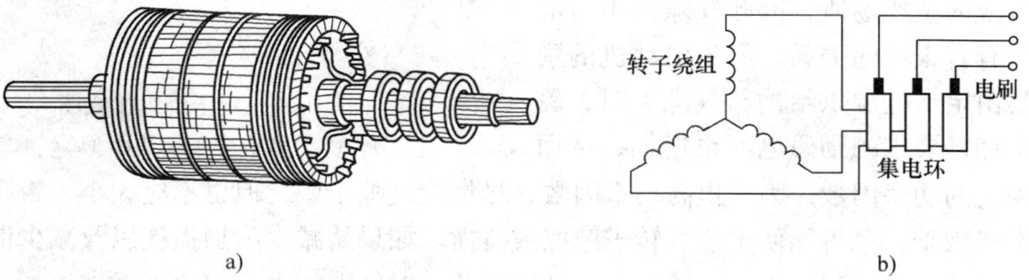

图 1-4-13　绕线转子绕组

a）转子外形图　b）转子接线图

绕线转子回路中串接有外接电阻或其他电气设备，用以改善电动机的起动性能和调速性能。由此获得广泛应用。但是其结构比笼型电动机复杂，且电刷、集电环增加了维修工作量。

笼型转子异步电动机和绕线转子异步电动机的电气符号如图1-4-14所示。

2. 三相异步电动机的工作原理

三相异步电动机的定子装有三相对称绕组，当接入三相对称的交流电源时，流入定子绕组的三相对称电流在电动机中产生的磁场是一个以同步转速 n_1 旋转的旋转磁场，设旋转方向为逆时针，如图1-4-15所示。转子导体嵌放在转子铁心外圆槽内，开始时转子不转，旋转磁场的磁力线切割转子导体产生感应电动势 e_2，方向由右手定则确定。由于所有转子导体端部连接，因而导体中有电流 i_2 流过，如果暂不考虑电动势与电流的相位差，则导体中的电流方向与电动势方向相同，即转子的上半周各导体的电流方向均为⊙，流出纸面，下半周各导体的电动势方向均为⊗，流入纸面。这样，有电流流过的转子导体在旋转磁场中的受力为 f，其方向可用左手定则确定。转子上半周各导体的力与下半圆周各导体的力方向相反，形成转矩 T。

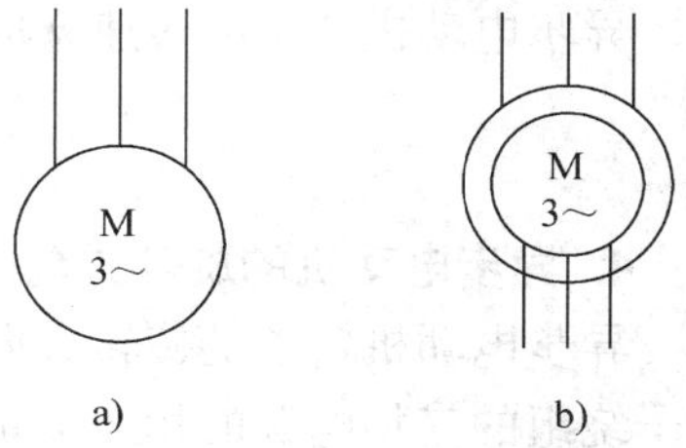

图1-4-14　异步电动机的电气符号

a）笼型转子异步电动机

b）绕线转子异步电动机

转矩 T 为电磁转矩，方向与旋转磁场的方向相同。由于电磁转矩的作用，转子便在该方向上旋转起来。

转子转动后，其转速为 n，则转子导体与定子旋转磁场间的相对切割速度为 $\Delta n = n_1 - n$。当 $n = n_1$ 时，$\Delta n = 0$，相应地有 $e_2 = 0$，$i_2 = 0$，即转子与旋转磁场间无相对切割运动时，转子绕组中无感应电动势和电流，也就没有驱动转子转动的电磁转矩。可见，$n < n_1$ 是异步电动机维持运行的必要条件，“异步”电动机之称也因此而得名。

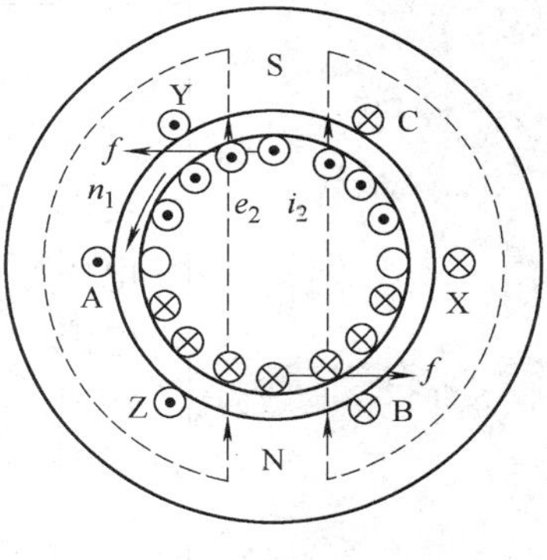

图1-4-15　三相异步电动机工作原理示意图

转子转速与旋转磁场转速间的大小用转差率 s 来描述，

$$s = \frac{n_1 - n}{n_1}$$

转差率又称“滑差”，它是描述异步电动机运行状态的一个基本量。电动机空载时，$s < 0.5\%$，额定负载时，$s < 5\%$。所以，异步电动机的转子转速总是接近于旋转磁场转速。这就是异步电动机的基本原理。

3. 异步电动机的旋转速度

三相异步电动机定子绕组每相只有一个线圈，定子铁心有6个槽。则在定子铁心内相当于有一对N、S磁极在旋转。当三相交流电变化一周时，合成磁场在空间上正好转过一周。若三相交流电不断变化，则产生的合成磁场在空间不断转动，形成旋转磁场。

一对磁极的旋转磁场电流每交变一次，磁场就旋转一周。设电源的频率为 f_1，即电流每秒钟变化 f_1 次，磁场每秒钟转 f_1 圈，则旋转磁场的转速 $n_1 = f_1$（单位为r/s），习惯上用每分钟的转数来表达转速，即 $n_1 = 60f_1$（单位为r/min）。两对磁极的旋转磁场，电流每变化 f_1 次，旋转磁场转 $f_1/2$ 圈，即旋转磁场的转速为 $n_1 = 60f_1/2$（单位为r/min）。

p 对磁极的旋转磁场，电流每交变一次，磁场就在空间转过 $1/p$ 周，因此，旋转磁场的转速 n_1 应为

$$n_1 = \frac{60f_1}{p}$$

异步电动机转子的转速 n 应为

$$n = \frac{60f_1}{p}(1-s)$$

4. 异步电动机的旋转方向

异步电动机转子的旋转方向是同定子旋转磁场的方向一致的，旋转磁场的转向是由通入定子绕组的三相电源的相序决定的。定子绕组中电流的相序按顺序 U—V—W 排列，旋转磁场按顺时针方向旋转。如果将三相电源中的任意两相对调，例如 V 和 W 两相互换，则定子绕组中的电流相序为 U—W—V，应用前面讲的分析方法，旋转磁场的方向也相应地改变为逆时针方向。

5. 三相笼型异步电动机的铭牌

电动机的铭牌上标有主要技术数据，是选择、安装、使用和修理电动机的依据，一台三相笼型异步电动机的铭牌如下：

三相异步电动机			
型号	Y100L1-4	接法	△/Y
功率	2.2kW	工作方式	S_1
电压	220/380V	绝缘等级	B
电流	8.6/5A	温升	70°C
转速	1430r/min	重量	34kg
频率	50Hz	编号	
××× 电机厂		出厂日期	

（1）型号

型号表示电动机的结构形式、机座号和极数。例如 Y100L1-4 中，Y 表示笼型异步电动机（YR 表示绕线转子异步电动机）；100 表示机座中心高为 100mm；L 表示长机座（S 表示短机座，M 表示中机座）；1 为铁心长度代号；4 表示 4 极电动机。

Y 系列异步电动机是普通用途的小型笼型全封闭、自冷式三相异步电动机，用于金属切削机床、通用机械、矿山机械、农业机械等。我国生产的异步电动机种类很多，其他类型的异步电动机可参阅产品目录。

（2）额定值

异步电动机按额定值运行时的状态称为额定运行状态。异步电动机的额定值有：

①额定功率 P_n。额定功率指电动机在额定运行状态时轴上输出的机械功率，单位为 W 或 kW。

②额定电压 U_n。额定电压指额定运行状态下加在定子绕组上的线电压，单位为 V 或 kV。异步电动机为了区分定子、转子边的量，在定子边的量后加下标 1，如 U_1；在转子边的量后加下标 2，如 U_2。

有些异步电动机铭牌上标有 220/380V，相应的接法为△/Y。它说明当电源线电压为

220V 时，电动机定子绕组应接成△；当电源线电压为380V 时，应接成Y。

③额定电流 I_n。额定电流指电动机在定子绕组加额定电压、输出额定功率时，定子绕组中的线电流，单位为 A。额定电流也可表示为 I_{1n}（转子为 I_{2n}）。

④额定频率 f_n。额定频率是指电动机所接电源的标准频率，单位为 Hz。我国工业用电的频率为 50Hz。

⑤额定转速 N_n。额定转速指电动机定子所加电源为额定频率、额定电压，且轴端输出额定功率时电动机的转速，单位为 r/min。

⑥额定效率 η_n。一般笼型电动机在额定运行时的效率为 72% ~93%，在额定功率的 75%左右运行时效率最高。

⑦额定功率因数 $\cos\phi_n$。三相异步电动机的功率因数较低，在额定负载时为 0.7 ~0.9，而在轻载或空载时更低，空载时只有 0.2 ~0.3。因此，必须正确选择电动机的容量，防止“大马拉小车”，并力求缩短空载的时间。

（3）铭牌上的其他重要数据

①绝缘等级与额定温升 Q_n。绝缘等级是由电动机所用的绝缘材料决定的。按耐热程度不同，将电动机的绝缘等级分为 A、E、B、F、H、C 等几个等级，它们允许的最高温度不同。例如，Y 系列小型异步电动机采用 B 级绝缘材料，其最高允许工作温度为 130℃。

额定温升指电动机额定状态下运行时，电动机绕组允许的温度升高值。

国家标准规定：标准环境温度按 40℃计算，若电动机绕组温升为 80℃，再考虑 10℃ 的裕度，则达到了电动机绕组绝缘的最高允许工作温度 130℃，所以要采用 B 级绝缘。

②定子绕组接法。定子绕组接法指额定电压下电动机规定的接线方式。国标规定：Y 系列异步电动机，其额定功率为 3kW 及以下者采用Y联结，4kW 及以上者采用△联结，以便选用Y-△方式起动。

③工作方式。工作方式是指电动机的运行状态。根据发热条件可分为三种：S1 表示连续工作方式，允许电动机在额定负载下连续长期运行；S2 表示短时工作方式，在额定负载下只能在规定时间短时运行；S3 表示断续工作方式，可在额定负载下按规定周期性重复短时运行。

④防护等级。防护等级指为满足环境要求电动机采取的外壳防护形式。防护等级通常有开启式（IP11）、防护式（IP22）和封闭式（IP44）三类。

异步电动机更详尽的技术数据可参见产品说明书、电机工程手册等有关资料。

实 践 探 索

1.4.6　组合开关的拆卸与装配

1. 实践目的

熟悉常用组合开关的外形和基本结构，并能进行正确的拆卸与装配。

2. 任务内容

HZ10-25/3 型组合开关的改装、维修及校验：将组合开关原分、合状态为三常开（或三常闭）的三对触点改装为二常开一常闭（或二常闭一常开），如图 1-4-16a、b 所示，并整修其触头，再按图 1-4-16c 所示进行通电校验。

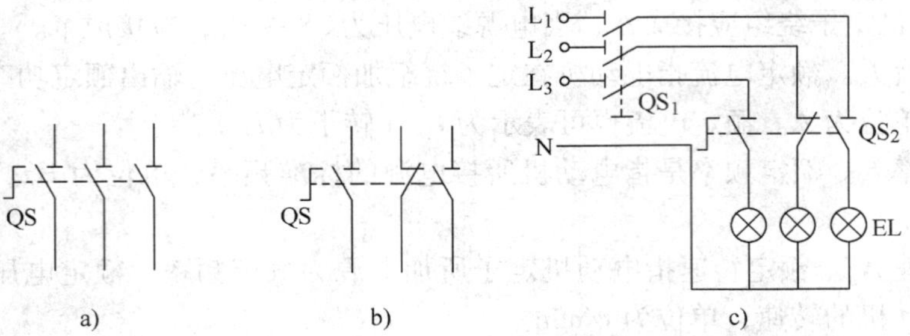

图1-4-16 组合开关改装和校验

a）改装前 b）改装后 c）校验电路（灯箱220V、25W、Y联结）

3. 设备与工具

1）工具：尖嘴钳、螺钉旋具、活扳手、镊子等。

2）仪表：M47型万用表。

3）组合开关：HZ10-25，1只。

4. 训练步骤

1）卸下手柄紧固螺钉，取下手柄。

2）卸下支架上的紧固螺母，取下顶盖、转轴弹簧和凸轮等操作机构。

3）抽出绝缘杆，取下绝缘垫板上盖。

4）拆卸三对动、静触头。

5）检查触头有无烧毛、损坏，视损坏程度进行修理或更换。

6）检查转轴弹簧是否松脱和消弧垫是否有严重磨损，根据实际情况确定是否调换。

7）将任一相的动触头旋转90°，然后按拆卸的逆序进行装配。

8）装配时，应注意动、静触头的相互位置是否符合改装要求，查看叠片连接是否紧密。

9）装配结束后，先用万用表测量各对触头的通断情况，如果符合要求，则按图1-4-16c所示连接线路进行通电校验。

10）通电校验必须在1min内，连续进行5次分合试验，5次试验全部成功为合格，否则须重新拆装。

注意事项：

1）拆卸时，应备有盛放零件的容器，以防丢失零件。

2）拆卸过程中，不允许硬撬，以防损坏电器。

3）通电校验时，必须将组合开关紧固在校验板（台）上，并有教师监护，以确保用电安全。

5. 评分标准（见表1-18）

表1-18 评 分 表

序号	主要内容	考核要求	评分标准	配分	扣分	得分
1	元件识别	能正确识别元件，写出型号	1）写错或漏写名称，每只扣20分 2）写错或漏写型号，每只扣20分	40		

（续）

序号	主要内容	考核要求	评分标准	配分	扣分	得分
2	组合开关的改装与维修	1）能正确拆卸、组装组合开关 2）能正确检修组合开关	1）损坏电器元件或不能装配，扣30分 2）丢失或漏装零件，每只扣10分 3）拆装方法、步骤不正确，每次扣5分 4）拆装后未进行改装，扣20分 5）装配后手柄转动不灵活，扣10分 6）不能进行通电校验，扣20分 7）通电试验不成功，每次扣10分	60		
3	安全文明生产	应保证人身和设备安全	违反安全文明生产规程，扣5～20分	20		
备注			合　计			
			教师签字　　年　月　日			

控 制 分 析

1.4.7 机床主轴的正反转控制

电动机的正反转控制，可实现机床主轴的正向旋转和反向旋转，其他应用如工作台的升降、左右及前后位置进给、电梯的升降控制等。根据电动机的原理可知，只要把电动机定子的三相绕组中任意两相对调，并接通电源就可以改变电动机绕组中电流的相序，从而改变电动机的转动方向。

电动机正反转控制电路1如图1-4-17所示。

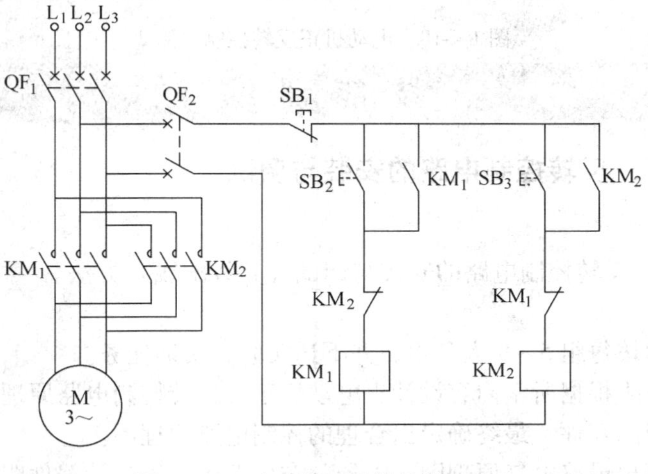

图1-4-17　电动机正反转控制电路1

线路工作过程：合上 QF_1、QF_2。

（1）正转起动

按下 SB_2 → KM_1 线圈得电
- → KM_1 主触点闭合 → 电动机 M 正转
- → KM_1 常开触点闭合 → 电路自锁
- → KM_1 常闭触点断开 → 电路互锁

（2）停止

按下 SB_1 → KM_1 线圈失电 → KM_1 主触点断开 → 电动机 M 停转
→ KM_1 常开触点断开 → 电路自锁解除
→ KM_1 常闭触点闭合 → 电路互锁解除

反转起动与停止的过程与正转时类似。

图 1-4-18 所示为另一种电动机正反转控制电路，电路工作过程同电动机正反转控制电路 1 比较，只是多了 SB_2 和 SB_3 的互锁。

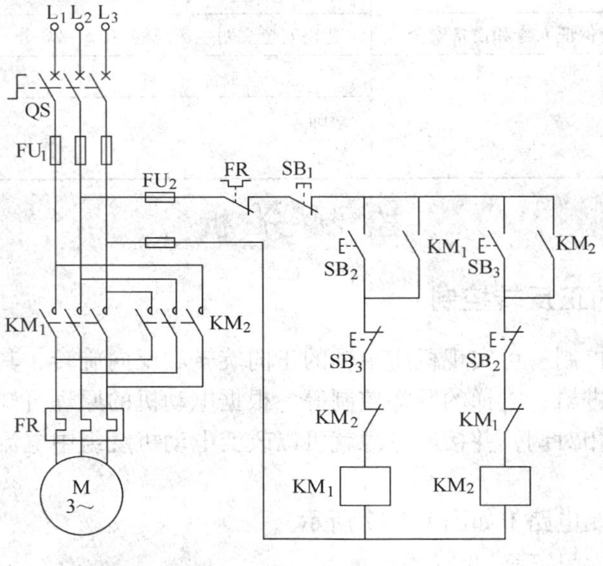

图 1-4-18 电动机正反转控制电路 2

技 能 训 练

1.4.8 电动机正、反转控制电路的安装与调试

1. 实践目的

掌握电动机正、反转控制电路的安装与调试（软线配线）方法。

2. 任务内容

1）将参与学生按每组 5～8 人分组，并下达实验、实训任务。

2）要求每组学生根据所学内容设计出电动机正、反转控制电路原理图。

3）组织学生组间互评，最终确定出合理的控制电路原理图。

4）每组学生画出最终电气原理图、电器分布位置图及填写元器件明细表，参见表 1-8。

3. 设备与工具

1）工具：测电笔、螺钉旋具、尖嘴钳、斜口钳、剥线钳、电工刀等。

2）仪表：MF47 型万用表、5050 型兆欧表（可选）、T301-A 型钳形电流表（可选）。

3）器材：控制板一块（500mm × 400mm × 20mm）；导线规格：动力电路采用 BV2.5mm^2 塑铜线（黑色），控制电路采用 BV1mm^2 塑铜线（红色），按钮控制电路采用 BV1mm^2 塑铜线（红色），接地线采用 BVR 塑铜线（黄绿双色，横截面积至少 1.5mm^2）；

紧固体及编码套管等，其数量按需要而定。

4. 板前明线布线的工艺

1）按电路图的要求，确定走线方向，进行布线。可先布主电路线，也可先布控制电路线。

2）截取长度合适的导线，选择适当钳口的剥线钳进行剥线。

3）接线不能松动，露出铜线不能过长，不能压绝缘层，从一个接线桩到另一个接线桩的导线必须是连续的，中间不能有接头，不得损伤导线绝缘及线芯。

4）各电器元件与行线槽之间的导线，应尽可能做到横平竖直，变换走向要垂直。

5）进入行线槽内的导线要完全置于行线槽内，并应尽可能避免交叉。

6）装线时不要超过行线槽容量的70%，以便于能方便地盖上线槽盖，也便于以后的装配和维修。

7）一个电器元件接线端子上的连接导线不得多于两根，每节接线端子板上的连接导线一般只允许连接一根。

5. 训练步骤

1）配齐所用电器元件，并进行质量检验。电器元件应完好无损，各项技术指标应符合规定要求，否则应予以更换。

2）在控制板上安装所有的电器元件，并贴上醒目的文字符号。安装时，组合开关、熔断器的受电端子应安装在控制板的外侧；元件排列要整齐、匀称、间距合理，且便于元件的更换；紧固电器元件时用力要均匀，紧固程度适当，做到既使元件安装牢固，又不使其损坏。

3）按接线图进行板前明线布线和套编码套管。做到布线横平竖直、整齐、分布均匀、紧贴安装面、走线合理；套编码套管要正确；严禁损伤线芯和导线绝缘；接点牢靠，不得松动，不得压绝缘层，不反圈及不露铜过长等。

4）根据电路图检查控制板布线的正确性。

5）安装电动机。

6）可靠连接电动机和按钮金属外壳的保护接地线。

7）连接电源、电动机等控制板外部的导线。

8）自检，校验合格后，通电试车。通电时，必须经指导教师同意后，由指导教师接通电源，并在现场进行监护。出现故障后，学生应独立进行检修。需带电检查时，也必须有教师在现场监护。

9）通电试车完毕，停转，切断电源。先拆除三相电源线，再拆除电动机负载线。

注意事项：

1）螺旋式熔断器（或低压断路器）的接线要正确，以确保用电安全。

2）接触器联锁触点接线必须正确，否则将会造成主电路中两相电源短路故障。

3）通电试车时，应先合上转换开关QS，再按下SB_1（或SB_2），接触器KM_1（或KM_2）吸合。当接触器KM_1（或KM_2）吸合时，再按下起动按钮SB_2（或SB_1），观察有无联锁作用，最后按下停止按钮SB_3，接触器KM_1（或KM_2）断电释放。

4）训练应在规定的时间内完成，同时要做到安全操作和文明生产。

6. 评分标准（见表1-19）

表1-19 评 分 表

序号	主要内容	考核要求	评分标准	配分	扣分	得分
1	元件安装	1）按电路图的要求，正确利用工具和仪表，熟练地安装电气元器件 2）元件在配电板上布置要合理，安装要准确、紧固 3）按钮盒不固定在板上	1）元件布置不整齐、不匀称、不合理，每只扣4分 2）元件安装不牢固、安装元件时漏装螺钉，每只扣4分 3）损坏元件，每只扣10分	20		
2	布线	1）要求美观、紧固 2）电源和电动机配线、按钮接线要接到端子排上，进出的导线要有端子标号	1）电动机运行正常，但未按电路图接线，扣15分 2）布线不美观，主电路、控制电路每根扣4分 3）接点松动、接头露铜过长、反圈、压绝缘层，标记线号不清楚、遗漏或误标，每处扣4分 4）损伤导线绝缘或线芯，每根扣5分	60		
3	通电试验	应保证人身和设备安全的前提下，通电试验一次成功	1）主、控电路配错熔体，每个扣5分 2）1次试车不成功扣10分；2次试车不成功扣15分；3次试车不成功扣20分	20		
4	安全文明生产	应保证人身和设备安全	违反安全文明生产规程，扣5～20分	20		
备注			合　计			
			教师签字　　　　年　月　日			

模块5　机床主轴软起动控制

知 识 积 累

1.5.1 电磁式时间继电器

从得到输入信号（线圈通电或断电）开始，经过一定的延时后才输出信号（延时触点状态变化）的继电器，称为时间继电器。时间继电器可分为通电延时型和断电延时型。通电延时型的特点是当接收输入信号后延迟一定时间，输出信号才发生变化；当输入信号消失后，输出瞬时复原。断电延时型的特点是当接收输入信号时，瞬时产生相应的输出信号；当输入信号消失后，延迟一定的时间，输出信号才复原。

时间继电器种类很多，常用的有电磁式、空气阻尼式、电动式和电子式等。目前用得最多的是电子式，将在拓展知识中另作介绍，这里介绍利用电磁原理工作的两种时间继电器。

1. 直流电磁式时间继电器

直流电磁式时间继电器在铁心上有一个阻尼铜套。带有阻尼铜套的铁心结构如图1-5-1所示。由电磁感应定律可知，在继电器线圈通断电过程中铜套内将产生感应电动势，同时有感应电流存在，此感应电流产生的磁通阻碍穿过铜套内的原磁通变化，因而对原磁通起了阻尼作用。当继电器通电吸合时，由于衔铁处于释放位置，气隙大，磁阻大，磁通小，铜套阻尼作用也小，因此铁心吸合时的延时不显著，一般可忽略不计。当继电器断电时，磁通量的变化大，铜套的阻尼作用也大，使衔铁延时释放，起到延时的作用。因此，这种继电器仅作为断电延时用。这种时间继电器的延时时间较短，JT3 系列最长不超过 5s，而且准确度较低，一般只用于延时精度要求不高的场合。

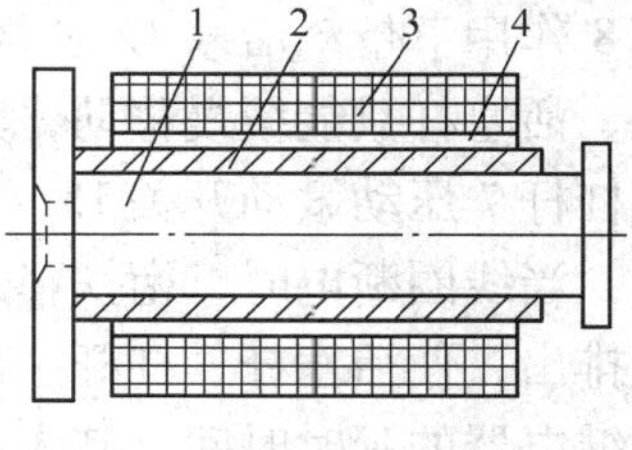

图 1-5-1　带有阻尼铜套的铁心结构

1—铁心　2—阻尼铜套　3—线圈　4—绝缘层

直流电磁式时间继电器延时时间的长短可通过改变铁心与衔铁间非磁性垫片的厚薄（粗调）或改变释放弹簧的松紧（细调）来调节。垫片厚则延时短，垫片薄则延时长；释放弹簧紧则延时短，释放弹簧松则延时长。JT3 系列直流电磁式时间继电器的技术数据见表 1-20。

表 1-20　JT3 系列直流电磁式时间继电器的技术数据

型　　号	吸引线圈电压/V	触点组合及数量(常开、常闭)	延时/s
JT3-□□/5	12,24,48,110,220,440	11,02,20,03,12,21,04,40,22,13,31,30	0.3～0.9
JT3-□□/3			0.8～3.0
JT3-□□/1			2.5～5.0

2. 空气阻尼式时间继电器

空气阻尼式时间继电器利用空气阻尼原理达到延时的目的。它由电磁机构、延时机构和触点组成。其中电磁机构有交流、直流两种；延时方式有通电延时型和断电延时型，两种原理和结构均相同，只是将其电磁机构翻转 180°安装。当衔铁位于铁心和延时机构之间时为通电延时型；当铁心位于衔铁和延时机构之间时为断电延时型。JS7-A 系列时间继电器如图 1-5-2 所示。

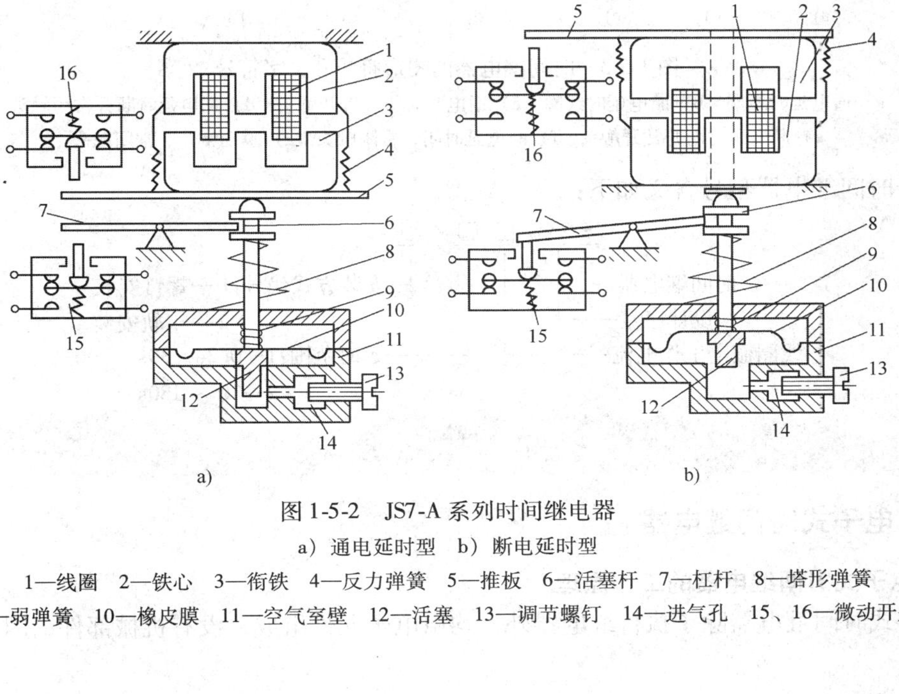

图 1-5-2　JS7-A 系列时间继电器

a）通电延时型　b）断电延时型

1—线圈　2—铁心　3—衔铁　4—反力弹簧　5—推板　6—活塞杆　7—杠杆　8—塔形弹簧　9—弱弹簧　10—橡皮膜　11—空气室壁　12—活塞　13—调节螺钉　14—进气孔　15、16—微动开关

现以通电延时型为例说明其工作原理。当线圈 1 得电后衔铁 3 吸合，活塞杆 6 在塔形弹簧 8 作用下带动活塞 12 及橡皮膜 10 向上移动，橡皮膜下方空气室空气变得稀薄，形成负压，活塞杆只能缓慢移动，其移动速度由进气孔气隙大小来决定。经一段延时后，活塞杆通过杠杆 7 压动微动开关 15，使其触点动作，起到通电延时作用。

当线圈断电时，衔铁释放，橡皮膜下方空气室内的空气通过活塞肩部所形成的单向阀迅速排出，使活塞杆、杠杆、微动开关等迅速复位。由线圈得电至触点动作的一段时间即为时间继电器的延时时间，其大小可以通过调节螺钉 13 调节进气孔气隙大小来改变。

在线圈通电和断电时，微动开关 16 在推板 5 的作用下都能瞬时动作，其触点即为时间继电器的瞬动触点。

空气阻尼式时间继电器的优点是延时范围大、结构简单、寿命长、价格低廉。缺点是延时误差大，没有调节指示，很难精确地整定延时值。在延时精度要求高的场合，不宜使用。国产 JS7-A 系列空气阻尼式时间继电器的技术数据见表 1-21。

表 1-21　国产 JS7-A 系列空气阻尼式时间继电器的技术数据

<table>
<tr><th rowspan="3">型　号</th><th colspan="2" rowspan="2">瞬时动作触点数量</th><th colspan="4">有延时的触点数量</th><th rowspan="3">触点额定电压/V</th><th rowspan="3">触点额定电流/A</th><th rowspan="3">线圈电压/V</th><th rowspan="3">延时范围/s</th><th rowspan="3">额定操作频率/(次/h)</th></tr>
<tr><th colspan="2">通电延时</th><th colspan="2">断电延时</th></tr>
<tr><th>常开</th><th>常闭</th><th>常开</th><th>常闭</th><th>常开</th><th>常闭</th></tr>
<tr><td>JS7-1A</td><td>—</td><td>—</td><td>1</td><td>1</td><td>—</td><td>—</td><td rowspan="4">380</td><td rowspan="4">5</td><td rowspan="4">24,36
110,127
220,380
420</td><td rowspan="4">0.4 ~60
及
0.4 ~180</td><td rowspan="4">600</td></tr>
<tr><td>JS7-2A</td><td>1</td><td>1</td><td>1</td><td>1</td><td>—</td><td>—</td></tr>
<tr><td>JS7-3A</td><td>—</td><td>—</td><td>—</td><td>—</td><td>1</td><td>1</td></tr>
<tr><td>JS7-4A</td><td>1</td><td>1</td><td>—</td><td>—</td><td>1</td><td>1</td></tr>
</table>

时间继电器的图形符号和文字符号如图 1-5-3 所示。

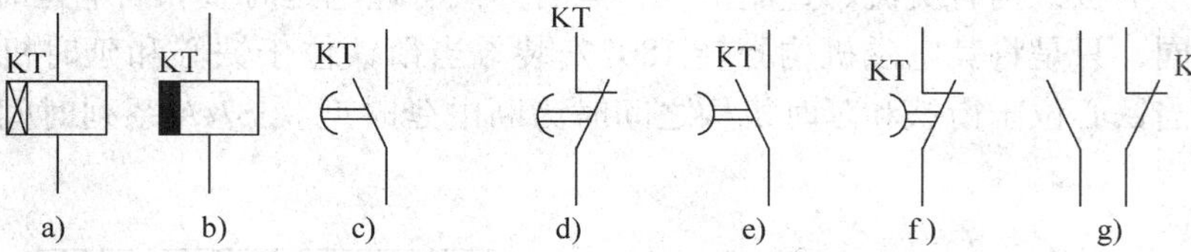

图 1-5-3　时间继电器的图形符号和文字符号

a）通电延时线圈　b）断电延时线圈　c）通电延时闭合常开触头　d）通电延时断开常闭触头　e）断电延时断开常开触头　f）断电延时闭合常闭触头　g）瞬动常开、常闭触头

国产时间继电器型号含义如下：

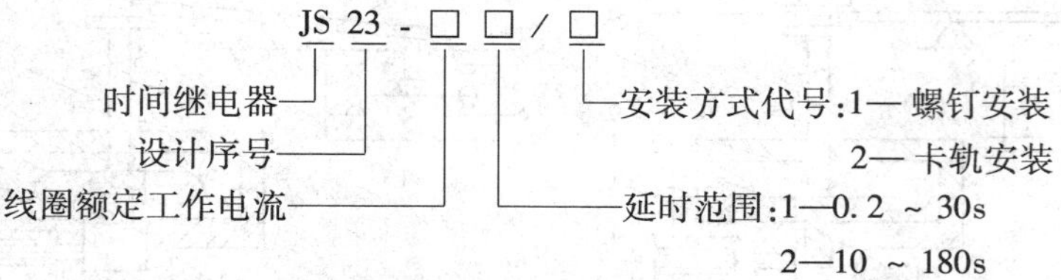

知 识 拓 展

1.5.2　电子式时间继电器

1. 电子式时间继电器的工作原理

电子式时间继电器除了执行继电器外，均由电子元件组成，没有机械部件，因而具有寿

命长、精度高、体积小、延时范围大、调节范围宽、控制功率小等优点。

电子式时间继电器是利用电容对电压变化的阻尼作用作为延时的基础。大多数阻容式延时电路有类似图 1-5-4 所示的结构形式。

电路由四部分组成：阻容环节、鉴幅器、出口电路、电源。当接通电压 E 为正时，通过电阻 R 对电容 C 充电，电容上电压 U_C 按指数规律上升。当 U_C 上升到鉴幅器的门限电压 U_d 时，鉴幅器即输出开关信号至后级电路，使执行继电器动作。阻容电路充电曲线如图 1-5-5 所示，此曲线可由下式表示，即

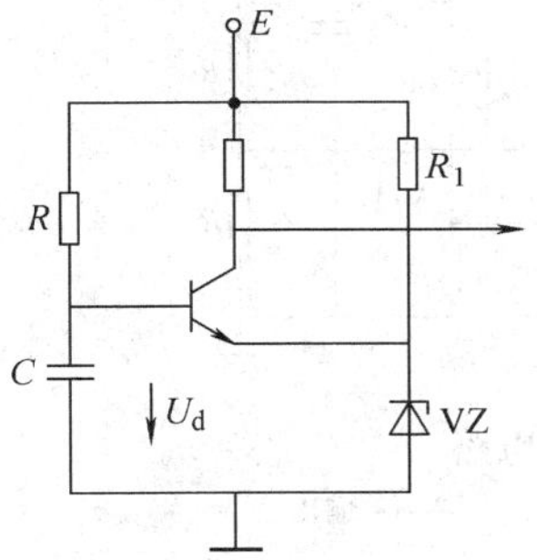

图 1-5-4　阻容式延时电路的结构形式

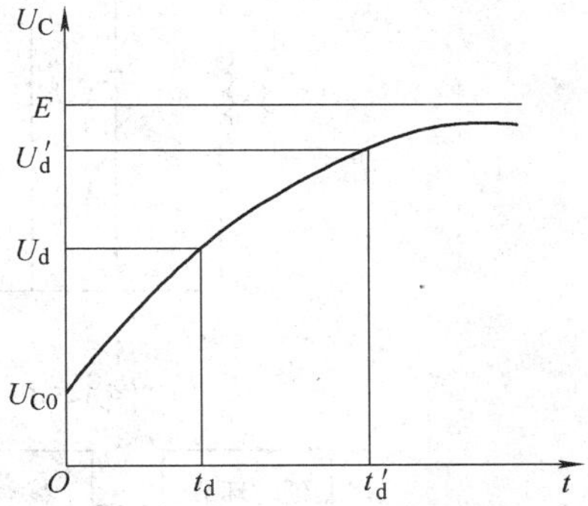

图 1-5-5　阻容电路充电曲线

$$U_C = E(1 - e^{-\frac{t}{RC}}) + U_{C0}e^{-\frac{t}{RC}}$$

式中　U_{C0}——接通电源前电容上的初始电压。

由上式解出时间表达式为

$$t = RC\ln\frac{E - U_{C0}}{E - U_C}$$

对于图 1-5-4 所示电路，门限电压为 U_d，令 $U_C = U_d$，则电路的延时时间为

$$t_d = RC\ln\frac{E - U_{C0}}{E - U_d}$$

如果开始充电时电容上的初始电压 $U_{C0} = 0$，则

$$t_d = RC\ln\frac{E}{E - U_d} = RC\ln\frac{1}{1 - U_d/E} = \tau\ln\frac{1}{1 - K}$$

式中 $\tau = RC$，$K = U_d/E$，K 恒小于 1。

上式表明延时的长短与电路的充电时间常数 RC 及电压 E、门限电压 U_d、电容的初始电压 U_{C0} 有关。为了得到必要的延时时间 t_d，必须恰当地选择上述参数；为了保证延时精度，必须保持上述参数值的稳定。

2. 电子式时间继电器的型号及主要技术参数

电子式时间继电器的品种和类型很多，电路也不同，这里以 JS20 系列继电器为例进行分析。JS20 时间继电器所用的电路分为两类：一类是单结晶体管电路，另一类是场效应晶体管电路。有下列若干延时等级：通电延时型分为 1s、5s、10s、30s、60s、120s、180s、300s、600s、1800s、3600s；断电延时型分为 1s、5s、10s、30s、60s、120s、180s。

（1）电子式时间继电器的类型

JS20 系列时间继电器共有三种类型：通电延时型、断电延时型、带瞬动触点的通电延时型。

①单结晶体管通电延时电路。单结晶体管通电延时电路如图 1-5-6 所示，结构框图如图 1-5-7 所示。全部电路由延时环节、鉴幅器、输出电路、电源和指示灯五部分组成。

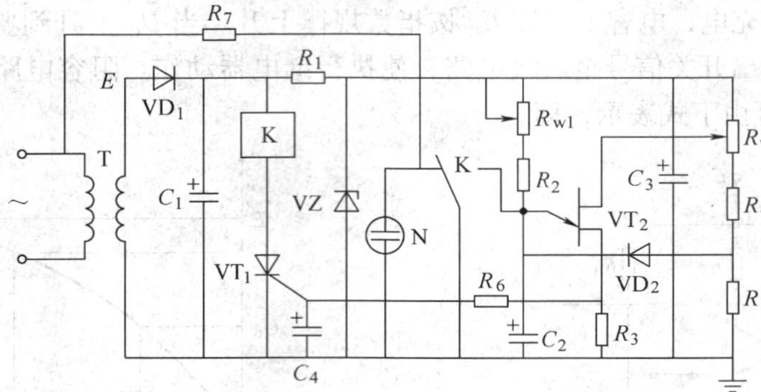

图 1-5-6　单结晶体管通电延时电路

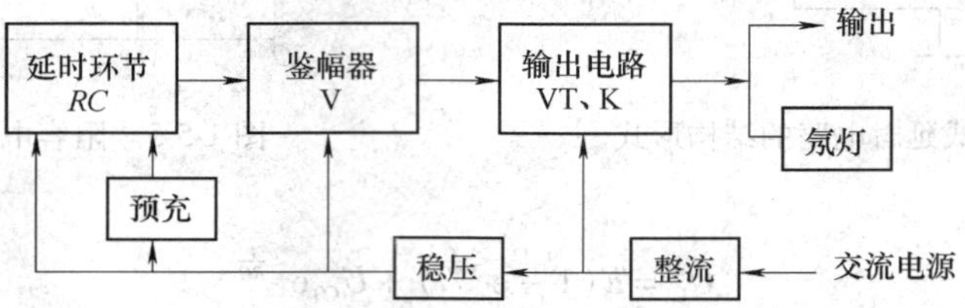

图 1-5-7　单结晶体管通电延时电路结构框图

电源的稳压部分由 R_1 和稳压管 VZ 构成，供给延时和鉴幅。输出电路中的晶闸管 VT_1 和继电器 K 则由整流电源直接供电。电容 C_2 的充电回路有两条，一条通过电阻 R_{w1} 和 R_2，另一条是通过由低阻值 R_{w2}、R_4、R_5 组成的分压器经二极管 VD_2 向电容 C_2 提供的预充电路。

电路的工作原理如下。

当接通电源后，经二极管 VD_1 整流、电容 C_1 滤波以及稳压管 VZ 稳压的直流电压通过 R_{w2}、R_4、VD_2 向电容 C_2 以极低的时间常数充电。与此同时，也通过 R_{w1} 和 R_2 向电容充电。电容 C_2 上的电压相当于在 R_5 两端预充电压的基础上按指数规律逐渐升高。当此电压大于单结晶体管 VT_2 的峰点电压时，单结晶体管导通，输出电压脉冲触发晶闸管 VT_1，VT_1 导通后使继电器 K 吸合，除用其触点来接通或分断电路外，还利用其另一常开触点将 C_2 短路，使之迅速放电，为下次使用做准备。此时氖指示灯 N 启辉。当切断电源时 K 释放，电路恢复原始状态，等待下次动作。

由于电路设有稳压环节，且 *RC* 与鉴幅器共用一个电源，因此电源电压波动基本上不产生误差延时。为了减少由温度变化引起的误差，采用了钽电解电容器，其电容量和漏电流为正温度系数，而单结晶体管的 U_p 略呈负温度系数，二者可以适当补偿，综合误差不大于 10%。对于抗干扰能力，JS20 在晶闸管 VT_1 和单结晶体管 VT_2 处分别接有电容 C_4 和 C_3 用以防止电源电压的突变而引起的误导通。

②带瞬动触点的通电延时电路。JS20 对于带瞬动触点的延时电路采用结型场效应晶体管电路，原理与不带瞬动触点的电路基本相同，只是增加了一个瞬时动作的继电器。由于增

加了继电器，体积增大了很多，因此，采用了电阻降压法取代原来的电源变压器，以缩小体积，电路如图1-5-8所示。

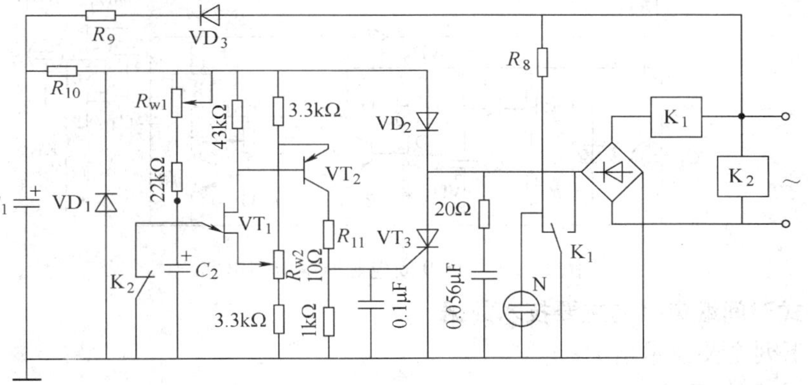

图1-5-8　JS20型带瞬动触点的时间继电器电路

延时和瞬时动作的两个继电器都采用交流继电器：延时继电器 K_1 由接在桥式整流直流侧的晶闸管控制。接通电源，K_2 吸合，同时交流电源经降压，VD_1、VD_3 整流和 C_1 滤波之后向延时电路提供直流稳压电源。当 K_1 吸合后，利用其常开触点将晶闸管 VT_3 短接，使 VT_3 以前的电路不再有电压和电流，从而提高了电路的可靠性。电路还利用 K_2 的一对常闭触点将电容 C_2 短接，这样电源在任何情况下断电，电容上电压总能在断电后立即迅速放电。

③断电延时电路。断电延时电路要求切断电源后，继电器仍暂时保持吸合，等到延时时间达到后才释放。JS20型继电器采用两个延时继电器，一个是带有机械锁扣的瞬时继电器 K_D，当接通电源时 K_D 立即吸合并通过机械结构自锁。机械自锁示意图如图1-5-9所示。当切断电源后，K_D 自己不能释放，而必须依靠另一个继电器 K_S。K_S 在断电以后经过预定的延时时间短时地吸动一下，打开 K_D 机械锁扣，于是 K_D 延时释放。

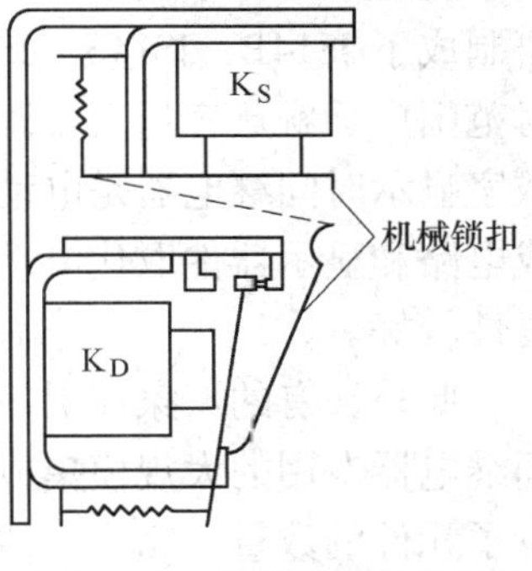

图1-5-9　机械自锁示意图

JS20断电延时继电器电路如图1-5-10所示。接通电源后，4个电容器均迅速充电。C_1（50μF）是电源滤波电容，C_3（33μF）、C_4（50μF）是在电源断电以后分别提供场效应晶体管和 K_D 回路电压及能量的电容器。C_3 是延时电容，C_3 上电压接近稳压管VZ的电压，而 C_2 上的电压由于有电位器 R_{w2} 的分压作用，其值较小，因此 VT_1（场效应晶体管）的 $U_{GS}=U_{C_2}-U_{C_3}<0$。调整 R_{w2} 可使 VT_1 处于关断状态，VT_2、VT_3 也随之截止。当电源切断后，C_2、C_4 分别因 VT_2、VT_3 截止而无法放电。C_3 则可通过放电电阻 R_{W1} 和 R_5 放电。当放电到 U_{GS} 大于其关断电压一定值时，VT_1 导通，C_2 通过 R_4、VT_3、VT_2 的发射极和 VT_1 的D、S极放电，由于 VT_2 导通，C_3 也经 R_4、VT_3 的发射极及 VT_2 放电，C_3 上的电压下降又促使 VT_1 进一步导通。这一正反馈过程使 C_2、C_3、C_4 迅速放电，各管迅速导通，K_S 吸动，打开 K_D 的机械锁扣。电路中的二极管 VD_2、VD_3、VD_5 分别用来防止 C_2、C_3、C_4 在延时过程中对其他低电阻放电，VD_1 起温度补偿作用。K_D 在吸合后有锁扣自锁，故通电后可用其一对转换触点将自己断电。为使吸合过程稳定可靠（K_D 中电流为半波），线圈上并联了一个小容量电容 C_5。

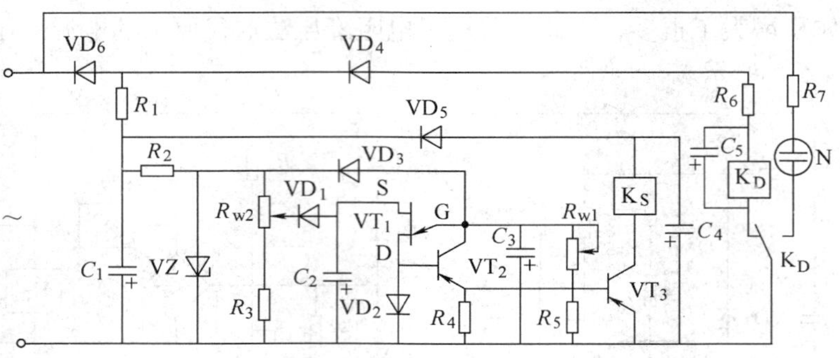

图 1-5-10 JS20 断电延时继电器电路

3. 电子式时间继电器的主要技术数据

JS20 有下列主要技术指标：

1）延时范围的要求。

2）通电延时型的重复工作时间间隔。

3）断电延时型最小通电时间。

4）重复延时误差。重复延时误差不超过 ±3%。

5）综合延时误差。工作电压在 85% ~110% 额定电压、环境温度在 -10 ~40℃ 范围内变化时，连续动作误差不超过 ±10%。

6）抗干扰性能。主要指对电源窜入的音频干扰信号的抵御能力。

随着半导体集成电路的出现和广泛应用，晶体管电器得到了快速的发展。目前，中国已研制成了 JS14P、JS14S、JSS1 系列等数字显示时间继电器。它们的特点是延时精度高、延时范围广、触点容量大、调整方便、工作状态直观、指示清晰准确等。JS11S 和 JSS11 系列数字显示时间继电器是电动机式时间继电器的更新换代产品，它采用先进的数控技术，用集成电路和显示器件取代电动机和机械传动系数，采用拨码开关整定延时时间，故直观性和重复性较好。

此外，有的厂家还引用了目前国际上最新式的 ST 系列超级时间继电器，其内部装有时间继电器专用的大规模集成电路，并使用高质量薄膜电容器与金属陶瓷可变电阻器，从而减少了元件的数量，缩小了体积，增加了可靠性，提高了抗干扰能力。另外还采用了高精度振荡回路和高频率分频回路，保证了高精度和长延时。因此，它是一种体积小、重量轻、可靠性高的小型时间继电器。

JS14P 系列拨码式晶体管时间继电器的技术数据见表 1-22。

表 1-22 JS14P 系列拨码式晶体管时间继电器的技术数据

<table>
<tr><th rowspan="2">型　号</th><th rowspan="2">延时动作触点数</th><th rowspan="2">重复误差</th><th rowspan="2">电源波动误差</th><th rowspan="2">温度误差</th><th rowspan="2">安装方式</th><th colspan="2">额定工作电压/V</th><th rowspan="2">延时范围</th></tr>
<tr><th>交流</th><th>直流</th></tr>
<tr><td>JS14P-□/□
JS14P-□/□M</td><td rowspan="2">2 转换</td><td rowspan="2">1%</td><td rowspan="2">3%</td><td rowspan="2">3%</td><td>装置式
面板式</td><td>36,110
220</td><td></td><td rowspan="2">0.1 ~9.9s
1 ~99s
0.1 ~9.9min
1 ~99min
0.1 ~9.9h</td></tr>
<tr><td>JS14P-□/□Z
JS14P-□/□ZM</td><td>装置式
面板式</td><td></td><td>48
110</td></tr>
</table>

实践探索

1.5.3　时间继电器的检修与校验

1. 实践目的

1）熟悉 JS7-A 系列时间继电器的结构，学会对其触点的动、静触头进行整修。

2）将 JS7-2A 型时间继电器改装成 JS7-4A 型，并进行通电校验。

2. 任务内容

JS7-A 系列时间继电器的检修与校验。

3. 设备与工具

1）工具：螺钉旋具、电工刀、尖嘴钳、测电笔、剥线钳、电烙铁等。

2）仪表：M47 型万用表、5050 型兆欧表。

3）器材：见表 1-23。

表 1-23　元器件清单

序　号	名　称	型号规格	单　位	数　量
1	时间继电器	JS7-2A、线圈电压 380V	只	1
2	组合开关	HZ10-25/3、三极、25A	只	1
3	熔断器	RL1-15/2、15A、配熔体 2A	只	1
4	按钮	LA4-3H、保护式	只	2
5	指示灯	220V、15W	只	3
6	配电板	500mm×400mm×20mm	块	1
7	导线	BVR-1.0mm^2	米	9

4. 训练步骤

（1）整修 JS7-2A 型时间继电器触点的动、静触头

①按下延时或瞬时微动开关的紧固螺钉，取下微动开关。

②均匀用力慢慢撬开并取下微动开关盖板。

③小心取下动触头及附件，要防止用力过猛而弹失小弹簧和薄垫片。

④进行触头整修。整修时，不允许用砂纸或其他研磨材料，而应使用锋利的刀刃或细锉修平，然后用净布擦净，不得用手指直接接触触头或用油类润滑，以免污染触头。整修后的触头应做到接触良好。若无法修复应调换新触头。

⑤按拆卸的逆顺序进行装配。

⑥手动检查微动开关的分合是否瞬间动作，触头接触是否良好。

（2）JS7-2A 型改装成 JS7-4A 型

①松开线圈支架紧固螺钉，取下线圈和铁心总成部件。

②将总成部件沿水平方向旋转 180°后，重新旋上紧固螺钉。

③观察延时和瞬时触头的动作情况，将其调整在最佳位置上。调整延时触头时，可旋松线圈和铁心总成部件的安装螺钉，向上或向下移动后再旋紧。调整瞬时触头时，可松开安装瞬时微动开关底板上的螺钉，将微动开关向上或下移动后再旋紧。

④旋紧各安装螺钉，进行手动检查，若达不到要求，则应重新调整。

（3）通电校验

①将整修和装配好的时间继电器按图1-5-11连入线路，进行通电校验。

②通电校验要做到一次通电校验合格。通电校验合格的标准为：在1min内通电频率不少于10次，做到各触点工作良好，吸合时无噪声，铁心释放无延缓，并且每次动作的延时时间一致。

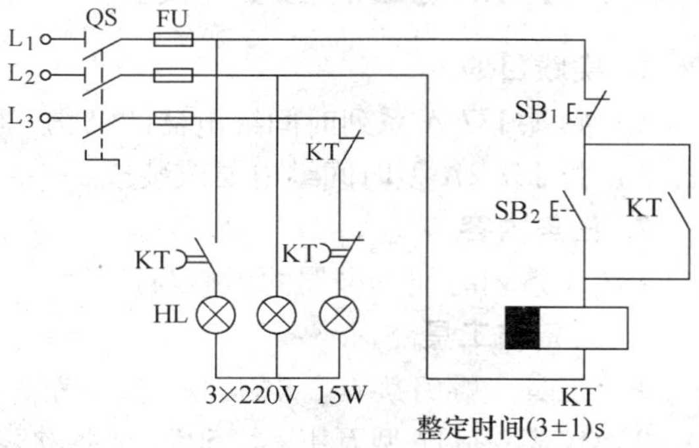

图1-5-11 时间继电器校验电路

注意事项：

1）拆卸时，应备有盛放零件的容器，以免丢失零件。

2）整修和改装过程中，不允许硬撬，以防止损坏电器。

3）在进行校验接线时，要注意各接线端子上线头间的距离，防止产生相间短路故障。

4）通电校验时，必须将时间继电器紧固在控制板上并可靠接地，且有指导教师监护，以确保用电安全。

5）改装后的时间继电器，在使用时要将原来的安装位置水平旋转180°，使衔铁释放时的运动方向始终保持垂直向下。

5. 评分标准（见表1-24）

表1-24 评 分 表

<table>
<tr><th>序号</th><th>主要内容</th><th>考核要求</th><th colspan="2">评分标准</th><th>配分</th><th>扣分</th><th>得分</th></tr>
<tr><td>1</td><td>整修与改装</td><td>熟悉时间继电器的结构与工作原理</td><td colspan="2">1）丢失或损坏零件，每件扣10分
2）改装错误或扩大故障，扣40分
3）整修和改装步骤或方法不正确，每次扣5分
4）整修和改装不熟练，扣10分
5）整修和改装后不能装配，不能通电，扣50分</td><td>50</td><td></td><td></td></tr>
<tr><td>2</td><td>通电校验</td><td>能正确校检元件、检验结果</td><td colspan="2">1）不能进行通电校验，扣50分
2）校验线路接错，扣20分
3）通电校验不符合要求
吸合时有噪声，扣20分
铁心释放缓慢，扣15分
延时时间误差，每超过1s扣10分
其他原因造成不成功，每次扣10分
4）安装元件不牢固或漏接接地线，扣15分</td><td>50</td><td></td><td></td></tr>
<tr><td>3</td><td>安全文明生产</td><td>应保证人身和设备安全</td><td colspan="2">违反安全文明生产规程，扣5~20分</td><td>20</td><td></td><td></td></tr>
<tr><td rowspan="2">备注</td><td rowspan="2" colspan="2"></td><td colspan="2">合　计</td><td></td><td></td><td></td></tr>
<tr><td>教师签字</td><td colspan="4">年　月　日</td></tr>
</table>

控制分析

1.5.4　机床主轴的软起动控制

机床主轴的软起动控制，对应着电动机的软起动控制，实现大功率电动机起动时对电网的较小影响。

笼型电动机直接起动控制电路简单、经济、操作方便。但对于容量较大的电动机来说，由于起动电流大，电网电压波动大，必须采用减压起动的方法，限制起动电流。所谓减压起动，是在起动时将电源电压适当降低，再加到电动机定子绕组上。起动完毕再将电压恢复到额定值运行，以减小起动电流对电网和电动机本身的冲击。

笼型电动机的减压起动方法有：定子绕组串电阻减压起动、Y-△减压起动、自耦变压器减压起动等。绕线转子电动机的软起动方法有：转子绕组串电阻起动、转子绕组串频敏电阻起动等，绕线转子电动机的软起动方法将在“模块7 机床主轴调速控制”中介绍。

1. Y-△减压起动控制电路

Y（星形）-△（三角形）减压起动控制电路如图1-5-12所示，这种起动方法只适用于正常工作时定子绕组作三角形联结的电动机。起动时，先将定子绕组接成星形，使每相绕组电压为额定电压的$1/\sqrt{3}$，起动完成再恢复成三角形联结，使电动机在额定电压下运行。这种起动方式利用时间继电器延时动作来控制各电器元件动作的先后顺序，称为按时间原则的控制。它的优点是起动设备成本低，方法简单，容易操作，但起动转矩只有额定转矩的1/3。

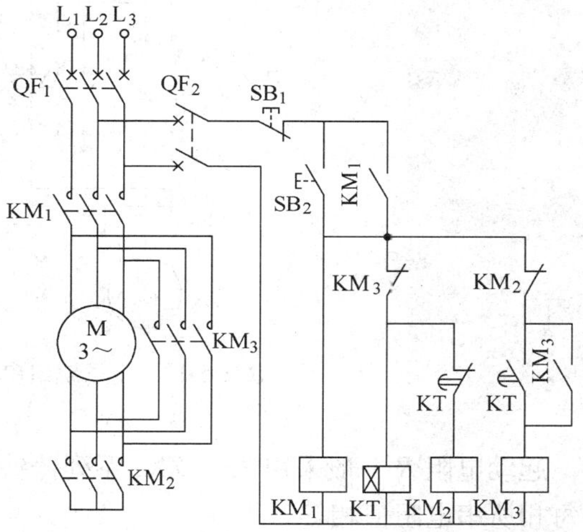

图1-5-12　Y-△减压起动控制电路图

线路工作过程：合上QF_1、QF_2。

（1）起动

按下SB_2 → KM_1线圈得电 → KM_1 NO触点闭合 → 电路自锁(SB_2)
　　→ KM_1主触点闭合 → M电动机Y起动
→ KM_2线圈得电 → KM_2主触点闭合（→ M电动机Y起动）
　　→ KM_2 NC触点断开 → 电路互锁(KM_3线圈)
→ KT线圈得电 —延时→ KT NC断开 → KM_2失电 → KM_2主触点断开 → 电动机停止Y起动
　　　　　　　　　　　　　　　　　　　→ KM_2 NC闭合 → A
　　→ KT NO触点闭合 → A

A → KM_3线圈得电 → KM_3主触点闭合（KM_1主触点仍旧闭合）→ M电动机△运行
→ KM_3 NO触点闭合 → 电路自锁(KT NO触点)
→ KM_3 NC触点断开（互锁KM_2）→ KT线圈失电 → KT NO触点断开
　　　　　　　　　　　　　　　　　→ KT NC触点闭合

（2）停止

按下 SB_1→KM_1、KM_3 线圈失电→电动机 M 停止运行

2. 定子绕组串电阻减压起动

起动时，在三相定子电路上串接电阻 *R*，使加在电动机绕组上的电压降低，起动完成后将电阻 *R* 短接，电动机加额定电压正常运行。定子绕组串电阻减压起动也是按时间原则控制的电路。典型控制电路如图 1-5-13 所示。

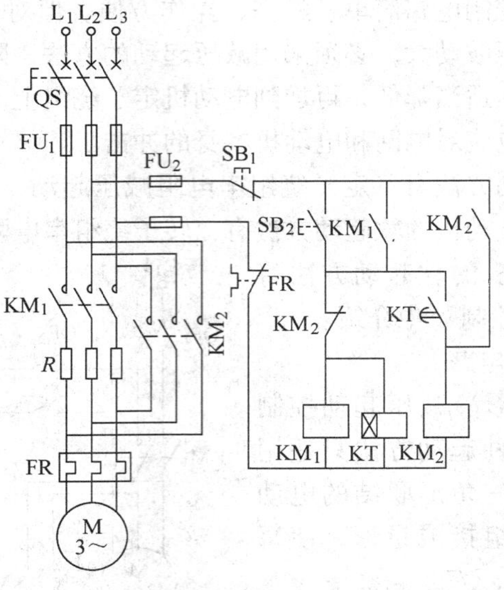

图 1-5-13 定子绕组串电阻减压起动控制电路图

起动电阻 *R* 一般采用 ZX、ZX2 系列铸铁电阻，功率大，能够通过较大电流。三相电路中每相所串电阻值相等。

定子绕组串电阻减压起动不受电动机接线形式限制，线路简单。中小型机床常用这种方法限制点动调整时电动机的起动电流，如 C650 型车床、T68 型卧式镗床、T612 型卧式镗床等。

线路工作过程：合上 QS。

（1）起动

按下 SB_2 → KM_1 线圈得电 → KM_1 主触点闭合→电动机 M 定子绕组串电阻减压起动

　　　　　　　　　　　　　　 → KM_1 常开辅助触点闭合→电路自锁

　　　　 → KT 线圈得电 —延时→ KM_2 线圈得电 → KM_2 主触点闭合→电动机 M 全压运行

　　　　　　　　　　　　　　　　　　　　　 → KM_2 常开辅助触点闭合→电路自锁

　　　　　　　　　　　　　　　　　　　　　 → KM_2 常闭辅助触点断开 → KT 线圈失电

　　　　　　　　　　　　　　　　　　　　　　　　　　　　　　　　 → KM_1 线圈失电→

→ KM_1 主触点断开→降压电阻脱离电路

（2）停止

按下 SB_1→KM_2 线圈失电→电动机 M 停止运行

3. 自耦变压器减压起动

这种起动方式依靠自耦变压器的降压作用来限制电动机的起动电流。起动时自耦变压器二次侧与电动机相连，定子绕组得到的电压是自耦变压器的二次电压，起动完毕自耦变压器切除，电动机直接接电源，进入全电压运行。控制电路如图 1-5-14 所示。

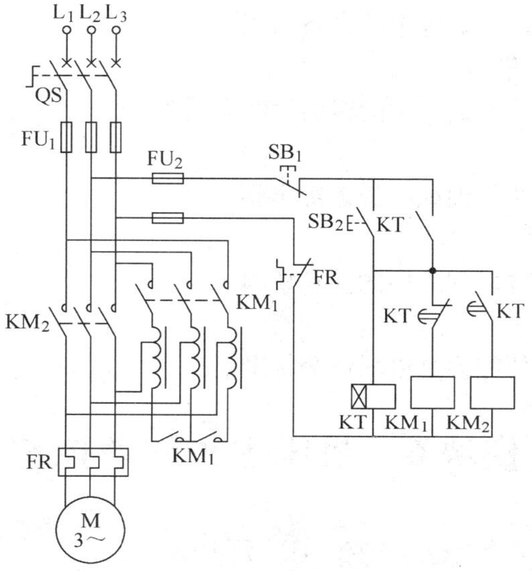

图 1-5-14　自耦变压器减压起动控制电路图

在获取同样起动转矩的情况下，这种起动方式从电网获取的电流相对比电阻减压起动要小得多，对电网的电流冲击小，功率损耗小。但自耦变压器价格较高，主要用于容量较大正常运行为星形联结的电动机的起动。

线路工作过程：合上 QS。

（1）起动

按下 SB_2 →KM_1 线圈得电→KM_1 主触点闭合→电动机 M 定子绕组经自耦变压器减压起动

→KT 线圈得电 →KT 瞬动触点闭合→电路自锁

延时 →KM_1 线圈失电→KM_1 主触点断开→自耦变压器脱离电路

→KM_2 线圈得电→KM_2 主触点闭合→电动机 M 全压运行

（2）停止

按下 SB_1→KT、KM_2 线圈失电→电动机 M 停止运行

技 能 训 练

1.5.5　Y-△减压起动控制电路的安装与调试

1. 实践目的

掌握Y-△减压起动控制电路的安装与调试（软线配线）方法。

2. 任务内容

1）将参与学生按每组 5 ~ 8 人分组，并下达实验、实训任务。

2）要求每组学生根据所学内容设计出丫-△减压起动控制电路原理图。

3）组织学生组间互评，最终确定出合理的控制电路原理图。

4）每组学生画出最终电气原理图、电器分布位置图及填写元器件明细表。参见表 1-8。

3. 设备与工具

参见模块 4 中 1. 4. 8 技能训练中的设备与工具。

4. 板前明线布线的工艺

参见模块 4 中 1. 4. 8 技能训练中的板前明线布线的工艺。

5. 训练步骤

参见模块 4 中 1. 4. 8 技能训练中的训练步骤。

注意事项：

参见模块 4 中 1. 4. 8 技能训练中的注意事项。

6. 评分标准

参见模块 4 中 1. 4. 8 技能训练中的评分标准。

模块 6 机床主轴制动控制

知 识 积 累

1. 6. 1 变压器

变压器是一种静止电器，由铁心（磁路）及两个或两个以上的绕组（电路）组成，绕组之间由铁心中的交变磁通联系（磁耦合），从而实现从一种交流电压（电流）变为另一种交流电压（电流）。图 1-6-1、图 1-6-2、图 1-6-3 所示为几种常见变压器。

图 1-6-1 电力变压器

1. 变压器的作用

根据变压器的用途和实现的目的不同，变压器可用于：变电压（常用于输配电的电力系统、机床的控制变压器或驱动变压器）、变电流（常用于检测电路的电流互感器）、电气隔离（隔离变压器）、变阻抗（常用于电子电路中的阻抗匹配）。

2. 变压器的分类

变压器按每相绕组数可分为单绕组变压器、双绕组变压器、三绕组变压器、自耦变压器；按相数可分为单相变压器、双相变压器、三相变压器；按用途可分为升压变压器、降压变压器、隔离变压器；按冷却介质和冷却方式可分为油浸自冷变压器、干式空气自冷变压器（机床电气控制中常用)、油浸风冷变压器、油浸水冷变压器；按铁心结构不同可分为心式变压器和壳式变压器。

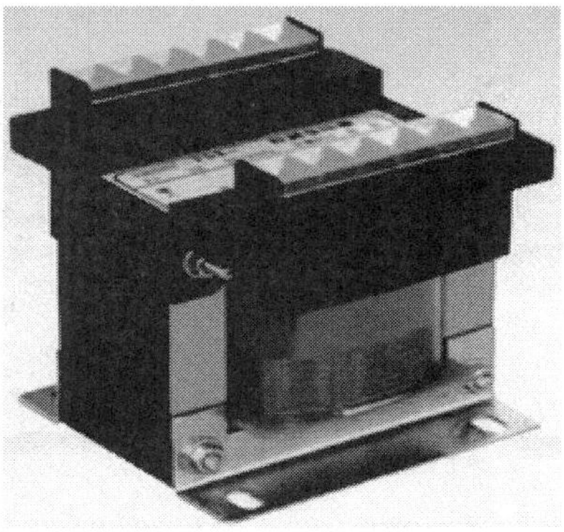

图1-6-2 机床控制变压器

图1-6-3 自耦变压器

3. 变压器的结构

变压器的主要组成部分是铁心和绕组。为了改善散热条件，大、中容量的电力变压器的铁心和绕组浸入盛满变压器油的封闭油箱中，各绕组对外线路的连接由绝缘套管引出。而机床电气控制用多为干式空气自冷小容量变压器。

小型变压器的组成如图1-6-4所示，在一个闭合的铁心上套有两个绕组，绕组与绕组之间以及绕组与铁心之间都是绝缘的。按铁心和绕组的组合结构可分为心式变压器和壳式变压器，如图1-6-4所示。心式变压器的铁心被绕组包围，而壳式变压器的铁心则包围绕组。

一次绕组的各物理量用字母加下标1区分，二次绕组的各物理量用字母加下标2区分。一次绕组匝数为N_1，二次绕组匝数为N_2。

4. 变压器的额定值

（1）变压器的额定数据

①额定容量（视在功率）S_N，单位为VA或kVA，指变压器在额定使用条件下所输出的视在功率。

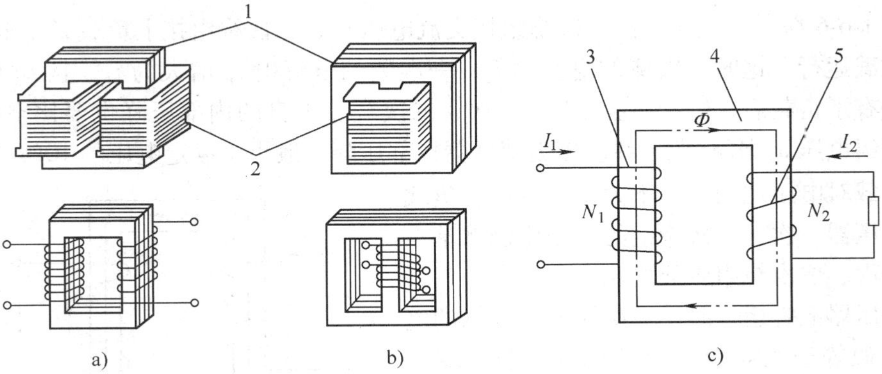

图1-6-4 小型变压器的结构

a）心式变压器 b）壳式变压器 c）单相变压器的原理图

1—铁心 2—绕组 3—一次绕组 4—铁心 5—二次绕组

②额定电压（线电压）U_{1N}/U_{2N}，单位为 V 或 kV，其中 U_{1N} 为一次绕组额定电压，U_{2N} 为二次绕组的额定电压，表示一次绕组电压为 U_{1N} 时二次绕组开路时的电压。

③额定电流（线电流）I_{1N}/I_{2N}，单位为 A。

④我国工频（50Hz）以及额定效率、温升等。

（2）额定值之间的关系

①单相变压器的关系式为

$$S_N = U_N I_N,\ I_{1N} = \frac{S_N}{U_{1N}},\ I_{2N} = \frac{S_N}{U_{2N}}$$

②三相变压器的关系式为

$$S_N = \sqrt{3} U_N I_N,\ I_{1N} = \frac{S_N}{\sqrt{3} U_{1N}},\ I_{2N} = \frac{S_N}{\sqrt{3} U_{2N}}$$

5. 变压器的工作原理

（1）空载运行和电压变换

如图 1-6-5 所示，将变压器的一次侧接在交流电压 u_1 上，二次侧开路，这种运行状态称为空载运行。此时二次绕组中的电流 $i_2 = 0$，电压为开路电压 u_{20}，一次绕组通过的电流为空载电流 i_{10}，电压和电流的参考方向如图所示。图中 N_1 为一次绕组的匝数，N_2 为二次绕组的匝数。

变压器空载运行时，一次、二次绕组上电压的比值等于两者的匝数之比，K 称为变压器的电压比。若改变变压器一次、二次绕组的匝数，就能够把某一数值的交流电压变为同频率的另一数值的交流电压。它们之间的关系为

$$U_{20} = \frac{N_2}{N_1} U_1 = \frac{1}{K} U_1$$

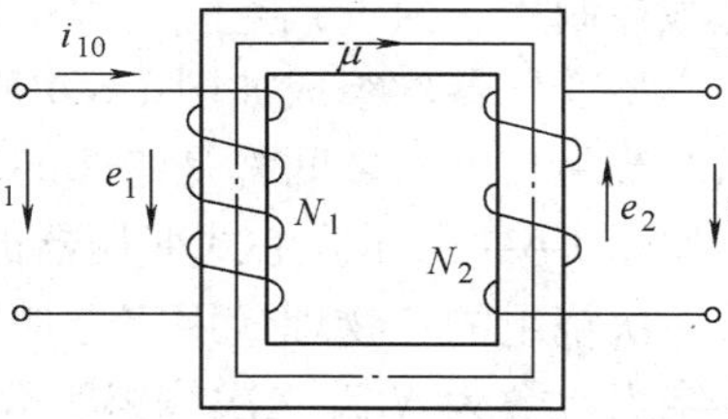

图 1-6-5 变压器的空载运行

一次绕组的匝数 N_1 比二次绕组的匝数 N_2 多时，$K>1$，这种变压器为降压变压器；反之，当 N_1 少于 N_2 时，$K<1$，为升压变压器。

（2）负载运行和电流变换

如图 1-6-6 所示，变压器的一次绕组接交流电压 u_1，二次绕组接上负载 Z_L，这种运行状态称为负载运行。这时二次侧的电流为 i_2，一次侧的电流由 i_{10} 增大为 i_1，且 u_2 略有下降，这是因为有了负载后，i_1、i_2 会增大，一次、二次绕组本身的内部压降也要比空载时增大，使二次绕组电压 u_2 比 e_2 低一些。因为变压器内部压降一般小于额定电压的 10%，因此变压器有无负载对电压比的影响不大，可以认为负载运行时变压器一次、二次绕组的电压比仍然基本上等于一次、二次绕组匝数之比。

当变压器额定运行时，一次侧、二次侧的电流之比近似等于其匝数之比的倒数。若改变一次、二次绕组的匝数，就能够改变一次、二次绕组电流的比值，这就是变压器的电流变换作用。关系式为

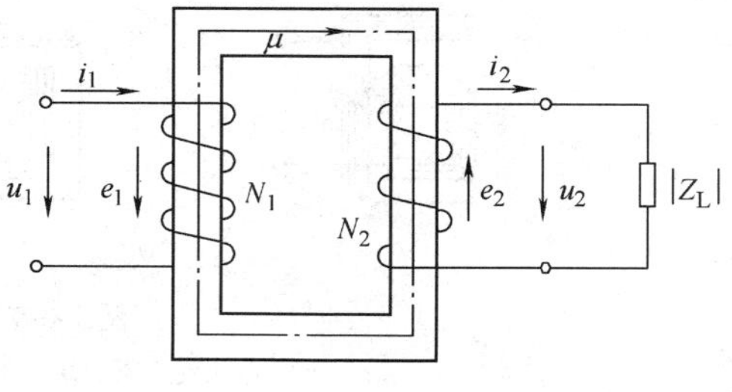

图 1-6-6 变压器的负载运行

$$\frac{I_1}{I_2}=\frac{N_2}{N_1}=\frac{1}{K}$$

不难看出，变压器的电压比与电流比互为倒数，因此匝数多的绕组电压高，电流小；匝数少的绕组电压低，电流大。

由此可见，当变压器的功率损耗忽略不计时，它的输入功率与输出功率相等，符合能量守恒定律。

6. 几种常用的变压器

（1）三相电力变压器

电力工业中，输配电都采用三相制。变换三相交流电电压，则用三相变压器。把三个单相变压器拼合在一起，便组成了一个三相变压器，如图1-6-7所示。

高压绕组分别用 U_1U_2(AX)、V_1V_2(BY)、W_1W_2(CZ)表示，低压绕组分别用 u_1u_2(ax)、v_1v_2(by)、w_1w_2(cz)表示。

根据电力电网的线电压及一次绕组额定电压的大小，可以将一次绕组分别接成三角形（△）或星形（Y）。

一次绕组的三角形（△）和星形（Y）联结如图1-6-8所示。

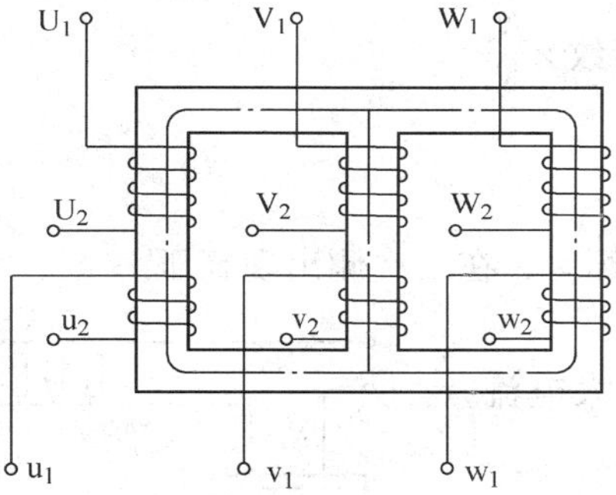

图1-6-7　三相电力变压器

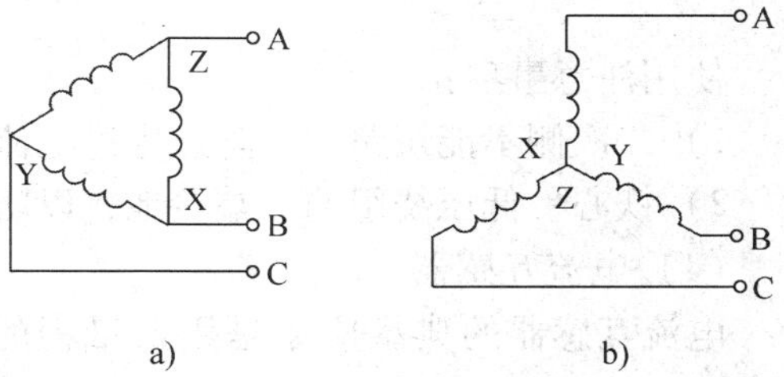

图1-6-8　三相电力变压器一次绕组的接法
a) 三角形（△）　b) 星形（Y）

根据供电需要，二次绕组也可以接成三角形或三相四线制星形。

三相变压器的一、二次绕组的常用接法有（Yy_n）、（Ynd）、（Y_Nd）三种。其中，大写字母表示高压绕组的接法，小写字母表示低压绕组的接法；Y与y表示星形联结，D与d表示三角形联结，N与n表示有中性线。

例如三相变压器的联结组（Yyn0），其意义如下：

Y——高压绕组连接为星形；

yn——低压绕组连接为星形，有中性线；

0——表示高、低压对应两侧线电压的相位关系。

（2）自耦变压器

自耦变压器原理电路如图1-6-9所示，同样有

$$\frac{U_1}{U_2}=\frac{N_1}{N_2}=K$$

$$\frac{I_1}{I_2}=\frac{N_2}{N_1}=\frac{1}{K}$$

使用时，改变滑动端的位置，便可得到不同的输出电压。实验室中用的调压器就是根据此原理制作的。注意：一次侧、二次侧千万不能对调使用，以防变压器损坏。因为 N 变小时，磁通增大，电流会迅速增加。

（3）电压互感器

电压互感器的典型应用是用低量程的电压表测高电压，如图 1-6-10 所示。

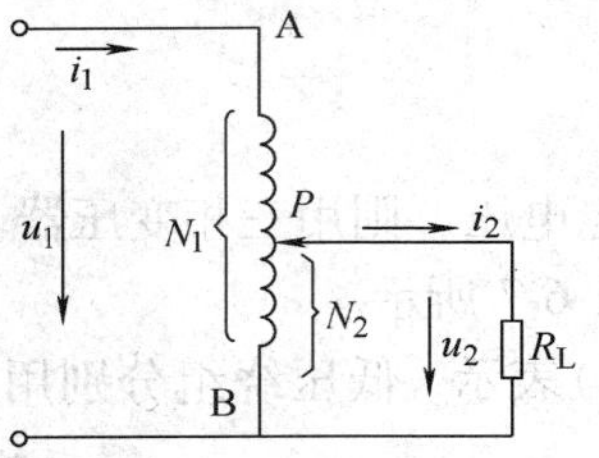

图 1-6-9 自耦变压器原理电路

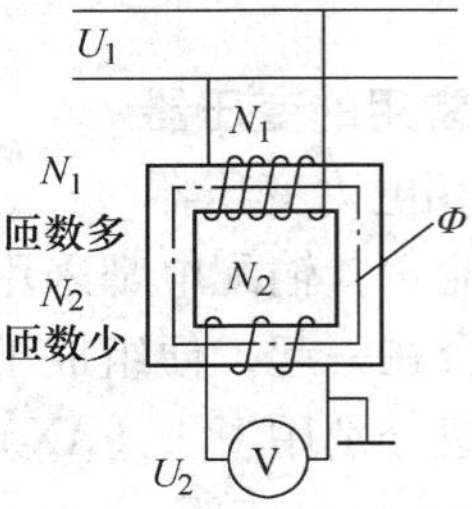

图 1-6-10 电压互感器

$$U_1 = \frac{N_1}{N_2}U_2 = KU_2$$

$$\text{被测电压} = \text{电压表读数} \times \frac{N_1}{N_2}$$

使用注意事项：

1）二次侧不能短路，以防产生过电流。

2）铁心、低压绕组的一端接地，以防在绝缘损坏时，在二次侧出现高压。

（4）电流互感器

电流互感器的典型应用是用低量程的电流表测大电流，如图 1-6-11 所示。

$$I_1 = \frac{N_2}{N_1}I_2 = \frac{1}{K}I_2$$

$$\text{被测电流} = \text{电流表读数} \times \frac{N_1}{N_2}$$

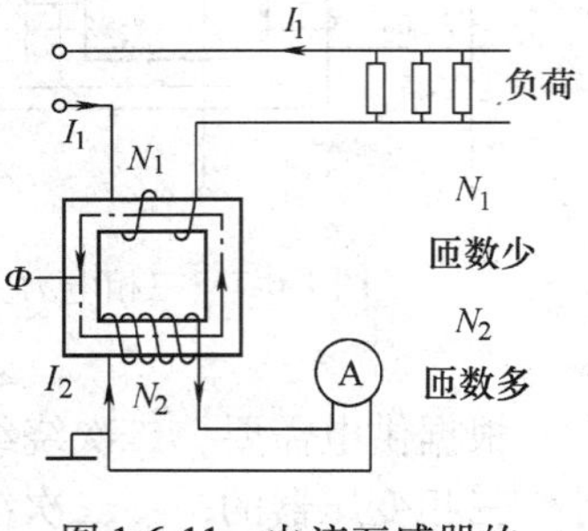

图 1-6-11 电流互感器的典型应用

使用注意事项：

1）二次侧不能开路，以防产生高电压。

2）铁心、低压绕组的一端接地，以防在绝缘损坏时，在二次侧出现过电压。

1.6.2 整流电路

整流电路的作用是将交流电转变为直流电。完成这一任务主要是靠二极管的单向导电性，因此二极管是构成整流电路的核心器件。

整流电路按输入电源相数分为单相整流电路和三相整流电路，按输出的波形分为半波整流电路、全波整流电路和桥式整流电路等。目前广泛使用的是桥式整流电路。

1. 单相半波整流电路

单相半波整流电路如图 1-6-12a 所示，它是最简单的整流电路，由整流变压器、整流二极管 V 以及负载电阻 R_L 组成。单相半波整流电路的整流波形如图 1-6-12b 所示，其中 $u_o = 0.45u_2$。

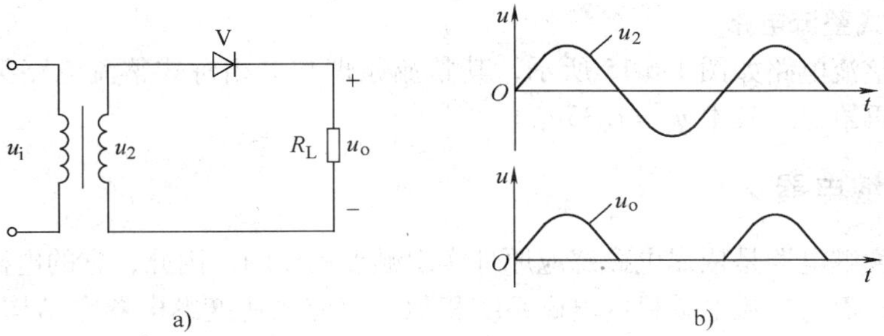

图1-6-12　单相半波整流

a）单相半波整流电路　b）单相半波整流波形

2. 单相桥式整流电路

单相桥式整流电路如图1-6-13a所示，图中TC为电源变压器，它的作用是将交流电压u_i变成整流电路要求的交流电压u_2，且$u_2=0.9u_i$，R_L是要求直流供电的负载电阻，4只整流二极管VD_1～VD_4接成电桥的形式，故称为桥式整流电路。图1-6-13b是它的另一种画法，图1-6-13c是它的简化画法，图1-6-13d是它的实物，图1-6-14是它的整流波形图。

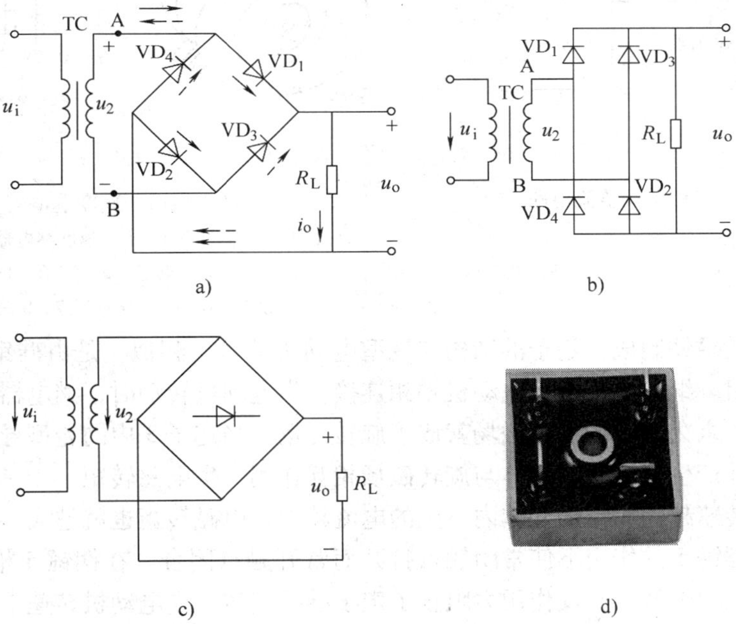

图1-6-13　单相桥式整流电路

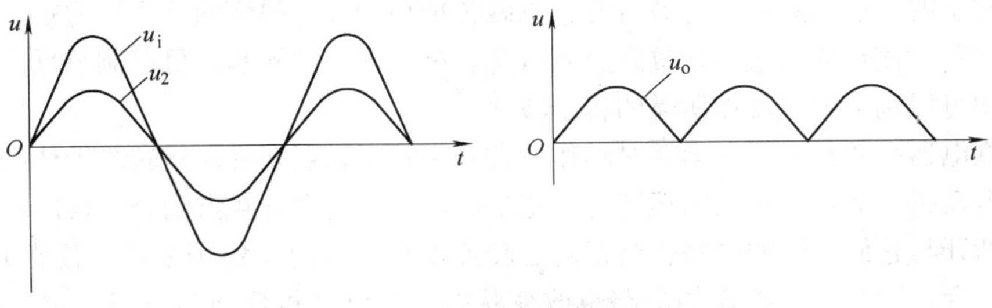

图1-6-14　单相桥式整流电路波形图

3. 三相桥式整流电路

三相桥式整流电路如图 1-6-15 所示，其整流原理与单相桥式整流电路类似，三相桥式整流波形图不再给出，其中 $u_o = 1.35u_i$。

1.6.3 速度继电器

感应式速度继电器是依靠电磁感应原理实现触点动作的，因此，它的电磁系统与一般电磁式电器不同，而与交流电动机的电磁系统相似。感应式速度继电器在结构上主要由定子、转子和触点三部分组成，如图 1-6-16 所示。使用时，继电器轴与电动机轴相连，但其触点接在控制电路中。

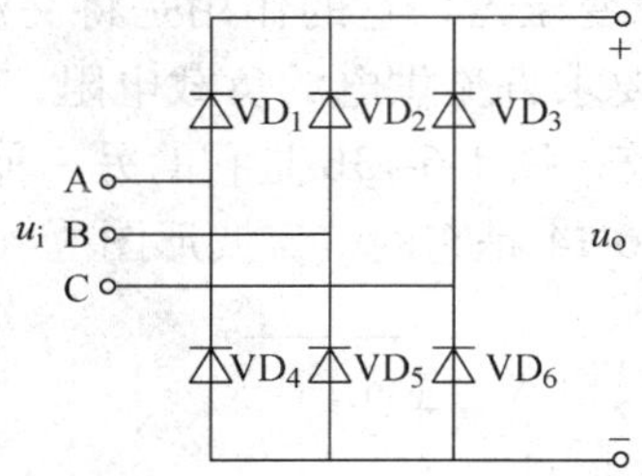

图 1-6-15 三相桥式整流电路

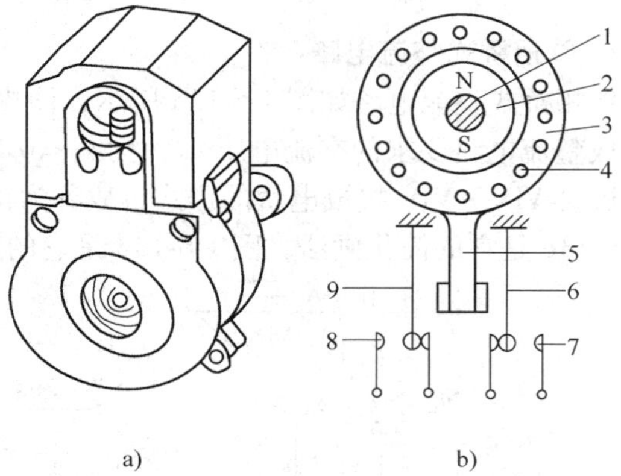

图 1-6-16 速度继电器

a）速度继电器外形图 b）速度继电器结构原理图

1—转轴 2—转子 3—定子 4—线圈

5—摆锤 6、9—动触点 7、8—静触点

转子由永久磁铁制成，定子的结构与笼型电动机的转子相似，是由硅钢片叠制而成的，并装有笼型绕组。继电器轴 1 与电动机轴相连接，当电动机转动时，继电器的转子 2 随着一起转动，这样，永久磁铁的静止磁场就成了旋转磁场。当定子 3 内的笼型导体 4 因切割磁场而感生电动势并产生电流时，导体与旋转磁场相互作用产生电磁转矩，于是定子跟着转子相应偏转。转子转速越高，定子导体内产生的电流越大，电磁转矩也就越大。当定子偏转到一定角度时，在摆锤 5 的作用下使常闭触点打开而常开触点闭合。在摆锤 5 推动触点的同时，也压缩相应的反力弹簧，其反作用力阻止了定子继续偏转。当电动机转速下降时，继电器的转子转速也随之下降，定子导体内产生的电流也相应地减少，因而使电磁转矩也相应减小。当继电器转子的转速下降到一定数值时，电磁转矩小于反力弹簧的反作用力矩，定子便返回到原来的位置，使对应的触点恢复到原来状态。调节螺钉的松紧，可以调节反力弹簧的反作用力，从而可以调节触点动作所需的转子转速。

速度继电器一般具有正向运转时动作的常开、常闭触点和反向运转时动作的常开、常闭触点。当电动机以额定转速正向运转时，定子偏转使正向常开触点闭合，常闭触点断开，同时接通和断开与它们相连的电路；当正向运转速度接近零时，定子复位，使常开触点断开，常闭触点闭合，同时与其相连的电路也改变状态。当电动机反向运行时，定子向反方向偏转，使反向动作触点在一定转速和接近零速时动作，动作过程与正向时相同。国产速度继电器型号含义如下：

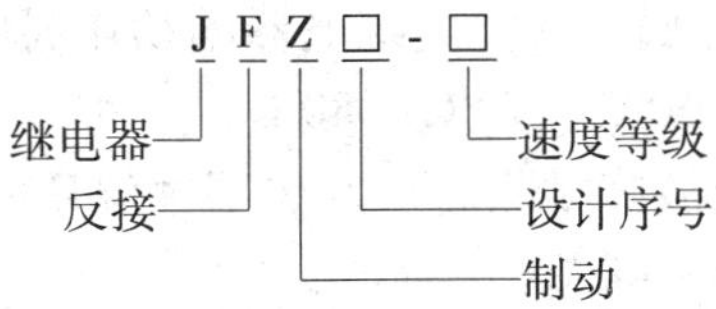

常用的感应式速度继电器有 JY1 和 JFZ0 系列，其技术数据见表 1-25。JY1 系列能在不超过 3000r/min 转速时可靠地工作；JFZ0-1 型适用的转速为 300 ~ 1000r/min，JFZ0-2 型适用的转速为 1000 ~ 3600r/min。JFZ0 系列有两对常开、常闭触点，一般感应式速度继电器转轴在 120r/min 左右时触点即能正常工作，速度继电器的图形及文字符号如图 1-6-17 所示。

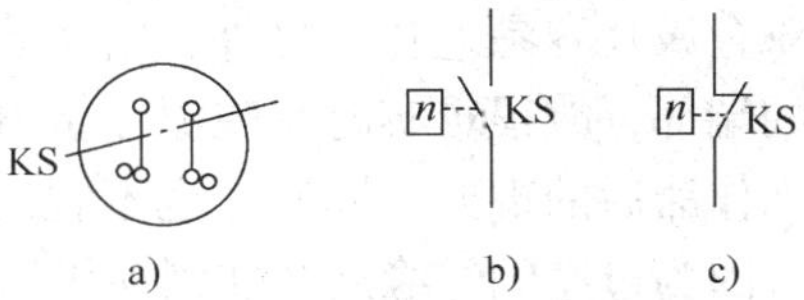

图 1-6-17　速度继电器的图形及文字符号
a）转子　b）常开触点　c）常闭触点

JY1 型和 JFZ0 型速度继电器的技术数据见表 1-25。

表 1-25　JY1 型和 JFZ0 型速度继电器的技术数据

型　　号	触点额定电压 /V	触点额定电流 /A	触点数量		额定工作转速 /(r/min)	允许操作频率 /(次/h)
			正转时切换	反转时切换		
JY1	380	2	一组转换触点	一组转换触点	100 ~ 3000	<30
JFZ0					300 ~ 3600	

知 识 拓 展

1.6.4　信号继电器

信号继电器包括：速度继电器、温度继电器、压力继电器、液位继电器和干簧继电器等，其中速度继电器前面已作介绍，下面介绍其他信号继电器。

1. 温度继电器

电动机出现过载电流时，会使其绕组温升过高，而利用发热元件可间接地反映出绕组温升的高低，所以，热继电器就可以起到电动机过载保护的作用。然而，即使电动机不过载，由于电网电压升高，会导致铁损增加而使铁心发热，这样也会使绕组温升过高；或者电动机环境温度过高以及通风不良等，同样会使绕组温度过高。出现后两种情况时，热继电器就无能为力了。采用按温度原则动作的继电器，即温度继电器则能很好地解决这一问题。

温度继电器一般放在电动机发热部位，如电动机定子槽内、绕组端部等，可直接反映该处发热情况，无论是电动机本身出现过载电流引起温度升高，还是其他原因引起电动机温度升高，温度继电器都可起到保护作用，它具有“全热保护”作用。

温度继电器大体上有两种类型：一种是双金属片式温度继电器，另一种是热敏电阻式温度继电器。

（1）双金属片式温度继电器

JW2 系列温度继电器是一种双金属片式温度继电器，其结构如图 1-6-18 所示。它是封闭式的，其内部有盘式双金属片 2，此双金属片左面为主动层，右面为被动层。动触点 8 铆在双金属片上，且经导电片 3、外壳 1 与连接片 4 相连，静触点 6 与连接片 4 相连。当电动机发热部位温度升高时，产生的热量通过外壳 1 传导给其内部的双金属片，当达到一定温度时双金属片开始变形，双金属片及动触点向图中左方瞬时跳开，从而控制接触器使电动机断电，达到过热保护的目的。双金属片式温度继电器的动作温度是以电动机绕组绝缘等级为基础来划分的，它共有 50℃、60℃、70℃、80℃、95℃、105℃、115℃、125℃、135℃、145℃和 165℃共 11 个规格。当故障排除后，发热部件温度降低，继电器的返回温度因动作温度而异，一般比动作温度低 5～40℃。

双金属片式温度继电器的缺点是加工工艺复杂，且双金属片容易老化。另外，由于体积大而多置于绕组的端部，故很难实时反映温度上升的情况，以致出现动作滞后的现象。同时，也不宜用来保护高压电动机，因为过厚的绝缘层会加剧动作的滞后现象。

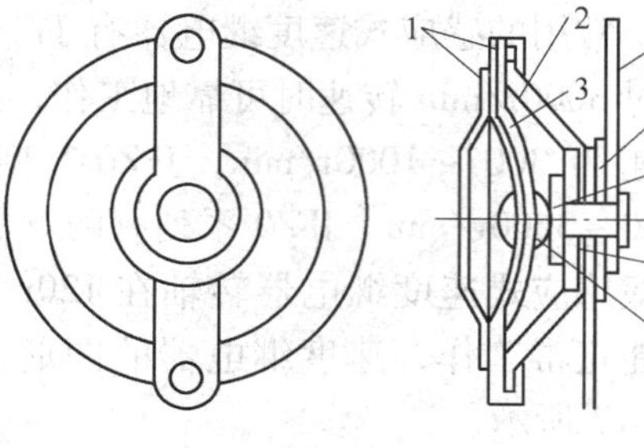

图 1-6-18 JW2 系列温度继电器

1—外壳 2—双金属片 3—导电片 4—连接片 5、7—绝缘垫片 6—静触点 8—动触点

（2）热敏电阻式温度继电器

这种继电器的外形同一般晶体管式时间继电器相似，但作为温度检测元件的热敏电阻不装在继电器中，而是装在电动机定子槽内或绕组的端部。热敏电阻是一种半导体器件，根据材料性质来分有正温度系数和负温度系数两种。正温度系数热敏电阻因具有明显的开关特性、电阻温度系数大、体积小、灵敏度高等优点而得到广泛应用和迅速发展。

没有电源变压器的正温度系数热敏电阻式温度继电器电路如图 1-6-19 所示。

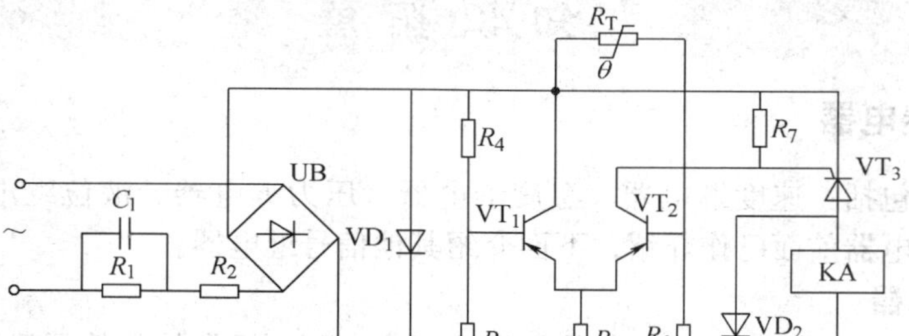

图 1-6-19 热敏电阻式温度继电器电路

图中，R_T 是表示各绕组内埋设的热敏电阻串联后的总电阻，它同电阻 R_3、R_4、R_6 构成一个电桥。由晶体管 VT_1、VT_2 构成的开关接在电桥的对角线上。当温度在 65℃以下时，R_T 大体为一恒值且比较小，电桥处于平衡状态；当温度上升 R_T 阻值剧增时，电桥出现不平衡状态而使 VT_1 及 VT_2 导通，晶闸管 VT_3 获得门极触发电流而导通，执行继电器 KA 线圈有电而使衔铁吸合，其常闭触点断开接触器线圈，从而使电动机断电，实现了电动机的过热保护；当电动机温度下降至返回温度时，R_T 阻值锐减，电桥恢复平衡而使 VT_3 关断，执行继电器线圈断电而使衔铁释放。

在热敏电阻式温度继电器中，执行继电器的任务是控制主电路接触器的线圈电路，因此，完全可以用一只双向晶闸管来代替执行继电器，直接控制接触器的线圈。

温度继电器的触点在电路图中的图形符号与电压或电流继电器相同，只是在符号旁标注字母“θ”即可。

2. 压力继电器

压力继电器广泛用于各种气压和液压控制系统中，通过检测气压或液压的变化，发出信号，控制电动机的起停，从而提供保护。图1-6-20所示为一种简单的压力继电器结构示意图。压力传送装置包括管道接头入油口5、橡皮膜4及滑杆2等。当用于机床润滑油泵的压力控制时，润滑油经管道接头入油口5进入油管，将压力传送给橡皮膜4，当油管内的压力达到某给定值时，橡皮膜4便受力向上凸起，推动滑杆2向上，压动微动开关1，发出控制信号。旋转弹簧3上面的给定螺母，便可调节弹簧的松紧程度，以改变动作压力的大小，适应控制系统的需要。YJ系列压力继电器的技术数据见表1-26。

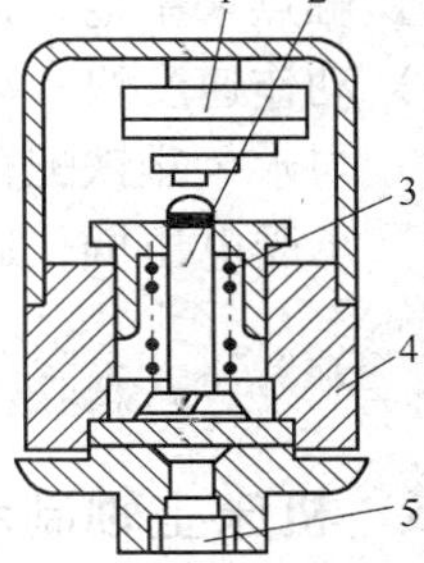

图1-6-20　压力继电器结构示意图

1—微动开关　2—滑杆　3—弹簧　4—橡皮膜　5—入油口

3. 液位继电器

某些锅炉和水柜需根据液位的高低变化来控制水泵电动机的起停，这一控制可由液位继电器来完成。

表1-26　YJ系列压力继电器的技术数据

型　号	额定电压/V	长期工作电流/A	分断功率/W	控制压力/Pa	
				最大值	最小值
YJ-0	AC 380	3	380	6.0795×10^5	2.0265×10^5
YJ-1				2.0265×10^5	0.01325×10^5

图1-6-21所示为液位继电器的结构示意图。浮筒置于被控锅炉或水柜内，浮筒的一端有一根磁钢，锅炉外壁装有一对触点，动触头的一端有一根磁钢，它与浮筒一端的磁钢相对应。当锅炉或水柜内的水位降低到极限值时，浮筒下落使磁钢端绕支点A上翘。由于磁钢同性相斥的作用，使动触头的磁钢端被斥下落，通过支点B使触点1-1接通，2-2断开。反之，水位升高到上限位置时，浮筒上浮使触点2-2接通，1-1断开。显然，液位继电器的安装位置决定了被控的液位范围。

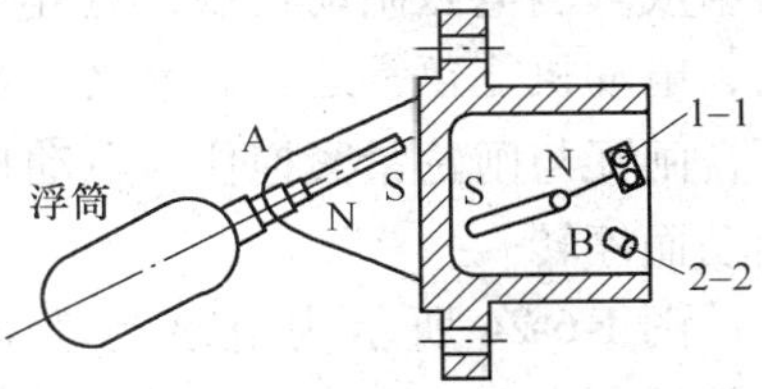

图1-6-21　液位继电器的结构示意图

4. 干簧继电器

干簧继电器由于其结构小巧、动作迅速、工作稳定、灵敏度高等优点，近年来得到广泛的应用。干簧继电器的主要部分是干簧管，它由一组或几组导磁簧片封装在惰性气体（如氦、氮等气体）的玻璃管中组成的开关元件。导磁簧片又兼作接触簧片，即控制触点，也就是说，一组簧片起开关电路和磁路双重作用。图1-6-22所示为干簧继电器的结构原理，其中，图1-6-22a表示利用线圈内磁场驱动继电器动作，图1-6-22b表示利用外磁场驱动继电器动作。在磁场作用下，干簧管中的两根簧片分别被磁化而相互吸引，接通电路。磁场消失后，簧片靠本身的弹性分开。

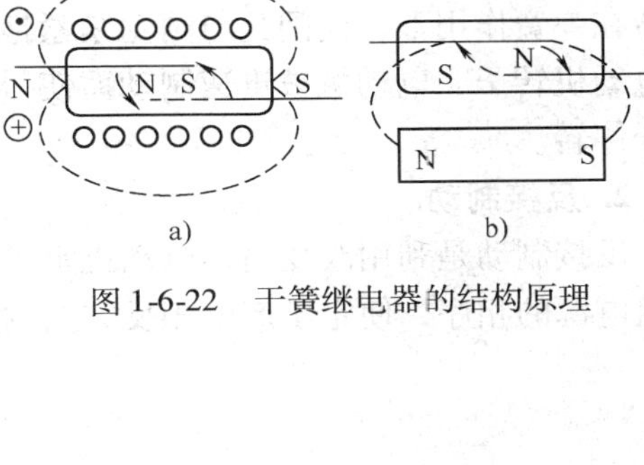

图1-6-22　干簧继电器的结构原理

干簧继电器的特点如下：

1）触点与空气隔绝，可有效地防止老化和污染，也不会因触点产生火花而引起附近易燃物的燃烧。

2）触点采用金、钯的合金镀层，接触电阻稳定，寿命长，为 100 ~ 1000 万次。

3）动作速度快，动作时间为 1 ~ 3ms，比一般继电器快 5 ~ 10 倍。

4）与永久磁铁配合使用方便、灵活。可与晶体管电器配套使用。

5）承受电压低，通常不超过 250V。

控 制 分 析

1.6.5 机床主轴制动控制

机床主轴制动控制，对应着电动机的制动控制，实现机床上需要迅速停机、准确定位的要求。

当电动机定子绕组断电后，由于惯性作用，电动机不能马上停止运转。而很多生产机械，如起吊重物的行车，机床上需要迅速停机、准确定位的机构等，都要求电动机断电后立即停转。这就要求对电动机进行制动，强迫其立即停止转动。用机械装置强迫电动机迅速停车称为机械制动；电气制动则是使电动机的电磁转矩方向与电动机旋转方向相反，起制动作用。电气制动主要有反接制动和能耗制动，在万能铣床、卧式镗床、组合机床中时有应用。回馈制动在起重机中用到，在后面也将进行简单介绍。

1. 机械制动

机械制动是指当电动机切断电源之后，利用机械装置使电动机迅速停止转动的方法。常用的装置有电磁制动器和电磁离合器两种，它们的制动原理基本相同。

机械制动又分为断电制动和通电制动两种。

图 1-6-23 所示为断电制动电磁制动器的外形图，电磁制动器主要由电磁铁和闸瓦制动器组成。当电磁制动器线圈通电时，衔铁吸合动作，克服弹簧力推动杠杆，使闸瓦松开闸轮，电动机能正常运转。反之，当电磁制动器线圈断电时，衔铁与铁心分离，在弹簧的作用下，闸瓦与闸轮紧紧抱住，电动机被迅速制动而停转。

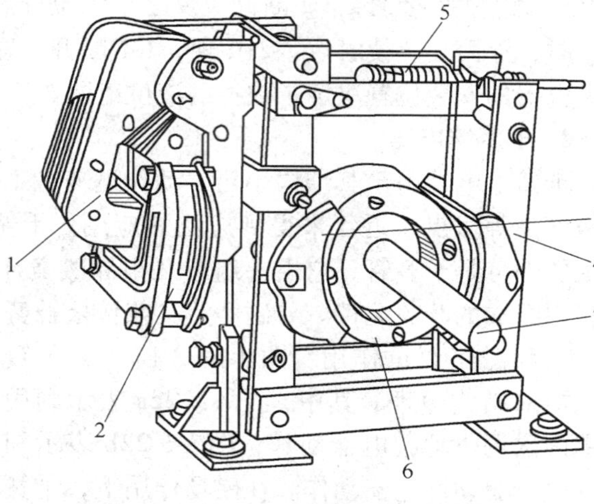

图 1-6-23 电磁制动器的外形结构图

1—衔铁 2—线圈 3—闸瓦 4—杠杆 5—弹簧 6—闸轮 7—轴

图 1-6-24 所示为电磁制动器断电制动的控制电路。图中 YA 为电磁制动器电磁铁的线圈。按下起动按钮 SB_2，KM 线圈通电吸合，YA 得电，闸瓦松开闸轮，电动机起动。按下停止按钮 SB_1，KM 断电释放，电动机和 YA 同时断电，电磁制动器在弹簧作用下，使闸瓦与闸轮紧紧抱住电动机转子，电动机被迅速制动而使得转子停转。

2. 反接制动

反接制动是利用改变通入电动机定子绕组电源的相序，使定子产生相反方向的旋转磁场，因而产生制动转矩的一种制动方法。

在反接制动时，转子转速与同步转速的相对速度趋近于自身的 2 倍，因此定子绕组中流过的反接制动电流相当于全压直接起动时电流的 2 倍，所以反接制动的特点是制动迅速、效果好，但是制动电流大、能量消耗大、机械冲击也大，通常仅适用于 10kW 以下的小容量电动机，或不经常起动、制动的设备，如铣床、镗床、中型车床主轴等。

为了减小冲击电流，通常要求在电动机主电路中串接一组大功率电阻以限制反接制动电流，该电阻被称为反接制动电阻。反接制动的另一要求是在电动机转速接近于零时，及时切断相反相序电源，以防止反向再起动。

（1）电动机单向运行反接制动

电动机单向运行反接制动控制电路如图 1-6-25 所示。

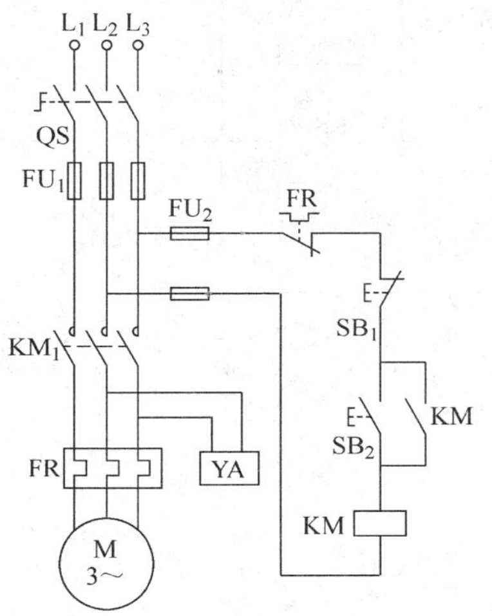

图 1-6-24　电磁制动器断电制动控制电路图

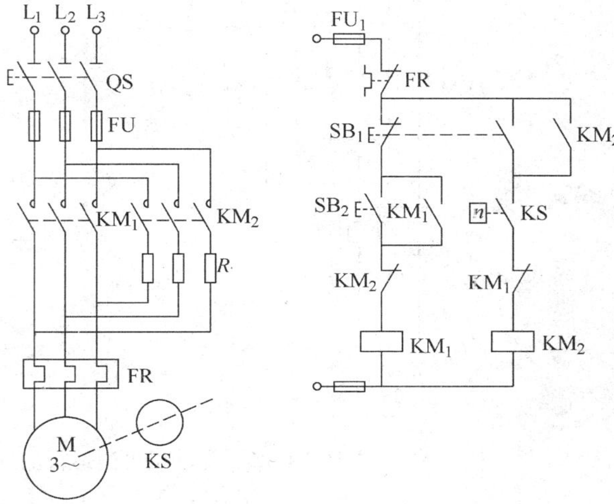

图 1-6-25　电动机单向反接制动控制电路

电路工作过程：

①起动。

合上 QS→按下起动按钮 SB_2→KM_1 线圈得电→
- →KM_1 自锁触点闭合
- →KM_1 互锁触点断开
- →KM_1 主触点闭合 → 电动机正转运行，KS 常开触点闭合，为停机时反接制动作好准备

②制动停机。

按下停机按钮 SB_1→
- →KM_1 线圈失电→KM_1 主触点释放→电动机断电，惯性运转
- →KM_2 线圈得电→
  - →KM_2 自锁触点闭合
  - →KM_2 互锁触点断开
  - →KM_2 主触点闭合，串入电阻 R 反接制动。当电动机转速 $n \approx 0$ 时，KS 复位 → KM_2 断电，制动结束

显然，速度继电器 KS 在控制中起着十分重要的作用，利用它来“判断”电动机的停与转。在结构上，速度继电器与电动机同轴连接，其常开触点串联在电动机控制电路中。当电动机转动时，速度继电器的常开触点闭合；电动机停止时，其常开触点打开。

（2）可逆运行反接制动控制电路

电动机可逆运行的反接制动控制电路如图 1-6-26 所示。

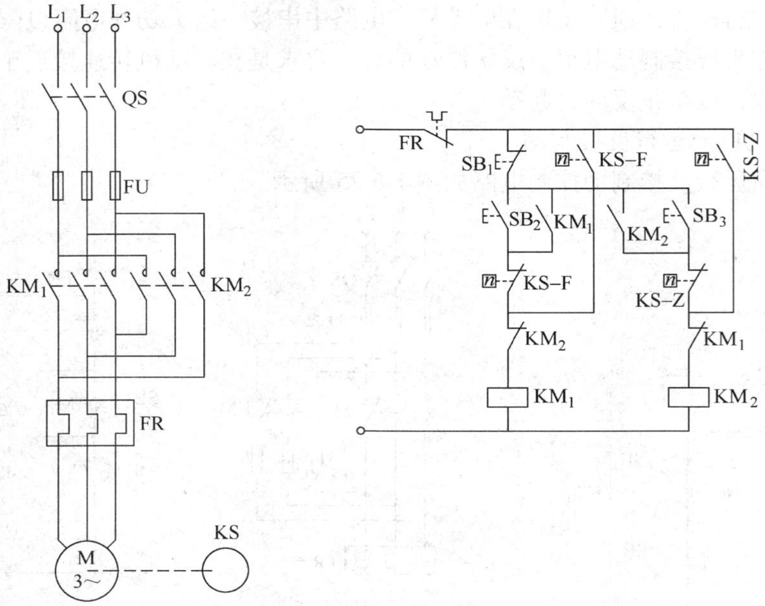

图 1-6-26 电动机可逆运行的反接制动控制电路

线路工作过程如下：

①正向起动。

合上 QS→按下 SB_2→KM_1 线圈得电并自锁—
- →KM_1 主触点闭合 → 电动机正向起动运行
- →KM_1 互锁触点断开 → 速度继电器 KS-Z 的常闭触点断开，常开触点闭合 → 为 KM_2 线圈参加反接制动作好准备

②正向运行时的制动。

按下 SB_1→KM_1 线圈断电释放→由于惯性，M 仍转动→KS-Z 常开触点仍闭合→KM_2 线圈得电→电动机定子绕组电源改变相序，进入正向反接制动状态→当电动机转速 $n\approx0$ 时，KS-Z 的常闭触点和常开触点均复位→KM_2 线圈断电，正向反接制动结束。

③反向起动。

合上 QS→按下 SB_3→KM_2 线圈得电并自锁—
- →KM_2 主触点闭合 → 电动机反向起动运行
- →KM_2 互锁触点断开 → 速度继电器 KS-F 的常闭触点断开，常开触点闭合 → 为 KM_1 线圈参加反接制动作好准备

④反向运行时的制动。

按下 SB_1→KM_2 线圈断电释放→由于惯性，电动机仍转动→KS-F 常开触点仍闭合→KM_1 线圈得电→电动机定子绕组电源改变相序，进入反向反接制动状态→当电动机转速 $n\approx0$ 时，KS-F 的常闭触点和常开触点均复位→KM_1 线圈断电，反向反接制动结束。

（3）图 1-6-26 电路的改进

图 1-6-26 中，在停机检修时，如果人为地转动电动机转子，且转速达到 100r/min 左右，KS-Z 或 KS-F 的常开触点就有可能闭合，使 KM_1 或 KM_2 得电，电动机因接通运行而引起意外事故。

改进电路如图 1-6-27 所示，中间继电器 KA 的加入克服了图 1-6-26 所示电路的缺点。当人为转动电动机转子时，不会因速度继电器常开触点 KS-Z 或 KS-F 的闭合导致电动机意外接通而起动的事故。

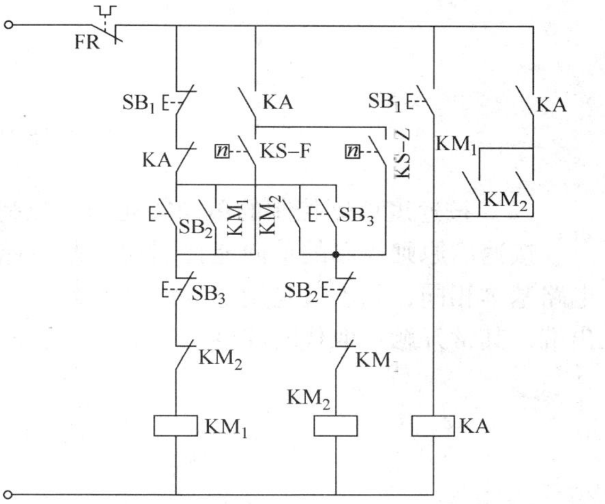

图 1-6-27　图 1-6-26 电路的改进

3. 能耗制动

能耗制动是在运行中的三相异步电动机停机时，在切除三相交流电源的同时，将一直流电源接入电动机定子绕组中的任意两相，以获得大小和方向不变的恒定磁场，从而产生一个与电动机原转矩方向相反的电磁转矩以实现制动。当电动机转速下降到零时，再切除直流电源。根据制动控制的原则，有时间继电器控制与速度继电器控制两种形式。

（1）按时间原则控制的单向能耗制动控制电路

按时间原则控制的单向能耗制动控制电路如图 1-6-28 所示，整流装置由变压器和整流元器件组成，提供制动用直流电。KM_2 为制动用接触器，KT 为时间继电器，控制制动时间的长短。

电路工作过程：

①起动。

合上 QS→按下 SB_2→KM_1 线圈得电并自锁—┬→KM_1 辅助常闭触点断开
└→KM_1 主触点闭合 → 电动机起动运行

②制动停机。

按下 SB_1—┬→KM_1 线圈断电—┬→KM_1 主触点断开 → 电动机断电，惯性运转
　　　　　　│　　　　　　　　　└→KM_2 线圈得电 → KM_2 主触点闭合 → 直流电通入电动机定子绕组 → 电动机能耗制动
　　　　　　└→KT 线圈得电 —延时→ KT 常闭触点延时断开 → KM_2 线圈断电 → KM_2 主触点断开，切断电动机直流电源，制动结束

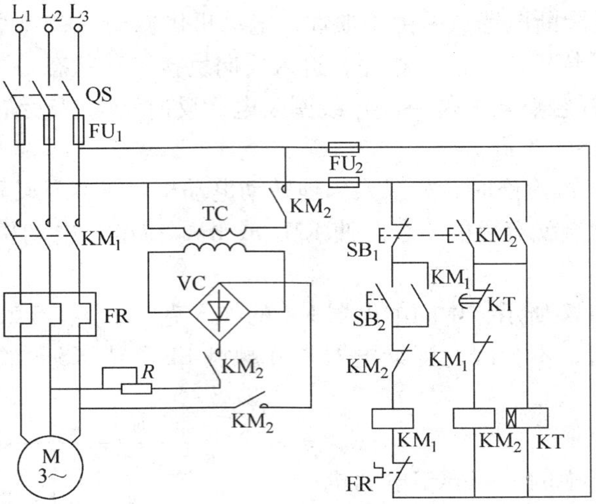

图 1-6-28 按时间原则控制的单向能耗制动控制电路

（2）按速度原则控制的单向能耗制动控制电路

按速度原则控制的单向能耗制动控制电路如图 1-6-29 所示。该电路与图 1-6-28 的控制电路基本相同，只不过是用速度继电器 KS 取代了时间继电器 KT。KS 安装在电动机轴的伸出端，其常开触点取代时间继电器 KT 延时断开的常闭触点。

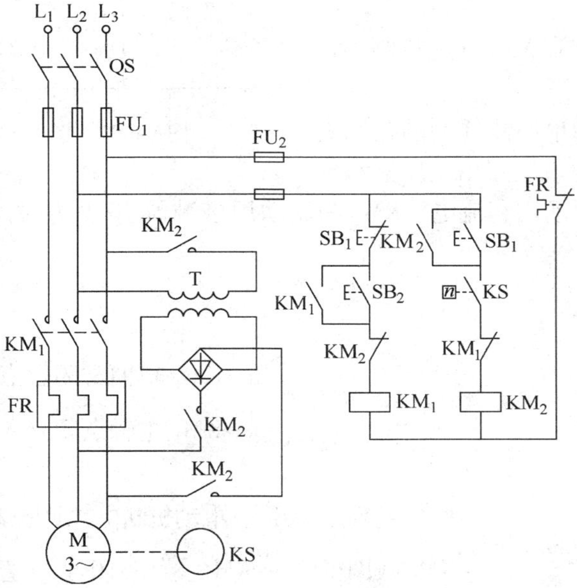

图 1-6-29 按速度原则控制的单向能耗制动控制电路

电路工作过程：

①起动。

合上 QS→按下 SB_2→KM_1 得电并自锁—
→KM_1 主触点闭合 → 电动机起动运行
→KM_1 互锁的常闭触点断开，KS 常开触点闭合，为能耗制动做好准备

②制动停机。

按下 SB_1 → KM_1 线圈断电—
→KM_1 主触点断开 → 切断电动机三相交流电源
→KM_1 互锁常闭触点闭合，电动机由于惯性仍在旋转，KS 常开触点闭合 → KM_2 得电并自锁 → KM_2 主触点闭合 → 电动机定子绕组通入直流电流，进行能耗制动 → 当电动机转速 $n \approx 0$ 时，KS 常开触点断开 → KM_2 断电释放，电动机制动结束

（3）按时间原则控制的可逆运行能耗制动控制电路

按时间原则控制的可逆运行能耗制动控制电路如图 1-6-30 所示，接触器 KM_1、KM_2 分别控制电动机的正反转。SB_2 为正向起动按钮，SB_3 为反向起动按钮，SB_1 为停止按钮。如果电动机正处于正向运行过程中，需要停止，其制动工作过程如下：

合上 QS → 按下 SB_1—
→KM_1 线圈断电 → KM_1 主触点释放，切断电动机三相交流电源
→KM_3 线圈得电 → KM_3 主触点闭合 → 电动机定子绕组通入直流电流 → 对电动机进行正向能耗制动
→KT 线圈得电 $\xrightarrow{\text{延时}}$ 电动机转速下降到接近零，KT 延时断开的常闭触点断开→KM_3、KT 相继断电释放 → 电动机制动结束

电动机处于反向运行过程时的能耗制动过程与正向运行时类似，请读者自行分析。

如果用速度继电器取代图 1-6-30 中的时间继电器 KT，只需对控制电路稍做改动，就可设计出一个按速度原则控制的可逆能耗制动控制电路，读者不妨一试。

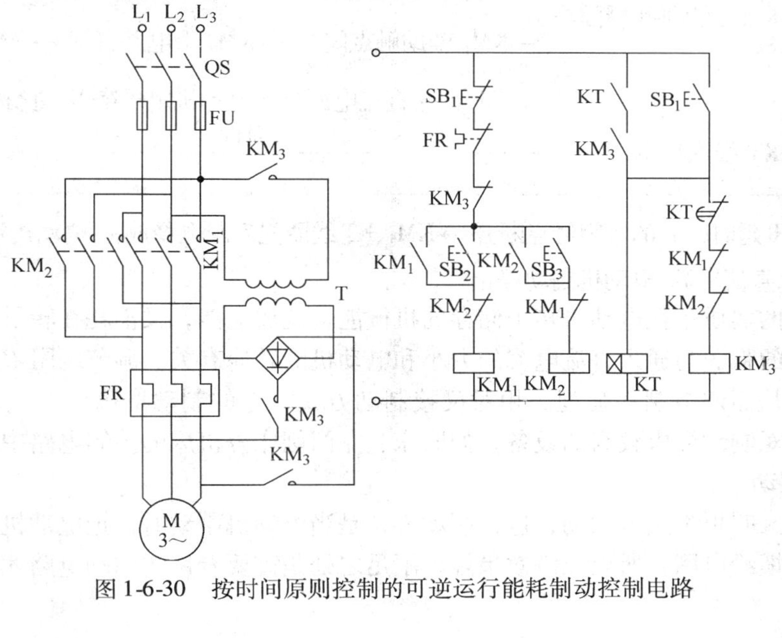

图 1-6-30　按时间原则控制的可逆运行能耗制动控制电路

（4）无变压器单相半波整流能耗制动控制电路

前面介绍的几种能耗制动控制电路均需要变压器降压、全波整流桥，对于较大功率的电动机甚至还要采用三相整流电路，所需设备多，投资成本高。但是，对 10kW 以下的电动机，如果制动要求不高，可采用无变压器单相半波整流能耗制动控制电路，如图 1-6-31 所示。

线路工作过程：

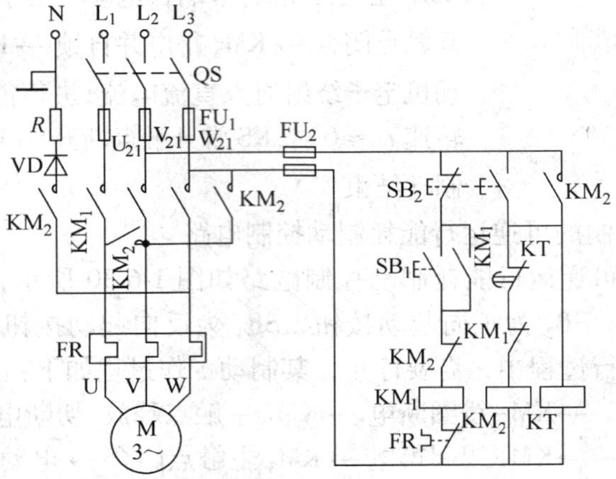

图 1-6-31　无变压器单相半波整流能耗制动控制电路

①起动。

合上 QS→按下 SB_1→KM_1 得电并自锁→KM_1 主触点闭合→电动机起动运行

②停止。

按下 SB_2→KM_1 线圈断电释放—┬—KM_1 主触点分断 → 切断电动机交流电源
　　　　　　　　　　　　　　　　　└—KM_1 辅助触点闭合 → KM_2 得电并自锁 → KM_2 主触点闭合 → 直流电源接入电动机定子绕组，进行能耗制动

→KT 线圈得电—延时→KT 延时断开的常闭触点断开→KM_2、KT 线圈先后断电释放→电动机定子绕组脱离直流电源，电动机制动停止

能耗制动的实质是把电动机转子储存的机械能转变成电能，又消耗在转子的制动上。显然，制动作用的强弱与通入直流电流的大小和电动机的转速有关。调节电阻 R，可调节制动电流的大小，从而调节制动强度。相对反接制动方式，它的制动准确、平稳，能量消耗较小，一般用于对制动要求较高的设备，如磨床、龙门刨床等机床的控制电路中。

4. 回馈制动

回馈制动又叫再生发电制动，这种制动方式是当电动机制动时，把电动机储存的机械能转换为电能反馈给电网，所以经济效果好，不足之处是需要专用的驱动电路才能实现，这里不再详述。

技 能 训 练

1.6.6　能耗制动控制电路的安装与调试

1. 实践目的

掌握能耗制动控制电路的安装与调试（软线配线）方法。

2. 任务内容

1）将参与学生按每组5~8人分组，并下达实验、实训任务。

2）要求每组学生根据所学内容设计出能耗制动控制电路原理图。

3）组织学生组间互评，最终确定出合理的控制电路原理图。

4）每组学生画出最终电气原理图、电器分布位置图及填写元器件明细表。参见模块2表1-8。

3. 设备与工具

参见模块4中1.4.8技能训练中的设备与工具。

4. 板前明线布线的工艺

参见模块4中1.4.8技能训练中的板前明线布线的工艺。

5. 训练步骤

参见模块4中1.4.8技能训练中的训练步骤。

注意事项：

参见模块4中1.4.8技能训练中的注意事项。

6. 评分标准

参见模块4中1.4.8技能训练中的评分标准。

模块7　机床主轴调速控制

知 识 积 累

1.7.1　万能转换开关及主令控制器

1. 万能转换开关

万能转换开关是一种多挡式、控制多回路的主令电器，它由操作机构、定位装置和触点三部分组成。目前，用得最多的万能转换开关产品有LW5和LW6两个系列，LW5系列万能转换开关实物图如图1-7-1所示。万能转换开关与组合开关非常相似，可以这样理解：组合开关是一个操作手柄控制多对触点的同时闭合或同时断开，而万能转换开关各对触点的闭合和断开由操作手柄的角度控制，不是同断同闭的，万能转换开关可以代替组合开关工作。

图1-7-1　LW5系列万能转换开关实物图

LW5 系列的触点为双断点桥式结构，动触头设计成自动调速式以保证通断时的同步性，静触头装在触头座内。每个由胶木压制的触头座内可安装 2～3 对触头，且每组触头上还有隔弧装置。触点的通断由凸轮控制，为了适应不同的需要，手柄还能做成带信号灯的、钥匙型的等多种形式。

万能转换开关的触点在电路图中的图形符号如图 1-7-2 所示。但由于其触点的分合状态及文字符号是与操作手柄的位置有关的，所以，在电路图中除画出触点图形符号之外，还应有操作手柄位置与触点分合状态的说明。其表示方法有两种，一种是在电路图中画虚线和画“·”的方法，即用虚线表示操作手柄的位置，用有无“·”表示触点是闭合还是打开状态，如图 1-7-2b 所示。另一种方法是在电路和图中既不画虚线也不画“·”，而是在触点图形符号上标出触点编号，再用接通表表示操作手柄在不同位置时的触点分合状态，如图 1-7-2c 所示。在接通表中用有无“×”来表示操作手柄在不同位置时触点的闭合和断开状态。

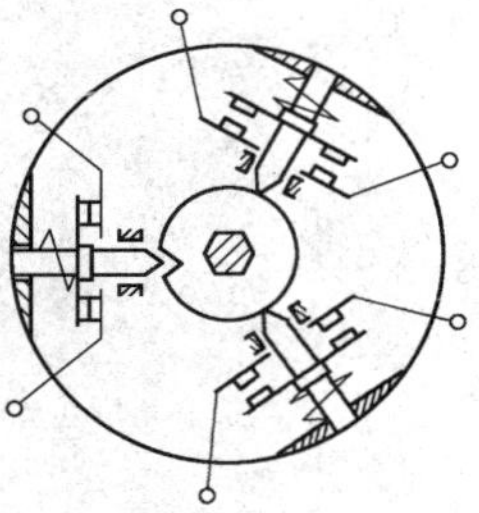

a)

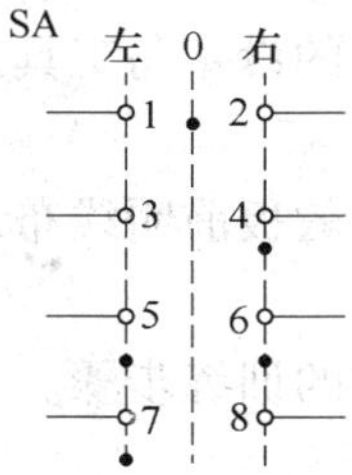

b)

触点	位置 左	0	右
1–2		×	
3–4			×
5–6	×		×
7–8	×		

c)

图 1-7-2　万能转换开关

a）结构原理　b）图形表示　c）接通表

万能转换开关主要用于低压断路操作机构的合闸与分闸控制、各种控制电路的转换、电压和电流表的换相测量、配电装置电路的转换和遥控等，还可作为小容量电动机的起动、调速和换向控制用。由于万能转换开关的通断能力不高，当用来直接控制电动机时，只能控制小容量电动机。

2. 主令控制器

主令控制器是用来频繁地按顺序转换复杂的多个控制电路的主令电器。它一般由触点、凸轮、定位机构、转轴、面板及其支承件等部分组成，其触点较小，并采用桥式结构，触点一般由银质材料制成，所以操作轻便，允许每小时分断次数较多。它与磁力控制盘配合，可实现对起重机、轧钢机及其他生产机械的远距离控制。

图 1-7-3 所示为主令控制器的结构示意图。凸轮块 1 和 7 固定于方轴上，动触头 4 固定于能绕轴 6 转动的支杆 5 上，当操作主令控制器手柄转动时，带动凸轮块 1 和 7 转动，当凸轮块 7 达到推压小轮 8 的位置时，将使小轮带动支杆 5 绕轴 6 转动，使支杆张开，从而使触点断开。在其他情况下，由于凸轮块离开小轮，触点是闭合的。这样，只要安装一系列不同形状的凸轮块，就可获得按一定顺序动作的触点，若这些触点用来控制电路，便可获得按一定顺序动作的电路了。

在电路图中主令控制器触点的图形符号以及操作手柄在不同位置时的触点分合状态的表示方法与万能转换开关相类似。

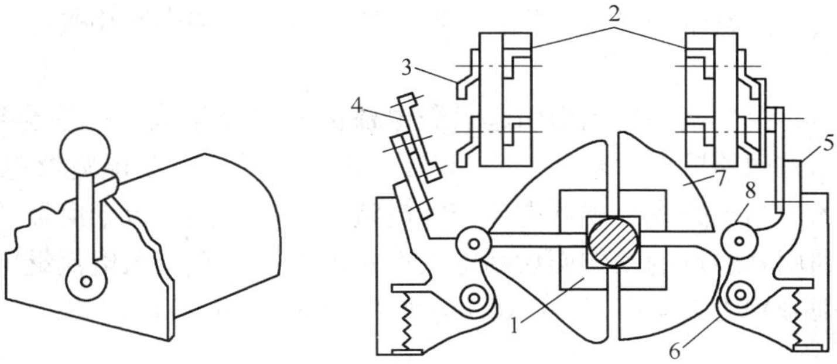

图1-7-3　凸轮主令控制器

a）外形　b）结构原理图

1、7—凸轮块　2—接线端子　3—静触头　4—动触头　5—支杆　6—转动轴　8—小轮

上述有触点的主令控制器，对电路输出的是开关量主令信号。为实现对电路输出模拟量的主令信号，产生了无触点的主令控制器（也称为无级主令控制器）。无触点主令控制器从外观上看与有触点主令控制器相似，但其内部为一自整角机，自整角机的转子由操作手柄带动。当自整角机励磁绕组通电之后，利用转子与定子间的空间角差，在定子绕组中产生正弦的电压模拟输出主令信号。目前，厂家生产的无触点主令控制器有WLK系列。

1.7.2　电磁式电流继电器

触点的动作与线圈的电流大小有关的继电器称为电流继电器。使用时，电流继电器的线圈与负载串联。根据线圈的电流种类分为交流型和直流型；按吸合电流大小可分为过电流继电器和欠电流继电器。

电磁式电流继电器的结构如图1-7-4所示。

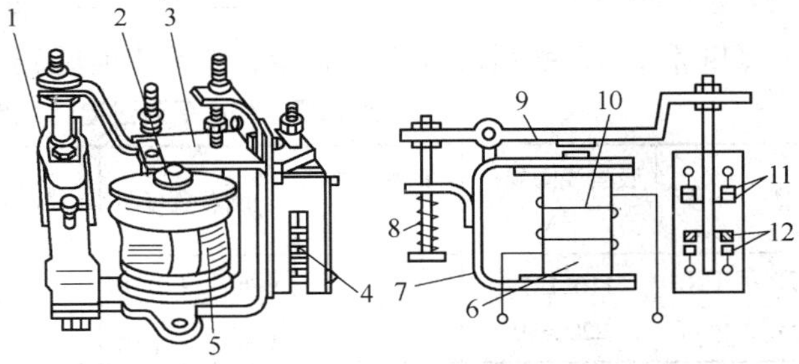

图1-7-4　电磁式电流继电器

1—触点　2、6—静铁心　3、9—衔铁　4、8—反作用弹簧　5、10—电流线圈　7—磁轭　11—常闭触点　12—常开触点

1. 过电流继电器

过电流继电器用作电路的过电流保护，其符号如图1-7-5所示。正常工作时，线圈中流有额定电流，此时衔铁为释放状态；当电路中出现比负载正常工作电流大的电流时，衔铁才产生吸合动作，从而带动触点动作，分断负载电路。所以电路中常用过电流继电器的常闭触点。

由于在电力拖动系统中，冲击性的过电流故障时有发生，因此常采用过电流继电器作电路的过电流保护。通常，交流过电流继电器的吸合电流调整范围为$I_x=(1.1\sim4)I_N$，直流过电流继电器的吸合电流调整范围为$I_x=(0.7\sim3.5)I_N$。

2. 欠电流继电器

欠电流继电器在电路中作欠电流保护，其符号如图1-7-6所示。正常工作时，线圈电流为负载额定电流，衔铁处于吸合状态；当电路的电流低于负载额定电流，达到衔铁的释放电流时，则衔铁释放，同时带动触点动作，分断电路。所以电路中常用欠电流继电器的常开触点。

在直流电路中，由于某种原因而引起负载电流的降低或消失，往往会导致严重的后果，如直流电动机的励磁回路断线，会产生“飞车”现象。因此，欠电流继电器在有些控制电路中是不可缺少的。当电路中出现低电流或零电流故障时，欠电流继电器的衔铁由吸合状态转入释放状态，利用其触点的动作而切断电气设备的电源。直流欠电流继电器的吸合电流与释放电流调整范围分别为 $I_x=(0.3\sim0.65)I_N$ 和 $I_f=(0.1\sim0.2)I_N$。

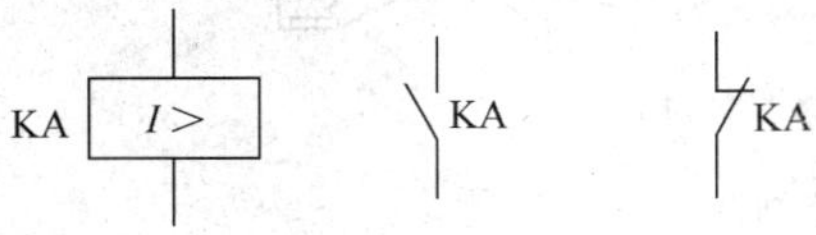

a)　　b)　　c)

图 1-7-5　过电流继电器符号

a）线圈　b）常开触点　c）常闭触点

a)　　b)　　c)

图 1-7-6　欠电流继电器符号

a）线圈　b）常开触点　c）常闭触点

3. 电流继电器的选用

电流继电器选用时，首先注意线圈电流的种类和等级是否与负载电路一致；另外，根据对负载的保护作用（是过电流还是欠电流）来选用电流继电器的类型；最后，要根据控制电路的要求选触点的类型（是常开还是常闭）和数量。过电流继电器的型号含义如下：

J L □ - □

继电器——J；电流——L；设计序号——第一个□；线圈额定电流——第二个□

JT4 和 JL12 系列过电流继电器的技术数据见表 1-27 和表 1-28。

表 1-27　JT4 系列过电流继电器的技术数据

型　号	吸引线圈规格/A	消耗功率/W	触点数目	复位方式	动作电流	返回系数
JT4-□□L	110,127,220,380	5	2 常开,2 常闭或1 常开,1 常闭	自动	吸引电流:在线圈额定电流的 110% ~350% 范围内调节	0.1 ~0.3
JT4-□□S						

表 1-28　JL12 系列过电流继电器的技术数据

型　号	线圈额定电流/A	触点额定电流/A	电压/V	
			交流	直流
JL12-5 JL12-20 JL12-60	110,127,220,380	5	380	440

1.7.3　电磁式电压继电器

触点的动作与线圈的电压大小有关的继电器称为电压继电器。它可用于电力拖动系统的电压保护和控制，使用时电压继电器的线圈与负载并联，其线圈的匝数多并且线径细。按线圈电流的种类可分为交流型和直流型；按吸合电压相对额定电压的大小又可分为过电压和欠电压继电器。

1. 过电压继电器

它在电路中用于过电压保护，其符号如图1-7-7所示。过电压继电器线圈在额定电压时，衔铁不产生吸合动作，只有当线圈的电压高于其额定电压的某一值时衔铁才产生吸合动作，所以称为过电压继电器。过电压继电器衔铁吸合而动作时，常利用其常闭触点断开需保护的电路的负荷开关或接触器的线圈，起到保护的作用。交流过电压继电器吸合电压的调节范围为 $U_x=(1.05\sim1.2)U_N$。

因为直流电路不会产生波动较大的过电压现象，所以产品中没有直流过电压继电器。

2. 欠电压继电器

它在电路中用作欠电压保护，其符号如图1-7-8所示。当电路中的电气设备在额定电压下正常工作时，欠电压继电器的衔铁处于吸合状态；如果电路出现电压降低至线圈的释放电压，衔铁由吸合状态转为释放状态，同时分断与它相连的电路，实现欠电压保护。所以控制电路中常用欠电压继电器的常开触点。

通常，直流欠电压继电器的吸合电压与释放电压的调节范围分别为 $U_x=(0.3\sim0.5)U_N$ 和 $U_f=(0.07\sim0.2)U_N$；交流欠电压继电器的吸合电压与释放电压的调节范围分别为 $U_x=(0.6\sim0.85)U_N$ 和 $U_f=(0.1\sim0.35)U_N$。

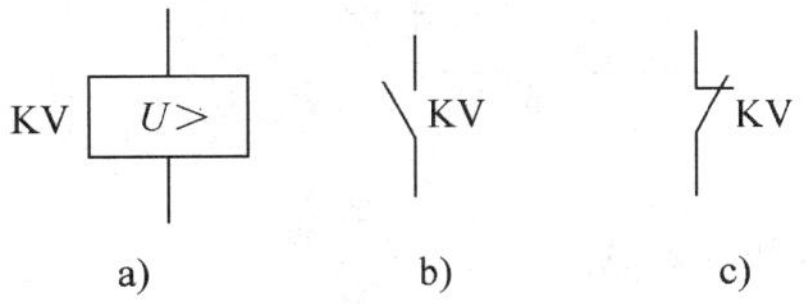

图1-7-7　过电压继电器符号

a）线圈　b）常开触点　c）常闭触点

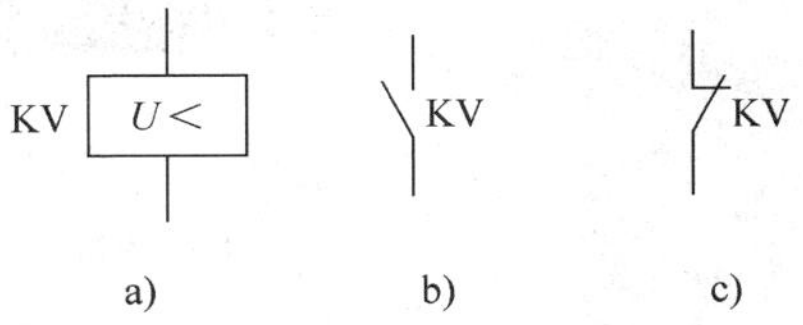

图1-7-8　欠电压继电器符号

a）线圈　b）常开触点　c）常闭触点

3. 电压继电器的选用

选用电压继电器时，首先要注意线圈种类和电压等级应与控制电路一致；另外，根据在控制电路中的作用（是过电压还是欠电压）选型；最后，要按控制电路的要求选触点的类型（是常开还是常闭）和数量。欠电压继电器的型号含义如下：

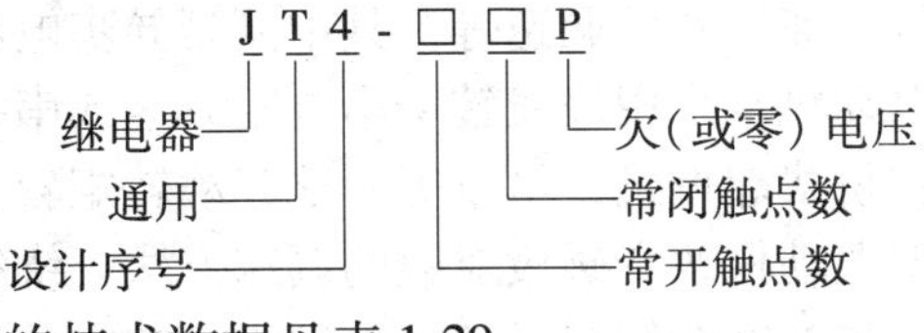

JT4-P型欠电压继电器的技术数据见表1-29。

表1-29　JT4-P型欠电压继电器的技术数据

型　号	吸引线圈规格 /V	消耗功率 /AV	触点数目	复位方式	动作电压 /V	返回系数
JT4-P	110,127, 220,380	75	2常闭,2常开 或 1常闭,1常开	自动	吸引电压:在线圈额定电压的60%～85%范围内调节,释放电压:在线圈额定电压的10%～35%范围内调节	0.2～0.4

1.7.4 频敏变阻器

频敏变阻器的本质是一个大电感，频敏变阻器由铁心和绕组两个主要部分组成。一般做成三柱式，每个柱上有一个绕组，实际是一个特殊的三相铁心电抗器，通常接成星形，铁心是用几毫米到几十毫米厚的钢板焊成的。频敏变阻器的结构和等效电路如图 1-7-9 所示。图 1-7-9b 所示是其等效电路，R_d 为绕组直流电阻，R 为铁损等效电阻，L 为等效电感，R、L 值与转子电流频率有关。流过频敏电阻电流的频率越高，频敏变阻器的阻值越大，反之则越小。

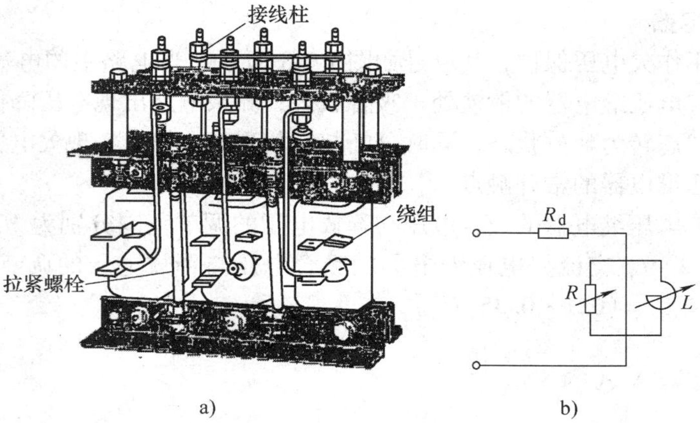

图 1-7-9 频敏变阻器的结构和等效电路
a）结构 b）等效电路

控 制 分 析

1.7.5 机床主轴的调速控制

机床主轴的调速控制，对应着电动机的调速控制。在普通机床和数控机床的主轴控制中普遍使用着调速控制。

三相异步电动机的调速方法主要有：改变定子绕组连接方式的变极对数调速、改变转子电路中串联电阻调速和串级调速、变频调速等。其中笼型异步电动机常采用改变磁极对数的调速方法，绕线转子异步电动机常采用绕线转子串电阻调速或串级调速方法。机床电气中通常使用笼型异步电动机，在桥式起重机、吊车等要求起动转矩较大的设备中常采用绕线转子异步电动机。本节介绍笼型电动机改变磁极对数的调速方法、绕线转子电动机转子串电阻调速方法，作为阅读拓展，也将补充介绍绕线转子电动机的软起动控制电路。

1. 笼型异步电动机的调速控制

在一些机床中，为了获得较宽的调速范围，采用了双速电动机，如 T68 型卧式镗床的主轴电动机，在某些车床、铣床、磨床中也有应用。也有的机床采用三速、四速电动机，以获取更宽的调速范围，其原理和控制方法基本相同。这里以双速异步电动机为例进行分析。

（1）双速异步电动机定子绕组的连接

双速异步电动机三相定子绕组△/YY接线图如图 1-7-10 所示。其中，图 1-7-10a 为△（三角形）联结，图 1-7-10b 为YY（双星形）联结。转速的改变是通过改变定子绕组的连接方式，从而改变磁极对数来实现的，故称为变极调速。

在图1-7-10a中，出线端U_1、V_1、W_1接电源，U_2、V_2、W_2端子悬空，绕组为三角形联结，每相绕组中两个线圈串联，成四个极，磁极对数$p=2$，其同步转速$n=60f_1/p=60\times50/2\text{r/min}=1500\text{r/min}$，电动机为低速；在图1-7-10b中，出线端$U_1$、$V_1$、$W_1$短接，而$U_2$、$V_2$、$W_2$接电源，绕组为双星形联结，每相绕组中两个线圈并联，成两个极，磁极对数$p=1$，同步转速，$n=3000\text{r/min}$，电动机为高速。可见，双速电动机高速运转时的转速是低速运转时的两倍。

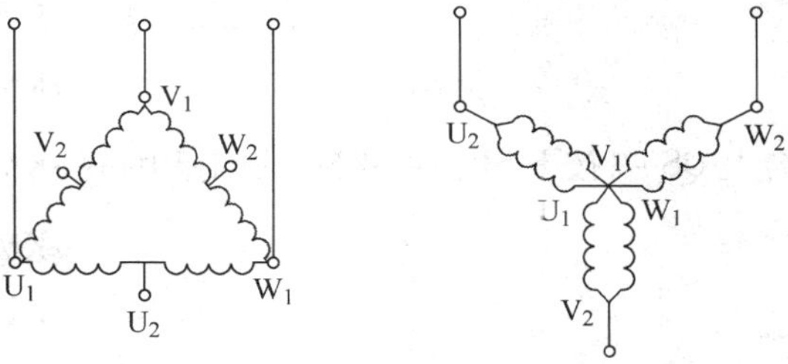

a)　(b)

图1-7-10　双速异步电动机三相定子绕组△/YY接线图

a）△联结　b）YY联结

（2）用按钮控制的双速电动机高、低速控制电路

用按钮控制的双速电动机高、低速控制电路如图1-7-11所示，其控制电路主要由两个复合按钮和三个接触器组成。SB_2为低速起动按钮，SB_3为高速起动按钮。在主电路中，电动机绕组接成三角形，从三个顶角处引出U_1、V_1、W_1，与接触器KM_1主触点连接；在三相绕组各自的中间抽头引出U_2、V_2、W_2，与接触器KM_2的主触点连接；在U_1、V_1、W_1三者之间又与接触器KM_3的主触点连接。它们的控制电路由复合按钮SB_2、SB_3和接触器KM_1、KM_3的辅助常闭触点实现复合电气联锁。

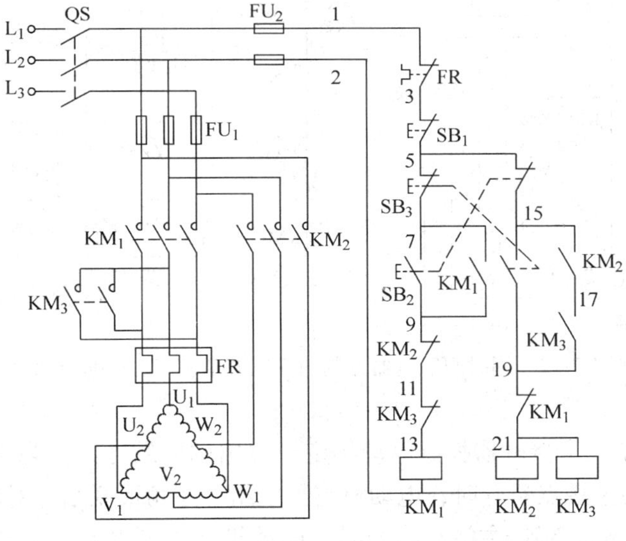

图1-7-11　用按钮控制的双速电动机高、低速控制电路

线路工作过程：

①低速运转。

合上QS→按下SB_2→KM_1线圈通电
- →KM_1自锁触点闭合自锁
- →KM_1主触点闭合→电动机绕组成△联结，低速运转
- →KM_1互锁触点分断，对KM_2、KM_3互锁

②高速运转。

合上 QS → 按下 SB_3 →
- → KM_1 线圈失电 →
  - → KM_1 自锁触点释放断开
  - → KM_1 主触点分断 → 电动机惯性运转
  - → KM_1 互锁触点复位闭合
- → KM_2 线圈得电 →
  - → KM_2 互锁触点分断，对 KM_1 互锁
  - → KM_2 主触点闭合
  - → KM_2 自锁触点闭合
- → KM_3 线圈得电 →
  - → KM_3 自锁触点闭合
  - → KM_3 主触点闭合，U_1、V_1、W_1 并成一点
  - → KM_3 互锁触点分断，对 KM_1 互锁

（KM_2 主触点闭合至 KM_3 互锁触点分断）→ 电动机绕组成丫丫联结，高速运行

（3）用时间继电器控制的双速电动机高、低速控制电路

用时间继电器控制的双速电动机高、低速控制电路如图 1-7-12 所示。

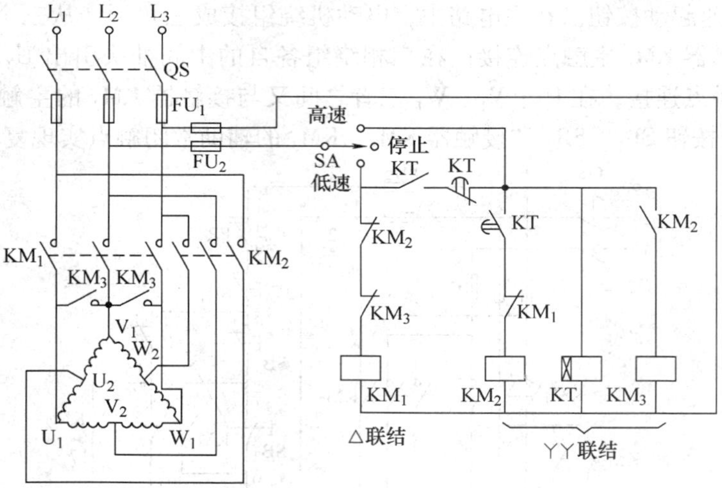

图 1-7-12 用时间继电器控制的双速电动机高、低速控制电路

图 1-7-12 中用了三个接触器控制电动机定子绕组的联结方式。当接触器 KM_1 的主触点闭合，KM_2、KM_3 的主触点断开时，电动机定子绕组为三角形联结，对应低速挡；当接触器 KM_1 主触点断开，KM_2、KM_3 主触点闭合时，电动机定子绕组为双星形联结，对应高速挡。为了避免高速挡起动电流对电网的冲击，本电路在高速挡时，先以低速起动，待起动电流过去后，再自动切换到“高速”运行。

SA 是具有三个挡位的转换开关。当扳到中间位置时，为“停止”位，电动机不工作；当扳到低速挡位时，接触器 KM_1 线圈得电动作，其主触点闭合，电动机定子绕组的三个出线端 U_1、V_1、W_1 与电源相接，定子绕组接成三角形，低速运转；当扳到高速挡位时，时间继电器 KT 线圈首先得电动作，其瞬动常开触点闭合，接触器 KM_1 线圈得电动作，电动机定子绕组接成三角形低速起动。经过延时，KT 延时断开的常闭触点断开，KM_1 线圈断电释放，

KT延时闭合的常开触点闭合，接触器KM_2线圈得电动作。紧接着，KM_3线圈也得电动作，电动机定子绕组被KM_2、KM_3的主触点换接成双星形，以高速运行。

学 习 拓 展

1.7.6　绕线转子异步电动机的控制

在桥式起重机、吊车等设备中常采用绕线转子异步电动机。通过绕线转子串电阻调速或串级调速方法实现绕线转子异步电动机的速度控制。这里介绍绕线转子电动机串电阻调速控制电路，同时这些控制也适用于绕线转子电动机的软起动控制电路。

其中串极调速的原理是，在绕线转子异步电动机转子绕组中串入与转子绕组电动势同频率的附加电动势，通过改变附加电动势的幅值大小和相位，从而实现调速。串级调速的主要缺点是系统功率因数低，电气制动特性不够理想。串级调速主要应用于轧钢、轻纺、水泥等行业和水泵、风机等生产机械上，这里不再详细介绍。

1. 绕线转子异步电动机转子绕组串电阻调速

绕线转子异步电动机转子串入电阻，使电动机的转差率加大，电动机在较低的转速下运行。串入的电阻越大，电动机的转速越低。此方法设备简单，控制方便，但转差功率以发热的形式消耗在电阻上，属有级调速，机械特性较软。电阻切换可以通过按钮手动控制，也可以根据现场工作要求以时间原则进行自动控制。图1-7-13所示为绕线转子异步电动机转子绕组串三级附加电阻按时间原则获得四级转速，并且转速逐渐升高的自动控制电路。

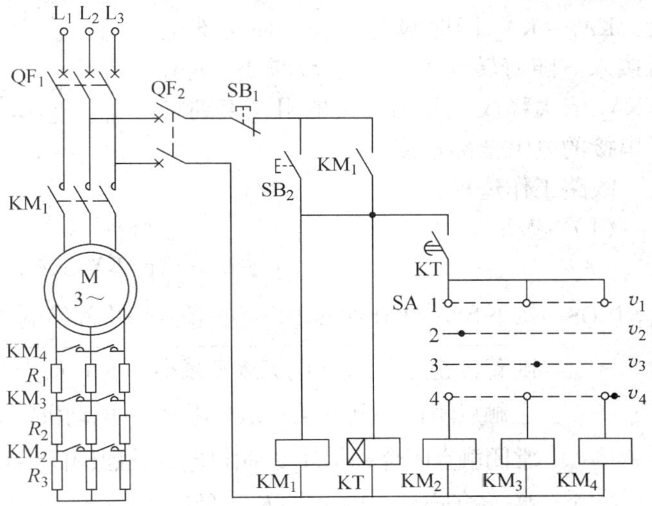

图1-7-13　转子绕组串电阻调速控制电路

图1-7-13中SB_2为起动按钮，SB_1为停止按钮，KM_1为起动接触器，KM_2、KM_3、KM_4为短接附加电阻接触器，KT为通电延时时间继电器，R_1、R_2、R_3为串入的附加电阻。SA万能转换开关，总共有4个挡位，分别控制电动机的4个转速。首先，合上控制开关QF_2和电源开关QF_1，按下起动按钮SB_2，KM_1通电并自锁，主触点闭合，接通绕线转子三相异步电动机，转子串入三级附加电阻R_1、R_2、R_3运行，对应转速为n_1。同时KT线圈通电，为KM_2、KM_3、KM_4通电短接电枢回路附加电阻做准备，也是电动机软起动过程。KT延时时间到，KT_1延时常开触点闭合，电动机的转速取决于SA万能转换开关的挡位。SA处于1挡，KM_2、KM_3、KM_4线圈均不通电，对应转速为n_1。SA处于2挡，KM_2线圈通电，其动合主触点闭合短接电阻器R_3，电动机加速，转速为n_2。SA处于3挡，KM_3线圈通电，其动合主触点闭合短接电阻R_2、R_3，电动机加速，转速为n_3。SA处于4挡，KM_4线圈通电，其动合主触点闭合短接电阻R_1、R_2、R_3。此时附加电阻都被切除，电动机又加速，

转速为 n_4。

2. 绕线转子电动机串电阻起动控制

绕线转子电动机串电阻起动控制，常用的有按电流原则和按时间原则两种控制电路。按时间原则的控制电路可参照图 1-7-13，这里介绍按电流原则控制的绕线转子电动机串接电阻的起动电路。

控制电路如图 1-7-14 所示。起动电阻接成星形，串接于三相转子电路中。起动前，起动电阻全部接入电路。起动过程中，电流继电器根据电动机转子电流大小的变化控制电阻的逐级切除。图中，KA_1 ~ KA_3 为欠电流继电器，这 3 个继电器的吸合电流值相同，但释放电流不一样。KA_1 的释放电流最大，KA_2 次之，KA_3 的释放电流最小。刚起动时，起动电流较大，KA_1 ~ KA_3 同时吸合动作，使全部电阻接入。随着转速升高，电流减小，KA_1 ~ KA_3 依次释放，分别短接电阻，直到转子串接的电阻全部短接。

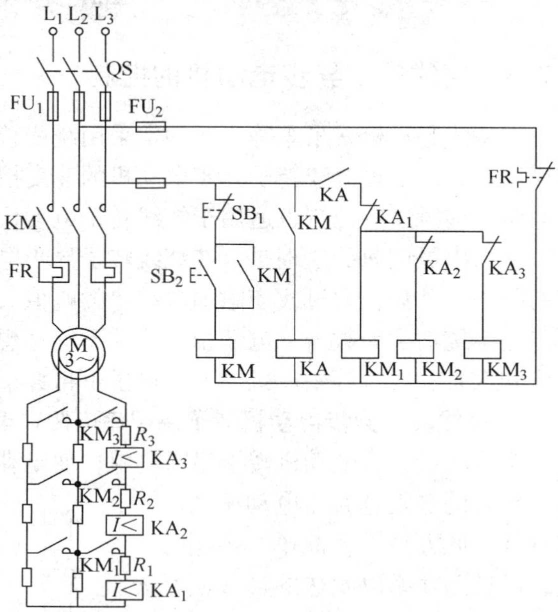

图 1-7-14 按电流原则控制的绕线转子电动机串电阻起动电路

线路工作过程：

（1）起动

合上 QS→按下 SB_2→KM 线圈得电并自锁→KM 主触点闭合→M 转子串接全部电阻起动；→中间继电器 KA 得电，为 KM_1 ~ KM_3 通电做准备→随着转速升高，转子电流逐渐减小→KA_1 最先释放，其常闭触点闭合→KM_1 线圈得电，主触点闭合→短接第一级电阻 R_1→电动机转速升高，转子电流又减小→KA_2 释放，其常闭触点闭合→KM_2 线圈得电，主触点闭合→短接第二级电阻 R_2→电动机转速再升高，转子电流再减小→KA_3 最后释放，常闭触点闭合→KM_3 线圈得电，主触点闭合→短接最后一段电阻 R_3，电动机起动过程结束

（2）停止

按下 SB_1→KM、KA、KM_1 ~ KM_3 线圈均断电释放→电动机断电停止转动

中间继电器 KA 是为保证电动机起动时，转子电路串入全部电阻而设计的。若无 KA，在电动机起动时，转子电流由零上升，但尚未达到电流继电器的吸合电流值，KA_1 ~ KA_3 不能吸合，接触器 KM_1 ~ KM_3 同时通电，转子电阻全部被短接，电动机处于直接起动状态。有了 KA，从 KM 线圈得电到 KA 常开触点闭合需要一段时间，这段时间能保证转子电流达到最大值，使 KA_1 ~ KA_3 全部吸合，当其常闭触点全部断开后，KM_1 ~ KM_3 均断电，确保电动机串入全部电阻起动。

3. 绕线转子电动机串接频敏变阻器起动控制

在转子串电阻起动中，由于电阻是逐级切除的，起动电流和转矩突变，产生一定的机械冲击力，而且电阻本身粗笨，体积较大，能耗大，控制电路复杂。而频敏变阻器的阻抗能随着电动机转速的上升而自动平滑地减小，使电动机能平稳地起动，常用于较大容量绕线转子电动机的起动。

在起动过程中，随着转速的变化，转子电流频率是变化的。刚起动时，转速为零，转差率 $s=1$，转子电流频率 f_2 与电源频率 f_1 的关系为 $f_2=sf_1$。所以，刚起动时，$f_2=f_1$，频敏变阻器的电感和电阻均为最大，转子电流受到抑制。随着电动机转速的升高，s 减小，f_2 下降，频敏变阻器的阻抗随之减小。可见，绕线转子电动机转子串接频敏变阻器起动时，随着电动机转速的升高，变阻器阻抗逐渐减小，实现了平滑的无级起动。

绕线转子电动机串接频敏变阻器起动控制电路如图 1-7-15 所示。

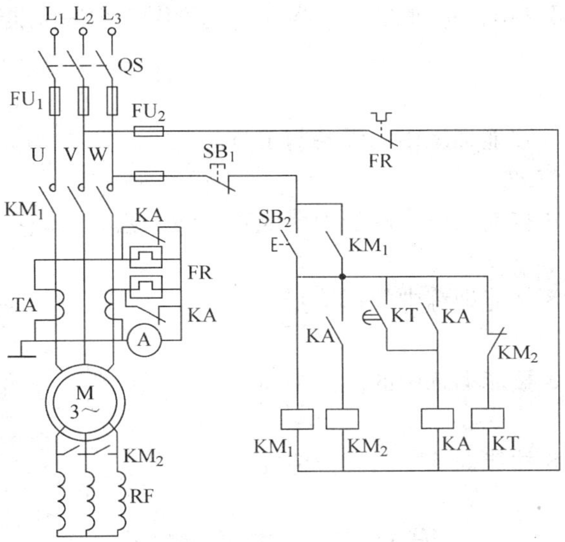

图 1-7-15　绕线转子电动机串接频敏变阻器起动控制电路

线路工作过程：

（1）起动

合上 QS→按下 SB_2 → KM_1 线圈得电并自锁→KM_1 主触点闭合→电动机转子电路串入频敏变阻器起动

　→KT 线圈得电 —延时→ 延时闭合的常开触点闭合→KA 得电并自锁→KM_2 得电→KM_2 主触点闭合，短接频敏变阻器；同时，KM_2 辅助触点断开，KT 断电，起动结束

（2）停止

按下 SB_1→KM_1、KM_2、KA 线圈断电释放→电动机断电停止

电流互感器 TA 的作用是将主电路中的大电流变换成小电流进行测量。为避免因起动时间较长而使热继电器 FR 误动作，在起动过程中，用 KA 的常闭触点将 FR 的热元件短接，待起动结束，电动机正常运行时才将 FR 的热元件接入电路。

技 能 训 练

1.7.7 双速电动机△-YY控制电路的安装与调试

1. 实践目的

掌握双速电动机△/YY控制电路的安装与调试（软线配线）方法。

2. 任务内容

1）将参与学生按每组 5 ~8 人分组，并下达实验、实训任务。

2）要求每组学生根据所学内容设计出双速电动机△-YY控制电路原理图。

3）组织学生组间互评，最终确定出合理的控制电路原理图。

4）每组学生画出最终电气原理图、电器分布位置图及填写元器件明细表。参见模块 2 表 1-8。

3. 设备与工具

参见模块 4 中 1.4.8 技能训练中的设备与工具。

4. 板前明线布线的工艺

参见模块 4 中 1.4.8 技能训练中的板前明线布线的工艺。

5. 训练步骤

参见模块 4 中 1.4.8 技能训练中的训练步骤。

注意事项：

参见模块 4 中 1.4.8 技能训练中的注意事项。

6. 评分标准

参见模块 4 中 1.4.8 技能训练中的评分标准。

模块 8 其他控制

知 识 积 累

1.8.1 行程开关

行程开关是用于检测工作机械的位置，发出命令以控制其运行方向或行程长短的主令电器，也称为位置开关。将行程开关安装于生产机械行程终点处，可限制其行程，也称为限位开关或终点开关。

行程开关按结构分为机械结构的接触式有触点行程开关和电气结构的非接触式接近开关。机械结构的接触式行程开关靠移动物体碰撞其可动部件使常开触头接通、常闭触点分断，实现对电路的控制。移动物体（或工作机械）一旦离开，行程开关复位，其触点恢复为原始状态。

行程开关按其结构可分为直动式（如 LX1、JLXK1 系列）如图 1-8-1c 所示，滚轮式（如 LX2、JLXK2 系列）如图 1-8-1a、b 所示，微动式（如 LXW—11、JLXK1-11 系列）如图 1-8-1d 所示三种。

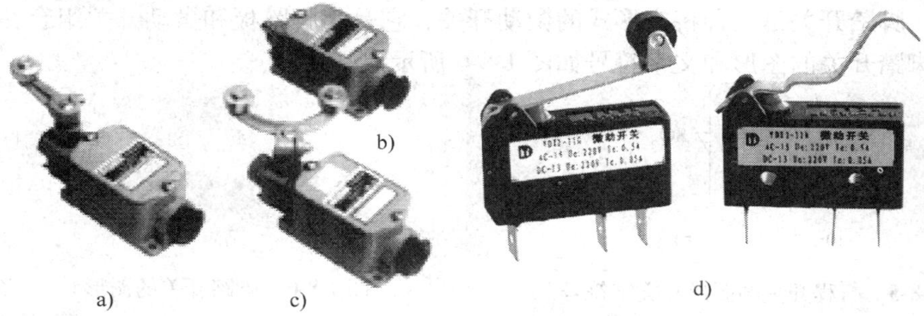

图1-8-1 常用行程开关实物图

a）单滚轮式 b）双滚轮式 c）直动式 d）微动开关

直动式行程开关的结构原理如图1-8-2所示，它的动作原理与按钮相同。但它的缺点是触点分合速度取决于生产机械的移动速度，当移动速度低于0.4m/min时触点分断太慢，易受电弧烧损。为此，应采用有盘形弹簧机构瞬时动作的滚轮式行程开关，如图1-8-3所示。当生产机械的行程比较小而作用力也很小时，可采用具有瞬时动作和微小动作的微动行程开关，如图1-8-4所示。滚轮式行程开关和微动行程开关的动作原理不再详述。

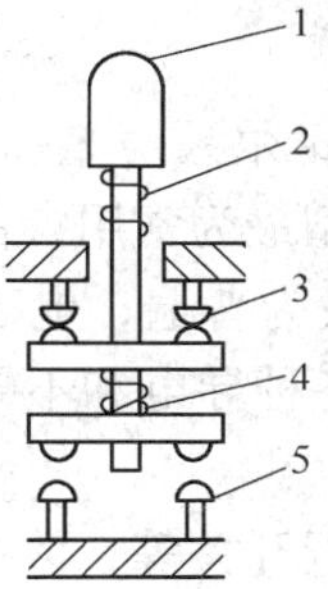

图1-8-2 直动式行程开关

1—顶杆 2—弹簧 3—常闭触点 4—触点弹簧 5—常开触点

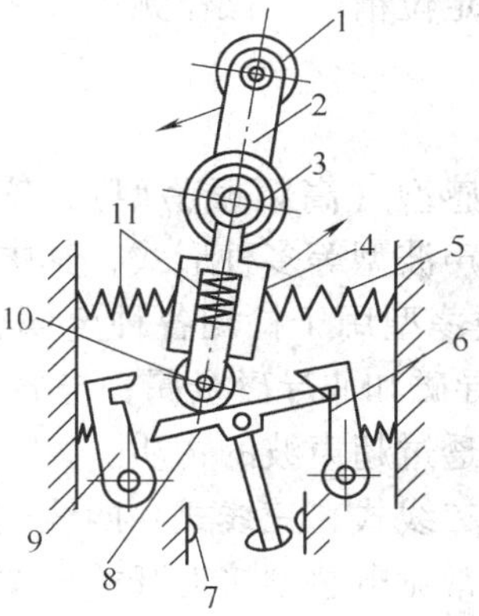

图1-8-3 滚轮式行程开关

1—滚轮 2—上轮臂 3、5、11—弹簧 4—套架 6、9—压板 7—触点 8—触点推杆 10—小滑轮

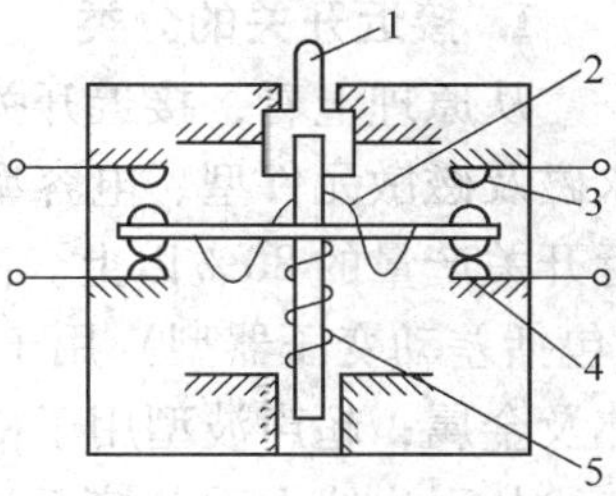

图1-8-4 微动行程开关

1—推杆 2—弯形片状弹簧 3—常开触点 4—常闭触点 5—复位弹簧

LX32系列行程开关的技术数据见表1-30。

表1-30 LX32系列行程开关的技术数据

额定工作电压/V		额定发热电流/A	额定工作电流/A		额定操作频率/（次/h）
直流	交流		直流	交流	
220、110、24	380、220	6	0.046（220V时）	0.79（380V时）	1200

电气结构的非接触式行程开关，也就是接近开关，当生产机械与之接近并到一定距离范围之内时，它就能发出信号，控制生产机械的位置或进行计数。与行程开关比较，接近开关具有定位精度高、操作频率高、寿命长、耐冲击振荡、耐潮湿、能适应恶劣工作环境等优点，因此，在工业生产中逐渐得到推广应用。

行程开关的图形和文字符号如图1-8-5所示。

另外，脚踏开关是一种特定形式的微动开关，它是将脚踏板和微动开关组合在一起的控制电器。脚踏开关的图形和文字符号如图 1-8-6 所示。

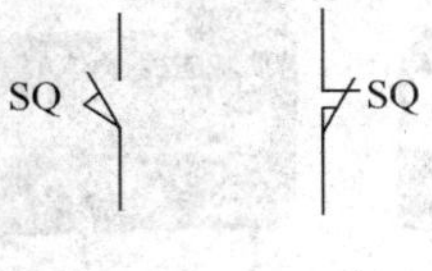

a)　　b)

图 1-8-5　行程开关的图形和文字符号

a）常开触点　b）常闭触点

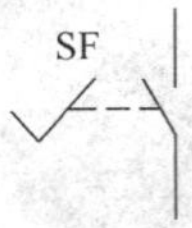

图 1-8-6　脚踏开关的图形和文字符号

1.8.2　接近开关

接近开关又称为无触点行程开关，其功能是当某种物体与之接近到一定距离时就发出动作信号，不像机械行程开关那样需要施加机械力。接近开关是通过其感应头与被测物体间介质能量的变化来取得信号的。接近开关的应用已远超出一般行程控制和限位保护的范畴，可用于高速计数、测速、液面控制、检测金属物体是否存在及其尺寸大小、作为无触点按钮等。即使用作一般行程控制，其定位精度、操作频率、使用寿命及对恶劣环境的适应能力也比普通机械行程开关高。

1. 接近开关的分类

从原理上看，接近开关有电感型（高频振荡型）、感应电桥型、霍尔效应型、光电型、永磁及磁敏元件型、电容型及超声波型等多种形式，其中以高频振荡型最为常用，占全部接近开关产量的 80% 以上。高频振荡型用于检测各种金属，现在应用最为普遍；电磁感应型（包括差动变压器型）用于检测导磁和非导磁金属；电容型用于检测各种导电和不导电的液体及金属；超声波型用于检测不透过超声波的物质。

从引出线上看，接近开关有二线式、三线式、四线式、五线式接近开关等，数控机床中多使用三线式电感型接近开关。常见电感型接近开关如图 1-8-7 所示。

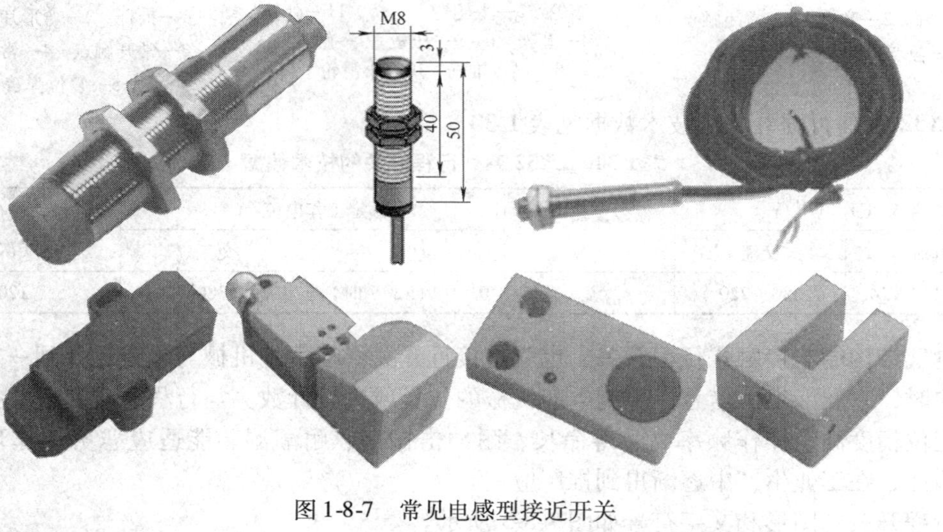

图 1-8-7　常见电感型接近开关

2. 接近开关输出电路的结构、符号及主要技术数据

接近开关输出电路的结构与其使用和接线有关。接近开关的输出电路通常有三种：继电器型、PNP 晶体管型及 NPN 晶体管型。接近开关的图形及文字符号如图 1-8-8 所示。图 1-8-11 所示为继电器型输出，其中 K 为输出继电器，它可以控制交/直流电路的接通与断开。图 1-8-9 所示为晶体管型输出的接近开关，它们只可以控制直流电路的接通与断开，并且有极性之分，接线时应注意。

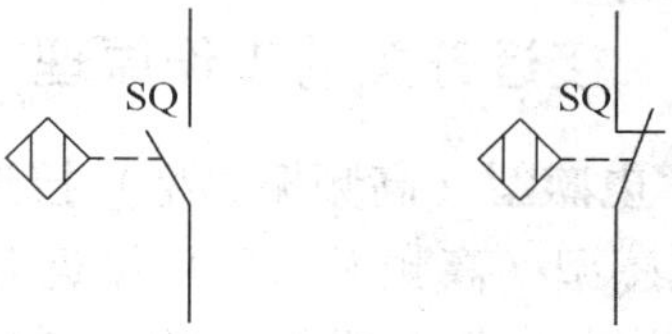

a)　　b)

图 1-8-8　接近开关的图形及文字符号

a）常开触点　b）常闭触点

HG-L18 螺旋圆柱形电感式接近开关的技术数据见表 1-31。

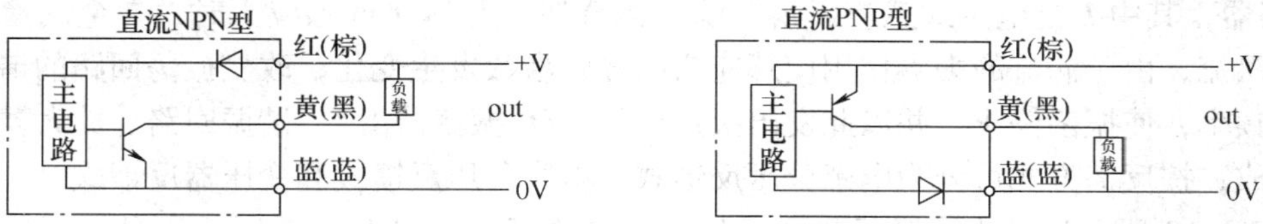

a)　　b)

图 1-8-9　晶体管型输出的接近开关

a）NPN 晶体管型输出电路　b）PNP 晶体管型输出电路

表 1-31　HG-L18 螺旋圆柱形电感式接近开关的技术数据

<table>
<tr><td rowspan="15">型号</td><td rowspan="11">DC</td><td rowspan="3">NPN</td><td>NO</td><td>HG-L18-ZNK</td><td rowspan="15">主要技术数据</td><td>工作电压</td><td colspan="3">DC：10～30V　AC：20～250V</td></tr>
<tr><td>NC</td><td>HG-L18-ZNB</td><td rowspan="2">响应频率</td><td>DC 三四线/DC 二线</td><td colspan="2">800Hz/400Hz</td></tr>
<tr><td>NO + NC</td><td>HG-L18-ZNKB</td><td>AC 型</td><td colspan="2">20Hz</td></tr>
<tr><td rowspan="3">PNP</td><td>NO</td><td>HG-L18-ZPK</td><td rowspan="4">工作电流</td><td>DC 三四线</td><td colspan="2">200mA</td></tr>
<tr><td>NC</td><td>HG-L18-ZPB</td><td>DC 二线</td><td colspan="2">200mA</td></tr>
<tr><td>NO + NC</td><td>HG-L18-ZPKB</td><td>AC 二线</td><td colspan="2">500mA</td></tr>
<tr><td rowspan="3">二线制</td><td>NO</td><td>HG-L18-ZK</td><td>五线制</td><td colspan="2">取决继电器容量</td></tr>
<tr><td>NC</td><td>HG-L18-ZB</td><td rowspan="3">漏电流</td><td>DC 三四线</td><td colspan="2">＜0.05mA</td></tr>
<tr><td>NO + NC</td><td>HG-L18-ZKB</td><td>DC 二线</td><td colspan="2">＜0.40mA</td></tr>
<tr><td rowspan="2">NPN + PNP</td><td>NO</td><td>HG-L18-ZNPK</td><td>AC 二线</td><td colspan="2">＜1.60mA</td></tr>
<tr><td>NC</td><td>HG-L18-ZNPB</td><td rowspan="3">电压降</td><td>DC 三四线</td><td colspan="2">＜1.5V</td></tr>
<tr><td rowspan="3">AC</td><td colspan="2">NO</td><td>HG-L18-JK</td><td>DC 二线</td><td colspan="2">＜4.0V</td></tr>
<tr><td colspan="2">NC</td><td>HG-L18-JB</td><td>AC 二线</td><td colspan="2">＜6.5V</td></tr>
<tr><td colspan="3">NO + NC</td><td>检测距离</td><td>5/8mm</td><td>重复精度</td><td>≤0.01mm</td></tr>
<tr><td colspan="3">交直流</td><td>HG-L18-JZ</td><td>工作环境温度</td><td>－20～80℃</td><td>防护等级</td><td>IP67</td></tr>
</table>

注：表中 NO 为常开，NC 为常闭。

安装方式：M——埋入式，无标示——非埋入式。连接方式：A——插座式，B——接线端子式，无标示——引线电缆式。提供回路保护/极性保护。提供 LED 动作指示。

知 识 拓 展

1.8.3 接近开关的工作原理

1. 电感型（高频振荡型）接近开关的构成及工作原理

电感型（高频振荡型）接近开关包括感应头、振荡器、开关器、输出器和稳压器等几部分。当装在生产机械上的金属检测体（通常为铁磁件）接近感应头时，由于感应作用，使处于高频振荡器线圈磁场中的物体内部产生涡流（及磁滞）损耗，以致振荡回路因电阻增大、损耗增加而使振荡减弱，直至停止振荡。这时，晶体管开关就导通，并通过输出电路输出信号，从而起到控制作用。

晶体管停振型接近开关属于高频振荡型。高频振荡型接近信号的发生机构实际上是一个 *LC* 振荡器，其中 *L* 是电感式感应（辨）头。当金属检测体接近感应头时，在金属检测体中将产生涡流，由于涡流的去磁作用使感应头的等效参数发生变化，改变振荡回路的谐振阻抗和谐振频率，使振荡停止，并以此发出接近信号。*LC* 振荡器由 *LC* 谐振回路、放大器和反馈电路构成，按反馈方式可分为电感分压反馈式、电容分压反馈式和变压器反馈式。

图 1-8-10 所示为晶体管停振型接近开关电路的框图。图 1-8-11 所示为晶体管停振型接近开关的实际电路。

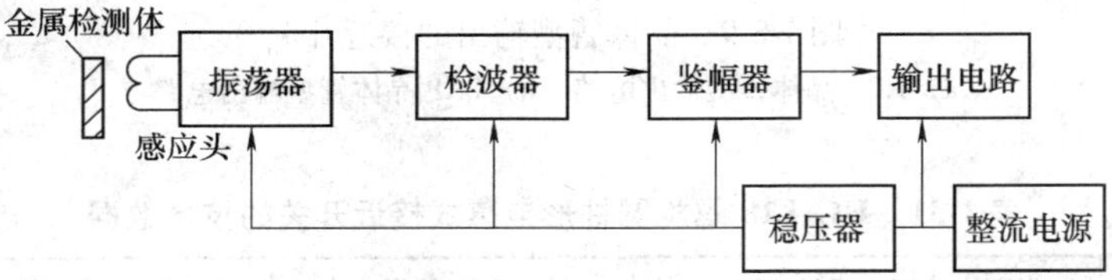

图 1-8-10　晶体管停振型接近开关电路的框图

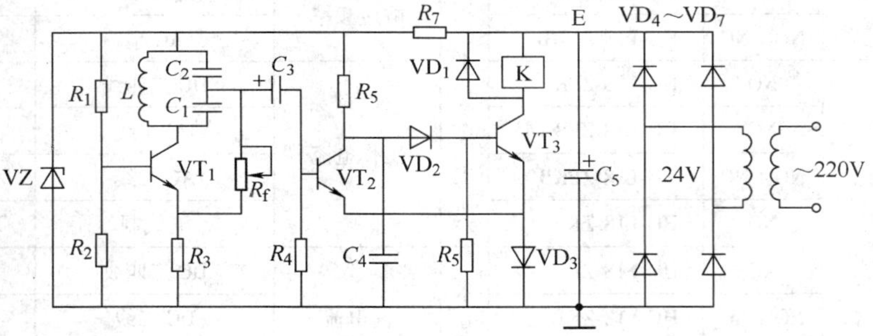

图 1-8-11　晶体管停振型接近开关的实际电路（继电器输出型）

图中采用了电容式三点式振荡器，感应头 *L* 仅有两根引出线，因此也可作为分离式结构。由 C_2 取出的反馈电压经 R_2 和 R_f 加到晶体管 VT_1 的基极和发射极两端，取分压比等于 1，即 $C_1 = C_2$，其目的是为了能够通过改变 R_f 来整定开关的动作距离。由 VT_2、VT_3 组成的射极耦合触发器不仅用作鉴幅，同时也起电压和功率放大作用。VT_2 的基射结还兼作检波器。为了减轻振荡器的负担，选用较小的耦合电容 C_3（510pF）和较大的耦合电阻 R_4（10kΩ）。振荡器输出的正半周电压使 C_3 充电。负半周 C_3 经过 R_4 放电，选择较大的 R_4 可减小放电电流，由于每周内的充电量等于放电量，所以较大的 R_4 也会减小充电电流，使振荡器在正半周的负担减轻。但是 R_4 也不应过大，以免 VT_2 基极信号过小而在正半周内不足以饱和导通。检波电容 C_4 不接在 VT_2 的基极而接在集电极上，其目的是为了减轻振荡器的负担。由于充电常数 R_5C_4 远大于放电时间常数（C_4 通过半波导通向 VT_2 和 VD_3 放电），因此当振荡器振荡时，VT_2 的集电极电位基本等于其发射极电位，并使 VT_3 可靠截止。当有金属检测体接近感应头 L 使振荡器停振时，VT_3 的导通因 C_4 充电约有数百微秒的延迟。C_4 的另一作用是当电路接通电源时，振荡器虽不能立即起振，但由于 C_4 上的电压不能突变，使 VT_3 不致有瞬间的误导通。

2. 差动变压器型接近开关

差动变压器型接近开关的感应头是采用铁氧体材料制成的 H 形铁心，如图 1-8-12 所示。中心柱上绕有励磁绕组 W_1、W_2、W_3、W_4，其中 W_1 和 W_2、W_3 和 W_4 各为同极性，两对绕组 W_1 和 W_2、W_3 和 W_4 为反极性串联，使输出电动势为两边的差动电动势。当无检测体时，铁心两侧磁场对称，输出电动势 $e_0=e_1-e_2=0$；当金属体向右侧气隙接近时，检测体中感生的涡流对右侧磁场产生去磁场作用，从而使二次绕组有差动电动势 $e_0>0$。

图 1-8-13 所示为一种差动变压器式接近开关电路。为了减少感应头的尺寸，一次绕组的励磁电压由 100kHz 左右的高频信号源提供，当有金属检测体接近感应头的时候，两套二次绕组 W_1、W_2 和 W_3、W_4 就感应出差动电动势，经复合管放大器放大，再由隔直与检波电路处理为电平信号，送至射极耦合触发器鉴幅，电路有 Y 和 $\overline{Y}$ 两个互补输出端。在 $\overline{Y}$ 端还设置了一个发光二极管 VL，作为开关状态指示。触发器除了射极耦合二极管 VD_3 以外，还采用了集、基极耦合的正反馈电阻 R_{11}，使开关特性更加良好。开关的精度在很大程度上取决于放大器的稳定性。为了使放大器工作稳定，采用负反馈电阻 R_7，并在直流偏置电路中接入缓变型 PTC 热敏电阻 R_t，以使在规定的温度范围内保持直流工作点稳定。

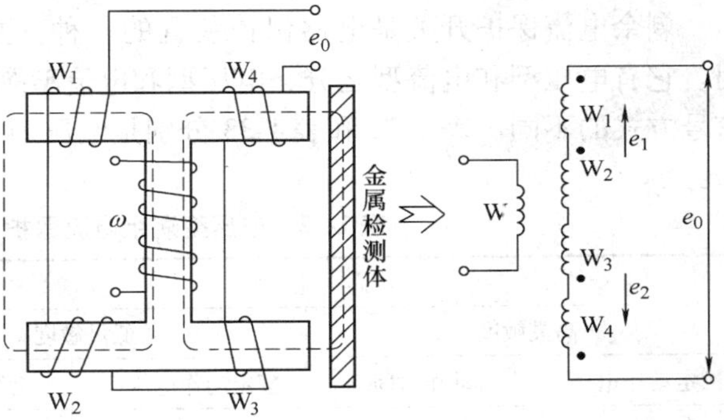

图 1-8-12　差动变压器型接近开关的感应头

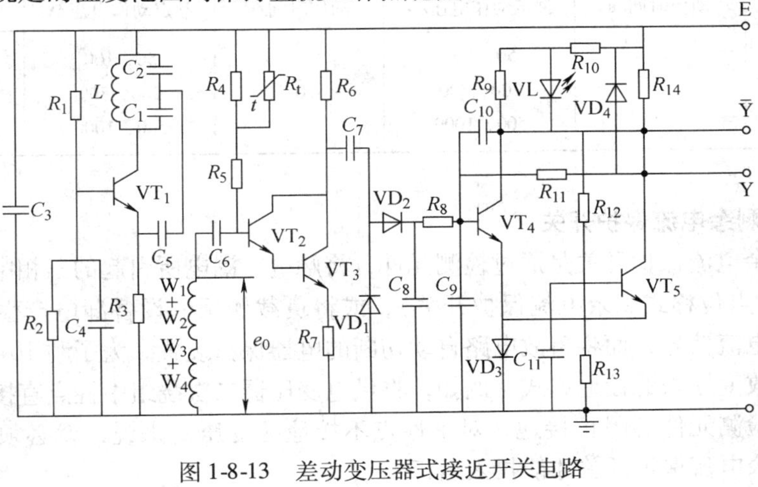

图 1-8-13　差动变压器式接近开关电路

差动变压器有较高的感应灵敏度，在其后有较高增益的放大器，因此与停振型接近开关相比，差动变压器型接近开关有较大的动作距离。由于没有停振与起振过程，因此还具有很高的操作频率。由于差动变压器型接近开关是利用金属检测体中涡流的去磁作用，铜、铝等电阻率较小的检测体去磁作用比电阻率较大铁检测体的要大，因此当尺寸相同时，铜、铝检测体的动作距离比铁的要大。

1.8.4 剩余电流保护器

400V 以下的低压电网有中性线接地和中性线不接地两种系统（大多采用中性线接地的系统）。尽管可以采取接地保护、接零保护以及重复接地保护、重复接零保护等措施，但是由于有发生断线等故障的可能，因此，在设备中使用剩余电流保护器是更有效的保护措施。国内外多年的运行经验表明，推广使用剩余电流保护器，对防止触电伤亡事故，避免因漏电而引起的火灾事故具有明显的效果。

1. 剩余电流保护开关的分类

剩余电流保护开关是电器保护装置的一种，主要用于触电保护，也兼有漏电保护的作用。它有电压型和电流型之分，电压型和电流型剩余电流保护开关的主要区别在于检测故障信号方式的不同。表 1-32 和表 1-33 分别是电压型和电流型剩余电流保护开关的基本技术数据。

表 1-32 电压型剩余电流保护开关的基本技术数据

高速型				一般型	
高灵敏度		低灵敏度		低灵敏度	
额定动作电压/V	动作时间/s	额定动作电压/V	动作时间/s	额定动作电压/V	动作时间/s
25	<0.1	50	<0.1	50	<0.2

表 1-33 电流型剩余电流保护开关的基本技术数据

高速型				一般型	
高灵敏度		低灵敏度		低灵敏度	
额定动作电压/V	动作时间/s	额定动作电压/V	动作时间/s	额定动作电压/V	动作时间/s
5 10 30	<0.1	50，100 200，300 500，1000	<0.1	50，100 200，300 500，1000	<0.2

2. 电压型剩余电流保护开关

电压型剩余电流保护开关是通过检测元件，将触电、漏电所引起的三相中性点电压检出（因此也叫中性点位移式剩余电流保护开关），或将负载侧用电设备漏电产生的故障电压检出，并转换成电流信号，而将事故电路自动切断的电器保护装置。为了利用中性点电压，在安装时一般要改变原来的接地方式。例如，将供电变压器二次绕组中性点直接接地改为间接接地，即通过检测元件的阻抗接地；对中性点不接地的变压器来说，就必须设置人为中性点，电压型剩余电流保护开关才能投入运行。

3. 电流型剩余电流保护开关

电流型剩余电流保护开关是一种由零序电流互感器（或差动变流器）检出触电、漏电信号，经中间元件比较放大后，自动切除故障电路的保护装置。在安装时不需要改变供电系统原有的接地方式，但检测元件必须利用电磁元件，而电压型剩余电流保护开关的检测元件，既可以用电磁元件，也可以用电子元件。目前多采用电流动作型，它适用于中性点接地的电网系统。脱扣器有电磁式、半导体式和高灵敏继电器式三种。图 1-8-14 所示是一种电流动作型剩余电流保护开关的原理，它由开关本体、零序电流互感器和漏电脱扣器组成。当电网处于正常情况时，不论 A、B、C 三相负载是否平衡，只要电路中没有接地漏电电流或触电电流存在，通过零序电流互感器的三相电流矢量和都等于零，即$\dot{I}_A+\dot{I}_B+\dot{I}_C=0$，此时零序电流互感器的二次绕组中没有感应电流产生，剩余电流保护开关可在合闸状态下正常工作而不动作。当被保护电网中有电气设备的漏电事故，例如电动机内某相因绝缘损坏并碰及外壳时，便产生漏电流。如果外壳没有接地，则人碰到外壳时便会触电（为了安全，强电设备的外壳一般都要求接地）。或者更有甚者，操作人员因疏忽违反操作规程，直接触及相线而触电。这些漏电电流便通过大地回到变压器的低压侧中性点，因而三相电流的矢量和不再为零，即$\dot{I}_A+\dot{I}_B+\dot{I}_C=\dot{I}_L$。式中，$\dot{I}_L$ 为总漏电流。于是，零序电流互感器的二次绕组中就有感应电流 I_{L2} 流向漏电脱扣器。当总漏电电流达到剩余电流保护开关的整定动作值时，漏电脱扣器动作推动开关脱扣机构，使开关分断电路。

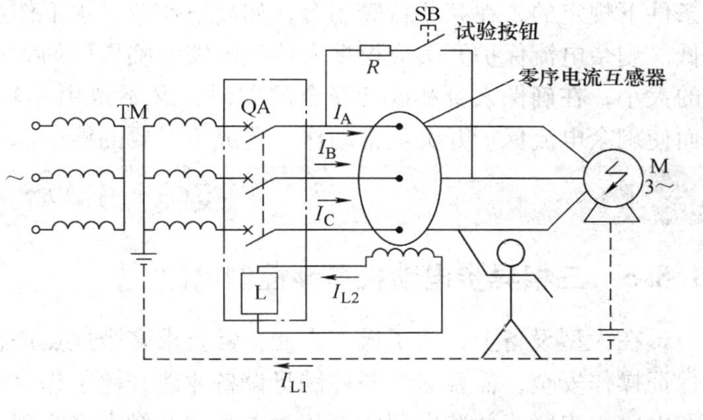

图 1-8-14　电流动作型剩余电流保护开关的原理

TM—电源变压器　QA—开关　R—试验电阻　M—电动机

L—漏电脱扣器

图 1-8-14 中试验按钮 SB 与电阻串联后，跨接于 AB 两相之间，以便对剩余电流保护开关进行人体触电的模拟试验。视 R 为人体电阻，R 的大小接近人体的电阻值。当按下试验按钮，相当于人体在相线 A、B 两相间触电，由于只一端接在零序电流互感器的下方（A 相输入端），另一端接在零序电流互感器的右方（B 相输出端），支路 R 的存在，使穿过零序电流互感器 A、B、C 三相电流矢量和不再为零。因此，在互感器的二次绕组中产生了感应电流 I_{L2} 流过漏电脱扣器，通过脱扣机构使剩余电流保护开关分闸，以证明其漏电保护性能是良好的。

用于三相四线制及单相回路的剩余电流保护器的工作原理与此相同，不再赘述。

4. 安全临界值

如果采取触电安全保护措施，则触电后借助剩余电流保护开关在触电临界安全值范围内及时切断电网电源，则能达到触电安全保护的效果。

（1）安全电流临界值

人体触电的安全电流与触电的持续时间有关。对于安全电流临界值的大小，试验条件不同，研究结果也不一样，目前尚在进一步试验研究之中。在一般情况下，当触电电流为 30

~50mA 并持续数分钟以上时即可使人遭受危险，如果触电电流高达 50mA 至数百毫安，则持续时间只需几个心脏搏动周期就可使人发生心室颤动、心脏跳动停止而死亡。但如果触电时间不超过 10ms，则触电电流即使高达数百毫安，一般也不会引起人身危险。

目前世界各国趋向于从避免心室颤动这一观点出发来确定安全电流的临界值，提出以开始引起心室颤动的电流值与触电时间的乘积（50mA · s）再乘以安全系数 0.6，即 30mA · s 作为实用安全电流的临界值。

（2）安全电压临界值

触电电流由人体的实际电阻和接触电压来决定。为了使触电电流小于规定的安全电流，因此规定了安全电压。由于安全电流随触电时间的不同而不同，故安全电压与触电时间也有一定的关系，见表 1-34。

表 1-34 安全电压与触电时间的关系

预期接触电压/V	<50	50	75	80	110	150	220	280
最大允许时间/s	∞	5	1	0.5	0.2	0.1	0.05	0.03

表中以 50V 作为人体触电的安全电压。上面提到的安全电流和安全电压都是一般工作条件下规定的，在某些特殊场合，如高空作业、水下作业等，安全电流和安全电压值还应降低。剩余电流保护开关应根据人体触电安全临界值的大小来调整漏电动作电流值及动作时间的大小，在确保人身和设备安全的同时，又不致由于轻度漏电（小于触电安全临界值时）而使剩余电流保护开关经常动作，造成不必要的停电。

控 制 分 析

1.8.5 三相异步电动机多地控制电路

在大型设备上，为了操作方便，常要求多个地点进行控制操作；在某些机械设备上，为保证操作安全，需要多个条件满足设备才能开始工作（多人控制），这样的控制要求可通过在电路中串联或并联电器的常闭触点和常开触点来实现。多地控制电路只需多用几个起动按钮和停止按钮，无需增加其他电器元件。起动按钮应并联，停止按钮应串联，分别装在不同的地方，如图 1-8-15 所示，SB_{11} 和 SB_{12} 装在甲地，SB_{21} 和 SB_{22} 装在乙地，动作原理一样。但是要注意多点控制和多条件控制的区别，在逻辑电路上是逻辑“或”为多点控制，逻辑“与”是多条件控制。多条件控制虽然控制繁琐，但是可以安全可靠地操作大型机床，避免不必要的意外发生。

图 1-8-15b 所示为多地控制电路，各控制电器是逻辑“或”的关系。SB_{11}、SB_{21} 的常开触点任一个闭合即可接通 KM 线圈；SB_{12}、SB_{22} 的常闭触点任一个打开即可切断电路。

图 1-8-15c 所示为多条件控制电路，各控制电器是逻辑“与”的关系。SB_4、SB_5、SB_6 的常开触点全部闭合才能接通 KM 线圈；SB_1、SB_2、SB_3 的常闭触点全部打开才可切断电路。

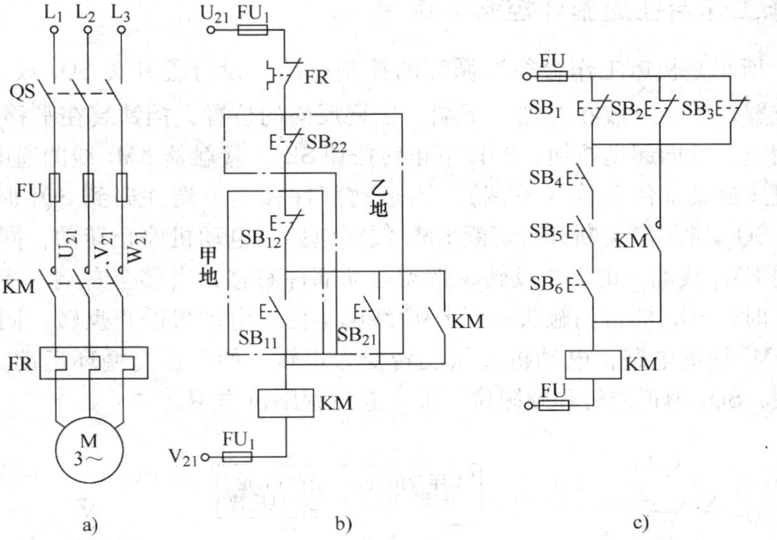

图 1-8-15　多地/多人控制电路
a）主电路　b）多地控制电路　c）多条件控制电路

1.8.6　三相异步电动机顺序控制电路

在机床控制电路中，经常要求电动机有顺序地起动，如某些机床必须在液压泵工作后，机床的主轴以及进给机构才能工作。这样可以防止机器过早地磨损，常见的龙门刨床工作台移动时，导轨必须有润滑油，否则巨大沉重的工作台会将导轨的耐磨带划伤，以至于损伤导轨，使机床的精度降低，因此必须使用顺序起动。

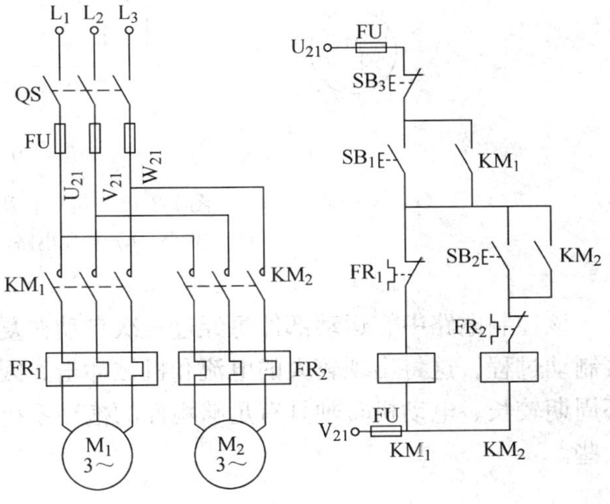

图 1-8-16　顺序控制电路

如图 1-8-16 所示，KM_1 控制电动机 M_1，KM_2 控制电动机 M_2，要求 M_1 必须先起动；电动机 M_2 才能够起动工作。其工作原理为：按下 SB_1 使得 KM_1 得电并吸合，电动机 M_1 得电起动；此时按下 SB_2 使得 KM_2 得电，电动机 M_2 得电起动；如果没有先按下 SB_1 使得 KM_1 得电并使 KM_1 的辅助触点闭合，那么按下 SB_2 就不会使得 KM_2 得电，这样就可以控制两台电动机使得必须先起动 M_1 之后再起动 M_2。

在实际控制中，仅仅上述形式的控制形式是远远不能够满足实际生产和工作需要的，还需要有其他形式的顺序控制，例如使用时间继电器等，这里不再赘述。

1.8.7　机床工作台往返循环控制电路

图 1-8-17 所示是机床工作台往返循环的控制电路。设行程开关 SQ_1 放在右端（上端）需要反向的位置，而 SQ_2 放在左端（下端）需要反向的位置，挡铁装在平移部件工作台上。起动时，利用正、反向起动按钮，若按下正转按钮 SB_2，接触器 KM_1 线圈通电并自锁，电动机正转带动机床运动部件左移（下端），当运动部件移至下端并碰到 SQ_2 时，将行程开关 SQ_2 压下，其 SQ_{2-2} 常闭触头断开，切断 KM_1 线圈电路，电动机停止转动，同时 SQ_{2-1} 常开触头闭合，接通 KM_2 线圈，电动机反转，带动运动部件右移，当移至右端（上端）撞块碰到行程开关 SQ_1 时，SQ_{1-2} 的常闭触头断开 KM_2 线圈电路，电动机停止反转，同时 SQ_{1-1} 的常开触头又接通 KM_1 线圈电路，电动机又从反转变为正转，如此往复循环运动。SQ_3 为负向行程硬限位开关，SQ_4 为正向行程硬限位开关，起行程限位作用。

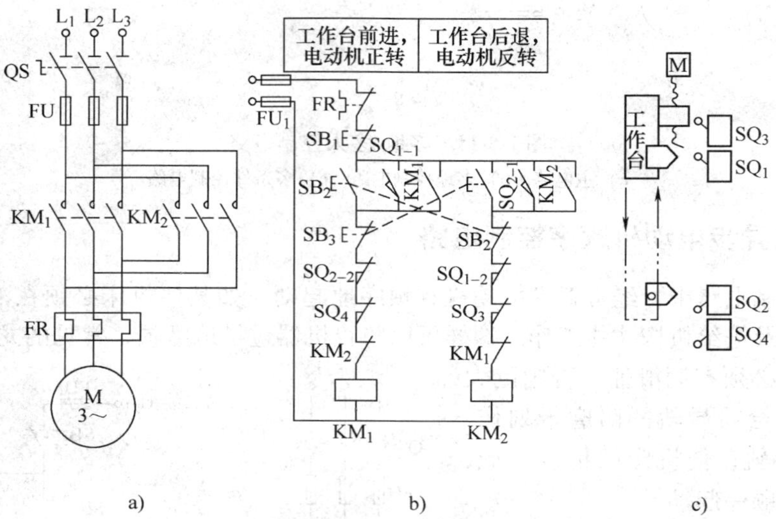

图 1-8-17　机床行程控制电路

a）主电路　b）控制电路　c）位置示意图

该控制电路中，运动部件每经过一次自动往复循环，由于惯性，电动机就要进行两次反接制动过程，这将出现较大的电流和机械冲击，因此这种电路只适用于电动机容量较小、循环周期较长、电动机转轴具有足够刚性的拖动系统中。另外，选择接触器的容量也应适当加大些。

模块 9　资 料 整 理

1.9.1　低压电器的分类

低压供电在工农业生产、国防、交通及人类生活等领域应用广泛，凡是对电能的生产、输送、分配和使用起控制、调节、检测、转换及保护作用的电工器械均可称为电器。电磁式低压电器是低压电器中最典型也是应用最广泛的一种电器。

电器的用途广泛，功能多样，构造各异，种类繁多。

（1）按工作电压等级分类

按工作电压等级，电器可分为低压电器和高压电器。低压电器是指工作于交流50Hz或60Hz，额定电压1200V以下，或直流额定电压1500V以下电路中的电器；高压电器是指工作于交流额定电压1200V以上，或直流额定电压1500V以上电路中的电器。常用低压电器的分类及用途见表1-35。

表1-35　常用低压电器的分类及用途

电器名称		主要品种	索引	用　途
配电电器	刀开关	胶盖式刀开关 铁壳式开关（封闭式负荷开关） 熔断器式刀开关	项目1-4	主要用于隔离电源，也接通和分断额定电流
	转换开关	组合开关△	项目1-4	用于电源或负载的各种转换以及电路的通断
		换向开关△		
	断路器	框架式（万能式）断路器		可不频繁接通和分断电路，具有过载、短路、欠电压或漏电等保护
		塑壳式断路器*	项目1-4	
		限流式断路器		
		剩余电流保护断路器	项目1-8	
	熔断器	无填料熔断器△ 有填料熔断器 快速熔断器 自复熔断器	项目1-2	用于电路或电气设备的短路和弫过载保护
控制电器	接触器	直流接触器	项目1-2	可远距离频繁接通和分断正常工作的电路，主要用于主回路或大电流回路
		交流接触器*△	项目1-2	
	继电器	电流继电器	项目1-7	可远距离频繁接通和分断控制电路或小电流电路，主要用于电路的控制或保护
		电压继电器	项目1-7	
		中间继电器*△	项目1-3	
		时间继电器△	项目1-5	
		速度继电器△	项目1-6	
		热继电器△	项目1-3	
		压力继电器*△	项目1-6	
	主令电器	按钮*△	项目1-2	主要用于接通和分断控制电路或小电流电路
		行程开关（限位开关）*△	项目1-8	
		微动开关*△	项目1-8	
		接近开关*	项目1-8	
		万能转换开关△	项目1-7	
	起动器	磁力起动器		主要用于电动机的起动和正反转控制
		减压起动器		

（续）

电器名称		主要品种	索引	用　途
控制电器	控制器	凸轮控制器 平面控制器	项目 1-7	主要用于通断电路或转换电路，以达到电动机起动、换向及调速的目的
	电阻器	铁基合金电阻器		用于改变电路的电压、电流等参数或变电能为热能
	变阻器	励磁变阻器 起动变阻器 频敏变阻器	项目 1-7	主要用于电动机或发电机的减压起动和调速
	电磁铁	电磁阀 * △ 电磁制动 * △ 电磁离合器 * △	项目 1-6	主要用于对机械装置（被控对象）的驱动或控制，属于电气控制电路中的执行元件

注：* 表示数控机床常用电器，△表示普通机床常用电器。

（2）按动作原理分类

按动作原理，电器可分为手动电器和自动电器。手动电器是指需要人工直接操作才能完成指令任务的电器；自动电器是指不需要人工操作，而是按照电的或非电的信号自动完成指令任务的电器。

（3）按工作原理分类

按工作原理，电器可分为电磁式电器和非电量控制电器。电磁式电器是依据电磁感应原理来工作的电器；非电量控制电器是靠外力或某种非电物理量的变化而动作的电器。

（4）按用途分类

按用途，电器可分为配电电器和控制电器。配电电器是用于电能的输送和分配的电器；控制电器是控制被控对象完成一定功能和动作的电器，包括主令电器、继电器、接触器、执行电器等，见表 1-35。

1.9.2 电气控制系统中常用的保护环节

保护环节是所有电气控制系统不可缺少的组成部分，常用来保护电动机、电气控制设备以及人身安全等。电气控制系统中常用的保护环节有过载保护、短路电流保护、零电压和欠电压保护以及弱磁保护等。

1. 短路保护

短路时短路电流很大会使电气设备损坏，常用的短路保护元件有熔断器和低压断路器。

（1）熔断器保护

熔断器的熔断体串联在被保护的电路中，当电路发生短路或严重过载时，它自动熔断，从而切断电路。熔断器作为电路短路保护装置并不能达到过载保护的目的。

（2）低压断路器保护

由于短路引起电动机发热会损坏电动机，故需使用低压断路器。低压断路器又称为自动开关、自动空气熔断器，它同时具有短路和过载等保护。

2. 过载保护

过载保护也称为过热保护。常用过载保护元件是热继电器。热继电器 FR 具有过载保护作用。热继电器的热惯性比较大，即使热元件流过数倍额定电流，热继电器并不会立即动作。因此只能在电动机起动时间不太长的情况下，热继电器才经得起电动机起动电流的冲击而不动作。在电动机长时间过载下 FR 才会动作，断开控制电路，使接触器线圈断电释放，其主触点断开主电路，电动机停止运转，实现过载保护。

3. 过电流保护

过电流保护广泛应用于直流电动机或绕线转子异步电动机。

过电流的原因常常是由于不正确的起动和过大的负载引起的，比短路电流要小一些，其动作电流值设定为电动机起动电流的 1.2 倍。

4. 零电压与欠电压保护

为防止电压恢复时电动机自行起动而造成不必要损害的保护称为零电压保护。

欠电压保护是依靠接触器自身的电磁机构来实现的，条件是主电路与控制电路共用同一电源。当电源电压由于某种原因而严重欠电压时，接触器的电磁吸力就不够了，其衔铁自行释放，其常开主触点断开主电路，电动机停止运转，常开辅助触点断开自锁。当电源电压恢复正常时，接触器线圈也不能自动通电，必须重新按下起动按钮后，电动机才能重新起动，这又叫零电压或失电压保护。

5. 弱磁保护

直流电动机励磁电流的减小会引起电动机磁通的减少，磁通的过度减少会引起电动机超速，因此需要保护，弱磁保护采用的元件为电磁式电流继电器，属于欠电流保护。

6. 超速保护

有些控制系统为了防止生产机械运行超过预定允许的速度，如高炉卷扬机和矿井提升机，在电路中设置了超速保护。一般超速保护用离心开关来完成，也有用测速发电机的。

除上述主要保护外，控制系统中还有其他各种保护，如行程保护、油压保护和油温保护等，这些一般都是在控制电路中串接一个受这些参量控制的常开触点或常闭触点来实现对控制电路的电源控制。控制电路中的互锁和联锁控制，在某种意义上也起到了一种保护作用。

1.9.3　常用电气图形和文字符号（表 1-36）

表 1-36　常用电气图形和文字符号

名称	图形符号	文字符号	名称	图形符号	文字符号
电阻器	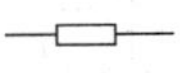	R	极性电容器	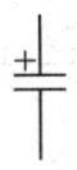	C
可变电阻器（可调电阻器）	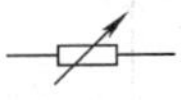	R	可变电容器（可调电容器）		C
滑线式变阻器	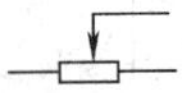	R	电感器		L
滑动触点电位器	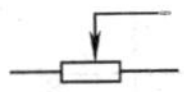	RP	带磁心的电感器	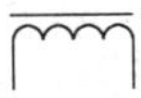	L
电容器		C	半导体二极管	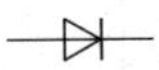	VD

（续）

名称	图形符号	文字符号
普通晶闸管	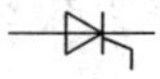	VT
稳压二极管		VS
NPN 型晶体管	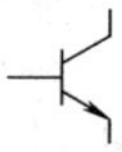	V
PNP 型晶体管	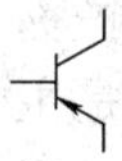	V
单结晶体管	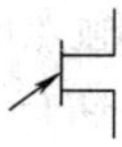	V
N 型场效应晶体管	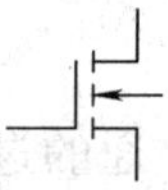	V
P 型场效应晶体管	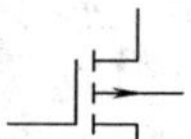	V
光敏二极管		VD
发光二极管		VL
光电池	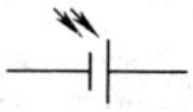	B
三极晶体闸流管		VT
运算放大器	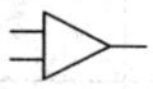	N
旋转电机的绕组 （1）换向绕组或补偿绕组 （2）串励绕组 （3）并励或他励绕组	(1)  (2)  (3) 	WE

名称	图形符号	文字符号
旋转电机一般符号，符号中的星号必须用下述字母代替： C 旋转变流机 G 发电机 GS 同步发电机 M 电动机 MS 同步电动机 SM 伺服电动机 TG 测速发电机	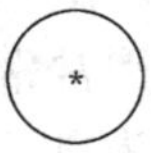	
串励直流电动机	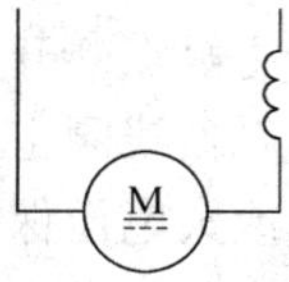	MD
并励直流电动机	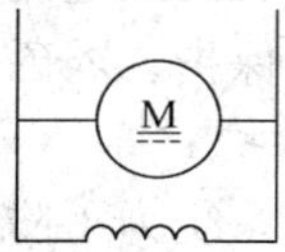	MD
他励直流电动机	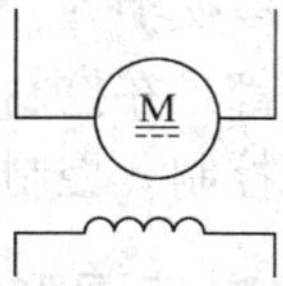	MD
三相笼型异步电动机	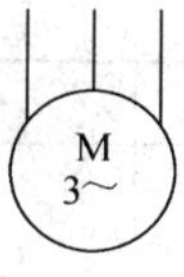	M
三相绕线转子异步电动机	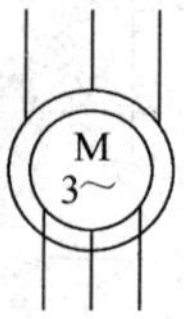	M
电抗器、扼流圈		L

（续）

名称		图形符号	文字符号
双绕组变压器		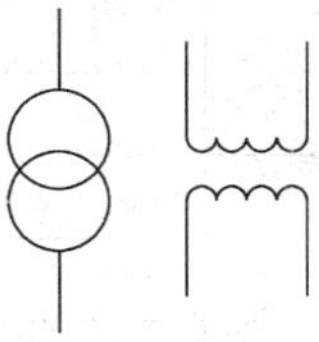	T
电流互感器		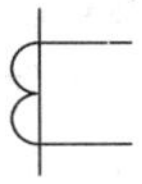	T（TA）
三相变压器Y-△联结		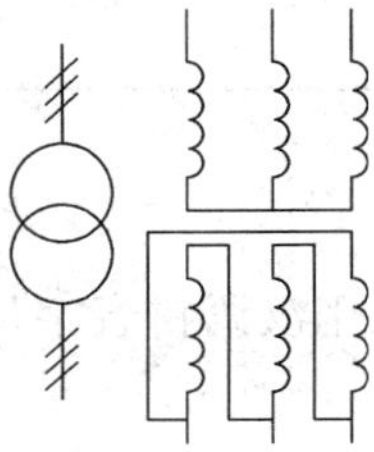	T
原电池或蓄电池		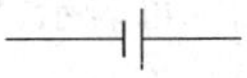	GB
单极开关			QS
三极开关		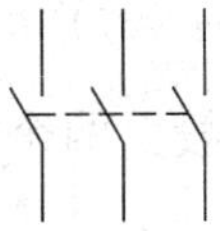	QS
三极隔离开关		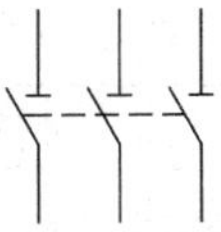	QS
三极断路器		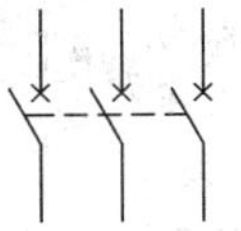	QF
熔断器		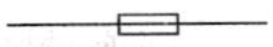	FU
按钮	常开触点	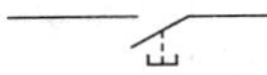	SB
按钮	常闭触点		SB

名称		图形符号	文字符号
接触器触点	主常开触点		KM
接触器触点	主常闭触点		KM
接触器触点	辅助常开触点		KM
接触器触点	辅助常闭触点		KM
继电器触点	常开触点		KA
继电器触点	常闭触点		KA
热继电器触点	常开触点	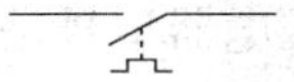	FR
热继电器触点	常闭触点		FR
时间继电器触点	延时闭合常开触点	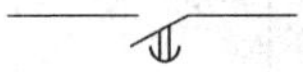	KT
时间继电器触点	延时断开常闭触点		KT
时间继电器触点	延时断开常开触点		KT
时间继电器触点	延时闭合常闭触点		KT
位置开关	常开触点		SQ
位置开关	常闭触点		SQ
速度继电器	常开触点	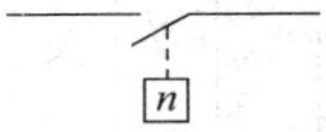	KS
速度继电器	常闭触点	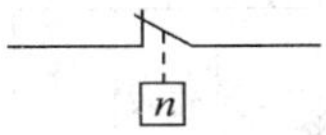	KS
接触器线圈		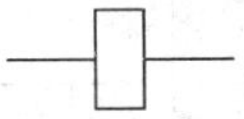	KM
继电器线圈			KA
时间继电器通电延时线圈		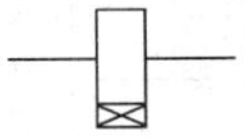	KT

（续）

名称	图形符号	文字符号	名称	图形符号	文字符号
时间继电器断电延时线圈	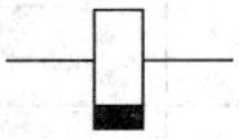	KT	信号灯	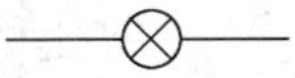	HL
			照明灯		EL
热继电器驱动器件	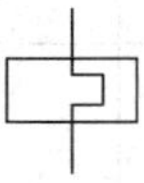	FR	电铃		HA
电磁阀	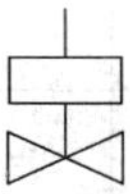	YV	电喇叭	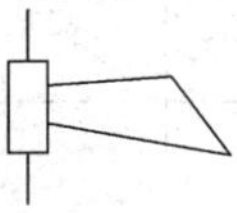	HA

1.9.4　国产低压电器的表示方法

我国低压电器型号是按产品种类编制的，产品型号采用汉语拼音字母和阿拉伯数字组合表示，其表示方式如下：

□□□-□□/□□

- 特殊环境条件派生代号（用字母表示，见表 1-39）
- 辅助规格代号（用数字表示）
- 通用派生代号（用字母表示，见表 1-38）
- 基本规格代号（用数字表示）
- 特殊派生代号（用字母表示）
- 设计序号（用数字表示）
- 类组代号（用字母表示，见表 1-37）

类组代号与设计序号组合表示产品的系列，类组代号一般由两个字母组成。若是三个字母的类组代号，其第三个字母在编制具体型号时临时拟定，以不重复为原则。

表 1-37　低压电器产品型号类组代号表

代号	名称	A	B	C	D	G	H	J	K	L	M	P	Q	R	S	T	U	W	X	Y	Z
H	刀开关和转换开关				刀开关		封闭式负荷开关		封闭式负荷开关					熔断器式刀开关	刀形转换开关					其他	组合开关
R	熔断器			插入式			汇流排式			螺旋式	密闭管式				快速	有填料管式			限流	其他	
D										照明	灭磁				快速			框架式	限流	其他	塑壳式
K						鼓形						平面				凸轮				其他	

（续）

代号	名称	A	B	C	D	G	H	J	K	L	M	P	Q	R	S	T	U	W	X	Y	Z
C						高压		交流				中频			时间					其他	直流
Q		按钮式		磁力				减压							手动		油浸		星三角	其他	综合
J										电流				热	时间	通用		温度		其他	中间
L		按钮							主令控制器						主令开关	足踏开关	旋钮	万能转换开关	行程开关	其他	
Z			板形元件	冲片元件		管形元件									烧结元件	铸铁元件			电阻器	其他	
B				旋臂式						励磁		频敏	起动		石墨	起动速度	油浸起动	液体起动	滑线式	其他	
M													牵引					起重			制动

设计序号用数字表示，位数不限，其中两位及两位以上的首位数字为“9”者表示船用；“8”表示防爆型；“7”表示纺织用；“6”表示农用；“5”表示化工用。

表 1-38　通用派生代号表

派生字母	意　　义	派生字母	意　　义
A、B、C、D	结构设计稍有改进或变化	P	电磁复位、防滴式、单相、两个电源、电压
J	交流、防溅式	K	开启式
Z	直流、自动复位、防振、重任务	H	保护式、带缓冲装置
W	无灭弧装置	M	封闭式、灭磁
N	可逆	Q	防尘式、手车式
S	有锁住机构、手动复位、防水式、三相、三个电源、双线圈	L	电流的
		F	高返回、带分励脱扣

表 1-39　特殊环境条件派生代号表

派生字母	意　　义	派生字母	意　　义	备　　注
T	热湿热带临时措施制造	G	高原	派生代号加注在产品全型号后
TH	湿热带	H	船用	
TA	干热带	Y	化工防腐用	

例 1：

RC 1 - 10 / 6

- 6：熔体额定电流 6A
- 10：熔断器额定电流 10A
- 1：设计序号
- RC：插入式熔断器

全型号表示：10A 的插入式熔断器，熔体额定电流为 6A。

例 2：

DZ 15 L - 40 / 4 90/L 1/L

- 1/L：电路保护用
- 90/L：脱扣器形式
- 4：4 极
- 40：额定电流 40A
- L：有漏电保护功能
- 15：设计序号
- DZ：塑壳式低压断路器

全型号表示：电路保护用、4 极、40A 的剩余电流保护断路器。

由此可见，主要规格代号一般为额定电流，但有的则另有其他意义，辅助规格代号所表示的意义也不尽相同，所以不能一概而论，应分别记住它们所表示的意义。

常用低压电器外形如图 1-9-1 所示。

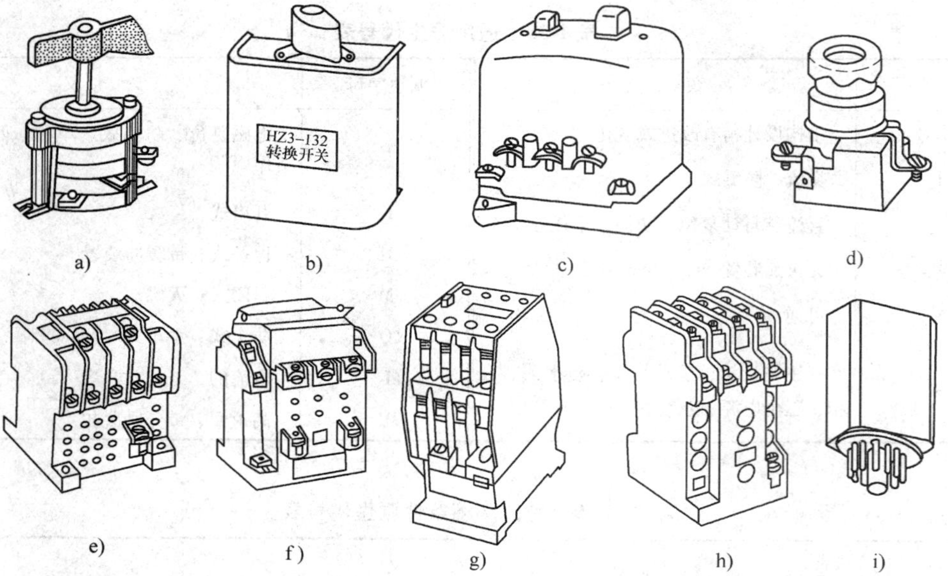

图 1-9-1 常用低压电器外形

a）HZ10/3 型组合开关 b）HZ3 型转换开关 c）DZ5-20 型低压断路器 d）RL 型螺旋式熔断器 e）CJ0-10 型交流接触器 f）CJ0-20 型交流接触器 g）3TB 型交流接触器 h）JZ7 型中间继电器 i）JTX 型中间继电器

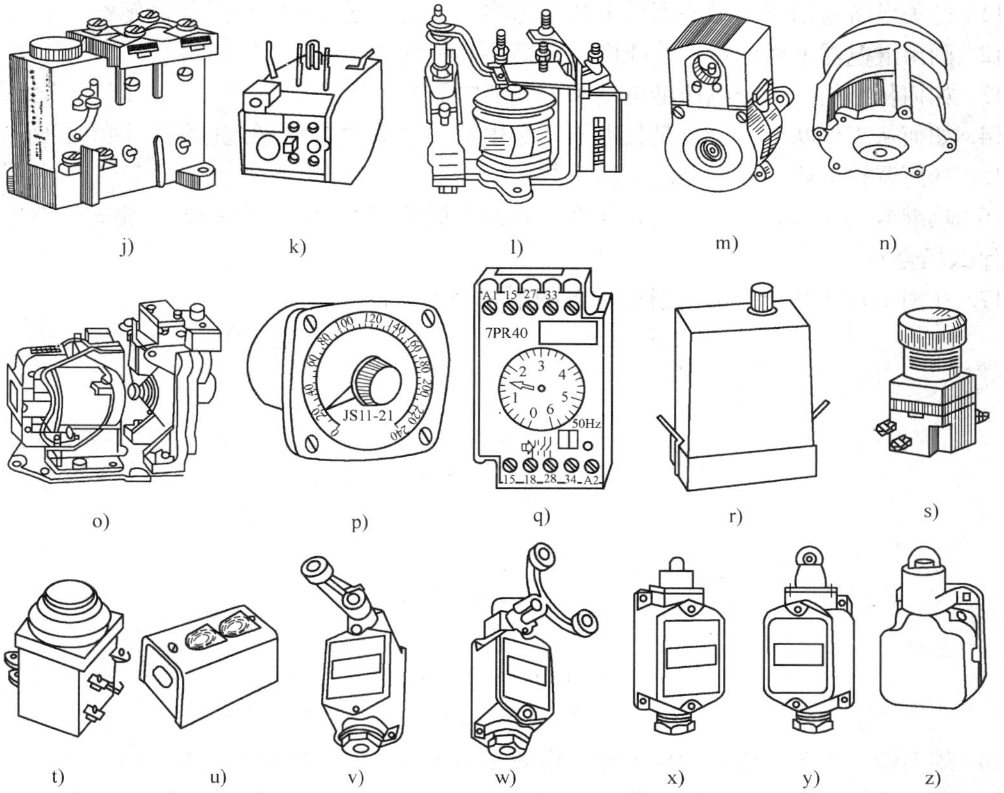

图 1-9-1　常用低压电器外形（续）

j）JR0 型热继电器　k）UA 型热继电器　l）JT4 型过电流继电器　m）JFZ0 型速度继电器　n）JYI 型速度继电器　o）JS7 型空气阻尼式时间继电器　p）JSII 型电动式时间继电器　q）TPR 型电动式时间继电器　r）JSI4 型晶体管式时间继电器　s）LAI9 型按钮　t）LAI8 型按钮　u）LAI0 型按钮　v）JLXKI-111 型行程开关　w）JLXKI-211 型行程开关　x）JLXKI-311 型行程开关　y）JLKI-411 型行程开关　z）X2-N 型行程开关

习题与思考题 1-1（低压电器）

1. 简述直流励磁和交流励磁接触器的吸力特性。

2. 吸力特性与反力特性之间应满足怎样的配合关系？

3. 单相交流电磁机构为什么要设置短路环？它的作用是什么？三相交流电磁铁要不要装设短路环？

4. 简述接触器的工作原理。

5. 从结构特征上如何区分交流、直流电磁机构？

6. 交流电磁线圈通电后，衔铁长时间被卡不能吸合，会产生什么后果？

7. 交流电磁线圈误接入直流电源，直流电磁线圈误接入交流电源，会发生什么问题？为什么？

8. 线圈电压为 220V 的交流接触器，误接入 380V 交流电源会发生什么问题？为什么？

9. 接触器是怎样选择的？主要考虑哪些因素？

10. 两个相同的交流线圈能否串联使用？为什么？

11. 开关设备通断时，触头间的电弧是怎样产生的？通常有哪些灭弧措施？

12. 画出继电器的继电特性曲线图，并简述其特性。

13. 如何从结构上区分电压继电器和电流继电器？

14. 如何从工作状况来分析是欠电压（欠电流）还是过电压（过电流）继电器？

15. 如何调整电磁式继电器的返回系数？

16. 热继电器在电路中的作用是什么？带断相保护和不带断相保护的三相式热继电器各用在什么场合？

17. 在图 1-10-1 中标出时间继电器各图形符号的名称。

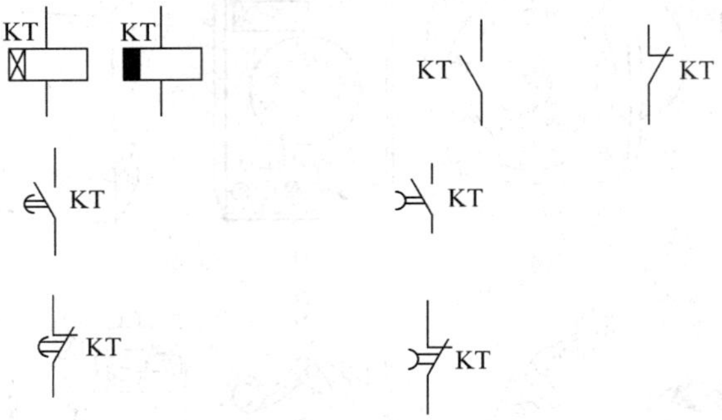

图 1-10-1　思考题 17 图

18. 熔断器的额定电流、熔体的额定电流和熔体的极限分断电流三者有何区别？

19. 电气控制电路中，既装设熔断器，又装设热继电器，各起什么作用？能否相互代用？

20. 时间继电器和中间继电器在电路中各起什么作用？

21. 保护单台电动机和多台电动机时，应如何分别选择确定熔体的额定电流 I_{RN}？

22. 根据哪些参数选用低压短路器？

23. 剩余电流保护器在电路中起什么作用？其主要参数有哪些？

24. 低压隔离器在电路中起什么作用？其主要品种有哪些？

25. 什么是主令电器？常用的主令电器有哪些？

26. 试为一台交流 380V、4kW（$\cos\varphi = 0.88$）、△联结的三相笼型异步电动机选择接触器、热继电器和熔断器。

27. 某机床的电动机为 JO2-42-4 型，额定功率 5.5kW，额定电压 380V，额定电流为 12.5A，起动电流为额定电流的 7 倍，现用按钮进行启停控制，需有短路保护和过载保护，试选用接触器、按钮、熔断器、热继电器和电源开关的型号。

28. 在表 1-40 中填上低压电器的文字符号与图形符号。

表 1-40　思考题 28 表

名称	文字符号	图形符号		
		线圈/其他	常开触点	常闭触点
接触器				
电压继电器				
电流继电器				

（续）

名称	文字符号	图形符号				
		线圈/其他	常开触点		常闭触点	
			延时闭合	延时打开	延时闭合	延时打开
时间继电器						
速度继电器						
热继电器						
熔断器						
断路器						
控制按钮						
位置开关						
凸轮控制器						
三相笼型异步电动机						

29. 举例写出表1-41中低压电器的型号。

表1-41　思考题29表

电器名称	型号	电器名称	型号
交流接触器		剩余电流保护器	
直流接触器		胶壳刀开关	
电压继电器		铁壳开关	
电流继电器		组合开关	
热继电器		按钮	
空气阻尼式时间继电器		位置开关	
熔断器		凸轮控制器	
低压断路器		主令控制器	

习题与思考题1-2（典型控制环节）

1. 自锁环节怎样组成？它起什么作用？并具有什么功能？

2. 什么是互锁环节？它起到什么作用？

3. 分析图1-10-2所示电路中，哪种电路能实现电动机正常连续运行和停止，哪种不能？为什么？

4. 试采用按钮、刀开关、接触器和中间继电器，画出异步电动机点动、连续运行的混合控制电路。

5. 试设计用按钮和接触器控制异步电动机的起动、停止，用组合开关选择电动机旋转方向的控制电路（包括主电路、控制电路和必要的保护环节）。

6. 电气控制电路常用的保护环节有哪些？各采用什么电气元件？

7. 为什么电动机要设零电压和欠电压保护？

8. 在有自动控制的机床上，电动机由于过载而自动停机后，有人立即按起动按钮，但不能开机，试说明可能是什么原因？

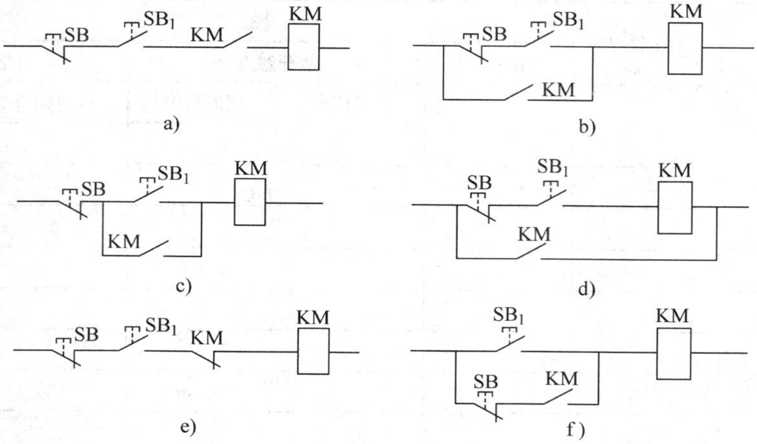

图 1-10-2 思考题 3 图

9. 试设计电气控制电路，要求：第一台电动机起动 10s 后，第二台电动机自动起动，运行 5s 后，第一台电动机停止，同时第三台电动机自动起动，运行 15s 后，全部电动机停止。

10. 供油泵向两处地方供油，油都达到规定油位时，供油泵停止供油，只要有一处油不足，则继续供油，试用逻辑设计法设计控制电路。

11. 简化图 1-10-3 所示控制电路。

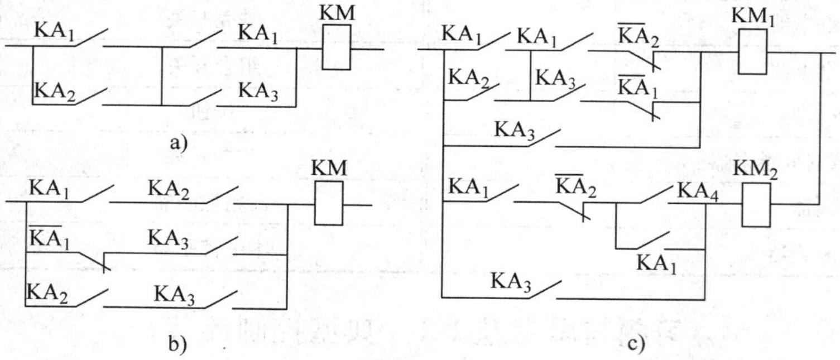

图 1-10-3 思考题 11 图

12. 电厂的闪光电源控制电路如图 1-10-4 所示，当发生故障时，事故继电器 KA 通电动作，试分析信号灯闪光的工作原理。

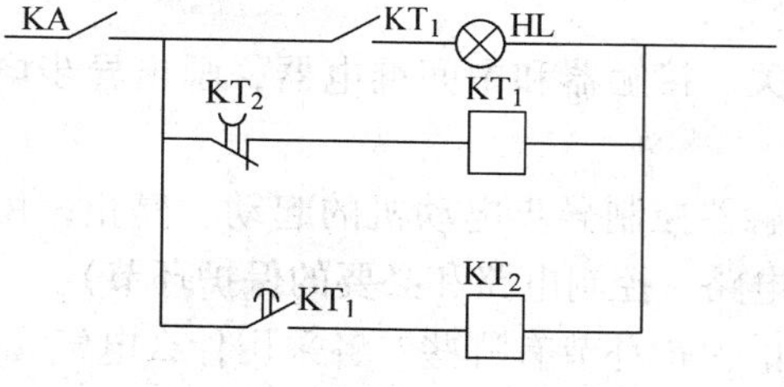

图 1-10-4 电厂的闪光电源控制电路

项目2　机床电气维修实践

生产中使用的机械设备种类繁多，其控制电路和拖动控制方式各不相同。本章通过分析典型机械设备的电气控制系统，一方面进一步学习并掌握电气控制电路的组成以及基本控制电路在机床中的应用，掌握分析电气控制电路的方法与步骤，培养读图能力；另一方面通过几种有代表性的机床控制电路分析，使读者了解电气控制系统中机械、液压与电气控制配合的意义，为电气控制的设计、安装、调试、维护打下基础。分析机械设备的电气控制系统，应掌握以下几点：

1）能阅读设备说明书。说明书是一台机械设备完整的档案资料，涉及该设备机械和电气的操作、技术说明及维护方面的相关内容及图样。

2）能结合典型电路进行分析。利用前面的基本控制电路将控制系统化整为零，即按功能的不同分成若干局部电路。如果控制电路较复杂，则可先将与控制系统关系不大的照明、显示和保护等电路暂时放在一边，采用“查线法”或“逻辑代数法”先分析电路的主要功能，然后再集零为整。

3）能结合基础理论进行分析。任何电气控制系统无不建立在所学的基础理论之上。如电动机的正反转、调速等是同电机学相联系的；交直流电源、电气元器件以及电子电路部分又是和所学的电路理论及电子技术相联系的。总之，要学会应用所学的基础理论分析控制系统的工作原理。

4）掌握一般的分析步骤。第一，看电路的说明和备注，有助于了解该电路的具体作用。第二，分清电气控制电路中的主电路、控制电路、辅助电路、交流电路和直流电路。第三，从主电路入手，根据每台电动机和执行器件的控制要求去分析控制功能。分析主电路时，可采用从下往上看，即从用电设备开始，经控制元件，顺次往电源看；再采用从上而下，从左往右的原则分析控制电路，依据前面的基本控制电路，将电路化整为零，分析局部功能；最后分析辅助控制电路、联锁保护环等。第四，将电气原理图、接线图和布置安装图结合起来，进一步研究电路的整体控制功能。

模块1　项目完成准备

知识积累

2.1.1　电气控制电路的图形、文字及绘制

用电气图形符号绘制的图称为电气图，这种图通常又称为“简图”或“略图”。电气图是电工领域中最主要的提供信息的方式，它提供的信息内容可以是功能、位置、设备制造及接线方式等。

电气图主要有电气原理图、电气安装接线图与电器元件布置图等。各种图的命名主要是

根据其所表达信息的类型和表达方式而确定的。国家电气简图用图形符号标准 GB/T 4728 规定了电气图中图形符号的画法。国家标准中规定的图形符号基本与国际电气技术委员会（IEC）发布的有关标准相同。

1. 常用电气图形符号及文字符号

相关国家标准规定了电气工程图中的图形符号和文字符号，文字符号分为基本文字符号和辅助文字符号。

1）图形符号。图形符号通常由符号要素、一般符号和限定符号组成，是一个设备（如电动机）、元器件（如接触器）或概念（如接地）的图形标记。

2）文字符号。文字符号是一种书写在电气设备、装置和元器件上或其旁边，以标明电气设备、装置和元器件的名称、功能和特征的符号。文字符号用大写正体拉丁字母表示。文字符号分为基本文字符号（包含单字母和双字母）和辅助文字符号。

单字母符号是按拉丁字母将各种电气设备、装置和元器件划分为 23 个大类，每一个大类用一个专用单字母符号表示，如“C”表示电容器类，“K”表示继电器类。

双字母符号是由一个表示大类的单字母与另一字母组成的，如“KA”表示继电器类器件中的中间继电器（或电流继电器），“KM”表示继电器元件中控制电动机的接触器。

辅助文字符号是用来进一步表示电气设备、装置和元器件的功能、状态和特征的，如“L”表示限制，“BD”表示红色。

3）电路和三相电气设备各接点标记。机床电控系统电路图中，三相交流电源引入线用 L_1、L_2、L_3 标记，中性线用 N 标记，保护接地用 PE 标记。

电源开关之后的三相交流电源主电路分别按 U、V、W 顺序标记。分级三相交流电源主电路采用 U_1、V_1、W_1 和 U_2、V_2、W_2 标记。

各电动机分支电路各接点标记采用三相文字代号后面加数字来表示，数字中的十位数表示电动机代号，个位数表示该支路各接点的代号，从上到下按数值大小顺序标记，如“U_{21}”表示电动机 M_2 第一相的第一个接点。

电动机绕组首端分别用 U、V、W 标记，如果是六个接线头的电动机，那么尾端分别用 U′、V′、W′标记，双绕组的中点用 U″、V″、W″标记。

控制电路采用阿拉伯数字进行编号，一般由三位或两位以下的数字组成。标记方法按等电位原则进行，在垂直绘制的电路中，一般由上而下编号，凡是被线圈、触点、电路元件等隔离的线段，都应标以不同的电路标记。

2. 电气控制图绘制原则

电气原理图是根据电气控制系统的工作原理，采用电器元件展开的形式绘制的，它包括所有电器元件的导电部分和接线端子，但并不按电器元件实际布置来绘制，而根据它在电路中所起的作用画在不同的部位。

电气原理图的绘制规则由相关国家标准 GB/T 6988.4 给出。现以图 2-1-1 所示的某车床电气原理图为例来说明其绘制规则。

1）电路图一般分主电路图和辅助电路图两部分。主电路图是电气控制电路中强电流通过的部分，是由电动机以及与它相连接的电器元件（包含接触器的主触点、热继电器的热元件、熔断器等）所组成的电路图，画在左边用粗实线。辅助电路图是由继电器和接触器的线圈、继电器的触点、接触器的辅助触点、按钮、照明灯、信号灯、控制变压器等电器元件组成的，包括控制电路、照明电路、信号电路及保护电路等，画在右边用细实线。

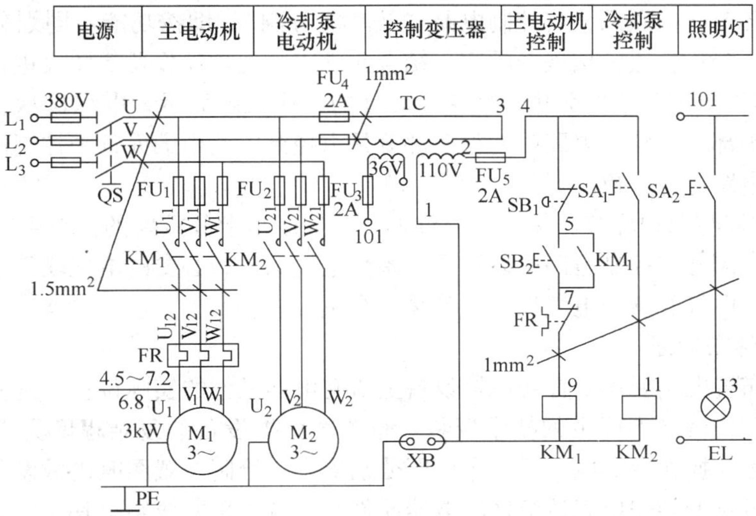

图 2-1-1　某车床的电气原理图

2）同一电器的各个电器元件和部件在控制电路中的位置，应根据便于阅读的原则安排；同一电器元件的各个部件可以不画在一起，但是要用同一符号表示；所有电器元件都应采用国家统一规定的图形符号和文字符号来表示。

3）电器均以常态标出，即图中元器件和设备的可动部分都按没有通电和没有外力作用时的开闭状态画出。如继电器触点按吸引线圈不通电的状态画，主令控制器、万能转换开关按手柄处于零位时的状态画，按钮、行程开关的触点按不受外力作用时的状态画。

在绘制电气原理图时，一般遵循电流方向“自上而下（垂直画时）或自左向右（水平方位画图时）”的原则，对于常开触点，垂直画时遵循“左开右闭”、水平画时遵循“下开上闭”的原则。垂直布置时，电源线水平画，其他电路垂直画，控制电路中的耗能元件画在电路的最下端。水平布置时，控制电路中的耗能元件画在电路的最右端。电气原理图中，有直接联系的交叉导线连接点要用黑圆点表示。

3. 电气原理图

电气原理图是根据电气控制系统的工作原理，采用电器元件展开的形式绘制的。它包括所有电器元件的导电部分和接线端子，但并不按电器元件实际布置来绘制，而根据它在电路中所起的作用画在不同的部位，即从电源到电动机大电流通过的路径到控制电路、照明电路、信号电路及保护电路等，其中控制电路由接触器和继电器线圈、各种电器的常开、常闭触点组合构成控制逻辑，实现需要的控制功能。具体形式如图 2-1-1 所示。

电气原理图表明了电气控制的基本环节、工作过程及机床的工作原理，从而帮助我们生产、安装、检修保养、排查故障。

电气原理图的分析可分为以下几步：

1）分析主电路。分析主电路一般应先从电动机着手，即从主电路看有哪些控制元件的主触点和附加元件，根据其组合规律大致可知该电动机的工作情况，例如是否有特殊的起动、制动要求，要不要正反转，是否要求调速等。

2）分析控制电路。首先在控制电路上由主电路的控制元件主触点文字符号找到有关的控制环节以及环节间的联系，将控制电路“按功能分割”，即按功能不同划分成若干个局部控制电路来进行分析，通常按展开顺序，结合元件表、元件动作位置图表进行阅读。

3）分析辅助电路。主要分析包括执行元件的工作状态显示、电源显示、参数测定、照明和故障报警等部分。辅助电路中的很多部分是由控制电路中的元件来控制的，因此要结合主电路对辅助电路进行分析。

4）分析联锁与保护环节。保护环节对于安全生产是十分重要的，在生产和设计时也是不可以缺少的，因此在控制电路中设置了一系列电气保护和必要的电气联锁。在电气原理图的分析过程中，电气联锁与电气保护环节是一个重要内容。

4. 电器元件布置图

电器元件布置图主要用来标明电器设备上所有电器元件的实际位置，是机械电气控制设备制造、安装和维修必不可少的技术资料。布置图根据设备的复杂程度集中绘制在一张图上，或将控制柜与操作台的电器元件布置图分别绘出。绘制布置图时机械设备轮廓用双点画线画出，所有可见的和需要表达清楚的电器元件及设备用粗实线绘出其简单的外形轮廓。电器元件及设备代号必须与有关电路图和清单上所用的代号一致。

图 2-1-2 为某机床的电器元件布置图，图中 FU_1 ~ FU_5 为熔断器，KM 为接触器，FR 为热继电器，TC 为照明变压器，XT 为接线端子。

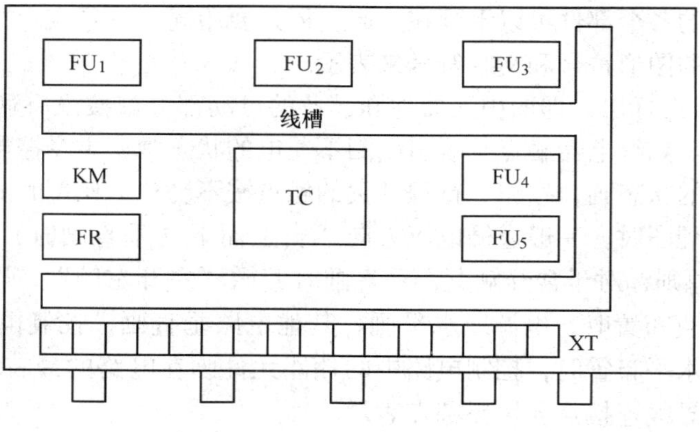

图 2-1-2 电器元件布置图

5. 电气安装接线图

接线图表示机床电气设备各个单元之间的接线关系，并标注出外部接线所需的数据，表明了电气设备中各元件的空间位置和接线情况。根据设备的接线图就可以进行电气设备的总装接线。图 2-1-3 为某设备的电气安装接线图，虚线方框中部件的接线可根据电气原理图进行。对某些较为复杂的电气设备，电气安装板上元件较多时，还可画出安装板的接线图。对于简单设备，仅画出接线图就可以了。实际工作中，接线图常与电气原理图结合起来使用。

图 2-1-3 电气设备中电源进线、按钮板、照明灯、电动机与机床安装板接线端之间的连接关系，也标注了所采用的包塑金属软管的直径、长度，连接导线的根数、横截面积和颜色。例如按钮板与安装板的连接：按钮板上有 SB_1、SB_2、HL 元件，根据电气原理图，SB_1

与 SB_2 有一端相连为"5"，HL 有一端为地"1"，其余 4、7、11 通过 0.75mm² 蓝色线，101 通过 1mm² 白色线接到安装板上相应的接线端，与安装板上的元件相连。

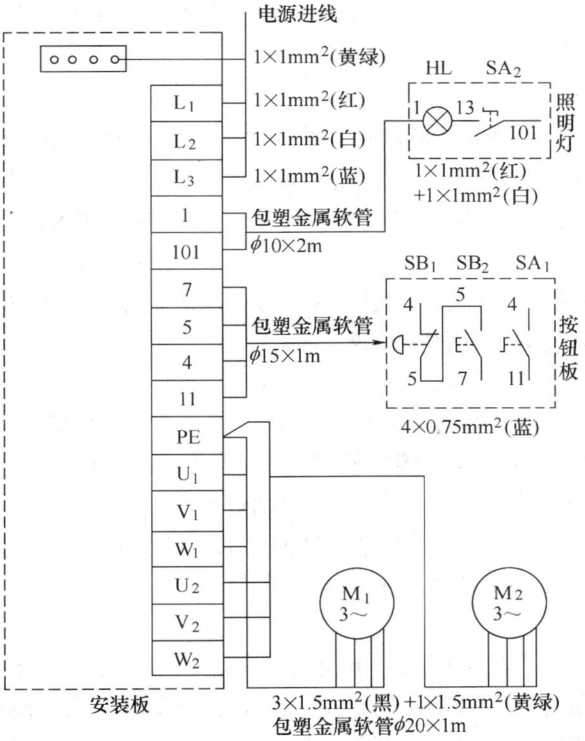

图 2-1-3　电气安装接线图

技 能 训 练

2.1.2　电气控制系统检修

电气控制系统在运行中会发生各种故障，造成停机而影响生产，严重时还会造成事故，如机械故障、电气故障。常见的电气故障有断路性故障、短路性故障、接地故障等，电气设备的故障检修包括检测和修理，检测主要是判断故障产生的确切部位，修理则是对故障部分进行修复。

下面就电气控制电路的检修进行介绍。

1. 检修工具

电气控制电路的故障检修范围包括电动机、电器元件及电气电路等。电气电路检修时常用的工具有试电笔、试灯、电池灯、万用表、兆欧表等。

（1）试电笔

试电笔（俗称电笔）是检验导线、电器和电气设备是否带电的一种常用电工测试工具，只要带电体与大地之间的电位差超过 60V，电笔中的氖管就会发光，低压试电笔的测试电压范围为 60～500V。使用试电笔时应以手指触及笔尾的金属体，使氖管小窗背光朝向自己。

试电笔仅需要很小的电流就能使氖管发亮，一般绝缘不好而产生的漏电流及处在强电场附近都能使氖管发亮，这些情况要与所测电路是否确实有电加以区别。试电笔除用来测试相线（火线）与中性线（地线）之外，还可以根据氖管发光的强弱来估计电压的高低，根据氖管一端还是两端发光来判断是直流还是交流等。

（2）试灯

试灯又叫“校灯”。利用试灯可检查电路的电压是否正常、是否有断路或接触不良等故障。使用试灯时，要注意使灯泡的电压与被测部位的电压相符，被测部位的电压过高会烧坏灯泡，过低时灯泡不亮。检查时将试灯接在被测电路两端，如果试灯亮说明电路两端有电压，同时根据灯泡的明亮程度可以进一步估计电压的高低。一般检查电路是否断路时采用 10～60W，小容量的白炽灯，而查找接触不良的故障时应采用 150～200W 的白炽灯，这样可以根据灯泡的明亮程度来分析故障情况。

（3）电池灯

电池灯又称“对号灯”，由两节 1 号电池和 1 个 2.5V 的小灯泡组成，常用来检查电路的通断及线号等。测量时将电池灯接在被测电路两端，如果电路开路（或电路中有接触器线圈等较大电阻）时电池灯不亮，如果电路通则灯泡亮。如果电路中接有电感元件（如接触器、继电器及变压器线圈等），则用电池灯测试时，测试者应与被测电路隔离，防止在通电的瞬间因电动势过高而使测试者产生触电的感觉。

（4）万用表

万用表可以测量交、直流电压及直流电流及电阻，有的万用表还可以测量交流电流、电感及电容等。电气线路检修时通常使用万用表的电压挡及电阻挡。使用时应注意选择合适的挡位及量程，使用完毕应及时将选择开关放到空挡或交流电压量程的最高挡。长期不用应将万用表中的电池取出。

（5）兆欧表

兆欧表可以用来测量电气设备的绝缘电阻。使用时应注意兆欧表的额定电压必须与被测电气设备或线路的工作电压相适应，在低压电气设备的维修中，通常选择额定电压为 500V 的兆欧表。

2. 检修步骤

（1）故障调查

当发生电气故障后，切忌盲目随便动手检修。在检修前，应通过“问、嗅、看、听、摸”来了解故障前后的操作情况和故障发生后出现的异常现象，以便根据故障现象迅速地判断出故障发生的部位，进而准确地排除故障。

①问：就是向操作者详细了解故障发生的前后情况。一般询问的内容是：故障是经常发生还是偶尔发生？有哪些现象？故障发生前有无频繁起动、停机或过载？是否经历过维护、检修或改动电路等。

②嗅：就是要注意电动机和电器元件运行中是否有异味出现。若发生电动机、电器绕组烧损等故障，就会出现焦臭味。

③看：就是观察电动机运行中有否异常现象（如电动机是否抖动、冒烟、接线处打火等），检查熔体是否熔断，电器元件有无发热、烧毁、触头熔焊接线松动、脱落及断线等。

④听：就是要注意倾听电动机、变压器和电器元件运行时的声音是否正常，以便帮助寻

找故障部位。电动机电流过大时，会发出嗡嗡声；接触器正常吸合时声音清脆，有故障时常听不到声音或听到哒哒抖动声。

⑤摸：就是在确保安全的前提下，用手摸测电动机或电器外壳的温度是否正常，温度过高就是电动机或电器绕组烧损的前兆。

“问、嗅、看、听、摸”是寻找故障的第一步，有些故障还应做进一步检查。

（2）电路分析

分析电路时，通常先从主电路入手，了解工业机械各运动部件和机构采用了几台电动机，与每台电动机相关的电器元件有哪些，采用了何种控制，然后根据电动机主电路所用电器元件的文字符号、图区号及控制要求，找到相应的控制电路。在此基础上，结合故障现象和电路工作原理，进行认真分析排查，即可迅速判定故障发生的可能范围。当故障的可疑范围较大时，不必按部就班地逐级进行检查，这时可在故障范围内的中间环节进行检查，来判断故障究竟是发生在哪一部分，从而缩小故障范围，提高检修速度。分析故障时应有针对性，如接地故障一般先考虑电器柜外面的电气装置，后考虑电器柜内的电器元件，断路和短路故障应先考虑动作频繁的元件，后考虑其余元件。

（3）断电检查

检查前先断开机床总电源，然后根据电路分析的结果，即故障可能产生的部位，逐步找出故障点。检查时应先检查电源进线处有无碰伤而引起的电源接地、短路等现象，螺旋式熔断器的熔断指示器是否跳出，热继电器是否动作等，然后检查电器外部有无损坏，连接导线有无断路、松动，绝缘有无过热或烧焦等。

（4）通电检查

在外部检查发现不了故障时，可对电气线路做通电试验检查。一般情况下先检查控制电路，具体做法是：操作某一只按钮或开关时，观察电路中有关的接触器、继电器是否按规定的动作顺序进行工作。若依次动作至某一电器元件时，发现动作不符合要求，即说明该电器元件或其相关电路有问题，再在此电路中进行逐项分析和检查，一般便可发现故障。待控制电路的故障排除恢复正常后，再接通主电路，检查控制电路对主电路的控制效果，观察主电路的工作情况有无异常等。在通电试验时，必须注意人身和设备的安全，要遵守安全操作规程，不得随意触动带电部分。此外，检查时请注意以下几方面：

①通电试验检查时，应尽量使电动机和传动机构脱开，调节器和相应的转换开关置于零位，行程开关还原到正常位置。若电动机和传动机构不易脱开，可将主电路熔体或开关断开，先检查控制电路，待其正常后，再接通电源检查主电路。开动机床时，最好在操作者配合下进行，以免发生意外事故。

②通电试验检查时，应先用校灯或万用表检查电源电压是否正常，有无断相或严重不平衡情况。

③通电试验检查，应先易后难、分步进行。每次检查的部位及范围不要太大，范围越小，故障情况越明显。检查的顺序是：先控制电路后主电路；先辅助系统后主传动系统；先开关电路后调整电路；先重点怀疑部位后一般怀疑部位。检查较为复杂的机床控制电路时，应拟定一个检查步骤，即将复杂电路划分成若干简单的单元或环节，按步骤、有目的地进行检查。

④通电试验检查，也可采用分片试送电法，即先断开所有的开关，取下所有的熔体，然

后按顺序逐一插入要检查部位的熔体，合上开关，观察有无冒烟、冒火及熔断器熔断现象，如无异常现象，给以动作指令，观察各接触器和继电器是否按规定的顺序动作，即可发现故障。

3. 检修方法

电气控制电路是多种多样的，它们的故障又往往和机械、液压、气动系统交错在一起，较难分辨。不正确的检修甚至会造成人为事故，故必须掌握正确的检修方法。一般的检查和分析方法有通电检查法、断电检查法等。通常应根据故障现象，先判断是断路性故障还是短路性故障，然后再确定具体的检修方法。

(1) 通电检查法

通电检查法主要用来检修断路性故障。如果按下起动按钮后接触器不动作，用万用表测量电路两端电压正常，则可断定为断路性故障。检修时合上电源开关通电，适当配合一些按钮等的操作，用试电笔、校灯、万用表电压挡、短接法等进行检修。

①试电笔检修法。试电笔检修断路故障的方法如图 2-1-4 所示，检修时用试电笔依次测试 1，2，3，4，5，6 各点，并按下 SB_2，测量到哪一点试电笔不亮即为断路处。在机床控制电路中，经常直接用 380V 的电压或经过变压器供电，用试电笔测试断路故障应注意防止由于电源通过另一相熔断器而造成试电笔亮，影响故障的判断。同时应注意观察试电笔的亮度，防止由于外部电场、泄漏电流造成氖管发亮而误认为电路没有断路。

②校灯检修法。用校灯检修断路故障的方法如图 2-1-5 所示，检修时将校灯一端接在 0 点上，另一端依 1，2，3，4，5，6 次序逐点测试，并按下 SB_2，如接至 4 号线上校灯亮，而接至 5 号线上校灯不亮，则说明 KM_2 的常闭触点（4-5）或连接导线断路。用校灯检修故障时应注意白炽灯的额定电压和白炽灯的容量要合适。

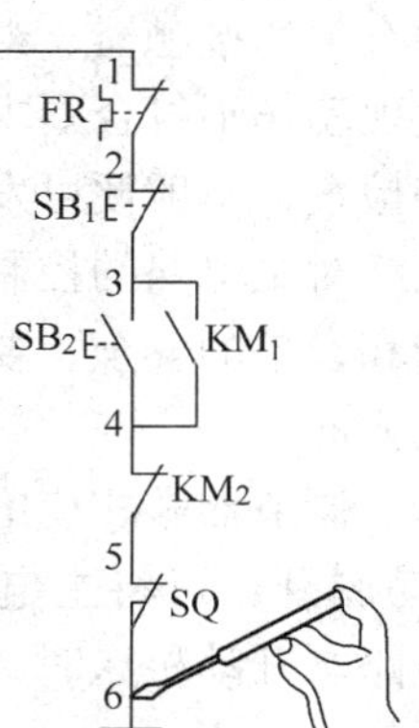

图 2-1-4 试电笔检修断路故障

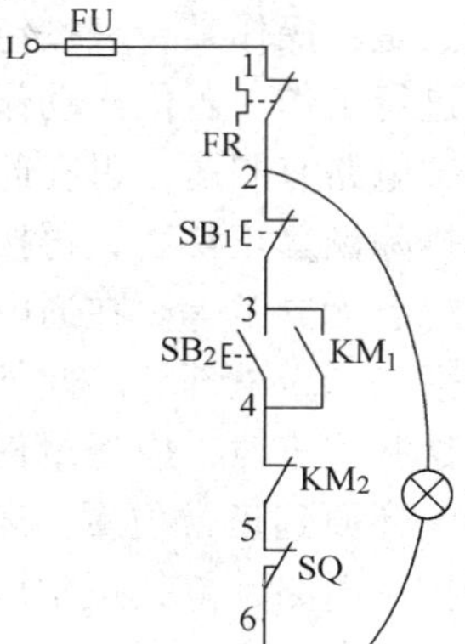

图 2-1-5 校灯检修断路故障

③电压的分阶测量法。电压的分阶测量法如图 2-1-6 所示，检查时把万用表旋至交流电压 500V 挡位上。检查时，首先用万用表测量 7-1 之间的电压，若电路正常应为 380V，然后按下按钮 SB_2 不放，依次测 7-2，7-3，7-4，7-5，7-6 之间的电压，正常情况下各阶的电压值均为 380V，如测到 7-2 电压为 380V，而 7-3 无电压，则说明按钮 SB_1 的常闭触点（2-3）或

连接导线断路。这种测量方法像台阶一样，所以称为分阶测量法。

④电压的分段测量法。电压的分段测量法如图 2-1-7 所示，检查时把万用表旋到交流 500V 挡位上，如按下起动按钮 SB_2，接触器 KM_1 不吸合，说明发生断路故障，用电压表逐段测试各相邻两点间的电压。检查时，先用万用表测 1-7 两点电压，看电压是否正常，然后依次测量 1-2，2-3，3-4，4-5，5-6，6-7 间的电压。如电路正常，按下 SB_2 后，除 6-7 之间电压为 380V 外，其余相邻各点之间的电压均应为零。

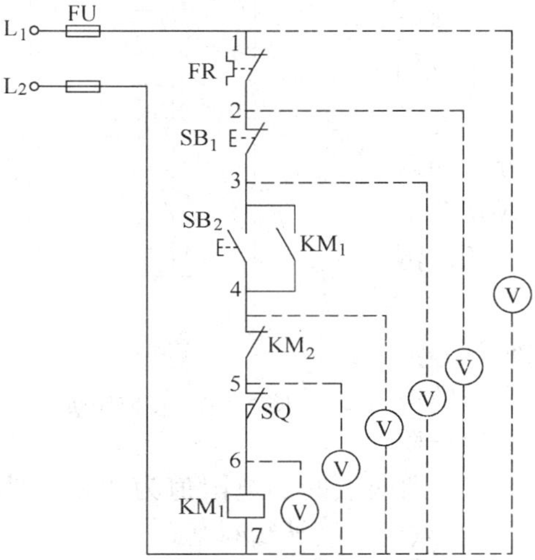

图 2-1-6　电压的分阶测量法

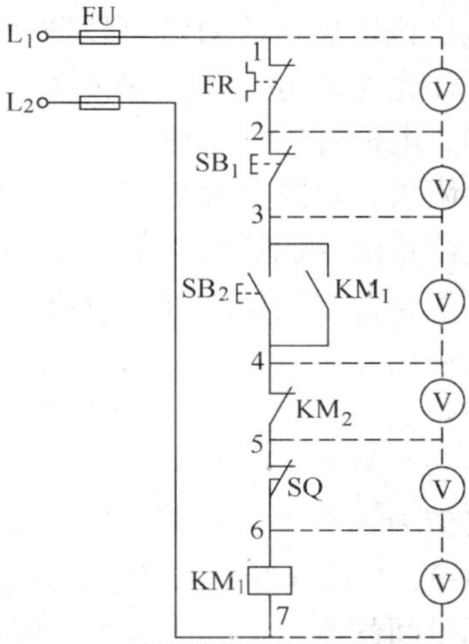

图 2-1-7　电压的分段测量法

⑤短接法。短接法是接通电源，用一根绝缘良好的导线，把所怀疑的断路部位短接，如短接过程中电路被接通，就说明该处断路。这种方法便于快速寻找断路性故障，缩小故障范围。

⑥局部短接法。局部短接法如图 2-1-8 所示，检查时，先用万用表电压挡测量 1-7 两点间电压值，若电压正常，可按下起动按钮 SB_2 不放，然后用一根绝缘良好的导线，分别短接 1-2，2-3，3-4，4-5，5-6。当短接到某两点时，若接触器 KM_1 吸合，说明断路故障就在这两点之间。

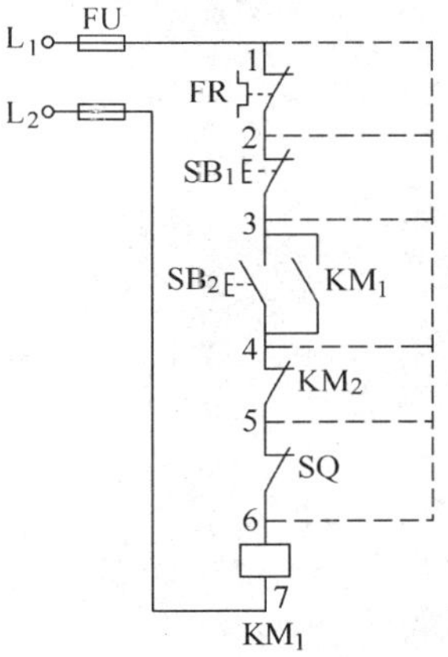

图 2-1-8　局部短接法

⑦长短接法。长短接法检修断路故障如图 2-1-9 所示，长短接法是指一次短接两个或多个触点来检查断路故障的方法。当 FR 的常闭触点和 SB_1 的常闭触点同时接触不良，如用上述局部短接法短接 1-2 点，按下起动按钮 SB_2，KM_1 仍然不会吸合，故可能会造成判断错误。而采用长短接法将 1-6 短接，如 KM_1 吸合，说明 1-6 段电路中有断路故障，然后再短接 1-3 和 3-6 等，进一步判断故障部位。

短接法检查断路故障时应注意以下几点：首先，短接法是用手拿绝缘导线带电操作的，所以一定要注意安全，避免触电事故发生；其次，短接法只适用于检查压降极小的导线和触点之间的断路故障。对于压降较大的电器，如电阻、接触器和继电器的线圈等断路故障，不能采用短接法，否则会出现短路故障；最后，对于机床的某些要害部位，必须保障电气设备或机械部位不会出现事故的情况下才能使用短接法。

（2）断电检查法

断电检查法既可检修断路性故障又可检修短路性故障。合上电源开关，操作时发生熔断器熔断、接触器自行吸合或吸合后不能释放等都表明控制电路中存在短路性故障。采用断电检查法检修短路性故障可以防止故障范围的扩大。断电检查法必须先切断电源，并保证整个电路无电，然后用万用表电阻挡、电池灯等判断故障点。

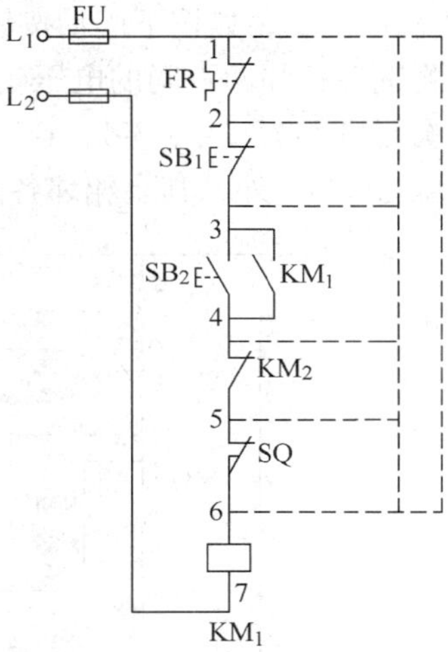

图 2-1-9 长短接法

①电阻法。对断路性故障一般可以采用电阻的分阶测量法和分段测量法，而短路性故障采用直接测量可疑线路两端的电阻并配合适当的操作（断开某些线头等）进行分析。测量时通常使用万用表的“$R\times1$”挡。

②电阻的分阶测量法。电阻的分阶测量法如图 2-1-10a 所示，先断开电源，然后按下 SB_2 不放，测量 1-7 之间的电阻，如阻值为无穷大，说明 1-7 之间的电路断路。然后分阶测 1-2，1-3，1-4，1-5，1-6 各点间电阻值，若电路正常，则两点间的电阻值为“0”，当测量到某标号间的电阻值为无穷大，则说明表笔刚跨过的触点或连接导线断路。

③电阻的分段测量法。电阻的分段测量法如图 2-1-10b 所示，检查时先切断电源，按下起动按钮 SB_2，然后依次逐段测量相邻两点 1-2，2-3，3-4，4-5，5-6，6-7 间的电阻。如测得两点间电阻为无穷大，说明这两点间的元件或连接导线断路。

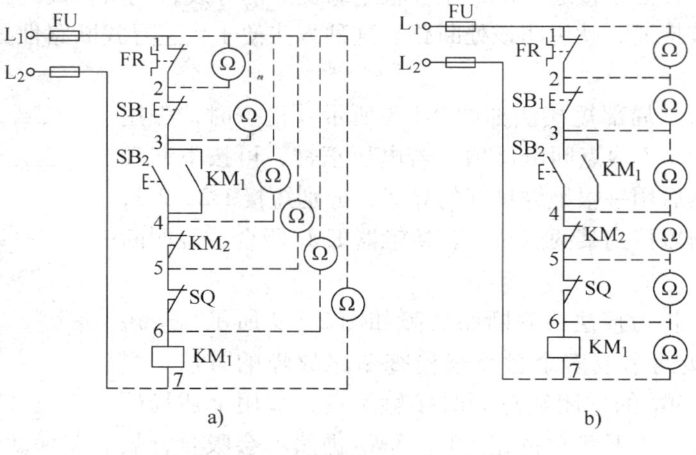

图 2-1-10 电阻的分阶及分段测量法

电阻测量法的优点是安全；缺点是测得的电阻值可能是回路电阻，容易造成判断错误，为此必要时应注意将该电路与其他电路断开。

④用电阻法检修短路故障。如图 2-1-11 所示，设接触器 KM_1 的两个辅助触点在 3 号和 8 号线间因某种原因而短路，这样合上电源开关，接触器 KM_2 就自行吸合。

将熔断器 FU 取下，用万用表的电阻挡测 2-9 间的电阻，若电阻为“0”，则表示 2-9 之间有短路故障；然后按 SB_1，若电阻为“∞”，说明短路不在 2 号；再将 SQ_2 断开，若电阻为“∞”，则说明短路也不在 9 号；然后将 7 号断开，若电阻为“0”，则可确定短路故障点在 3 号和 8 号。

⑤用电池灯法检修短路故障。电池灯检修时的原理、方法与电阻法一样，测量时电阻为“0”对应电池灯“亮”，电阻为“∞”对应电池灯“灭”。下面以电源间短路故障的检修为例，说明电池灯法检修的应用。

电源间短路故障一般是通过电器的触点或连接导线将电源短路，如图 2-1-12 所示。设行程开关 SQ 中的 2 号线与 0 号线因某种原因将电源短路。合上电源，熔断器 FU 就熔断，说明电源间短路。断开电源，去掉熔断器 FU 的熔体，将电池灯的两根线分别接到 1-0 线上，如灯亮，说明电源间短路。依次拆下 SQ 上的 2 号线、SQ 上的 9 号线、KM_2 线圈上的 9 号线、KM_2 上的 8 号线……SB_1 上的 3 号线、SQ 上的 3 号线、SQ 上的 2 号线……如果拆到某处时电池灯灭，则该处即为要找的短路点。

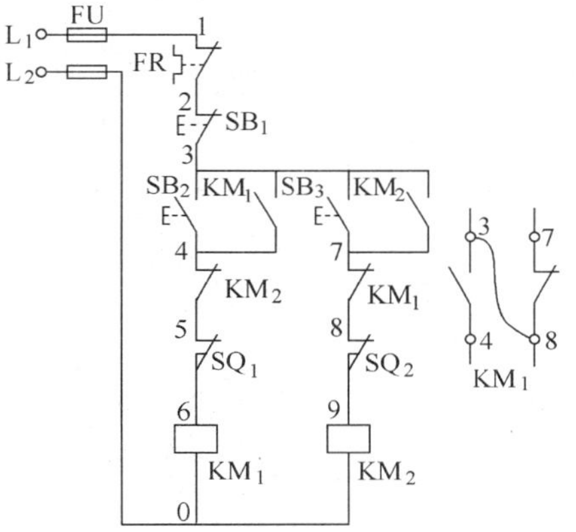

图 2-1-11　电阻法检修短路故障

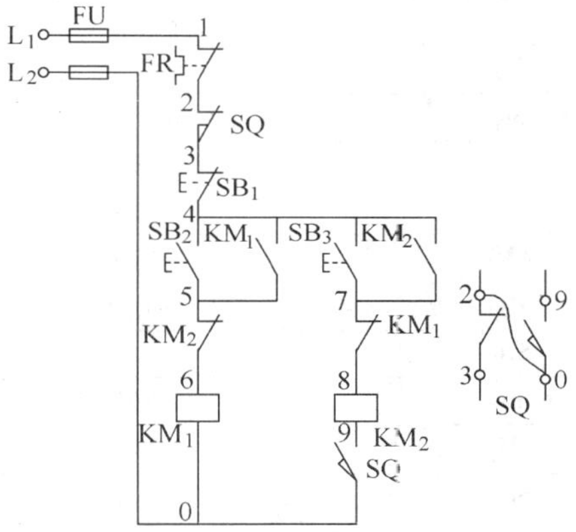

图 2-1-12　电池灯法检修短路故障

机床控制电路的故障不是千篇一律的，即使是同一故障现象，发生的部位也不尽相同。故应理论与实践密切结合，灵活处理，切不可生搬硬套。故障找出后，应及时进行修理，并进行必要的调试。

模块 2　CA6140 型车床电气控制电路的检修

控 制 分 析

2.2.1　CA6140 型车床结构及运动形式

车床是应用最广泛的金属切削机床，普通车床可以用来切削工件的外圆、内孔、端面和螺纹等，并可以装上钻头或铰刀等进行钻孔和铰孔加工。

CA6140 型卧式车床的主要结构如图 2-2-1 所示，其主要电气设备的符号、型号和规格见表 2-1。如图 2-2-1 所示，车床的转动机构通过齿轮传动来连接，刀架再由溜板箱带动，沿着床身导轨作直线走刀运动。车床的辅助运动包括刀架的快进与快返，尾架的移动以及工件的夹紧与松开等。为了提高工作效率，车床刀架的快速移动由一台单独的进给电动机拖动。

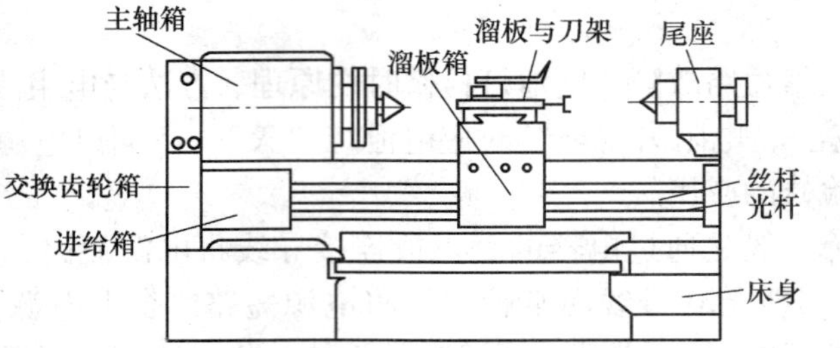

图 2-2-1　CA6140 型卧式车床的主要结构

表 2-1　CA6140 型卧式车床的主要电气设备

符号	元件名称	型号	规　格
M_1	主轴电动机	Y132M-4-B3	7.5kW，1450r/min
M_2	冷却泵电动机	AOB-25	90W，3000r/min
M_3	快速移动电动机	AOS5634	0.25kW，1360r/min
KM_1	交流接触器	CJ0-10A	127V，10A
KM_2	交流接触器	CJ0-10A	127V
KM_3	交流接触器	CJ0-10A	127V
QF	断路器	DZ5-20	380V，20A
SB_1	按钮	LA2	500V，5A
SB_2	按钮	LA2	500V，5A
SB_3	按钮	LA2	500V，5A
SB_4	按钮	LA2	500V，5A
SA_1	转换开关	HZ2-10/3	10A，三极
SA_2	钥匙式电源开关	HZ2-10/3	10A，三极
SQ_1	行程开关	LX3-11K	
SQ_2	行程开关	LX3-11K	
FR_1	热继电器	JR16-20/3D	15.4A
FR_2	热继电器	JR2-1	0.32A
TC	变压器	BK-200	380V/127V、36V、6.3V
FU	熔断器	RL1	40A
FU_1	熔断器	RL1	1A
FU_2	熔断器	RL1	4A
FU_3	熔断器	RL1	1A
FU_4	熔断器	RL1	1A
FU_5	熔断器	RL1	2A
FU_6	熔断器	RL1	1A
EL	照明灯	K-1，螺口	40W，36V
HL	指示灯	DK1-0	白色，配 6V，0.15A 灯泡

2.2.2　CA6140 型车床控制电路分析

图 2-2-2 所示是 CA6140 型卧式车床的电气原理图。

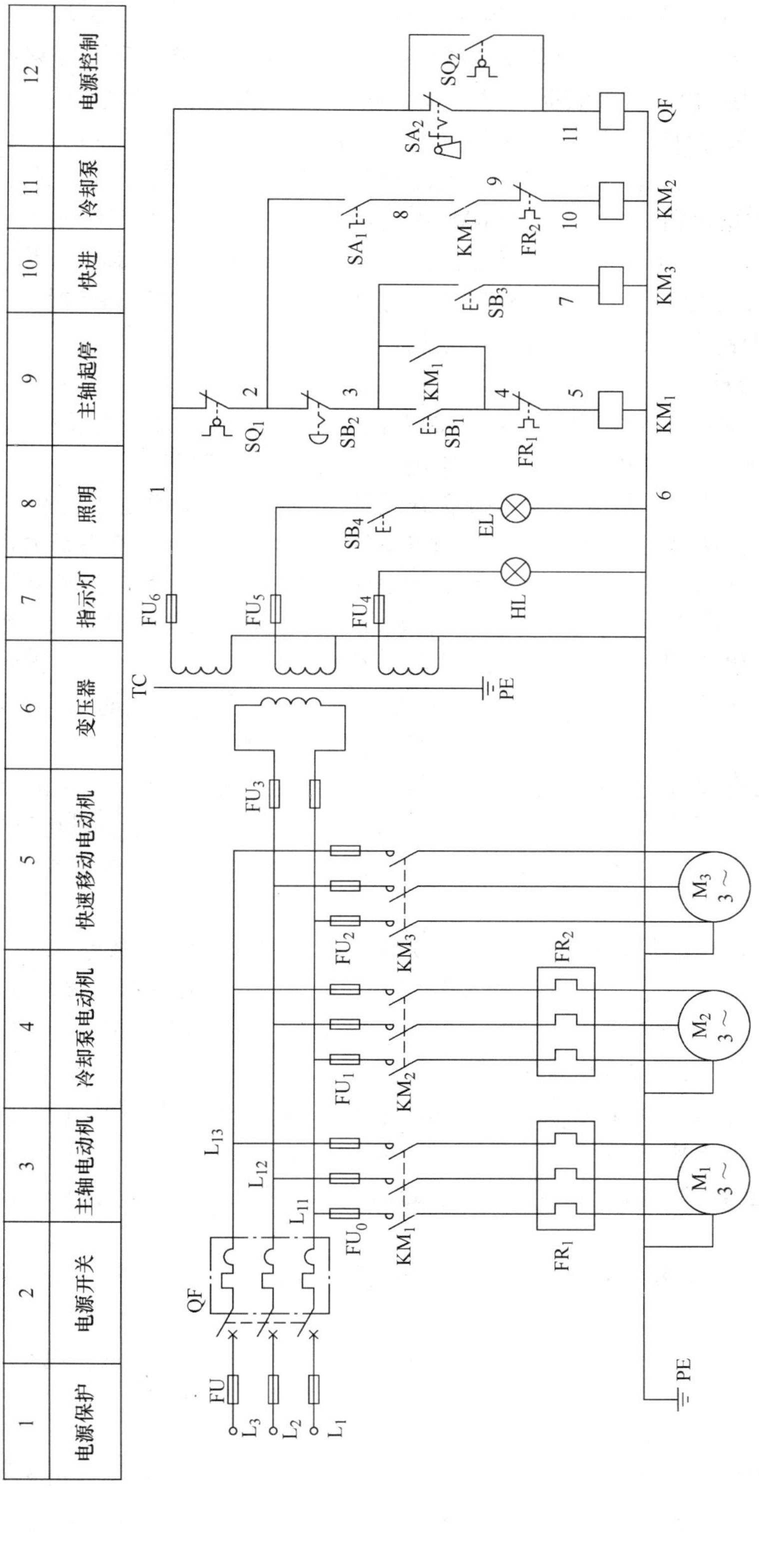

图2-2-2　CA6140型卧式车床的电气原理图

1. 主电路分析

在主电路中，M_1 为主轴电动机，拖动主轴的旋转并通过传动机构实现车刀的进给。主轴电动机 M_1 的运转和停止由接触器 KM_1 的三个常开主触点的接通和断开来控制，电动机 M_1 只需作正转，而主轴的正反转是由摩擦离合器改变传动链来实现的。电动机 M_1 的容量小于 10kW，所以采用直接起动。M_2 为冷却泵电动机，进行车削加工时，刀具的温度较高，需用切削液进行冷却。为此，车床备有一台冷却泵电动机拖动冷却泵，喷出切削液，实现刀具的冷却。冷却泵电动机 M_2 由接触器 KM_2 的主触点控制。M_3 为快速移动电动机，由接触器 KM_3 的主触点控制。M_2、M_3 的容量都很小，分别加装熔断器 FU_1 和 FU_2 作短路保护。热继电器 FR_1 和 FR_2 分别作 M_1 和 M_2 的过载保护。快速移动电动机 M_3 是短时工作的，所以不需要过载保护。带钥匙的低压断路器是电源总开关。

2. 控制电路分析

控制电路的供电电压是 127V，通过控制变压器 TC 将 380V 的电压降为 127V 得到。控制变压器的一次侧由 FU_3 作短路保护，二次侧由 FU_4 ~ FU_6 作短路保护。

1）电源开关的控制。电源开关是带有开关锁 SA_2 的低压断路器，当要合上电源开关时，首先用开关钥匙将开关锁 SA_2 右旋，再扳动断路器将其合上。若用开关钥匙将开关锁 SA_2 左旋，其触点 SA_2（1-11）闭合，QF 线圈通电，断路器 QF 将自动跳开。若出现误操作，又将 QF 合上，则 QF 将在 0. 1s 内再次自动跳闸。机床的电源开关采用了钥匙开关，接通电源时要先用钥匙打开开关锁，再合断路器，增加了安全性。同时，在机床控制配电盘的壁龛门上装有安全行程开关 SQ_2，当打开配电盘壁龛门时，行程开关的触点 SQ_2（1-11）闭合，QF 的线圈通电，QF 自动跳闸，切除机床的电源，以确保人身安全。

2）主轴电动机 M_1 的控制。SB_2 是红色蘑菇形的停止按钮，SB_1 是绿色的起动按钮。按一下起动按钮 SB_1，KM_1 线圈通电吸合并自锁，KM_1 的主触点闭合，主轴电动机 M_1 起动运转。按下 SB_2，接触器 KM_1 断电释放，其主触点和自锁触点都断开，电动机 M_1 断电停止运行。

3）冷却泵电动机的控制。当主轴电动机起动后，KM_1 的常开触点 KM_1（8-9）闭合，这时若旋转转换开关 SA_1 使其闭合，则 KM_2 线圈通电，其主触点闭合，冷却泵电动机 M_2 起动，提供切削液。当主轴电动机 M_1 停止转动时，KM_1（8-9）断开，冷却泵电动机 M_2 随即停止运转。M_1 和 M_2 之间存在联锁关系。

4）快速移动电动机 M_3 的控制。快速移动电动机 M_3 由接触器 KM_3 进行点动控制。按下按钮 SB_3，接触器 KM_3 线圈通电，其主触点闭合，电动机 M_3 起动，拖动刀架快速移动；松开 SB_3，M_3 停止转动。快速移动的方向通过装在溜板箱上的十字手柄扳到所需要的方向来控制。

5）主轴的起停。SQ_1 是机床床头的交换齿轮架传动带罩处的安全开关。当装好传动带罩时，SQ_1（1-2）闭合，控制电路才有电，电动机 M_1、M_2、M_3 才能起动。当打开机床床头的传动带罩时，SQ_1（1-2）断开，使接触器 KM_1、KM_2、KM_3 断电释放，电动机全部停止转动，以确保人身安全。

3. 照明和信号电路分析

照明电路采用 36V 安全交流电压，信号回路采用 6. 3V 交流电压，均由控制变压器二次侧提供。FU_5 是照明电路的短路保护，照明灯 EL 的一端必须保护接地。FU_4 为指示灯的短路保护，合上电源开关 QF，指示灯 HL 亮，表明控制电路有电。

技能训练

2.2.3　CA6140 型卧式车床电气控制电路安装

1. 实践目的

1）熟悉 CA6140 型卧式车床电气原理图及控制电路的接线方法。

2）掌握控制电路的安装与测试方法。

2. 实践内容及步骤

1）按电气元器件明细表配齐电气设备和电气元器件，并对其逐个校验。

2）分别将热继电器 FR_1 和 FR_2 的整定电流整定到 15.4A 和 0.32A。

3）根据电动机的功率选配主电路的连接导线。

4）根据具体情况按照安装规程设计电源开关和电气控制箱的安装尺寸及电线管的走向。

5）根据电气控制图给各元件和连接导线做好编号标志，给接线板编号。

6）安装控制箱，接线经检查无误后，通入三相电源对其校验。

7）将连接导线穿管后，找出各线端并做标记，明敷安装电线管引入车床的导线用软管加以保护。

8）安装按钮、行程开关、转换开关、照明灯、指示灯。

9）安装电动机并接线。

10）安装接地线。

11）测试绝缘电阻。

12）清理安装场地。

13）全面检查接线和安装质量。

14）通电试车并观察电动机的转向是否符合要求。

15）安装传动装置，试车并全面检查各电气元件、线路、电动机及传动装置的工作情况是否正常，否则应立即切断电源进行检查，待调整或修复后方能再次通电试车。

3. 注意事项

1）不要漏接接地线，不能用金属软管作为接地的通道。

2）在控制箱外部进行布线时，导线必须穿在导线通道内或敷设在机床底座内的导线通道里，且所有导线不得有接头。

3）在导线通道内敷设导线进行接线时，必须做到查出一根导线，套一根线号。

4）在进行快速进给时，注意将运动部件处于行程的中间位置，以防止运动部件与车头或尾座相撞。

2.2.4　CA6140 型车床控制电路的检修

1. 实践目的

掌握 CA6140 型车床电气控制电路的故障分析及检修方法。参考图 2-2-2。

2. 实践内容及步骤

CA6140 型车床电气控制电路的常见电气故障及排除方法如下：

1）主轴电动机不能起动。发生主轴电动机不能起动的故障时，首先检查故障是发生在主电路还是控制电路。若按下起动按钮，接触器 KM_1 不吸合，则此故障发生在控制电路，主要应检查 FU_6 是否熔断，过载保护 FR_1 是否动作，接触器 KM_1 的线圈接线端子是否松脱，按钮 SB_1、SB_2 的触点是否接触良好。若故障发生在主电路，应检查车间配电箱及主电路开关熔断器的熔丝是否熔断，导线连接处是否有松脱现象，KM_1 主触点的接触是否良好。

2）主轴电动机起动后不能自锁。当按下起动按钮后，主轴电动机能起动运转，但松开起动按钮后，主轴电动机也随之停止，造成这种故障的原因是接触器 KM_1 的自锁触点的连接导线松脱或接触不良。

3）主轴电动机不能停止。造成这种故障大多数为 KM_1 的主触点发生熔焊或停止按钮击穿所致。

4）电源总开关合不上。电源总开关合不上的原因有两个：一是电器箱子盖没有盖好，以致 SQ_2（1-11）行程开关被压下；二是钥匙电源开关 SA_2 没有右旋到 SA_2 断开的位置。

5）指示灯亮但各电动机均不能起动。造成这种故障的主要原因是 FU_6 的熔体断开，或交换齿轮架的传动带罩没有罩好，行程开关 SQ_1（1-2）断开。

6）行程开关 SQ_1、SQ_2 故障。CA6140 型车床在使用前首先应调整 SQ_1、SQ_2 的位置，使其动作正确，才能起到安全保护的作用。但是由于长期使用，可能出现开关松动移位，致使打开床头交换齿轮架的传动带罩时 SQ_1（1-2）触点断不开或打开配电盘的壁龛门时 SQ_2（1-11）不闭合，因而失去人身安全保护的作用。

7）带钥匙开关 SA_2 的断路器 QF 故障。带钥匙开关 SA_2 的断路器 QF 的主要故障是开关锁 SA_2 失灵，以致失去保护作用，因此在使用时应检验将开关锁 SA_2 左旋时断路器 QF 能否自动跳闸；跳开后若又将 QF 合上，经过 0.1s，断路器能否自动跳开。

模块 3　X62W 型万能铣床电气控制电路的检修

控 制 分 析

2.3.1　X62W 型万能铣床结构及控制特点

铣床可以用来加工平面、斜面和沟槽等，装上分度头后还可以铣切直齿齿轮和螺旋面，如果装上圆工作台还可以铣切凸轮和弧形槽。铣床的种类很多，有卧铣、立铣、龙门铣、仿形铣及各种专用铣床。

X62W 型卧式万能铣床应用广泛，具有主轴转速高、调速范围宽、操作方便和加工范围广等特点，其结构如图 2-3-1 所示。

X62W 型卧式万能铣床主要由底座、床身、悬梁、刀杆支架、工作台和升降台等部分组成。床身内装有主轴的传动机构和变速操纵机构。主轴带动铣刀的旋转运动称为主运动，进给运动是工件相对于铣刀的移动。主轴电动机用笼型异步电动机拖动，通过齿轮进行调速。为完成顺铣和逆铣，主轴电动机应能正反转。为了减少负载波动对铣刀转速的影响，使铣削平稳一些，铣床的主轴上装有飞轮，使得主轴传动系统的惯性较大，因此，为了缩短停机时间，主轴采用电气制动停机。为保证变速时齿轮顺利地啮合，要求主轴电动机进行冲动控制，即变速时电动机通过点动控制稍微转动一下。升降台可上下移动，在升降台上面的水平导轨上装有溜板箱，溜板箱可沿主轴轴线平行方向移动（横向移动，即前后移动）；溜板箱上部装有可转动的回转台，工作台装在可转动回转台的导轨上，可作垂直于主轴轴线方向的移动（纵向移动，即左右移动）。这样，固定在工作台上的工件可作上下、左右、前后六个方向的移动，各个运动部件在六个方向上的运动由同一台进给电动机通过正反转进行拖动，在同一时间内，只允许一个方向上的运动。

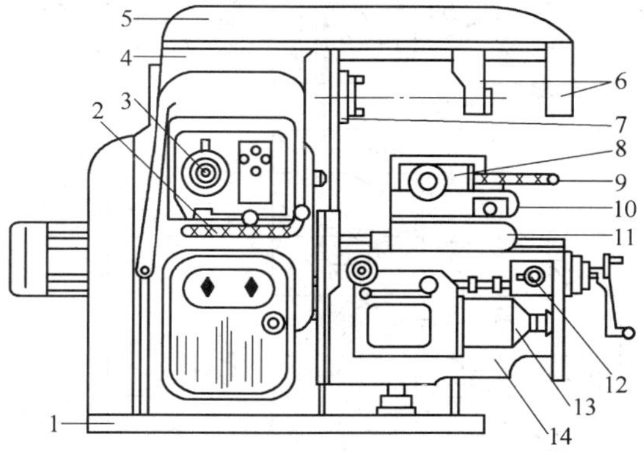

图 2-3-1　X62W 型卧式万能铣床

1—底座　2—主轴变速手柄　3—主轴变速数字盘　4—床身　5—悬梁　6—刀杆支架　7—主轴　8—工作台　9—工作台纵向操纵手柄　10—回转台　11—床鞍　12—工作台升降及横向操纵手柄　13—进给变速手轮及数字盘　14—升降台

2.3.2　X62W 型万能铣床控制电路分析

图 2-3-2 所示是 X62W 型卧式万能铣床的电气原理路。

1. 主电路

主电路中，M_1 是主轴电动机，M_2 为进给电动机，M_3 为冷却泵电动机。电动机 M_1 是通过换向开关 SA_5、接触器 KM_3 和 KM_2 进行正反转控制、反接制动和瞬时冲动控制，并通过机械机构进行变速；工作台进给电动机 M_2 要求能正反转、快慢速控制和限位控制，并通过机械机构使工作台能上下、左右、前后运动；冷却泵电动机 M_3 只要求正转控制。

2. 控制电路分析

1）主轴电动机 M_1 的控制。SB_1、SB_2 是分别装在机床两边的起动按钮，可进行两地操作。SB_3、SB_4 是制动停止按钮，SA_5 是电源换向开关，用来改变 M_1 的转向，KM_3 是主轴电动机起动接触器，KM_2 是反接制动接触器，SQ_7 是与主轴变速手柄联动的冲动行程开关。

①主轴电动机起动时，要先将 SA_5 扳到主轴电动机所需要的旋转方向，然后再按下起动按钮 SB_1 或 SB_2 起动 M_1，在主轴起动的控制电路中串有热继电器 FR_1 的常闭触点。当电动机 M_1 过载时，热继电器的常闭触点断开，电动机 M_1 停止转动。

②主轴电动机起动后，速度继电器 KS 的常开触点 KS（7-9）闭合，为电动机停转制动作准备，停止时按下停止复合按钮 SB_3 或 SB_4，首先其常闭触点 SB_3（11-12）或 SB_4（8-11）断开，KM_3 线圈断电释放，主轴电动机 M_1 断电，但因惯性继续旋转，同时停止按钮 SB_3 或 SB_4 的常开触点 SB_3（8-9）或 SB_4（8-9）闭合，接通 KM_2 回路，改变 M_1 的电源相序进行反接制动，当 M_1 转速趋于零时，KS 自动断开，切断 KM_2 线圈的电源。

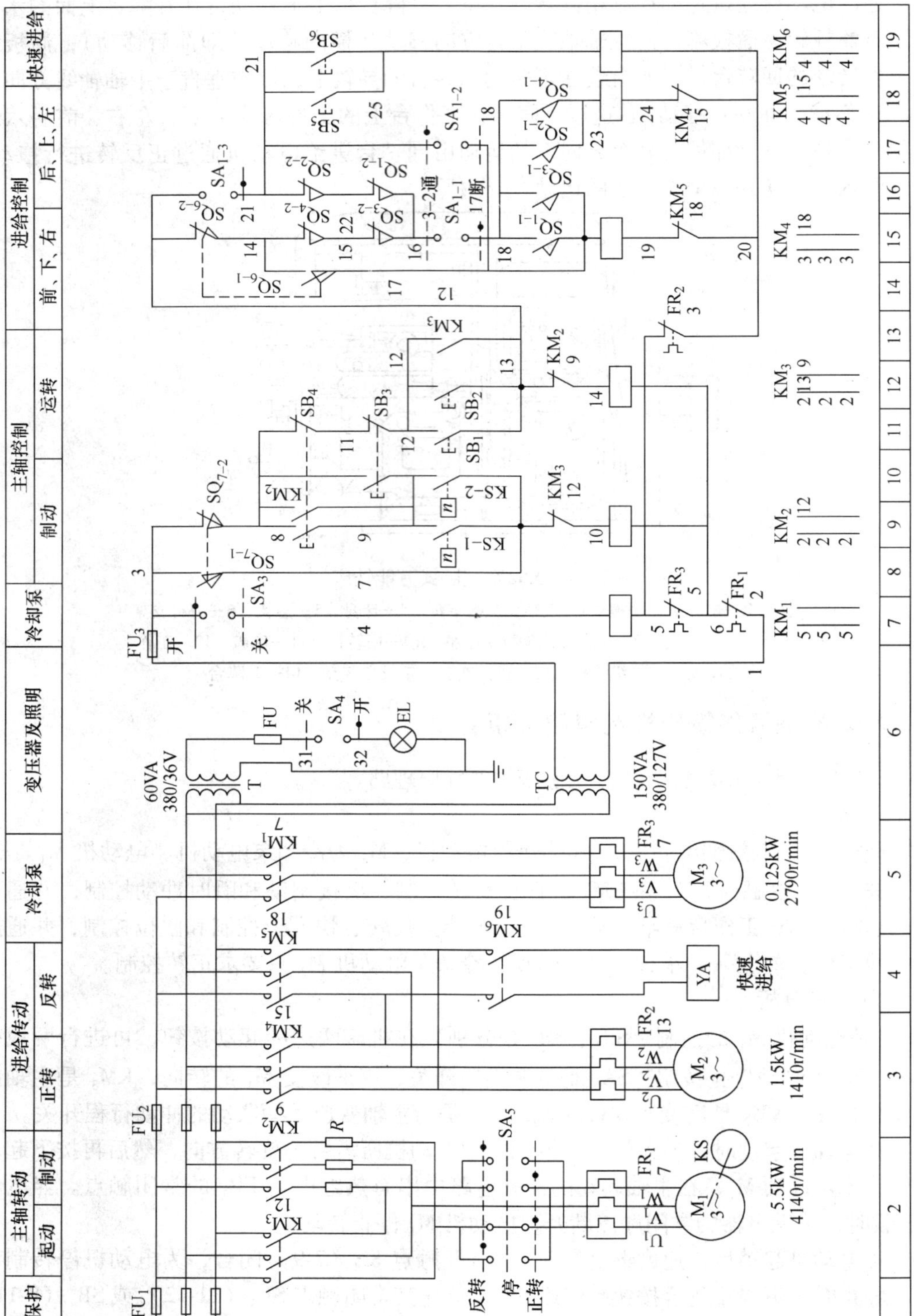

图 2-3-2 X62W 型卧式万能铣床的电气原理图

③主轴电动机变速时的冲动控制，是利用变速手柄与冲动行程开关SQ_7通过机械上的联动机构进行控制的。变速操作可在开机时进行，也可在停机时进行。开机进行变速时，首先将主轴变速手柄微微压下，使它从第一道槽内拔出，然后将变速手柄拉向第二道槽，当快要落入第二道槽内时，将变速盘转到所需的转速，然后将变速手柄从第二道槽迅速推回原位。就在手柄拉向第二道槽时，有一个与手柄相连的凸轮通过弹簧杆瞬时压了一下行程开关SQ_7，使冲动行程开关SQ_7的常闭触点SQ_7（3-8）先断开，切断KM_3线圈的电路，M_1断电，SQ_7的常开触点SQ_7（3-7）后闭合，接触器KM_2线圈得电动作，M_1被反接制动。当手柄拉到第二道槽内时，SQ_7不受凸轮控制而复位，电动机停转。把手柄从第二道槽推回原来位置的过程中，凸轮又压下SQ_7，使$SQ_{7\text{-}1}$常开接通，$SQ_{7\text{-}2}$常闭断开，KM_2线圈得电，M_1反向转动一下，以利于变速后的齿轮啮合。当变速手柄以较快的速度推到原来的位置时，SQ_7复位，KM_2线圈断电，M_1停转，操作过程结束。这样，在整个变速操作过程中，主轴电动机只短时转动一下，使变速后的齿轮易于啮合。当手柄完全推到原来的位置时，齿轮已啮合好，变速完成。由此可见，可进行主轴不停转的直接变速。若主轴原来处于停止状态，则在主轴变速操作过程中，SQ_7第一次动作时，M_1反转一下，SQ_7第二次动作时，M_1又反转一下，因此也可以实现主轴停止时的变速控制。当然，若要主轴在新的速度下运行，则需要重新起动主轴电动机。需要注意的是，无论是在主轴不停止状态时直接变速，还是主轴原来处于停止状态时变速，都应以较快的速度把手柄推回原始位置，以免通电时间过长，M_1转速过高而打坏齿轮。

2）工作台移动控制。转换开关SA_1是控制工作台运动的，在不需要工作台运动时，将转换开关SA_1扳至“断开”位置，转换开关SA_1在正向位置的两个触点$SA_{1\text{-}1}$、$SA_{1\text{-}3}$闭合，反向位置的触点$SA_{1\text{-}2}$断开。然后起动M_1，这时接触器KM_3吸合，其触点KM_3（12-13）闭合，这样就可以进行工作台的进给控制。

①工作台左右（纵向）运动的控制。工作台的左右运动是由进给电动机M_2传动的。首先将工作台转换开关SA_1扳至“断开”位置。操纵工作台纵向运动的手柄有两个，一个装在工作台底座顶面的正中央，另一个装在工作台底座的左下方，它们之间有机械连接，只要操纵其中任意一个就可以了。手柄有三个位置，即“左”、“右”和“中间”。当手柄扳到“右”或“左”时，手柄联动机构压下行程开关SQ_1或SQ_2使接触器KM_4或KM_5动作，控制进给电动机M_2的正反转。工作台的左右行程可通过调整安装在工作台两端的挡铁来控制。当工作台纵向运动到极限位置时，挡铁撞动纵向操纵手柄，使它回到零位，工作台停止运动，从而实现了纵向终端保护。

在主轴电动机起动后，将操作手柄扳向右，其联动机构压下行程开关SQ_1，使$SQ_{1\text{-}2}$断开，$SQ_{1\text{-}1}$闭合，接触器KM_4线圈得电，电动机M_2正转，拖动工作台向右。

在主轴电动机起动后，将操作手柄扳向左，其联动机构压下行程开关SQ_2，使$SQ_{2\text{-}2}$断开，$SQ_{2\text{-}1}$闭合，接触器KM_5线圈得电，电动机M_2反转，拖动工作台向左。

②工作台上下运动和前后运动的控制。首先将工作台转换开关SA_1扳至“断开”位置。控制工作台的上下运动和前后运动的手柄是十字手柄，有两个完全相同的手柄分别装在工作台左侧的前、后方。它们之间由机械联锁，只需操纵其中任意一个即可。手柄有五个位置，即上、下、左、右和中间，五个位置是联锁的。手柄的联动机构与行程开关SQ_3相连，扳动十字手柄时，通过传动机构将同时压下相应的行程开关SQ_3或SQ_4。

SQ_3 控制工作台向上及向后运动，SQ_4 控制工作台向下及向前运动。工作台的上下限位终端保护是利用床身导轨旁的挡铁撞动十字手柄使其回到中间位置，升降台便停止运动。横向运动的终端保护是利用装在工作台上的挡铁撞动十字手柄来实现的。进给运动由电动机 M_2 拖动。

工作台进给控制电路的电源只有在主轴电动机起动，即 KM_3（12-13）闭合以后才能接通。

在主轴起动以后，将手柄扳至向上位置，其联动机构一方面接通垂直传动丝杠离合器，为垂直传动丝杠的转动做好准备；另一方面它使行程开关 SQ_3 动作，SQ_{3-2} 断开，SQ_{3-1} 闭合，接触器 KM_4 线圈通电，M_2 正转，工作台向上运动。

将手柄扳至向后位置，联动机构拨动垂直传动丝杠的离合器使它脱开，而将横向传动丝杠的离合器接通进行传动，可使工作台向后运动。

将手柄扳至向下位置，其联动机构一方面接通垂直传动丝杠离合器，为垂直传动丝杠的转动做好准备；另一方面它使行程开关 SQ_4 动作，SQ_{4-2} 断开，SQ_{4-1} 闭合，接触器 KM_5 线圈通电，M_2 反转，工作台向下运动。

将手柄扳至向前位置，联动机构拨动垂直传动丝杠的离合器使它脱开，而将横向传动丝杠的离合器接通进行传动，由横向传动丝杠使工作台向前运动。

③工作台快速移动控制。在铣床不进行铣削加工时，工作台可以快速移动。工作台的快速移动也是由进给电动机 M_2 来拖动的，在六个方向上都可以实现快速移动的控制。

主轴起动以后，将工作台的进给手柄扳到所需的运动方向，工作台将按操纵手柄指定的方向慢速进给。这时按下快速移动按钮 SB_5（在床身侧面）或 SB_6（在工作台前面），使接触器 KM_6 线圈得电，接通牵引电磁铁 YA。电磁铁通过杠杆使摩擦离合器合上，减少中间传动装置，使工作台按原运动方向作快速移动。当松开快速移动按钮时，电磁铁 YA 断电，摩擦离合器断开，快速移动停止，工作台仍按原进给速度继续运动。

④进给电动机变速时的冲动控制。变速时，为使齿轮易于啮合，进给变速与主轴变速一样，设有变速冲动环节。变速前也应先起动主轴电动机 M_1，使接触器 KM_3 吸合，其常开触点 KM_3（12-13）闭合。当需要进行进给变速时，应将转速盘的蘑菇形手轮向外拉出并转动转速盘，将它转到所需的速度，然后再把蘑菇形手轮用力向外拉到极限位置并随即推向原位，就在操纵手轮的同时，其连杆机构两次瞬时压下行程开关 SQ_6，使 SQ_6 的常闭触点 SQ_{6-2} 断开，常开触点 SQ_{6-1} 闭合，使接触器 KM_4 得电吸合，电动机 M_2 正转。因为 KM_4 是短时接通的，所以进给电动机 M_2 就转动一下，当蘑菇形手轮推到原位时，变速齿轮啮合完毕。

从进给变速冲动环节的通电回路中可以看出，要经过 $SQ_1 \sim SQ_4$ 四个行程开关的常闭触点，因此，只有在进给运动的操作手柄在中间位置时，才能实现进给变速冲动的控制，以保证操作安全。同时应注意进给电动机的通电时间不能太长，以防止转速过高在变速时打坏齿轮。

3）工作台的运动控制。工作台的旋转运动也是由进给电动机 M_2 经过传动机构来拖动的。工作台工作时，先将转换开关 SA_1 扳到“接通”的位置，转换开关 SA_1 在正向位置的两个触点 SA_{1-1}、SA_{1-3} 断开，反向位置的触点 SA_{1-2} 接通，然后将工作台的进给操作手柄扳至中间位置，此时行程开关 $SQ_1 \sim SQ_4$ 处于不受压状态。此时按下主轴起动按钮 SB_1 或 SB_2，主轴电动机起动，同时 KM_4 线圈接通，进给电动机因为 KM_4 线圈得电而起动，并通过机械传动使工作台按照需要的方向转动。可以看出，工作台只能沿着一个方向做旋转运动，并且工作台运动控制的通路需要经过 $SQ_1 \sim SQ_4$ 四个行程开关的常闭触点，如果扳动工作台任意一个进给手柄，工作台都会停止工作，这就保证了工作台的进给运动与工作台的旋转运动不能同时进行。按下主轴停止按钮，主轴停转，工作台也同时停止工作。

4）照明电路。控制变压器 T 将 380V 的交流电压降到 36V 的安全电压，供照明用。照明电路由转换开关 SA_4 控制，灯泡一端接地。FU 作为照明电路的短路保护。

技能训练

2.3.3　X62W 型万能铣床控制电路的检修

1. 实践目的

1）熟悉 X62W 型卧式万能铣床电气原理图及控制电路的接线方法。

2）掌握常见故障排除的方法。

2. 实践内容及步骤

1）主轴电动机不能起动。

①控制电路熔断器 FU_3 熔丝熔断。

②主轴换向开关 SA_5 在停止位置。

③按钮 SB_1、SB_2、SB_3 或 SB_4 的触点接触不良。

④主轴变速冲动行程开关 SQ_7 的常闭触点接触不良。

⑤热继电器 FR_1 已经动作，没有复位。

2）主轴停转时没有制动

①主轴无制动时要首先检查按下停止按钮后反接制动接触器是否吸合，如 KM_2 不吸合，则应检查控制电路。检查时先操作主轴变速冲动手柄，若有冲动，说明故障的原因是速度继电器或按钮支路发生故障。

②若 KM_2 吸合，则首先检查 KM_2、R 的制动回路是否有断相的故障存在，如果制动回路有两相断开则完全没有制动现象；其次检查速度继电器的常开触点是否过早断开，如果速度继电器的常开触点过早断开，则制动效果不明显。

3）主轴停转后产生短时反向旋转。这是由于速度继电器的弹簧调得过松，使触点分断过迟引起的，只要重新调整反力弹簧就可以消除故障。

4）按下停止按钮后主轴不停。

①若按下停止按钮后，接触器 KM_3 不释放，则说明接触器 KM_3 主触点熔焊。

②若按下停止按钮后，KM_3 能释放，KM_2 吸合后有“嗡嗡”声，或转速过低，则说明制动接触器 KM_2 主触点只有两相接通，电动机不会产生反向转矩，同时在断相运行。

③若按下停止按钮后电动机能反接制动，但放开停止按钮后，电动机又再次起动，则是起动按钮在起动电动机 M_1 后绝缘被击穿。

5）主轴不能变速冲动。故障原因是主轴变速行程开关 SQ_7 位置移动、撞坏或断线。

6）工作台不能向上进给。检查时可依次进行快速进给、进给变速冲动或圆工作台向前进给、向左进给及向后进给的控制，若上述操作正常则可缩小故障的范围，然后再逐个检查故障范围内的各个元件和接点，检查接触器 KM_5 是否动作，行程开关 SQ_4 是否接通，KM_4

的常闭联锁触点是否良好，热继电器是否动作，直到检查出故障点。若上述检查都正常，再检查操作手柄的位置是否正确，如果手柄位置正确，则应考虑是否由于机械磨损或移位使操作失灵。

7）工作台左右（纵向）不能进给。应首先检查横向或垂直进给是否正常，如果正常，则说明进给电动机 M_2 主电路，接触器 KM_4、KM_5，SQ_1、SQ_2 及与纵向进给相关的公共支路都正常，此时应检查 SQ_{6-2}、SQ_{3-2}、SQ_{4-2}，只要其中有一对触点接触不良或损坏，工作台就不能向左或向右进给。SQ_6 是变速冲动开关，常因变速时手柄操作过猛而损坏。

8）工作台各个方向都不能进给。用万用表检查各个回路的电压是否正常，若控制电路的电压正常，可扳动手柄到任一运动方向，观察其相关的接触器是否吸合，若吸合则控制电路正常。再着重检查主电路，检查是否有接触器主触点接触不良，电动机接线脱落和绕组断路。

9）工作台不能快速进给。工作台不能快速进给，常见的原因是牵引电磁铁回路不通，如线头脱落、线圈损坏或机械卡死。如果按下 SB_5 或 SB_6 后，牵引电磁铁吸合正常，则故障是由于杠杆卡死或离合器摩擦片间隙调整不当。

模块 4 低压电器的常见故障与检修

知 识 积 累

各种低压电器经长期使用或因使用不当、日常维护不当，都有可能产生故障而影响电气控制电路的正常工作。因此，要排除电路的故障，必须了解常用低压电器的各种常见故障，掌握故障的外在表现及其内在原因，以及这些故障可能对电路正常工作所造成的影响。

2.4.1 电磁系统的故障与检修

1. 触点系统的故障与检修

触点系统是大多数低压电器的执行部件，电器通过触点的分合动作来接通和分断被控制的电路。触点由动触头和静触头组成，动、静触头组成触点对。常用的触点有指式单断口和桥式双断口两种形式，如图 2-4-1 所示。当电器动作时，常开触点由分断状态转换为闭合状态，而常闭触点则由闭合状态转换为分断状态；当电器复位时则刚好相反，各自恢复其原来的分断或闭合状态。

触点系统是电器的关键部件。在电器工作时，触点系统要承受电路的工作电压，担负着接通、分断电路中工作电流的作用，动作可能十分频繁。同时，触点系统的工作条件往往比较恶劣，所以很容易产生故障，是电器中比较容易损坏的部件之一。

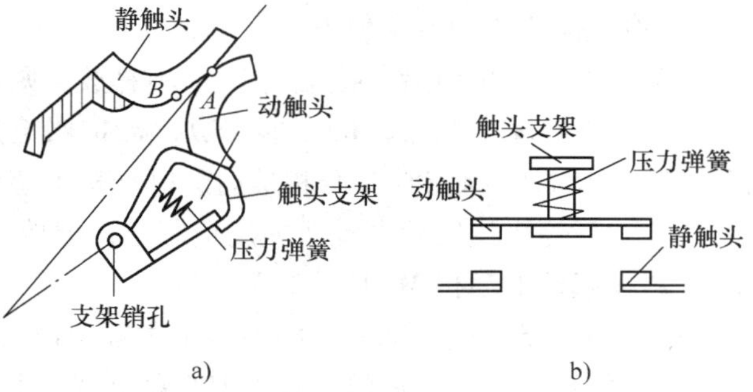

图 2-4-1 触点的形式

a）指式单断口触头 b）桥式双断口触头

（1）触点系统的工作情况

触点有 4 种工作情况，即分断状

态、闭合状态、接通过程和分断过程。

①分断状态：指动、静触头处于完全脱离接触的静止状态，此时动、静触头之间承受着被控电路的额定电压，触头之间没有电流通过。

②闭合状态：指动、静触头完全闭合的静止状态，此时触头之间通过工作电流。在正常情况下，动、静触头之间的接触电阻应很小，所以触头间的电压降应趋于零。但是如果接触电阻增大，在电流通过时就会引起触头发热，影响电器的正常工作；同时，触头的严重温升又会加速触头的氧化，加大触头的发热，甚至造成触头的熔焊。

影响触头接触电阻的因素主要有：

a. 触头材料的电阻率和机械特性——材料越软，则电阻率或接触电阻就越小。

b. 触头的接触压力——接触压力适当增大会使接触电阻减小。

c. 触头的接触形式——有点、线、面接触等几种接触形式，工作电流较大的触点一般采取线接触或面接触，以加大接触面积而减小接触电阻。

d. 触头表面的状况——触头表面的光洁度和氧化、硫化的情况会影响接触电阻。

③接通过程：指动、静触头由分断状态过渡到紧密接触状态的过程。在触头接通的瞬间，动触头撞击静触头，静触头要对动触头产生反作用力；同时电流在通过触头的最初接通点时，会在该点出现"电流收缩"而产生电动斥力。这两种因素都会使动、静触头在接通后再次短时分离，即产生触头的弹跳，如图2-4-2所示。触头的弹跳会产生电弧，严重时会使触头熔焊。

④分断过程：指动、静触头在紧密接触并通过工作电流的情况下脱离接触，直至完全分断的过程。触头在分断时，由于热电子发射和强电场的作用使气体游离，从而会在分断瞬间产生电弧。电弧对触头和被控电路的危害主要是：产生高温，加快触头的氧化，加快电磨损，严重时会使触头熔焊而引起事故；妨碍被控电路及时可靠地分断，严重时持续燃弧会烧毁触头，甚至引起相间短路事故；对弱电设备造成电磁干扰。

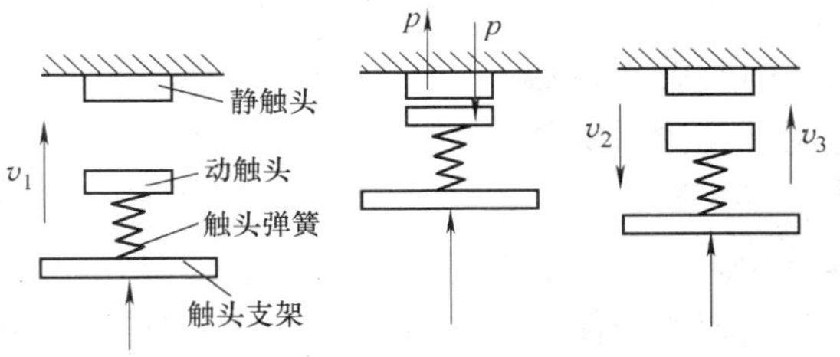

图2-4-2　触头闭合时的弹跳示意图

（2）常见故障

触点系统的常见故障一般有触头过热、磨损和熔焊等。

①触头过热：指触头的温升超过其允许值。触头通过电流都会发热，发热程度与其接触电阻成正比，所以造成触头过热的原因可能是触头接触压力不足。电器使用久了，因机械损伤和高温电弧的影响而使弹簧变形，或因弹簧疲劳，都会造成触头压力不足；触头磨损变薄也会导致动、静触头的终压力减小。这两种情况都会造成触头间的接触电阻增大，引起触头发热。

触头的初压力和终压力的测量方法是：在支架和动触头之间放一纸条，纸条在触头弹簧的作用下被压紧，然后在动触头上装一弹簧秤（其受力点应是两触头的接触点），如图2-4-3a所示，一手拉弹簧秤（注意拉弹簧秤的方向应垂直于触头的接触面），一手轻轻拉纸条，当纸条刚刚可以拉出时，弹簧秤的读数就是初压力；当触头在闭合状态时，将纸条夹在动、静触头之间，用同样的方法拉弹簧秤和纸条，如图 2-4-3b 所示，当纸条可以拉出时，弹簧秤的读数就是终压力。

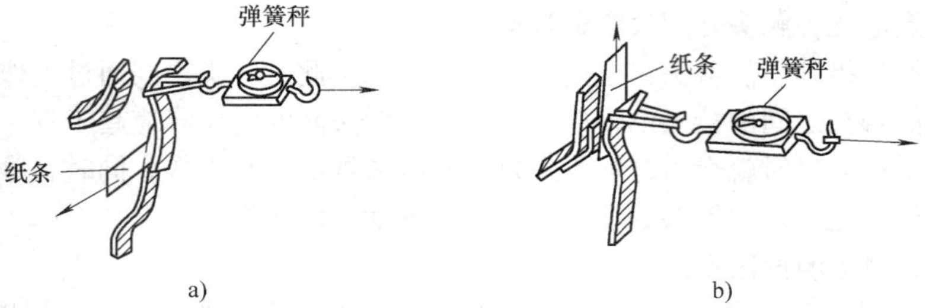

图 2-4-3 触头初压力和终压力的测量方法
a）初压力测量方法 b）终压力测量方法

触头应有的压力可用下式估算：

$$F_Z = 0.225 I_N,\ F_C = 0.5 F_Z$$

式中 F_Z、F_C——触头的终压力和初压力（N）；

I_N——触头的额定电流（A）。

如果测量的压力值与计算值不符，且不能经过调整弹簧恢复时，就必须更换弹簧或触头。

触头过热的另一原因是触头表面接触不良、触头表面氧化或积垢，使触头间接触电阻增大，引起触头过热。处理的方法是清除触头表面的灰尘或油污，可用小刀刮去触头表面的氧化层（注意：如果是银触头，其表面的氧化层不仅有良好的导电性能，而且还会在使用中还原成金属银，所以不用刮去）。如果触头表面已经被烧毛或被电弧灼伤，可用小刀或小锉修整表面，应注意的是不需要将触头的表面修整得过分光滑，因为这样反而会使触头的有效接触面减小而使接触电阻增大，同时修锉过多会缩短触头的使用寿命。此外，不允许用砂布或砂纸来修理触头表面，以避免将砂粒嵌在触头表面上。如果是因线路或负载的故障使触头过电流而过热，就需要从线路或设备上去寻找原因并排除故障。

②触头磨损：指触头使用久了，其厚度越来越薄。造成触头磨损的原因一般有两种：一种是电气磨损，即由于触头间电弧或电火花的高温而使触头金属汽化和蒸发所造成；另一种是机械磨损，即由于触头在接通过程中的撞击，及触头接触面的相对滑动摩擦等原因所造成。当触头磨损到只剩下原厚度的 2/3～1/2 时，就需要更换新触头。若触头磨损过快，则应查明原因，排除故障。

③触头熔焊：指动、静触头的表面被熔化后焊在一起而分离不开的现象。因为触头在接触过程中因产生弹跳而引起电弧，电弧的温度可达 3000～6000℃，使触头表面的金属熔化而将动、静触头焊在一起。如不及时排除这种故障，会造成设备的损毁甚至造成人身事故。故障的原因主要是：触头的初压力太大，造成触头在接通过程中弹跳太厉害，这需要调整触头的压力或更换弹簧；如果是触头容量太小，或线路发生过载，触头在闭合时因过电流（大于额定电流 10 倍以上）而产生较大的电弧，也会造成熔焊。触头熔焊后，必须更换。

2. 电磁机构的故障与检修

低压电器的电磁机构一般由铁心、衔铁和线圈所组成。

（1）衔铁噪声大

电磁机构在工作时发出轻微的“嗡嗡”声是正常的，但如果声音过大，则说明发生了故障。

①衔铁与铁心的接触面接触不良或衔铁歪斜：指电器使用时间长了，衔铁（动铁心）与静铁心之间的接触面磨损或变形，以及接触面上积有锈蚀、油污、尘垢等，造成接触面接触不良，使动、静铁心在吸合时接触不紧密，产生跳动并发出噪声。衔铁的跳动又会加速动静铁心的损坏，形成恶性循环，还会使线圈过热甚至烧毁。

排除故障时，应拆下线圈，检查动、静铁心之间的接触面是否平整和清洁。若不平整，应锉平或用砂纸磨平；如有污垢，则用汽油清洗。若衔铁歪斜或松动，则加以校正或紧固。

②短路环损坏：指电器的铁心在受到多次撞击后，安装在铁心端面内的短路环出现断裂而失去作用，使铁心在交变磁场作用下产生强烈振动而发出噪声。如发现短路环断裂，应修复或更换。

③其他原因。如果触头的弹簧压力过大，或动铁心因活动受卡而不能完全吸合，也会产生振动而发出噪声。一旦发现衔铁活动受阻而不能吸合，应立即切断电源，以免线圈过热而烧毁。

（2）线圈断电后衔铁不能释放或不能立即释放

产生这类故障的原因主要有：衔铁运动受阻；动、静铁心间的气隙太小，剩磁太大；复位弹簧变形或疲劳；铁心的接触面有油污而粘住。可采取相应的方法排除故障，如因铁心的气隙太小、剩磁过大而使衔铁不能复位，可加大气隙（如在动、静铁心之间加非铁磁性材料制成的垫片）。

（3）线圈的故障

线圈的故障主要是由于线圈电流过大以致过热甚至烧毁，其主要原因是：线圈的绝缘损坏；机械损伤造成匝间短路或接地；电源电压过低；动、静铁心吸合时接触不好甚至不能吸合。

3. 灭弧装置的故障与检修

电器灭弧装置的常见故障表现为灭弧性能降低甚至失去灭弧功能，其原因有：灭弧罩受潮、炭化或破碎；磁吹线圈局部脱落；灭弧角或灭弧栅片脱落等。检查时可贴近电器倾听触头分断时的声音，若是软弱无力的“噗噗”声，则是灭弧时间延长的现象，可拆开灭弧罩检查。若灭弧罩受潮，可烘烤以除潮气；若灭弧罩炭化，轻者可刮除炭化层，炭化严重的则应更换灭弧罩；若磁吹线圈短路，可按线圈短路的故障排除方法进行维修；若灭弧角或灭弧栅片脱落，可重新固定；若灭弧栅片烧坏，则应更换。

2.4.2　常用电器的故障与检修

1. 接触器

交流接触器的触点系统、电磁机构的故障诊断及维修与上述情况基本相同。它应用于三相异步电动机控制时易发生以下三类故障。

1）触点断相：由于接触器的某相触点接触不良或接线端子的螺钉松脱，致使电动机断相运行。三相异步电动机如发生断相运行，若外加负载不变，由于电动机的转矩减小，电动机发出“嗡嗡”声，且绕组的电流增大，容易烧毁电动机。出现这种情况应立即停机检修。

2）触点熔焊：交流接触器两相或三相触点由于过载电流大而出现熔焊，即使按下停止按钮电动机也不会停转，并可能发出“嗡嗡”声。此时应立即切断前一级的电源开关，进行检修。

3）相间短路：由于接触器的正反转联锁失灵（如触点动作缓慢或熔焊），或因误动作致使两台接触器同时动作而造成相间短路；或因接触器动作过快，转换时间短，在转换过程中产生电弧而短路。发生此类故障时可在控制电路中改用按钮和接触器双重联锁控制电动机正反转的电路，或更换动作时间长的接触器，延长正反转的转换时间。

接触器常见故障与处理方法见表 2-2。

表 2-2 接触器常见故障与处理方法

故障现象	故障原因	处理方法
接触器不吸合或吸不住（触点已闭合而铁心尚未完全吸合）	电源电压过低	调高电源电压
	线圈断路	调换线圈
	线圈技术参数与使用条件不符	调换线圈
	铁心机械卡住	排除卡阻物
	触头弹性压力过大	按要求调整触头参数
线圈断电，接触器不释放或释放缓慢	触头熔焊	排除熔焊故障，修理或更换触头
	铁心表面有污垢	清理铁心表面
	E 型铁心柱中去磁气隙消失，剩磁过大	更换铁心
	触头弹簧压力过小或反作用弹簧损坏	调整触头弹簧力或更换反作用弹簧
	机械卡阻	排除卡阻物
触头熔焊	操作频率过高或过载使用	调换合适的接触器或减小负载
	负载侧短路	排除短路故障，更换触头
	触头弹簧压力过小	调整触头弹簧压力
	触头表面有金属颗粒突起	清理触头表面
	机械卡阻	排除卡阻物
铁心噪声过大	电源电压过低	检查线路并提高电源电压
	短路环断裂	调换铁心或短路环
	铁心机械卡阻	排除卡阻物
	铁心极面有油垢或磨损不平	用汽油清洗极面或更换铁心
	触头弹簧压力过大	调整触头弹簧压力
线圈过热或烧毁	线圈匝间短路	更换线圈或找出故障原因
	操作频率过高	调换合适的接触器
	线圈参数与实际使用条件不符	调换线圈或接触器
	铁心机械卡阻	排除卡阻物
	铁心极面不平或剩磁气隙过大	清理极面或调换铁心

2. 继电器

（1）热继电器

热继电器的常见故障主要有热元件烧断、误动作和不动作等。

①热元件烧断：指当热继电器动作频率太高或负载一侧发生短路、电流过大而使热元件烧断。这时应先切断电源，排除电路或负载的故障，再更新或重新选用合适的热继电器。更换热继电器后注意要重新调整整定电流。

②热继电器误动作：整定值偏小，以致未过载就动作；电动机起动时间过长，使热继电器在电动机起动过程中动作；操作频率过高，使热元件经常受到电流的冲击；使用场合有较强烈的冲击及振动，使热继电器动作机构松动、常闭触点断开。处理这些故障的方法是调换合适的热继电器，并合理调整整定值。

③热继电器不动作：热元件烧断或脱焊，或电流整定值偏大，以致过载很久热继电器仍不动作；热继电器触点接触不良，电路接不通，热继电器就不动作。热继电器不动作，就不能对电动机起到保护作用，因此发现后要马上进行针对性的处理。同时，热继电器使用一段时间后，应注意定期检查、校验。热继电器脱扣后，不要立即手动复位，应等其双金属片冷却复原后，再按下复位按钮使常闭触点复位；且按复位按钮时要注意用力不可过猛，否则会损坏操作机构。

热继电器常见故障与处理方法见表2-3。

表2-3 热继电器常见故障与处理方法

故障现象	故障原因	处理方法
电动机烧坏，热继电器不动作	热继电器的额定电流值与电动机的额定电流不符	按电动机的容量来选用热继电器（不可按接触器的容量）
	整定值偏大	合理调整整定值
	触头接触不良	清除触头表面灰尘或氧化物
	热元件烧断或脱焊	更换热元件或热继电器
	动作机构卡住	进行维修调整，但应注意修后不使特性发生变化
	导板脱出	重新放入，并试验动作是否灵活
热继电器动作太快	整定值偏小	合理调整整定值，如相差太大无法调整，则更换热继电器规格
	电动机起动时间过长	按起动时间要求选择具有合适的可返回时间（t_F）的热继电器或在起动过程中将热继电器短接
	连接导线太细	选用标准导线
	操作频率过高	调换热继电器或限定操作频率
	强烈的冲击振动	应选用防冲击振动的热继电器或采取防振措施
	可逆运转及密集通断	改用其他保护方式
	安装热继电器与电动机处环境温度差太大	按两地温度相差的情况配置适当的热继电器
动作不稳定，时快时慢	内部机构松动	将松动部件加固
	在检修中折弯了双金属片	用大电流预试几次，或将双金属片拆下进行热处理
	电源电压波动过大或接线螺钉未拧紧，各次试验冷却时间不等	检查电源电压或拧紧接线螺钉，各次试验后冷却时间要充分（不少于20min）

（续）

故障现象	故障原因	处理方法
热元件烧断	负载侧短路，电流过大	排除电路故障，更换热元件
	操作频率过高	合理选用热继电器
主电路不通	热元件烧毁	更换新品
	接线不牢	紧固接线
控制电路不通	触头烧毁或触片弹性消失	修理触头
	调整旋钮时调到了不合理的位置	重新调整

（2）时间继电器

电气控制电路常用的空气阻尼式时间继电器，其主要故障是延时不准确。故障原因有：在使用一段时间后或空气室经过拆卸后，空气室密封不严；橡皮膜老化，弹簧疲劳等，都会造成延时误差。如果有灰尘进入空气室，甚至堵塞了进气孔，延时就会变得很长。这时应拆开空气室进行清洗或更换零件。

（3）速度继电器

如果速度继电器的触头接触不良或胶木摆杆断裂，则用在电动机反接制动控制电路中时，电动机停止不能制动，这时应维修触头或更换胶木摆杆。

（4）中间继电器

因为中间继电器的主要结构是电磁机构和触点系统，所以其故障及检修也与接触器基本相同。

3. 按钮

按钮的常见故障是触头接触不良，其原因及处理方法如下：触头烧蚀或磨损松动造成接触不良，应拆开按钮对触头进行检修，若磨损严重则更换触头；动触头弹簧失效而造成动触头松动位移接触不良，则应更换弹簧；因使用环境差或按钮本身密封不好，有异物进入而使按钮动作受阻，应拆开进行清洁，清除异物。

按钮常见故障及处理方法见表 2-4。

表 2-4 按钮常见故障及处理方法

故障现象	故 障 原 因	处理方法
按压按钮时有触电感觉	按钮或连线与防护金属外壳接触	检查按钮连线是否脱落
	按钮帽缝隙间充满金属切屑，使其与导电部分形成通路	清洁按钮
停止按钮失灵	线头松动或搭接在一起	整理接线
	由于粉尘或污垢太多，造成两触头接通	清洁按钮
	胶木烧焦短路	更换按钮
按压停止按钮再按起动按钮，所控电器不动作	所控电器失灵	检查电路或电器
	停止按钮的复位弹簧失灵，使按钮不能复位	更换复位弹簧
	按钮帽被卡住或触头接触不良	清洁按钮
按钮壳塑料变形老化，更换灯泡困难	环境温度过高	设法降温
	灯泡发热量过大	适当降低电压使用
	电路短路将塑料烧焦	更换按钮

（续）

故障现象	故障原因	处理方法
起动按钮失灵	触头变形	修理触头
	按钮帽被卡住	清洁按钮
	接线脱落	重新接线

4. 行程开关

行程开关在电气控制电路中往往作为位置控制或限位保护的电器，如果控制失灵会危及设备和人身的安全。行程开关控制失灵往往是因为安装螺钉松动或触头接触不良引起的。由于行程开关多安装在机械设备的运动部位，常受到撞块的碰撞，其安装螺钉容易松动造成位移，因此应注意经常检查，若发现松动应及时紧固，触头接触不良应及时修理或更换。

对在油污、粉尘较多的场合使用的行程开关出现控制失灵，则往往不是触头烧坏，也不是固定螺钉位移松动，而是由于粉尘积聚过多或油污与粉尘粘合造成导杆移动受阻，或是油污粉尘附在触头上造成触头接触不良，所以应定期进行检修，清除污垢。

行程开关的常见故障与处理方法见表2-5。

表2-5　行程开关的常见故障与处理方法

故障现象	故障原因	处理方法
碰压开关常开触点不通	触杆的行程不足	调整触杆
	行程开关安装位置不对，离挡铁距离远	调整行程开关位置或挡铁位置
	触头太脏、氧化	清洁触头
	连接线松动	固紧连线
复位后常闭触点不闭合	触杆被杂物卡住	清洁开关
	动触头脱落	重新装配触头
	弹簧失效或被卡住	更换弹簧
	触头偏斜	调整触头
滚轮杠杆已偏转但触点不动作	开关位置下降	向上调整开关至合适位置
	压钢球的弹簧被卡住（指LX2系列）	打开后盖清洁开关
	滚轮杠杆紧固螺钉松动，使杠杆变位	固紧螺钉
行程开关失灵（异常现象）	常开或常闭触点短路，主要是行程开关安装位置在机床下部，多铁尘及油水而造成	清洁开关
	绝缘击穿，造成接地故障	检修或变换开关
	线头松脱或接触不良	紧固线头

5. 控制器（主令控制器和凸轮控制器）

1）控制器定位不准：多为凸轮片角度磨损造成角位移发生变化所致，一般应更换凸轮片。

2）控制器触点的开闭顺序不正确：此时应检查凸轮片是否破碎或棘轮机构是否过度磨损或损坏，必要时应予更换。

3）控制器动作部件被卡住或有噪声：其原因是轴承损坏或轴承内有异物进入，应检查轴承，进行清洗或根据需要更换轴承；凸轮鼓或触头间隙处有异物进入，应检查并取出异物，同时还应检查有无被异物轧伤或挤坏的部件。

4）控制器触头支持胶木烧坏：出现这种情况多是由于触头长期温升过高，使胶木变得焦酥易脆。首先应检查控制器的选用是否合理，如不符合要求则应重新选用符合要求的控制器；如果控制器规格符合要求，只是偶然出现个别触头的支持胶木烧坏，则极有可能是动、静触头的接触电阻过大或由于接触不良引发电弧造成触头过热而引起的，这时应对触头进行修复或更换触头。

6. 熔断器

1）运行中应经常巡视检查熔断器，其主要内容有：熔体的额定电流是否与负载电流相适应；有熔断信号指示器的熔断器应检查信号指示是否弹出；与熔断器相连接的导线、接点及熔断器本身有无过热现象，接触点的接触是否良好；熔断器有无裂纹、污损，有无放电现象；其内部有无放电的声响。

2）熔体的更换。熔体熔断后，应予更换，但应首先查明其原因，如有故障应予以排除。造成熔体熔断的原因一般可从短路或过载两方面寻找，并根据现象进行分析。熔体在过载下熔断时，一般响声不大，熔丝仅在一两处熔断，变截面熔体只有小截面熔断，熔管内也没有烧焦现象；而熔体在短路下熔断时，则响声很大，熔体熔断部位大，且熔管内有烧焦现象。更换熔体时应断电，检查熔体的规格是否与负载的性质及电路电流相适应。

RL1 螺旋式熔断器常见故障与处理方法见表 2-6。

表 2-6 RL1 螺旋式熔断器常见故障与处理方法

故障现象	故 障 原 因	处理方法
电动机起动瞬间熔体即熔断	电路有短路或接地故障	检查短路点，更换熔体
	熔断管与底座间接触面积太小，在起动电流通过时产生强烈的电弧	更换熔断器
	熔体容量太小，不符合选择要求	重新选择熔体
熔丝未熔断但电路不通	磁帽拧得不紧或未旋到底	旋紧磁帽
	熔断管与接线端接触不良或接线松动	接好导线，使之接触良好

7. 断路器

断路器常见故障与处理方法见表 2-7。

表 2-7 断路器常见故障与处理方法

故障现象	故 障 原 因	处理方法
手动操作断路器不能闭合	欠电压脱扣器无电压或线圈损坏	检查电路，施加电压或更换线圈
	储能弹簧变形，导致闭合力减小	更换储能弹簧
	反作用弹簧力过大	重新调整弹簧反力
	机构不能复位再扣	调整再扣接触面至规定值
电动操作断路器不能闭合	操作电源电压不符	更换电源
	电源容量不够	增大操作电源容量

（续）

故障现象	故障原因	处理方法
电动操作断路器不能闭合	电磁铁拉杆行程不够	重新调整或更换拉杆
	电动机操作定位开关变位	重新调整
	控制器中整流管或电容器损坏	更换损坏元件
有一相触点不能闭合	一般型断路器的一相连杆断裂	更换连杆
	限流断路器拆开机构的可拆连杆之间角度变大	调整至原技术条件规定值
分励脱扣器不能使断路器分断	线圈短路	更换线圈
	电源电压太低	调整电源电压
	再扣接触面太大	重新调整
	螺钉松动	将其拧紧
欠电压脱扣器不能使断路器分断	反力弹簧变小	调整弹簧
	如为储能释放，则储能弹簧弹力变小或断裂	调整或更换储能弹簧
	机构卡死	消除卡死原因（如生锈）
起动电动机时断路器立即分断	过电流脱扣器瞬动整定值太小	调整瞬动整定值
	脱扣器某些零件（如半导体器件、橡皮膜等）损坏	更换脱扣器或更换损坏部件
	脱扣器反力弹簧断裂或脱落	更换弹簧或重新装上
断路器闭合后经一段时间自行分断	过电流脱扣器长延时整定值不对	重新调整
	热元件或半导体延时电路元件变化	更换之
断路器温升过高	触头压力过低	调整触头压力或更换弹簧
	触头表面过分磨损或接触不良	更换触头或清理接触面，更换断路器
	两个导电零件螺钉松动	将其拧紧
	触头表面有油污或被氧化	清除油污或氧化层
欠电压脱扣器噪声大	反作用弹簧反力太大	重新调整
	铁心工作面有油污	清除油污
	短路环断裂	更换衔铁或铁心
带半导体脱扣器的断路器误动作	半导体脱扣器元件损坏	更换损坏元件
	外界电磁干扰	清除外界干扰，予以隔离或更换线路
辅助开关不通	辅助开关的动触桥卡死或脱落	拨正或重新装好触桥
	辅助开关传动杆断裂或滚轮脱落	更换传动杆或更换辅助开关
	触头接触不上或被氧化	调整触头，清理氧化膜
剩余电流断路器经常自行分断	电流变化	送制造厂重新校正
	线路漏电	找出原因，如是导线绝缘损坏，则应更换
剩余电流断路器不能闭合	操作机构损坏	送制造厂修理
	线路某处漏电或接地	清除漏电处或接地处故障

8. 刀开关

刀开关常见故障与处理方法见表2-8。

表 2-8　刀开关常见故障与处理方法

类型	故障现象	故障原因	处理方法
胶盖瓷底闸刀开关	合闸后一相或两相没有电压	静触头弹性消失，开口过大，使静触头与动触头不能接触	更换静触头或更换容量大的闸刀
		熔断器烧断或虚连	更换熔体
		进出电源线头氧化后接触不良	检查进出线头
		静触头、动触头氧化或太脏	清扫触头
		动触头歪曲或静触头焊在一起，动触头插不到底	调整加固动触头，修理静触头
	静触头或动触头烧坏	闸刀容量太小	更换适当容量的闸刀
		拉合闸时动作太慢，造成电弧过大	拉合闸动作要快
		推合不到底	使用时将闸刀推到底
	闸刀短路	外接负载短路，熔体烧断，如这时下胶盖丢失，即可形成电弧短路而将闸刀烧毁	检查负载，待短路排除后更换熔体，配好下胶盖
		熔体熔断时产生高温，使胶盖炭化而短路	更换胶盖
		有化学物质附着在底座和胶盖边缘，形成短路层	清扫开关
负荷开关	手柄带电	外壳未接地或地线接触不良	加装、检查地线
		进、出户导线接壳	加强进、出户导线的绝缘
		接线柱松脱，造成线柱发热，烧焦底板，绝缘击穿与外壳接地	更换开关或修理接线柱
	熔断器中的熔体已经熔断，但测量时三相电压仍平衡	由于熔体烧断时造成中间连板或外壳烧焦或炭化，形成通路	修理时注意不要将石英砂丢掉
		窜入其他并联电路的电压	断开其他电路再测量
转换开关	手柄转动 90° 后，内部动触头未动	手柄上的三角形或半圆形口磨成圆形	改善操作方法。如果开关被卡住，不可继续用力旋转
		操作机构损坏	修理操作机构
		绝缘杆变形（由方形磨成圆形）	更换绝缘杆
		轴与绝缘杆装配不紧	紧固操作机构
	手柄转动后，三副静触头和动触头不能同时接通或断开	型号不对	更换所需型号的开关
		修理后触头角度装配不正确	重新装配
		触头弹性退化或触头太脏	清扫或更换触头
	开关外部接线柱短路	由于长期不清扫，切屑或污物附着在开关外部形成导电层，将胶木烧焦，绝缘被破坏	清扫开关

模块5 电气控制系统的设计

知识拓展

电气控制系统设计包括电气原理图设计和电气工艺设计两部分。电气原理图设计是为满足生产机械及其工艺要求而进行的电气控制设计；电气工艺设计是为电气控制装置本身的制造、使用、运行及维修的需要而进行的生产工艺设计。电气原理图设计直接决定着设备的实用性、先进性和自动化程度的高低，是电气控制系统设计的核心。电气工艺设计决定着电气控制设备制造、使用、维修的可行性，直接影响电气原理图设计的性能目标和经济技术指标的实现。现以电力拖动控制系统为例说明设计内容。

2.5.1 设计的原则、程序和内容

1. 设计的基本原则

在电气控制系统的设计中，一般应遵循以下原则：

1）最大限度地满足生产机械和生产工艺对电气控制的要求，这是电气控制设计的依据。因此，在设计前应深入现场进行调查，搜集资料，并与生产现场有关人员、实际操作者以及机械部分的设计人员密切配合，明确控制要求，共同拟订电气控制方案，协同解决设计中的各种问题，使设计成果满足生产工艺要求。

2）在满足控制要求的前提下，设计方案力求简单、经济、合理，控制系统力求操作简易，使用与维护方便。

3）正确、合理地选用电器元件，确保控制系统安全可靠地工作。

4）为适应生产的发展和工艺的改进，在选择控制设备时，设备能力应留有适当余量，同时要考虑技术进步和造型美观。

2. 设计的一般程序

在电气控制系统的设计中，通常按以下程序进行：

（1）拟定设计任务书

设计任务书是整个系统设计的依据，也是工程竣工验收的依据，必须认真对待。设计任务书往往只对系统的功能要求和技术指标提出一个粗略的轮廓，而涉及设备应达到的各项具体技术指标和各项具体要求时，则由技术领导、设备使用及承担机电设计任务等几个部门共同讨论协商，最后以技术协议的形式予以确定。在设计任务书中，除简要说明所设计设备的型号、用途、工艺过程、动作要求、传动参数、工作条件等外，还应说明以下主要技术指标和要求。

1）对控制精度和生产效率的要求。

2）电气传动基本特性，运动部件数量、用途，动作顺序，负载特性，调速指标，起动、制动要求等。

3）对自动化程度、稳定性及抗干扰的要求。

4）联锁条件及保护要求。

5）设备布局、安装要求，操作台布置、照明、信号指示、报警方式等。

6）验收标准及验收方式。

7）其他要求。

（2）选择拖动方案

电力拖动方案是指根据设备加工精度和加工效率要求以及生产机械的结构、运动要求、负载性质、调速要求等条件确定电动机的类型、数量、传动方式，拟订电动机起动、调速、反向、制动等控制要求。因此，在设计任务书下达后，要认真做好调查研究工作，要注意借鉴类似设备或生产工艺，拟定多种方案，经分析比较后再作决定。

（3）选择电动机

拖动方案确定后，可进一步选择电动机的类型、容量、额定电压、额定转速等。

（4）选择控制方式

拖动方案已确定，电动机已选好后，采用什么方法来实现这些控制要求就是控制方式的选择。随着传统的继电-接触器控制、可编程控制、计算机控制及各种新型的工业控制器不断出现，给控制方式的选择提高了难度。

（5）设计控制原理图

设计电气（气动、液压）控制原理图，合理选用元器件，在此基础上编制元器件目录清单。

（6）设计施工图

设计电气设备制造、安装、调试所必需的各种施工图，并以此为依据编制各种材料定额清单。

（7）编写说明书

编写设计说明书和使用说明书。

3. 设计的基本内容

电气控制系统设计中的电气原理图设计和电气工艺设计，其基本任务是根据控制要求，设计和编制出设备制造和使用维修过程中所必备的图样、资料等。图样包括电气原理图、元器件布置图、安装接线图、控制面板图、元器件安装底板图和非标准件加工图等；资料有外购件清单、材料消耗清单及设备说明书等。

2.5.2 电气原理图设计

电气控制原理图是电气控制设计的核心，是电气工艺设计和编制各种技术资料的依据，在总体方案确定后，首先要设计的就是进行电气控制原理图的设计。

1. 设计的基本原则

在电气控制原理图的设计中，通常要遵循以下原则：

1）在满足生产工艺要求的前提下，力求使控制电路简单、经济。

①尽量选用标准电器元件，尽量减少电器元件的数量，尽量选用相同型号的电器元件以减少备用品的数量。

②尽量选用标准的、常用的、经过实践考验的基本控制电路，如图 2-5-1 所示。

③尽量减少不必要的触点。电气控制电路中所涉及的触点数量越少，控制电路就越简单，同时还可以提高控制电路工作的可靠性，降低故障率，如图 2-5-2 所示。

④尽量压缩连接导线的数量和长度。在设计电气控制电路时，应根据实际环境情况，合

理考虑并安排各种电气设备和电器元件的位置及实际连线，以保证各种电气设备和电器元件之间的连接导线的数量最少，导线的长度最短，如图 2-5-3 所示。

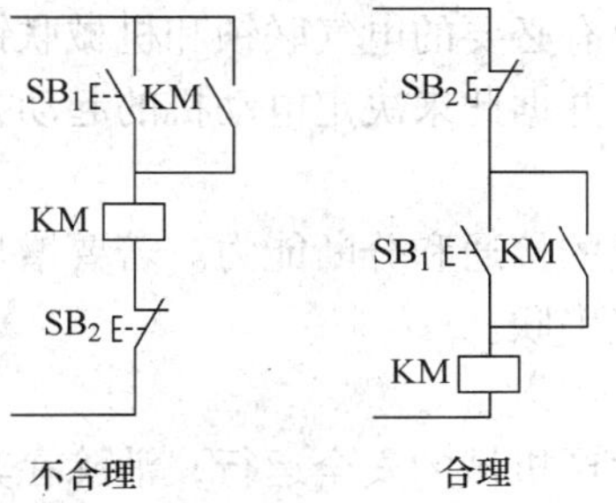

图 2-5-1　标准的基本控制电路

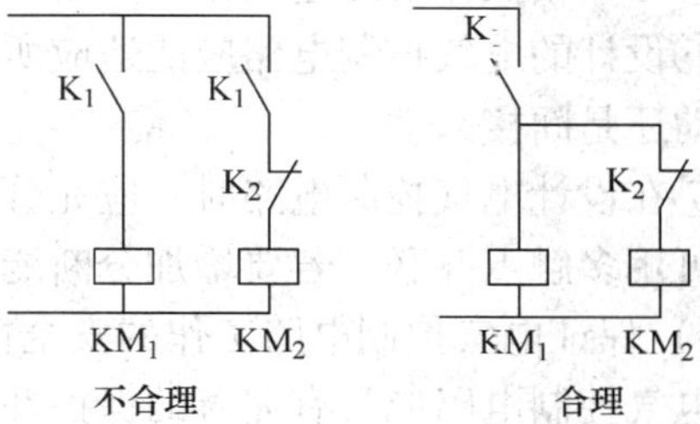

图 2-5-2　减少不必要的触头

⑤尽量减少电器元件的通电时间。控制电路工作时，要尽量减少电器元件的通电时间，以节约电能和延长电器元件的使用寿命，如图 2-5-4 所示。

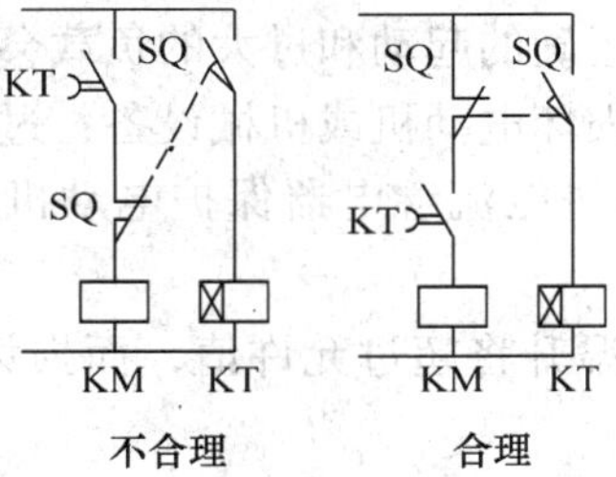

图 2-5-3　压缩连接导线的长度

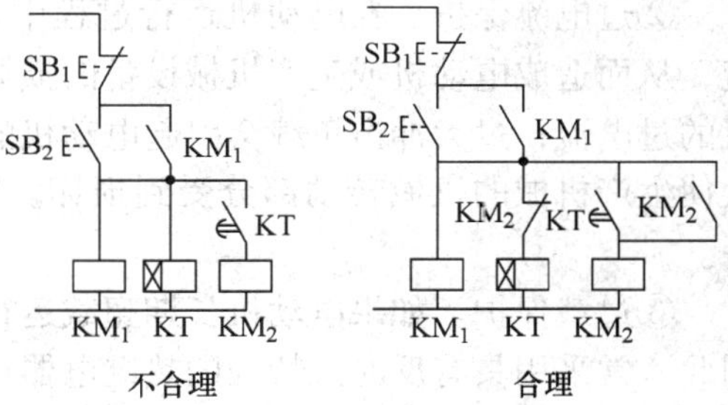

图 2-5-4　减少电器元件的通电时间

2）保证电气控制电路工作的可靠性。

保证电气控制电路工作的可靠性，最主要的是选择可靠的电器元件。此外，在具体的电气控制电路设计上要注意以下几点：

①正确连接电器元件的触点。在控制电路设计时，应使分布在电路不同位置的同一电器触点尽量接到同一个极或尽量共接在同一等电位点上，这样既节省导线，又避免在电器触头上引起短路。

②正确连接电器的线圈。在交流控制电路中不允许串联接入两个电器元件的线圈（使外加电压是两个线圈额定电压之和），若需要两个电器元件同时工作，应将其线圈并联连接。

③避免出现寄生电路。在控制电路的动作过程中，出现不是由于误操作而产生的意外接通的电路称为寄生电路。图 2-5-5 所示为一个具有指示灯和过载保护的电动机正反转电路，在正常工作时，能实现正反向起动、停止和信号指示。但当热继电器 FR 动作时，FR 的常闭触点断开后就出现了寄生电路，使接触器不能可靠释放而得不到过载保护。若将 FR 的常闭触点移到 SB_1 的前面就可以避免寄生电路的产生。

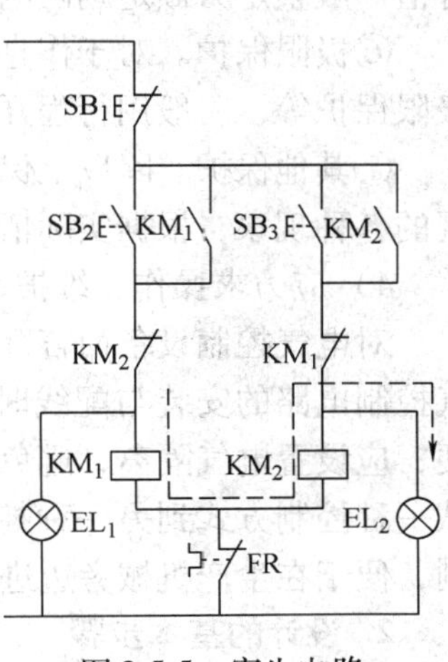

图 2-5-5　寄生电路

④在电气控制电路中应尽量避免许多电器元件依次动作才能接通另一个电器元件的控制电路。

⑤在频繁操作的可逆电路中，正反向接触器之间要有必要的电气联锁和机械联锁。

⑥设计的电气控制电路应能适应所在电网的情况，并据此来决定电动机的起动方式是直接起动还是间接起动。

⑦在设计电气控制电路时，应充分考虑继电器触点的接通和分断能力。若要增加接通能力，可用多触点并联；若要增加分断能力，可用多触点串联。

3）保证电气控制电路工作的安全性。

电气控制电路应具有完善的保护环节来保证整个生产机械的安全运行，消除在其工作不正常或误操作时所带来的不利影响，避免事故的发生。在电气控制电路中常设的保护环节有短路、过电流、过载、失电压、弱磁、超速、极限保护等。

①短路保护。众所周知，在电路发生短路时，强大的短路电流容易引起各种电气设备和电器元件的绝缘损坏及机械损坏。因此，当电路发生短路时，应迅速而可靠地切断电源。

②过电流保护。在电动机运行过程中，有各种各样的情况会引起电动机产生很大的电流，从而造成电动机或生产机械设备的损坏。例如，不正确的起动和过大的负载会引起电动机的过电流；过大冲击负载会引起电动机的冲击电流，损坏电动机或机械设备；过大的转矩会使生产机械的机械转动部分受到损坏。因此，常采用过电流继电器保护电动机和机械设备。

③过载保护。如果电动机长期超载运行，其绕组的温升将超过允许值，而损坏电动机。因此，常采用具有反时限特性的热继电器作保护环节。

④失电压保护。在电动机正常工作时，由于电源电压消失而使电动机停转，当电源电压恢复后，电动机就会自行起动，从而造成人身伤亡和设备毁坏的事故。因此，为防止电压恢复时电动机自动起动，在控制电路中常采用失电压保护措施。一般通过并联在起动按钮上的接触器的动合触点来进行失电压保护。

⑤弱磁保护。并励直流电动机、复励直流电动机在励磁磁场减弱或消失时，会引起电动机的“飞车”现象，此时必须在控制电路中采用弱磁保护环节。一般用弱磁继电器，其吸合值一般整定为额定励磁电流的 0.8 倍。

⑥极限保护。对于作直线运动的生产机械常设有极限保护环节。如上、下极限，前、后极限保护等，一般用行程开关的常闭触点来实现。

⑦其他保护。除以上保护之外，可按生产机械在其运行过程中的不同工艺要求和可能出现的各种现象，根据实际情况来设置，如温度、水位、欠电压等保护环节。

4）应力求操作、维护、检修方便。

对电气控制设备而言，电气控制电路应力求维修方便，使用简单。为此，在具体进行电气控制电路的安装与配线时，电器元件应留有备用触点，必要时留有备用元件；为检修方便，应设置电气隔离，避免带电检修工作；为调试方便，控制方式应操作简单，能迅速实现从一种控制方式到另一种控制方式的转变，如从自动控制转换到手动控制等；设置多点控制，便于在生产机械旁边进行调试。

2. 设计的基本步骤

在电气控制原理图的设计中，通常要按以下步骤进行。

①根据选定的拖动方案和控制方式设计系统的原理框图，拟订出各部分的主要技术要求和主要技术参数。

②根据各部分的要求，设计出原理框图中各个部分的具体电路。对于每一部分电路的设计都是按照主电路——控制电路——联锁与保护——总体检查——反复修改与完善的步骤来进行。

③绘制系统总原理图。按系统框图结构将各部分电路连成一个整体，完善辅助电路，绘成系统原理图。

④合理选择电气原理图中每一电器元件，制订出元器件目录清单。

对于比较简单的控制电路，如普通机械或非标设备的电气配套设计、技术改造的电气配套设计，可以省略前两步，直接设计电气原理图和选用电器元件。但对于比较复杂的电气自动控制电路，如新产品开发设计、新上工程项目的配套设计，就必须按上述步骤按部就班地进行设计，有时还需对上述步骤进一步细化，分步进行。只有各个独立部分都达到技术要求，才能保证总体技术要求的实现。

3. 设计的内容

原理图是整个设计的中心环节，是工艺设计和编写其他技术资料的依据，其设计内容包括如下几方面：

1）拟订电气设计任务书。

2）选择电力拖动方案和控制方式。

3）确定电动机的类型、型号、容量及转速。

4）设计电气控制框图，确定各部分之间的关系，拟订各部分技术指标与要求。

5）设计并绘制电气控制原理图，计算主要技术参数。

6）选择电器元件，制订元器件目录清单。

7）编制设计说明书。

4. 设计方法

（1）分析设计法

分析设计法是根据生产工艺的要求，选择适当的基本控制电路或将比较成熟的电路，按各部分的联锁条件组合起来，并经补充和修改，将其综合成满足控制要求的完整电路。当没有现成典型电路可运用时，可根据控制要求边分析边设计。由于这种设计方法是以熟练掌握各种电气控制的基本电路和具备一定的阅读分析电气控制电路的经验为基础，故又称经验设计法，分析设计法的步骤如下：

1）设计各控制单元中拖动电动机的起动、正反向运行、制动、调速、停机等的主电路或执行元件的电路。

2）设计满足各电动机的运行功能和与工作状态相对应的控制电路，以及与满足执行元件实现规定动作相适应的控制电路。

3）连接各单元环节，构成满足整机生产工艺要求，实现加工过程自动或半自动化调整的控制电路。

4）设计保护、联锁、检测、信号和照明等环节的控制电路。

5）全面检查、审核所设计的电路，力求控制电路更完善。在设备工作过程中，除非由于误操作或突然失电等异常情况，机械设备不应发生事故，或所造成的事故不应扩大。

这种设计方法简单，容易为初学者所掌握，在电气控制中被普遍采用。其缺点是不易获得最佳设计方案；当经验不足或考虑不周时会影响电路工作的可靠性。因此，应反复审核电路的工作情况，有条件时应进行模拟试验，发现问题及时修改，直至电路动作准确无误，满足生产工艺要求为止。

（2）逻辑设计法

逻辑设计法是利用逻辑代数这一数学工具来进行电路设计。它是从工艺资料（工作循环图、液压系统图等）出发，将控制电路中的接触器、继电器线圈的通电与断电，触点的闭合与断开，以及主令元件的接通与断开等看成逻辑变量，并根据控制要求，将这些逻辑变量关系表示为逻辑函数关系式；再运用逻辑函数的基本公式和运算规律对逻辑函数式进行化简，然后按化简后的逻辑函数式画出相应的电路结构图；最后再做进一步的检查和完善，以期获得最佳设计方案，使设计出来的控制电路既符合工艺要求，又达到线路简单、工作可靠、经济合理的要求。利用该方法设计控制电路时，其步骤如下：

1）按工艺要求作出工作循环图。

2）决定执行元件与检测元件，并作出执行元件动作节拍表和检测元件状态表。

3）根据检测元件状态表写出各程序的特征数，并确定待相区分组，设置中间记忆元件，使各待相区分组所有程序区分开。

4）列写中间记忆元件开关逻辑函数式及其执行元件动作逻辑函数式，并画出相应的电路结构图。

5）对按逻辑函数式画出的控制电路进行检查、化简和完善。

逻辑设计法的优点是，能获得理想、经济的设计方案，但设计难度较大、设计过程较复杂，在一般常规设计中很少单独使用。

2.5.3 电气工艺设计

电气工艺设计必须在电气原理图设计完成之后进行。首先进行电气控制设备总体配置即总装配图、总接线图设计；然后再进行各部分电气装配图与接线图的设计，列出各部分的元件目录、进出线号以及主要材料清单；最后编写使用说明书。电气工艺设计的主要内容有以下几个方面：

1. 总体配置设计

总体配置设计是以电气系统的总装配图与总接线图的形式来表达，图中应反映出各部分主要组件的位置及各部分的接线关系、走线方式及使用管线等要求。

总装配图和接线图是进行分部设计和协调各部分组成一个完整系统的依据。总体设计要使整个系统集中、紧凑，同时应将有发热、噪声、振动的电气部件安放在离操作者较远的位置，电源紧急停止按钮应安放在方便而明显的位置，且对于多工位加工的大型设备，应考虑多处操作等。

一台设备往往由若干台电动机来拖动，而各台电动机又由许多电器元件来控制，这些电动机与各类电器元件都有一定的装配位置。例如电动机与各种执行元件（如电磁铁、电磁阀、电磁离合器、电磁吸盘等）、各种检测元件（如行程开关、传感器、温度继电器、压力继电器、速度继电器等）必须安装在生产机械的相应部位。各种控制电器（如各种接触器、继电器、电阻、断路器、控制变压器、放大器等）以及各种保护电器（如熔断器、电流保护继电器、电压保护继电器等）则安放在单独的电器箱内，而各种控制按钮、控制开关，各种指示灯、指示仪表、需经常调节的电位器等则必须安装在控制台面板上。由于各种电器元件安装位置不同，所以在构成一个完整的自动控制系统时，必须根据实际情况将整个控制系统划分为若干个组件，并解决好组件之间、电器箱之间以及电器箱与被控制装置之间的连线问题。

（1）组件的划分原则

1）将功能类似的元件组合在一起，可构成控制面板、电气控制盘、电源等组件。

2）将接线关系密切的电器元件置于同一组件中，尽可能减少组件之间的连线数量。

3）将强电与弱电控制器分离，以减少干扰。

4）将外形尺寸相同、重量相近的电器组合在一起，力求整齐美观。

5）将需经常调节、维护和易损元件组合在一起，便于检查与调试。

（2）电气控制设备的各部分及组件之间的接线方式

1）电器板、控制板、机床电器的进出线一般采用接线端子。

2）被控制设备与电器箱之间采用多孔接插件，便于拆装、搬运。

3）印制电路板与弱电控制组件之间宜采用各种类型接插件。

2. 元器件布置图的设计

元器件布置图是指某些电器元件按一定的原则组合，如电气控制箱中的电器板、控制面板、放大器等，元器件布置图的设计依据是部件原理图。同一组件中的电器元件的布置应注意以下几点：

1）体积大和较重的元器件安装在电器板的下方，发热元器件安放在电器板的上方。

2）强电、弱电应分开并加以屏蔽，以防干扰。

3）需要经常维护、检修、调整的元器件安装高度要适宜。

4）外形尺寸与结构类似的元器件应安放在一起，以利加工、安装和配线。

5）元器件之间应有一定间距，若采用板前线槽配线，应加大各排间距，以利布线和维护。

6）元器件的布置应考虑整齐、美观、对称。

各元器件位置确定以后，便可绘制元器件布置图。布置图是根据元器件的外形尺寸按比例绘制，并标明各元器件间距尺寸；同时，还要根据各部件进出线的数量和导线规格来选择适当的接线端子板和接插件，并按一定顺序标上进出线的接线号。

3. 电器部件接线图的绘制

电器部件接线图是根据部件电气原理图及元器件布置图来绘制的，它表示了成套装置的电路连接关系，是电气安装接线和查线的依据。接线图应按以下要求绘制。

1）接线图和接线表的绘制应符合 GB 6988.1—2008 的规定。

2）电气元件按外形绘制，并与布置图一致，偏差不要太大。

3）所有电气元件及其引线均应标注与电气原理图相一致的文字符号及接线号。

4）在接线图中同一电器元件的各个部分（触点、线圈等）必须画在一起。

5）接线图一律采用细实线，走线方式有板前与板后走线两种，一般采用板前走线。

6）对于简单电气控制部件，元器件数量较少，接线关系不复杂，可直接画出元件内的连线；但对于复杂部件，元器件数量多，接线较复杂时，只要在各电器元件上标出接线号，不必画出各元件之间的连线。

7）接线图中应标明所配导线的型号、规格、截面积及颜色等，应标明所穿管子的型号、规格等，并标明电源的引入点。

8）部件的进出线除大截面导线外，都应经过接线端子板，不得直接进出。

4. 电器箱及非标准零件图的设计

在电气控制比较简单时，电器控制板往往附在生产机械上；而在控制系统比较复杂、生产环境或操作需要时，采用单独的电器控制箱，以利于制造、使用和维护。电器控制箱的设计要考虑以下几方面的问题：

1）根据控制面板及箱内各电器部件的尺寸来确定电器箱的总体尺寸及结构方式。

2）结构紧凑，外形美观，与生产机械相匹配。

3）根据控制面板及箱内电器部件的安装尺寸，设计箱内安装支架。

4）从方便安装、调整及维修的需要，设计控制箱开门方式。

5）为利于箱内电器的通风散热，在箱体适当部位设计通风孔或通风槽。

6）为利于电器箱的搬动，设计合适的起吊钩、起吊孔、扶手架或箱体底部带活动轮等。

外形确定以后，再按上述要求进行各部分的结构设计，绘制箱体总装图及门、控制面板、底板、安装支架、装饰条等零件图，并注明加工尺寸。

非标准的电器安装零件，如开关支架、电气安装底板、控制箱的有机玻璃面板等，应根据机械零件设计要求，绘制其零件图。

5. 各类元器件及材料清单的汇总

在电气控制原理图及工艺设计结束后，应根据各种图样，对设备需要的各种零件及材料进行综合统计，列出外购件清单表、标准件清单表、主要材料消耗定额表及辅助材料消耗定额表，供有关部门备料。同时，这些资料也是成本核算的依据。

6. 编写设计说明书及使用说明书

设计说明及使用说明是设计审定及调试、使用、维护过程中不可缺少的技术资料，应包含以下主要内容：

1）拖动方案选择依据及本设计的主要特点。

2）主要参数的计算过程。

3）设计任务书中要求的各项技术指标的核算与评价。

4）设备调试要求与调试方法。

5）设备使用、维护要求及注意事项。

习题与思考题 2

1. 简述电气控制系统的一般分析原则。

2. 在图 2-3-2 所示电路中，9 区的 KM_2 线圈前面串联 KM_3 辅助常闭触点的作用是什么？

3. X62W 型万能铣床电气控制电路中设置主轴及进给冲动控制环节的作用是什么？请简述主轴变速冲动控制的工作原理。

4. 在 X62W 型万能铣床的控制电路中，行程开关 $SQ_1 \sim SQ_4$ 各有何作用？

5. 在图 2-3-2 所示电路中，主轴电动机的制动类型是什么？

6. 在图 2-3-2 所示电路中，速度继电器 SK_1、SK_2 的作用是什么？
7. 在图 2-3-2 所示电路中，使用了哪些联锁和保护环节？
8. 在电气控制系统设计中要遵循哪些基本原则？
9. 电气元件布置图设计的依据是什么？
10. 电气控制电路检修时常用的工具有哪些？常用的方法又有哪些？
11. 对照图 2-2-2 所示电路分析 CA6140 型卧式车床的主轴电动机不能起动的原因。

下篇　PLC 控制实践

随着计算机技术的发展，存储逻辑开始进入工业控制领域。可编程序控制器（PLC）作为通用的工业控制计算机，是存储逻辑在工业应用中的代表性成果。近 30 年来，PLC 不断发展更新，其功能日益强大，已经成为工业控制领域的主流控制设备，PLC、工业机器人、CAD/CAM 被称为现代工业的三大支柱。本篇介绍 PLC 的发展过程，说明其工作原理、应用领域，介绍其使用方法、应用案例。

项目3　PLC入门实践

本项目为PLC的入门和初级使用环节，这里通过介绍PLC的产生、发展、用途、特点及PLC的硬件组成、PLC的工作过程，让学生认识PLC。通过介绍SIEMENS的S7-200系列PLC系统的构成、用户存储器区的划分、性能规格表，让读者认识一种具体型号PLC的概况。通过介绍梯形图的执行过程、PLC编程语言、基本逻辑指令及常用功能指令的编程规则和技巧，让学生初步掌握PLC的简单应用。

模块1　项目完成准备

知 识 积 累

3.1.1　PLC的硬件组成

根据物理结构形式的不同，PLC可分为整体式（也称单元式）和组合式（也称模块式）两类。

整体式结构的PLC是将中央处理单元（CPU）、存储器、输入单元、输出单元、电源、通讯端口、I/O扩展端口等组装在一个箱体内构成主机。另外还有独立的I/O扩展单元等与主机配合使用。整体式PLC结构紧凑，体积小，小型机常采用这种结构，整体式PLC的组成示意图如图3-1-1所示。

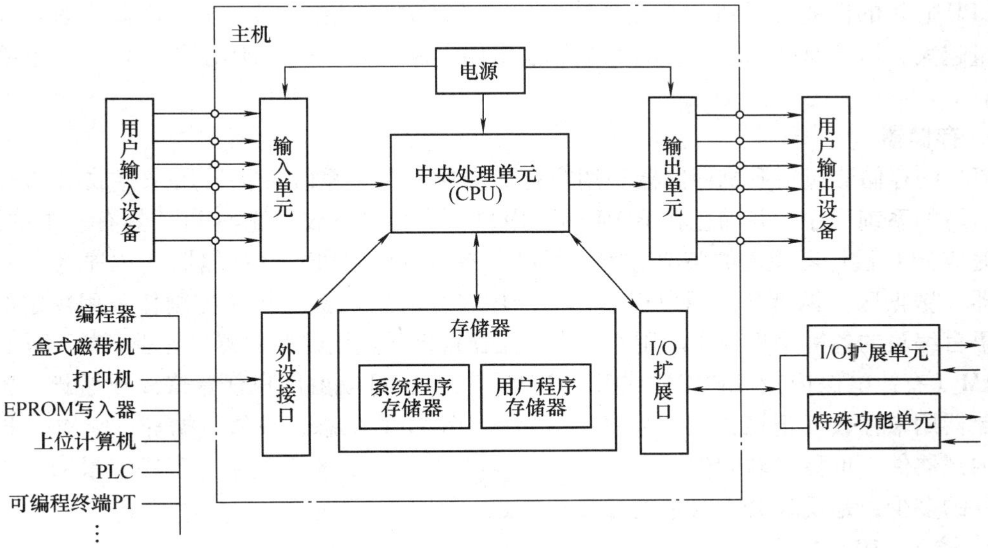

图3-1-1　整体式PLC的组成示意图

组合式 PLC 的组成示意图如图 3-1-2 所示。这种结构的 PLC 是将 CPU、输人单元、输出单元、电源单元、智能 I/O 单元、通信单元等分别做成相应的电路板或模块，各模块可以插在带有总线的底板上。装有 CPU 的模块称为 CPU 模块，其他称为扩展模块。组合式 PLC 的特点是配置灵活，输入接点、输出接点的数量可自由选择，各种功能模块可以根据需要灵活配置。中、大型 PLC 常用组合式结构。

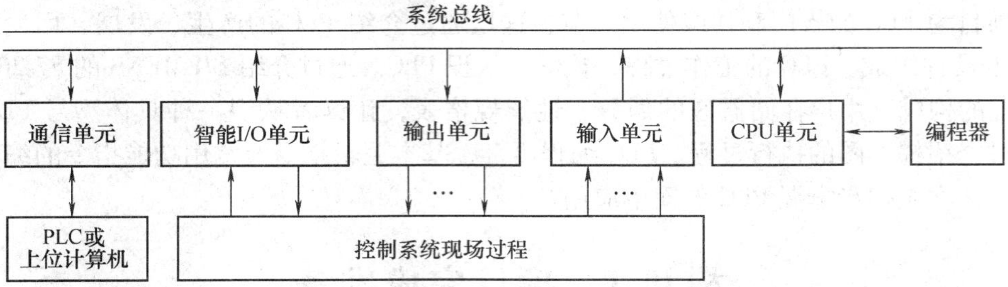

图 3-1-2 组合式 PLC 的组成示意图

以下介绍 PLC 基本结构各组成部分及其作用。

1. 中央处理器（CPU）

与一般计算机一样，CPU 是 PLC 的核心，它按 PLC 中系统程序赋予的功能指挥 PLC 有条不紊地进行工作，其主要任务如下：

1）控制从编程器键入的用户程序和数据的接收与存储，用扫描的方式通过 I/O 部件接收现场的状态或数据，并存入输入映像存储器或数据存储器中。

2）诊断 PLC 内部电路的工作故障和编程中的语法错误等。

3）PLC 进入运行状态后，从存储器逐条读取用户指令，解释并按指令规定的任务进行数据传递、逻辑或算术运算等，并根据运算结果，更新有关标志位的状态和输出映像存储器的内容，再经输出部件实现输出控制、制表打印或数据通信等功能。

CPU 芯片的性能关系到 PLC 处理控制信号的能力与速度，CPU 位数越高，系统处理的信息量越大，运算速度也越快。随着芯片技术的不断发展，PLC 所用的 CPU 芯片也越来越高档。

2. 存储器

PLC 的存储器包括系统存储器和用户存储器两部分。系统存储器用来存放由 PLC 生产厂家编写的系统程序，并固化在 ROM 内，用户不能直接更改。它使 PLC 具有基本的智能，能够完成 PLC 设计者规定的各项工作。用户存储器包括用户程序存储器（程序区）和功能存储器（数据区）两部分。用户程序存储器用来存放用户针对具体控制任务用规定的 PLC 编程语言编写的各种用户程序。用户程序存储器根据所选用的存储器单元类型的不同，可以是 RAM（有掉电保护）、EPROM 或 EEPROM，其内容可以由用户任意修改或增删。用户功能存储器用来存放（记忆）用户程序中使用的 ON/OFF 状态、数值数据等，它构成 PLC 的各种内部器件，也称“软元件”。用户存储器容量的大小，关系到用户程序容量的大小和内部器件的多少，是反映 PLC 性能的重要指标之一。

3. 输入、输出接口

输入、输出接口是 PLC 与外界连接的接口。输入接口用来接收和采集两种类型的输入信号：一类是由按钮、选择开关、行程开关、继电器触点、接近开关、光电开关、数字拨码开关等传来的开关量输入信号；另一类是由电位器、测速发电机和各种变换器等传来的模拟量输入信号。输出接口用来连接被控对象中各种执行元件，如接触器、电磁阀、指示灯、调节阀（模拟量）、调速装置（模拟量）等。

常用的开关量输入单元有直流输入单元及交流输入单元，图3-1-3及图3-1-4分别给出了它们的典型电路，图中点画线框中的部分为PLC内部电路，框外为用户接线。从图中可以看出直流输入电路若外接电源的极性可任意，单元中含有 R_1 及 C 构成的滤波电路。交流输入单元中含有隔直流电容 C，直流及交流输入电路中均采用光耦合器实现输入信号与机内电路的耦合。图中电路均是对应于一个输入点的电路，同类的各点电路内部结构相同。

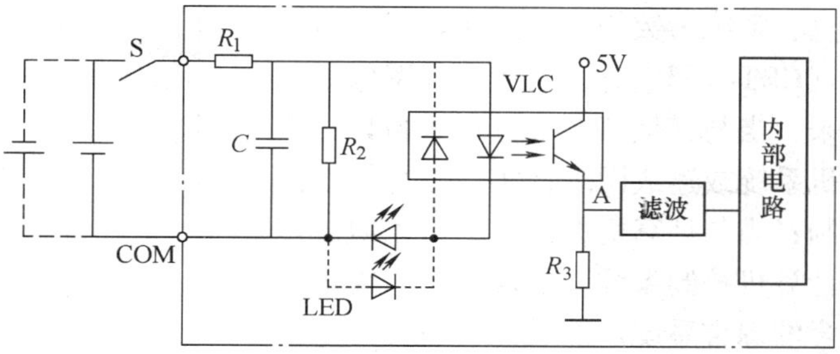

图3-1-3　直流输入单元

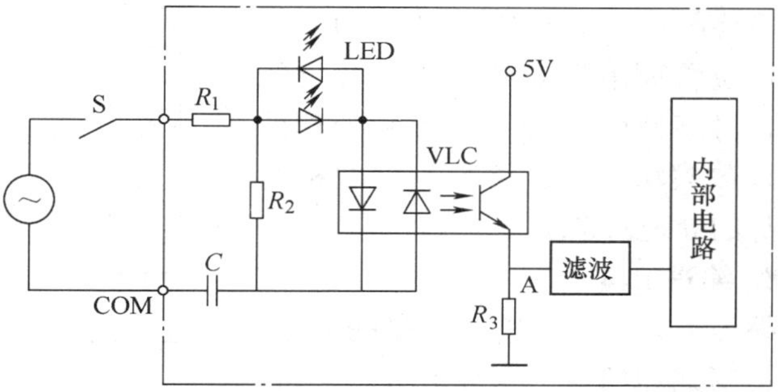

图3-1-4　交流输入单元

常用的开关量输出单元可分为晶体管输出单元、晶闸管输出单元和继电器输出单元。图3-1-5、图3-1-6、图3-1-7分别给出了它们的电路。点画线框中的电路是PLC的内部电路，框外是PLC输出点的驱动负载电路。三种电路的主要区别是采用的输出器件不同，晶体管输出电路中控制器件为晶体管，晶闸管输出电路中控制器件为晶闸管，而继电器输出电路中控制器件为继电器。从图中还可以看出，各种输出电路均带有输出指示。

PLC的输出电路也有共点式、分组式、隔离式之别。输出只有一个公共端子的称为共点式；分组式是将输出端子分成若干组，每组共用一个公共端子；隔离式是具有公共端子的各输出点之间互相隔离，可各自使用独立的电源。

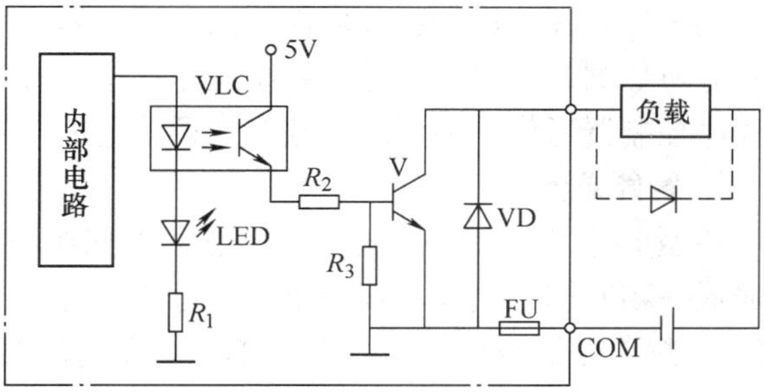

图3-1-5　晶体管输出电路

4. 电源

小型整体式可编程序控制器内部有一个开关稳压电源。此电源一方面可为CPU板、I/O板及扩展单元提供工作电源（DC5V），另一方面可为外部输入元件提供DC24V电源。

5. 扩展接口

扩展接口将扩展单元与基本单元相连，使PLC的配置更加灵活。

6. 通信接口

为了实现“人-机”或“机-机”之间的对话，PLC 配有多种通信接口。PLC 通过这些通信接口可以与监视器、打印机以及其他的 PLC 或计算机相连。

当 PLC 与打印机相连时，可将过程信息、系统参数等输出打印。当与监视器（CRT）相连时，可将过程图像显示出来；当与其他 PLC 相连时，可以组成多机系统或连成网络，实现更大规模的控制；当与计算机相连时，可以组成多级计算机控制系统，实现控制与管理相结合的综合系统。

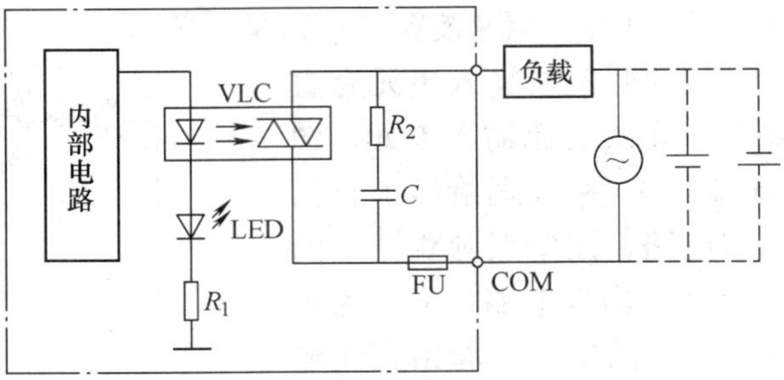

图 3-1-6 晶闸管输出电路

7. 智能 I/O 接口

为了满足更加复杂的控制功能的需要，PLC 配有多种智能 I/O 接口。例如满足位置调节需要的位置闭环控制模块，对高速脉冲进行计数和处理的高速计数模块等。这类智能模块都有其自身的处理器系统。

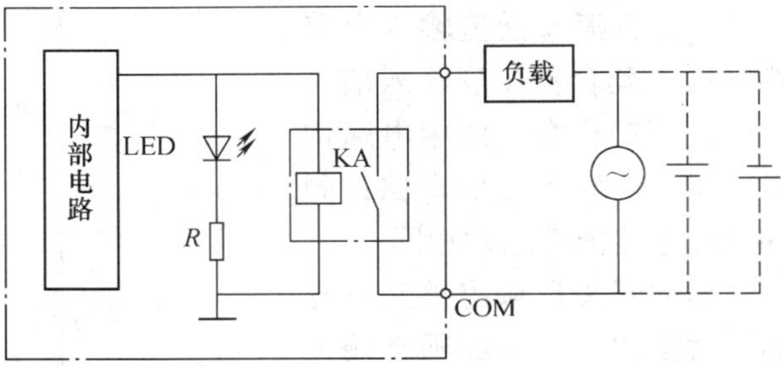

图 3-1-7 继电器输出电路

8. 编程工具

编程工具供用户进行程序的编制、编辑、调试和监视，最常用的是编程器。编程器有简易型和智能型两类。简易型的编程器只能联机编程，且往往需要将梯形图转化为机器语言助记符（指令表）后才能输入。它一般由简易键盘和发光二极管或其他显示器件组成。智能型的编程器又称图形编程器，它可以联机，也可以脱机编程，具有 LCD 或 CRT 图形显示功能，可以直接输入梯形图和通过屏幕对话。也可以采用微机辅助编程，许多 PLC 厂家为自己的产品设计了计算机辅助编程软件，运行这些软件可以编辑、修改用户程序，监控系统的运行，打印文件，采集和分析数据，在屏幕上显示系统运行状态，对工业现场和系统进行仿真等。若要直接与可编程序控制器通信，还要配有相应的通信电缆。

9. 智能单元

各型 PLC 都有一些智能单元，它们一般都有自己的 CPU，具有自己的系统软件，能独立完成一项专门的工作。智能单元通过总线与主机联机，通过通讯方式接受主机的管理。常用的智能单元有 A/D 单元、D/A 单元、高速计数单元、定位单元等。

PLC 还可配有盒式磁带机、EPROM 写入器、存储器卡等其他外部设备。

3.1.2 PLC 的工作过程

众所周知，继电器控制系统是一种“硬件逻辑系统”。在图 3-1-8a 中，三条继电器支路是并行工作的，当按下按钮 SB_1 时，中间继电器 K 得电，K 的两个触点闭合，接触器 KM_1、KM_2 同时得电工作。所以继电器控制系统采用的是并行工作方式。

可编程序控制器是一种工业控制计算机，它的工作原理是建立在计算机工作原理基础上的，是通过执行反映控制要求的用户程序来实现的。CPU以分时操作方式来处理各项任务，计算机在每一瞬间只能做一件事，所以程序的执行是按程序顺序依次完成相应各单元的动作，便成为时间上的串行，即串行工作方式。由于运算速度极高，各单元的动作几乎是同时完成的，但实际输入-输出的响应是有滞后的。如图3-1-8b所示，方框表示PLC，方框中的梯形图代表PLC中装有的控制程序，和图3-1-8a中的继电器电路比较可知，它们的功能是一样的。PLC输入接口上接有按钮SB_1、SB_2和电池，输出接口上接有接触器KM_1、KM_2，当SB_2没有被按下，SB_1被按下时，PLC的继电器I0.0、I0.1接通，PLC内部继电器M10.0工作并使PLC的继电器Q0.0及Q0.1工作。但是，M10.0和Q0.0、Q0.1的接通工作不是同时的。以I0.1接通为计时起点，M10.0接通要晚3条指令执行的时间，Q0.1接通要晚7条指令执行的时间。

概括而言，PLC的工作方式是一个不断循环的顺序扫描工作方式。每一次扫描所用的时间称为扫描周期或工作周期。CPU从第一条指令开始，按顺序逐条地执行用户程序直到用户程序结束，然后返回第一条指令开始新的一轮扫描。PLC就是这样周而复始地重复上述循环扫描而工作的。

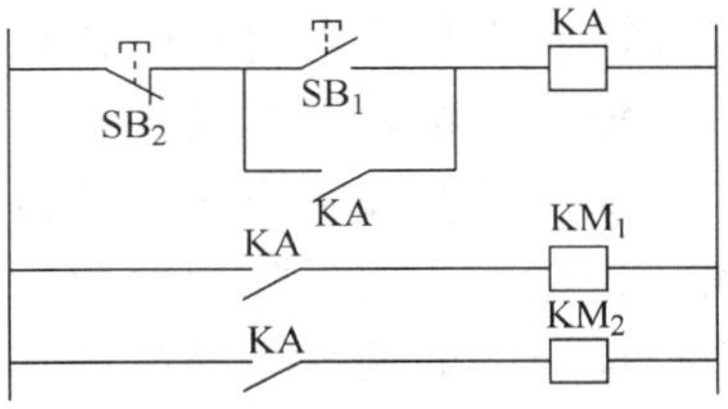

a)

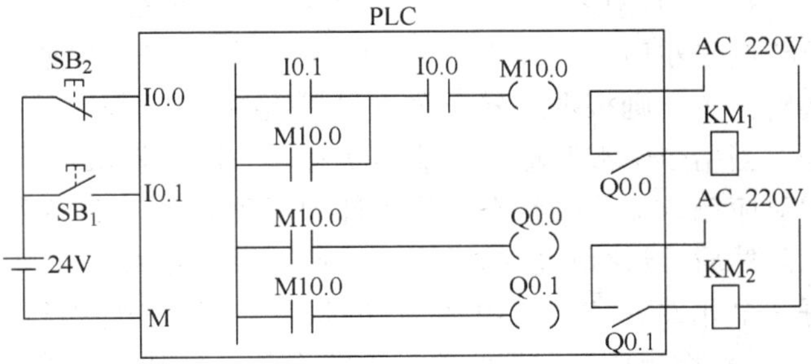

b)

图3-1-8　继电器与PLC控制方式比较

a）继电器控制系统简图　b）用PLC实现控制功能的接线示意图

执行用户程序时，需要各种现场信息，这些现场信息已接到PLC的输入端，如图3-1-8中的按钮SB_1及SB_2。PLC采集现场信息即采集输入信号有两种方式：

1）集中采样输入方式。一般在扫描周期的开始或结束将所有输入信号（输入元件的通/断状态）采集并存放到输入映像寄存器（PII）中。执行用户程序所需的输入状态均在输入映像寄存器中取用，而不直接到输入端或输入模块去取用。

2）立即输入方式。程序的执行需要哪一个输入信号就直接从输入端或输出端模块取用这个输入状态，如“立即输入指令”就是这样，此时输入映像寄存器的内容不变，到下一次集中采样输入时才变化。

同样地，PLC对外部的输出控制也有集中输出和立即输出两种方式。集中输出方式在执行用户程序时不是得到一个输出结果就向外输出一个，而是把执行用户程序所得的所有输出结果，先后全部存放在输出映像寄存器（PIQ）中，执行完用户程序后，所有输出结果一次性向输出端或输出模块输出，使输出部件动作。立即输出方式是执行用户程序时将该输出结果立即向输出端或输出模块输出，如“立即输出指令”就是这样，此时输出映像寄存器的内容也会更新。

PLC 对输入、输出信号的传送还有其他方式，如有的 PLC 采用输入、输出刷新指令。在需要的地方设置这类指令，可对此时的全部或部分输入点信号读入一次，以刷新输入映像寄存器内容；或将此时的输出结果立即向输出端或输出模块输出。又如有的 PLC 上有输入、输出的禁止功能，实际上是关闭了输入、输出传送服务，这意味着此时的输入、输出信号不读入，也不输出。

PLC 循环扫描原理用图 3-1-9 所示的流程图来表示。

1）内部处理：PLC 检测 CPU 的操作、存储区以及扩展模块的状态是否正常，CPU 执行自诊断程序。

2）通信处理：PLC 的 CPU 处理从通讯端口接收到的任何信息，执行通讯任务。

3）输入采样阶段：PLC 在输入采样阶段，首先扫描所有输入端子，并将各输入状态存入内存中各对应的输入映像寄存器中。此时，输入映像寄存器被刷新。接着进入程序执行阶段，在程序执行阶段和输出刷新阶段，输入映像寄存器与外界隔离，无论输入信号如何变化，其内容保持不变，直到下一个扫描周期的输入采样阶段，才重新写入输入端的新内容。

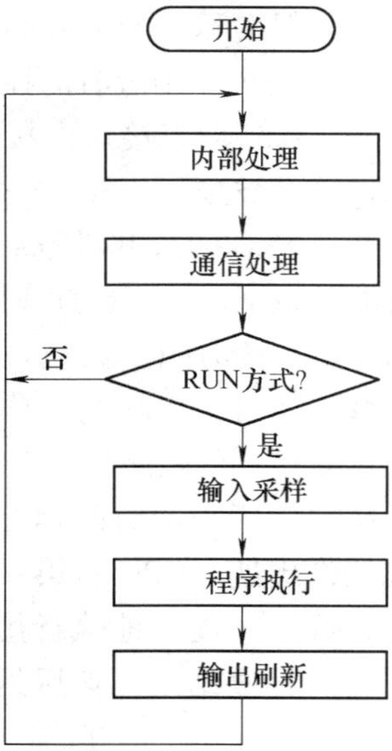

图 3-1-9　PLC 循环扫描原理图

4）程序执行阶段：根据 PLC 梯形图程序扫描原则，PLC 按先左后右、先上后下的步序逐句扫描。但遇到程序跳转指令，则根据跳转条件是否满足来决定程序的跳转地址。当指令中涉及输入、输出状态时，PLC 就从输入映像寄存器中“读入”上一阶段采入的对应输入端子的状态，从元件映像寄存器“读入”对应元件（“软继电器”）的当前状态。然后，进行相应的运算，运算结果再存入元件映像寄存器中。对元件映像寄存器来说，每一个元件（“软继电器”）的状态会随着程序执行过程而变化。

5）输出刷新阶段：在所有指令执行完毕后，输出映像寄存器中所有输出继电器的状态（接通/断开）在输出刷新阶段转存到输出锁存器（锁存器的功能是：一旦信号输入后，其状态就保持不变，直到下一次信号输入），通过一定方式输出，驱动外部负载。

PLC 运行正常时，扫描周期的长短与 CPU 的运算速度、I/O 点的情况、用户应用程序的长短及编程情况等均有关。PLC 扫描工作过程如图 3-1-10 所示。

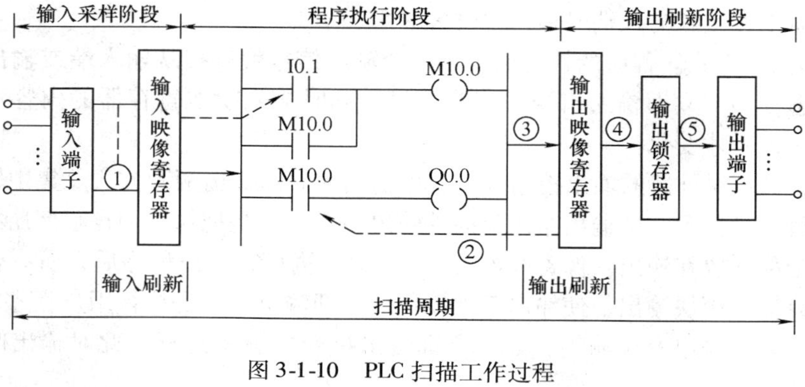

图 3-1-10　PLC 扫描工作过程

知 识 拓 展

3.1.3　PLC 的产生与发展

可编程序控制器（Programmable Controller）缩写为 PC。由于早期的可编程序控制器主要用于计数、定时以及开关量的逻辑控制，称为可编程序逻辑控制器（Programmable Logic Controller，PLC），为了和个人计算机（Personal Computer，PC）相区别，现在把可编程序控制器仍旧称为 PLC。

可编程序控制器一直在发展中，因此到目前为止，还未能对其下最后的定义。

国际电工委员会（IEC）曾于 1982 年 11 月颁发可编程序控制器标准草案第一稿，1985 年 1 月又颁发了第二稿，1987 年 2 月颁发了第三稿。草案中对可编程序控制器的定义是："可编程序控制器是一种数字运算操作的电子系统，专为在工业环境下应用而设计。它采用了可编程序的存储器，用来在其内部存储执行逻辑运算、顺序控制、定时、计数和算术操作等面向用户的指令，并通过数字式或模拟式的输入和输出，控制各种类型的机械或生产过程。可编程序控制器及其有关外围设备，都按易于与工业系统联成一个整体，易于扩充其功能的原则设计"。

定义强调了可编程序控制器是"数字运算操作的电子系统"，具有"存储器"，具有运算"指令"，可见它是一种计算机。定义称它是"专为在工业环境下应用而设计"，"易于与工业系统联成一体"，"控制各种类型的机械或生产过程"，可见可编程序控制器是一种工业用计算机。定义强调了可编程序控制器直接应用于工业环境，它必须具有很强的抗干扰能力、广泛的适应能力和应用范围。这是它区别于一般微机控制系统的一个重要特征。

可编程序控制器是生产力发展的必然产物。可编程序控制器诞生之前，工业电气控制主要使用低压电器构成的继电-接触器电路，它是以接线逻辑实现控制功能的。这样的控制设备一经生产出来，功能就固定了，若要改变就必须改变控制器内部的硬件接线，使用起来不灵活，也很麻烦。1968 年，美国最大的汽车制造商——通用汽车公司（GM）为了适应生产工艺不断更新的需要，要寻找一种比继电器更可靠、功能更齐全、响应速度更快的新型工业控制器，并从用户角度提出了新一代控制器应具备的十大条件，立即引起了开发热潮。这十大条件中比较主要的是：编程方便，可现场修改程序；维修方便，采用插件式结构；可靠性高于继电器控制装置；体积小于继电器控制装置；数据可直接送入管理计算机；成本可与继电器控制装置竞争；扩展时原系统改变最少。

条件中最根本的一条是采取程序修改方式改变控制功能，这是从接线逻辑向存储逻辑进步的重要标志。

1969 年，美国数字设备公司（DEC）研制出了第一台可编程序控制器 PDP-14，在美国通用汽车公司的生产线上试用成功，并取得了满意的效果，可编程序控制器由此诞生。

可编程序控制器自问世以来，发展极为迅速。1971 年，日本开始生产可编程序控制器，1973 年，欧洲开始生产可编程序控制器，到现在，世界各国的一些著名的电器工厂几乎都在生产可编程序控制器。可编程序控制器已作为一个独立的工业设备被列入生产中，成为当代电控装置的主导。

早期的可编程序控制器主要由分立元器件和中小规模集成电路组成，它采用了一些计算机技术，但简化了计算机的内部电路，对工业现场环境适应性较好，指令系统简单，一般只具有逻辑运算的功能。随着微电子技术和集成电路的发展，特别是微处理器和微计算机的迅速发展，在 20 世纪 70 年代中期，美、日、德等国的一些厂家在可编程序控制器中开始更多地引入微机技术，微处理器及其他大规模集成电路芯片成为其核心部件，使可编程序控制器具有了自诊断功能，可靠性有了大幅提高，性能价格比产生了新的突破。到 20 世纪 80 年代，可编程序控制器都采用了微处理器（CPU）、只读存储器（ROM）、随机存储器（RAM）或单片机作为其核心，处理速度大大提高，不仅增加了多种特殊功能，体积还进一步缩小。20 世纪 90 年代末，PLC 几乎完全计算机化，其速度更快，功能更强，各种智能模块不断被开发出来，使其不断地扩展着它在各类工业控制过程中的作用。

现在，PLC 不仅能进行逻辑控制，在模拟量闭环控制、数字量的智能控制、数据采集、监控、通信联网及集散控制系统等各方面都得到了广泛应用。如今，大、中型，甚至小型 PLC 都配有 A/D、D/A 转换及算术运算功能，有的还具有 PID 功能。这些功能使 PLC 在模拟量闭环控制、运动控制、速度控制等方面具有了硬件基础；许多 PLC 具有输出和接收高速脉冲的功能，配合相应的传感器及伺服设备，PLC 可实现数字量的智能控制；PLC 配合可编程终端设备，可实时显示采集到的现场数据及分析结果，为系统分析、研究工作提供依据，利用 PLC 的自检信号还可以实现系统监控；PLC 具有强有力的通信功能，可以与计算机或其他智能装置进行通讯及联网，从而能方便地实现集散控制。功能完备的 PLC 不仅能满足控制要求，还能满足现代化大生产管理的需要。

近年来，可编程序控制器的发展更为迅速，更新换代周期减短为 3 年左右。展望未来，可编程序控制器在规模和功能上将向两大方向发展：一是大型可编程序控制器向高速、大容量和高性能方向发展，如有的机型扫描速度可高达 0.1ms/KB（0.1μs/步），可处理几万个开关量 I/O 信号和多个模拟量 I/O 信号，用户程序存储器容量最大达十几兆字节；二是发展简易经济的超小型可编程序控制器，以适应单机控制及小型设备自动化的需要。另外，不断增强 PLC 工业过程控制的功能（模拟量控制能力），研制采用工业标准总线，使同一工业控制系统中能连接不同的控制设备，增强可编程序控制器的联网通信功能，便于分散控制与集中控制的实现，大力开发智能 I/O 模块、增强可编程序控制器的功能等也具有重要的意义。

3.1.4 PLC 的用途及特点

1. PLC 的用途

（1）顺序控制

这是 PLC 最广泛应用的领域，用以取代传统的继电器顺序控制。PLC 可应用于单机控制、多机群控制、生产自动线控制，例如注塑机、印刷机械、订书机械、切纸机械、组合机床、磨床、装配生产线、包装生产线、电镀流水线及电梯控制等。

（2）运动控制

PLC 制造商目前已提供了拖动步进电动机或多轴位置控制模块。在多数情况下，PLC 把描述目标位置的数据送给模块，模块移动一轴或数轴到目标位置。

（3）闭环过程控制

PLC 能控制大量的物理参数，例如温度、压力、速度和流量等。PID（Proportional Integral Derivative）模块使 PLC 具有闭环控制功能，即一个具有 PID 控制能力的 PLC 可用于过程控制。当控制过程中某个变量出现偏差时，PID控制算法会计算出正确的输出，把变量保持在设定值上。

（4）数据处理

在机械加工中，出现了把支持顺序控制的PLC和计算机数值控制（CNC）设备紧密结合的趋向，著名的日本FANUC公司推出的System10、11、12系列，已将CNC功能作为PLC的一部分。为了实现PLC和CNC设备之间内部数据自由传递，该公司开发了窗口软件，通过窗口软件，用户可以独自编程，由PLC送至CNC设备使用。美国GE公司的CNC设备新机种也同样使用了具有数据处理的PLC。东芝的TOSNUC600也将CNC和PLC组合在一起，预计今后几年CNC系统将变成以PLC为主体的控制和管理系统。

（5）通信和联网

为了适应国外近几年来兴起的工厂自动化（FA）系统、柔性制造系统（FMS）及集散控制系统（DCS）等发展的需要，必须发展PLC之间、PLC和上级计算机之间的通信功能。作为实时控制系统，不仅PLC数据通信速率要求高，而且要考虑出现停电、故障时的对策等。日本富士电机公司开发的MICREX-F系列就是一个实例，其中处理器多达16台，输入、输出点数达3200个。PLC之间、PLC和上级计算机之间都采用光纤通信，多级传递。I/O模块按功能各自放置在生产现场分散控制，然后采用网络连接构成集中管理信息的分布式网络系统。

2. PLC的特点

（1）可靠性高，抗干扰能力强

高可靠性往往是用户选择控制装置的首要条件。继电-接触器系统中，器件的老化、脱焊、触点的抖动以及触点电弧等现象大大降低了系统的可靠性。而在PLC系统中，大量的开关动作是由无触点的半导体电路来完成的，加上PLC充分考虑了工业生产环境电磁、粉尘、温度等各种干扰，在硬件和软件上采取了一系列抗干扰措施，因此PLC有极高的可靠性。据有关资料统计，目前各生产厂家生产的PLC，其平均无故障时间都大大超过了IEC规定的10万小时，有的甚至达到了几十万小时。

（2）适应性强，应用灵活

由于PLC产品均成系列化生产，品种齐全，多数采用模块式的硬件结构，组合和扩展方便，用户可根据自己的需要灵活选用，以满足系统大小不同及功能繁简各异的控制要求。更重要的是，PLC系统相对继电-接触器控制系统，接线很少，其主要功能是通过程序实现的，在需要改变设备的控制功能时，只要修改程序，修改接线的工作量是很小的。

（3）编程方便，易于使用

PLC的编程可采用与继电器电路极为相似的梯形图语言，直观易懂，深受现场电气技术人员的欢迎。近年来又发展了面向对象的顺控流程图语言（Sequential Function Chart），也称功能图，使编程更加简单方便。

（4）功能强，扩展能力强

PLC中含有数量巨大的可用于开关量处理的继电器类软元件，可轻松地实现大规模的开关量逻辑控制，这是一般的继电器系统所不能实现的。PLC或其功能单元能方便地实现D/A、A/D转换及PID运算，实现过程控制、数字控制等功能。PLC具有通信联网功能，它不仅可以控制一台单机、一条生产线，还可以控制一个机群、许多个生产线。它不但可以进行现场控制，还可以用于远程监控。

(5) PLC 控制系统设计、安装、调试方便

PLC 中相当于继电-接触器系统中的中间继电器、时间继电器、计数器等“软元件”数量巨大，又用程序（软接线）代替硬接线，安装接线工作量少，设计人员只要具有 PLC 就可进行控制系统设计并可在实验室进行模拟调试。而继电-接触器系统的调试是靠在现场改变接线进行的，十分繁琐。

(6) 维修方便，维修工作量少

PLC 有完善的自诊断、履历情报存储及监视功能。对于其内部工作状态、通信状态、异常状态和 I/O 点的状态均有显示。工作人员通过它可以查出故障原因，便于迅速处理。

(7) PLC 体积小，重量轻，易于实现机电一体化

由于具有上述特点，使得 PLC 的应用范围极为广泛，可以说只要有工厂，有控制要求，就会有 PLC 的应用。

3.1.5 PLC 的主要性能指标

描述 PLC 的性能时，经常用到以下术语：位、数字、字节及字。位指二进制的一位，仅有 1、0 两种取值。一个位对应 PLC 一个继电器，某位的状态为 1 或 0，分别对应该继电器线圈得电或失电。4 位二进制数构成一个数字，这个数字可以是 0000 ~ 1001（十进制），也可是 0000 ~ 1111（十六进制）。2 个数字或 8 位二进制数构成一个字节，2 个字节构成一个字（16 位），4 个字节构成一个双字（32 位）。在 PLC 术语中，字称为通道。一个字含 16 位，或者说一个通道含 16 个继电器。

PLC 的主要性能指标有以下几个方面：

(1) 存储容量

系统程序存放在系统程序存储器中。这里说的存储容量指的是用户程序存储器的容量，用户程序存储容量决定了 PLC 可以容纳的用户程序的长短，一般以字节为单位来计算。每 1024 个字节为 1KB。中、小型 PLC 的存储容量一般在 8KB 以下，大型 PLC 的存储容量可达到 256KB ~ 2MB。也有的 PLC 用存放用户程序的指令条数来表示容量。

(2) 输入/输出点数

I/O 点数即 PLC 面板上连接输入、输出信号用的端子的个数，常称为“点数”，用输入点数及输出点数之和表示。I/O 点数越多，外部可接入的输入器件和输出器件就越多，控制规模就越大。因此，I/O 点数是衡量 PLC 性能的重要指标之一。国际上流行将 PLC 的点数作为 PLC 依规模分类的标准，I/O 总点数在 256 点以下的为小型 PLC，64 点及 64 点以下的称为微型 PLC，总点数在 256 ~ 2048 点之间的为中型 PLC，总点数在 2048 点以上的为大型 PLC。

(3) 扫描速度

扫描速度是指 PLC 执行程序的速度，是衡量 PLC 性能的重要指标。一般以执行 1KB 或执行一条指令所用的时间来衡量扫描速度。PLC 用户手册一般给出执行各条指令所用的时间，可以通过比较各种 PLC 执行相同的指令所用的时间，来衡量扫描速度的快慢。

(4) 编程指令的种类和数量

这也是衡量 PLC 能力强弱的主要指标。编程指令种类及条数越多，其功能就越强，处

理能力和控制能力就越强。

（5）扩展能力

PLC的扩展能力表现在以下两个方面：一方面，大部分PLC可以用I/O扩展单元进行I/O点数的扩展；另一方面，有的PLC可以使用各种功能模块进行功能扩展。

（6）智能单元的数量

PLC不仅能完成开关量的逻辑控制，而且利用智能单元可完成模拟量控制、位置和速度控制以及通信联网等功能。智能单元种类的多少和功能的强弱是衡量PLC产品水平高低的一个重要指标。各个生产厂家都非常重视智能单元的开发，近年来智能单元的种类日益增多，功能越来越强。

实 践 探 索

3.1.6　观摩PLC构成的自动控制系统

1. 实践目的

1）认识PLC。

2）形成PLC控制系统及工作情况的直观印象。

3）激发学生对PLC的兴趣。

2. 任务内容

1）带领学生参观各种自动化机床或设备，例如数控机床、加工中心带机械手刀库的换刀动作过程、自动绕线机、注塑机等。

2）带领学生参观各种自动化生产线，例如自动装配生产线、自动包装生产线等。

模块2　PLC外部接线的测量

知 识 积 累

3.2.1　S7-200系列PLC的构成

S7-200系列可编程控制系统由主机（基本单元）、I/O扩展单元、功能单元（模块）和外围设备等组成。S7-200系列PLC主机（基本单元）的结构形式为整体式结构。下面以S7-200系列的CPU 22X小型PLC为例，介绍S7-200系列PLC的构成。

1. CPU 22X型PLC的组成

S7-200系列PLC有CPU 21X和CPU 22X两代产品，其中CPU 22X型PLC有CPU221、CPU 222、CPU 224和CPU 226四种基本型号。本节以CPU 224型PLC为重点，来分析一下小型PLC的结构特点。

CPU 224型PLC系统由主机（主机箱）、I/O扩展单元、文本/图形显示器、编程器等组成。CPU 224主机的结构及扩展模块外形如图3-2-1所示。

CPU 224主机箱体的外部设有RS-485通信接口，用于连接编程器（手持式或PC）、文本/图形显示器、PLC网络等外围设备；还设有工作方式开关、模拟电位器、I/O扩展接口、工作状态指示和用户程序存储卡、I/O 接线端子排及发光指示等。

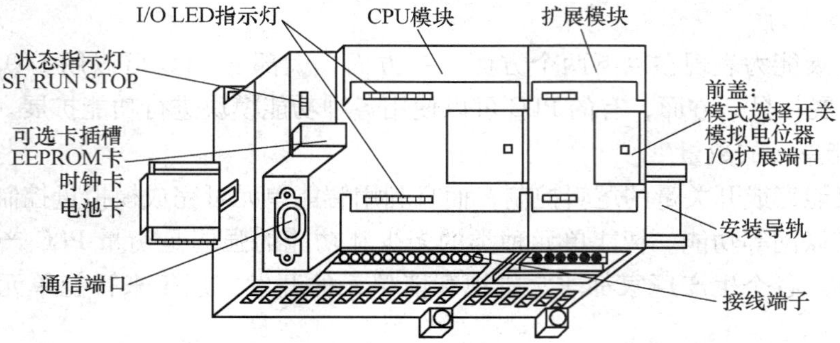

图 3-2-1 CPU 224 主机的结构及扩展模块外形

（1）基本 I/O

CPU 22X 型 PLC 具有两种不同的电源供电电压，输出电路分为继电器输出和晶体管 DC 输出两大类。CPU 22X 系列 PLC 可提供 4 个不同型号的 10 种基本单元 CPU 供用户选用，其类型及参数见表 3-1。

表 3-1 CPU 22X 系列 PLC 的类型及参数

	类型	电源电压	输入电压	输出电压	输出电流
CPU 221	DC 输入 DC 输出	DC 24V	DC 24V	DC 24V	0.75A，晶体管
	AC 输入 继电器输出	AC 85～264V	DC 24V	DC 24V AC 24～230V	2A，继电器
CPU 222 CPU 224 CPU 226 CPU 226XM	DC 输入 DC 输出	DC 24V	DC 24V	DC 24V	0.75A，晶体管
	AC 输入 继电器输出	AC 85～264V	DC 24V	DC 24V AC 24～230V	2A，继电器

①CPU 221 集成了 6 输入/4 输出共 10 个数字量 I/O 点，无 I/O 扩展能力，有 6KB 的程序和数据存储空间。

②CPU 222 集成了 8 输入/6 输出共 14 个数字量 I/O 点，可连接两个扩展模块，最大可扩展至 78 路数字量 I/O 或 10 路模拟 I/O 点，有 6KB 的程序和数据存储空间。

③CPU 224 集成了 14 输入/10 输出共 24 个数字量 I/O 点，可连接 7 个扩展模块，最大可扩展至 168 路数字量 I/O 或 35 路模拟 I/O 点，有 13KB 的程序和数据存储空间。

④CPU 226 集成了 24 输入/16 输出共 40 个数字量 I/O 点，可连接 7 个扩展模块，最大可扩展至 248 路数字量 I/O 或 35 路模拟 I/O 点，有 13KB 的程序和数据存储空间。

⑤CPU 226XM 除程序和数据存储空间为 8KB 和 5KB 外，其他的与 CPU 226 相同。

CPU 22X 系列 PLC 的特点是，CPU 22X 主机的输入点为 DC 24V 双向光耦合输入电路，输出有继电器和 DC（MOS 型）两种类型（CPU 21X 系列 PLC 的输入点为 DC 24V 单向光耦合输入电路，输出有 DC、AC 和继电器 3 种类型）；具有 30kHz 高速计数器，20kHz 高速脉冲输出，RS-485 通信/编程口，PPI、MPI 通信协议和自由口通信能力。CPU 222 及以上 CPU 还具有 PID 控制和扩展的功能，内部资源及指令系统更加丰富，功能更强大。

CPU 226 主机共有 I0.0 ~ I2.7 共 24 个输入点和 Q0.0 ~ Q1.7 共 16 个输出点。CPU226 的输入电路采用了双向光耦合器，DC 24V 的极性可任意选择，系统设置 1M 为 I0.0 ~ I1.4 输入端子的公共端，2M 为 I1.5 ~ I2.7 字节输入端子的公共端。在晶体管输出电路中采用了 MOSFET 功率驱动器件，并将数字量输出分为两组，每组有一个独立公共端，共有 1L、2L 两个公共端，可接入不同的负载电源。

S7-200 系列 PLC 的 I/O 接线端子排分为固定式和可拆卸式两种结构。可拆卸式端子排能在不改变外部电路硬件接线的前提下方便地拆装，为 PLC 的维护提供了便利。

CPU 224 的外部电路原理图如图 3-2-2 所示。

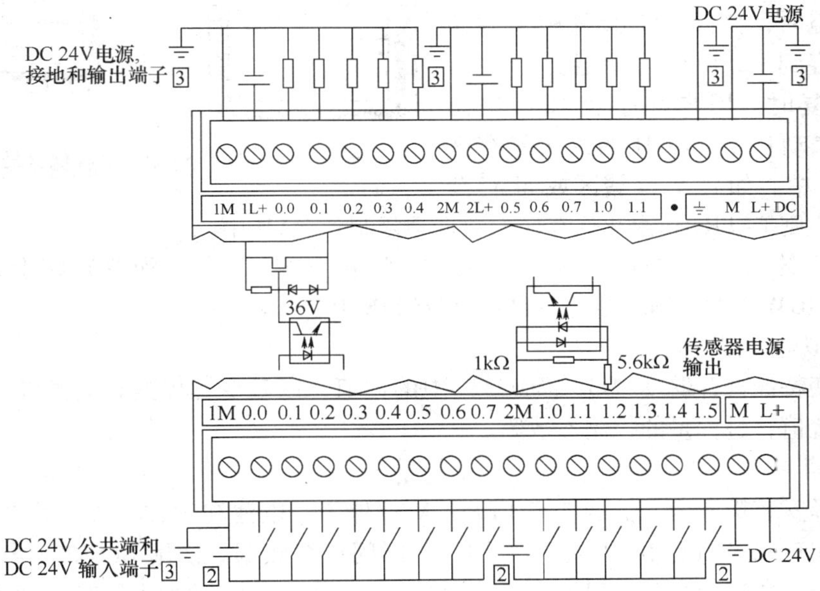

图 3-2-2　CPU 224 的外部电路原理图

（2）主机 I/O 及扩展

CPU 22X 系列 PLC 主机的 I/O 点数及可扩展的模块数目见表 3-2。

表 3-2　CPU 22X 系列 PLC 主机的 I/O 点数及可扩展的模块数

型号	主机输入点数	主机输出点数	可扩展模块
CPU 221	6	4	无
CPU 222	8	6	2
CPU 224	14	10	7
CPU 226	24	16	7

（3）高速 I/O 接口

CPU 226 PLC 有 6 个高速计数脉冲输入端（I0.0 ~ I0.5），最快的响应速度为 30kHz，用于捕捉比 CPU 扫描周期更快的脉冲信号。

CPU 226 PLC 有两个高速脉冲输出端（Q0.0～Q0.1），输出的脉冲频率可达 20kHz，用于 PTO（高速脉冲束）和 PWM（宽度可变脉冲输出）高速脉冲输出。

中断信号允许以极快的速度对过程信号的上升沿作出响应。

（4）存储系统

S7-200 CPU 的存储系统由 RAM 和 EEPROM 这两种存储器构成，用于存储用户程序、CPU 组态（配置）及程序数据等，如图 3-2-3 所示。

当执行程序下载操作时，用户程序、CPU 组态（配置）、程序数据等由编程器送入 RAM 存储器区，并自动复制到 EEPROM 区，永久保存。

系统掉电时，会自动将 RAM 中 M 存储器的内容保存到 EEPROM 存储器。

上电恢复时，用户程序及 CPU 组态（配置）将自动从 EEPROM 的永久保存区装载到 RAM 中。如果 V 存储区或 M 存储区内容丢失，则 EEPROM 永久保存区的数据会复制到 RAM 中。

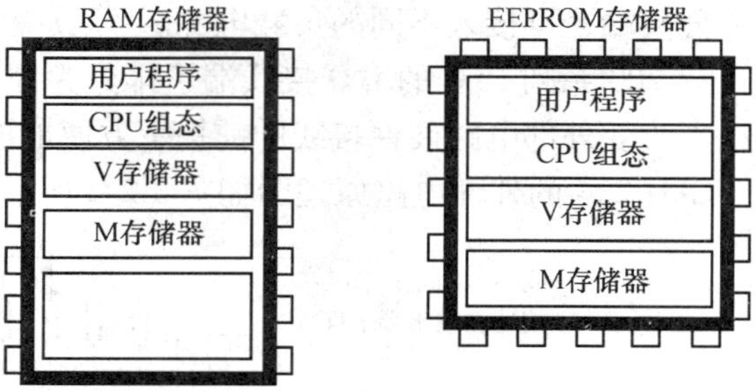

图 3-2-3 S7-200 的存储区域

执行 PLC 的上载操作时，RAM 区的用户程序、CPU 组态（配置）将上载到 PC 中，RAM 和 EEPROM 中的数据块合并后也会上载到 PC 中。

（5）模拟电位器

用于改变特殊寄存器（SM32、SM33）中的数值，以改变程序运行时的参数，如定时、计数器的预置值，过程量的控制参数等。

（6）存储卡

可以选择安装扩展卡。扩展卡有 EEPROM 存储卡、电池和时钟卡等模块。EEPROM 存储模块用于用户程序的复制。电池模块用于长时间保存数据。使用 CPU 224 内部的存储电容来存储数据，数据的存储时间为 190h，而使用电池模块时，数据存储时间可达 200 天。

2. CPU 22X 的主要技术指标

CPU 的技术性能指标是选用 PLC 的依据。CPU 22X 的主要技术指标见表 3-3。

表 3-3 CPU 22X 的主要技术指标

特　性	CPU 221	CPU 222	CPU 224	CPU 226
外形尺寸/(mm×mm×mm)	90×80×62	90×80×62	120.5×80×62	190×80×62
存　储　器				
程序/B	2048	2048	4096	4096
用户数据/B	1024	1024	2560	2560
用户存储器类型	EEPROM	EEPROM	EEPROM	EEPROM
数据后备(超级电容)典型值/h	50	50	190	190
I/O				
本机 I/O	6 入/4 出	8 入/6 出	14 入/10 出	24 入/16 出
扩展模块数量	无	2 个模块	7 个模块	7 个模块

（续）

特 性	CPU 221	CPU 222	CPU 224	CPU 226
外形尺寸/(mm×mm×mm)	90×80×62	90×80×62	120.5×80×62	190×80×62
I/O				
数字量I/O映像区大小	256	256	256	256
模拟量I/O映像区大小	无	16入/16出	32入/32出	32入/32出
指 令				
33MHz下布尔指令执行速度	0.37μs/指令	0.37μs/指令	0.37μs/指令	0.37μs/指令
I/O映像寄存器	128I和128Q	128I和128Q	128I和128Q	128I和128Q
内部继电器	256	256	256	256
计数器/定时器	256/256	256/256	256/256	256/256
字入/字出	无	16/16	32/32	32/32
顺序控制继电器	256	256	256	256
For/Next循环	有	有	有	有
整数运算	有	有	有	有
实数运算	有	有	有	有
附 加 功 能				
模拟量调节电位器	1	1	2	2
内置高速计数器	4H/W(20kHz)	4H/W(20kHz)	6H/W(20kHz)	6H/W(20kHz)
脉冲输出	2(20kHz,DC)	2(20kHz,DC)	2(20kHz,DC)	2(20kHz,DC)
通信中断	1发送器 2接收器	1发送器 2接收器	1发送器 2接收器	1发送器 4接收器
定时中断	2(1~255ms)	2(1~255ms)	2(1~255ms)	2(1~255ms)
硬件输入中断	4	4	4	4
实时时钟	有(时钟卡)	有(时钟卡)	有(内置)	有(内置)
口令保护	有	有	有	有
通 信				
通信口数量	1(RS-485)	1(RS-485)	1(RS-485)	2(RS-485)
支持协议 0号口 1号口	PPI,DP/T, 自由口 N/A	PPI,DP/T, 自由口 N/A	PPI,DP/T, 自由口 N/A	PPI,DP/T, 自由口 PPI,DP/T 自由口
PROFIBUS点到点	NETR/NETW	NETR/NETW	NETR/NETW	NETR/NETW

知识拓展

3.2.2 西门子PLC的历史及产品

1. 西门子PLC的历史

德国西门子（SIEMENS）公司SIMATIC系列PLC，诞生于1958年，经历了C3、S3、

S5、S7 系列，已成为应用非常广泛的可编程序控制器。SIMATIC PLC 的 6 代产品如下：

1）西门子公司的产品最早是 1975 年投放市场的 SIMATIC S3，它实际上是带有简单操作接口的二进制控制器。

2）1979 年，S3 系统被 SIMATIC S5 所取代，该系统广泛地使用了微处理器。

3）20 世纪 80 年代初，S5 系统进一步升级——U 系列 PLC，较常用机型有 S5-90U、95U、100U、115U、135U、155U 等。

4）1994 年 4 月，S7 系列诞生，它具有更国际化、更高性能等级、安装空间更小、更良好的 Windows 用户界面等优势，其机型为 S7-200、300、400 等。

5）1996 年，在过程控制领域，西门子公司又提出 PCS7（过程控制系统 7）的概念，将其优势的 WinCC（与 Windows 兼容的操作界面）、PROFIBUS（工业现场总线）、COROS（监控系统）、SINEC（西门子工业网络）及调控技术融为一体。

6）现在，西门子公司又提出 TIA（Totally Integrated Automation）概念，即全集成自动化系统，将 PLC 技术融于全部自动化领域。

由最初发展至今，S3、S5 系列 PLC 已逐步退出市场，停止生产，而 S7 系列 PLC 发展成为了西门子自动化系统的控制核心，而 TDC 系统沿用 SIMADYN D 技术内核，是对 S7 系列产品的进一步升级，它是西门子自动化系统最尖端、功能最强的可编程序控制器。

2. 西门子公司的 PLC 产品

西门子公司生产的可编程序控制器在我国的应用也相当广泛，在冶金、化工、印刷生产线等领域都有应用。西门子公司的 PLC 产品包括 LOGO、S7-200、S7-300、S7-400、工业网络、HMI 人机界面、工业软件等。西门子 S7 系列 PLC 体积小、速度快、标准化、网络通信能力、功能更强、可靠性更高。S7 系列 PLC 产品可分为微型 PLC（如 S7-200），小规模性能要求的 PLC（如 S7-300）和中、高性能要求的 PLC（如 S7-400）等。

（1）SIMATIC S7-200 系列 PLC

S7-200 系列 PLC 是超小型化的 PLC，它适用于各行各业，实现各种场合中的自动检测、监测及控制等。S7-200 系列 PLC 的强大功能使其无论单机运行，或连成网络都能实现复杂的控制功能。S7-200 系列 PLC 可提供 4 个不同的基本型号与 8 种 CPU。

（2）SIMATIC S7-300 系列 PLC

S7-300 是模块化小型 PLC 系统，能满足中等性能要求的应用。各种单独的模块之间可进行广泛组合以构成不同要求的系统。与 S7-200 系列 PLC 比较，S7-300 系列 PLC 采用模块化结构，具备高速（0.6 ~ 0.1μs）的指令运算速度，用浮点数运算比较有效地实现了更为复杂的算术运算；一个带标准用户接口的软件工具方便用户给所有模块进行参数赋值；方便的人机界面服务已经集成在 S7-300 操作系统内，人机对话的编程要求大大减少。SIMATIC 人机界面（HMI）从 S7-300 中取得数据，S7-300 按用户指定的刷新速度传送这些数据。S7-300 操作系统自动地处理数据的传送；CPU 的智能化的诊断系统连续监控系统的功能是否正常、记录错误和特殊系统事件（例如超时、模块更换等）；多级口令保护可以使用户高度、有效地保护其技术机密，防止未经允许的复制和修改；S7-300 系列 PLC 设有操作方式选择开关，操作方式选择开关像钥匙一样可以拔出，当钥匙拔出时，就不能改变操作方式，这样就可防止非法删除或改写用户程序。具备强大的通信功能，S7-300 系列 PLC 可通过编程软件 Step 7 的用户界面提供通信组态功能，这使得组态非常容易、简单。S7-300 系列 PLC 具有多种不同的通信接口，并通过多种通信处理器来连接AS-I总线接口和工业以太网总线系统；串行通信处理器用来连接点到点的通信系统；多点接口（MPI）集成在CPU中，用于同时连接编程器、PC、人机界面系统及其他SIMATIC S7/M7/C7等自动化控制系统。

（3）SIMATIC S7-400系列PLC

S7-400系列PLC是用于中、高档性能范围的可编程序控制器。

S7-400系列PLC采用模块化无风扇的设计，可靠耐用，同时可以选用多种级别（功能逐步升级）的CPU，并配有多种通用功能的模板，这使用户能根据需要组合成不同的专用系统。当控制系统规模扩大或升级时，只要适当地增加一些模板，便能使系统升级以充分满足需要。

（4）工业通信网络

通信网络是自动化系统的支柱，西门子的全集成自动化网络平台提供了从控制级，一直到现场级的一致性通信。“SIMATIC NET”是全部网络系列产品的总称，它们能在工厂的不同部门，在不同的自动化站以及通过不同的级交换数据，有标准的接口并且相互之间完全兼容。

（5）人机界面（HMI）硬件

HMI硬件配合PLC使用，为用户提供数据、图形和事件显示，主要有文本操作面板如TD200（可显示中文）、OP3、OP7、OP17等；图形/文本操作面板如OP27、OP37等；触摸屏操作面板如TP7、TP27/37、TP170A/B等；SIMATIC面板型如PC670等。个人计算机（PC）也可以作为HMI硬件使用。HMI硬件需要经过软件（如ProTool）组态才能配合PLC使用。

（6）SIMATIC S7工业软件

西门子的工业软件分为三个不同的种类：

①编程和工程工具。编程和工程工具包括所有基于PLC或PC的用于编程、组态、模拟和维护等控制所需的工具。STEP 7标准软件包是适用S7-300/400、C7 PLC和SIMATIC WinAC基于PC控制产品的组态编程和维护的项目管理工具，STEP 7-Micro/WIN是在Windows平台上运行的S7-200系列PLC的编程、在线仿真软件。

②基于PC的控制软件。基于PC的控制系统WinAC允许使用个人计算机作为可编程序控制器（PLC）运行用户的程序，运行在安装了Windows NT4.0操作系统的SIMATIC工控机或其他任何商用机。WinAC提供两种PLC：一种是软件PLC，在用户计算机上作为视窗任务运行；另一种是插槽PLC（在用户计算机上安装一个PC卡），它具有硬件PLC的全部功能。WinAC与SIMATIC S7系列处理器完全兼容，其编程采用统一的SIMATIC编程工具（如STEP 7），编制的程序既可运行在WinAC上，也可运行在S7系列处理器上。

③人机界面软件。人机界面软件为用户自动化项目提供人机界面（HMI）或SCADA系统，支持大范围的平台。人机界面软件有两种：一种是应用于机器级的ProTool；另一种是应用于监控级的WinCC。

ProTool适用于大部分HMI硬件的组态，从操作员面板到标准PC都可以用集成在STEP 7中的ProTool有效地完成组态。ProTool/lite用于文本显示的组态，如OP3、OP7、OP17、TD17等。ProTool/Pro用于组态标准PC和所有西门子HMI产品，ProTool/Pro不只是组态软件，其运行版也用于Windows平台的监控系统。

WinCC 是一个真正开放的、面向监控与数据采集的 SCADA（Supervisory Control and Data Acquisition）软件，可在任何标准 PC 上运行。WinCC 操作简单，系统可靠性高，与 STEP 7 功能集成，可直接进入 PLC 的硬件故障系统，节省项目开发时间。它的设计适合于广泛应用，可以连接到已存在的自动化环境中，有大量的通信接口和全面的过程信息以及数据处理能力，其最新的 WinCC 5.0 支持在办公室通过 IE 浏览器动态监控生产过程。

3.2.3　S7-200 系列 PLC 的 I/O 扩展

S7-200 系列 PLC 主机基本单元的最大 I/O 点数为 40（CPU 226 为 24 输入，16 输出）。PLC 内部映像寄存器资源的最大数字量 I/O 映像区的输入点 I0 ~ I15 为 16B，输出点 Q0 ~ Q15 也为 16B，共 32B 256 点（32 × 8）。最大模拟量 I/O 为 64 点，即 AIW0 ~ AIW62 共 32 个输入点，AQW0 ~ AQW62 共 32 个输出点（偶数递增）。S7-200 系统最多可扩展 7 个模块。

PLC 扩展模块的使用，不仅增加了 I/O 点数，还增加了 PLC 的许多控制功能。S7-200 系列 PLC 目前总共可以提供 3 大类共 9 种数字量 I/O 模块，3 大类共 5 种模拟量 I/O 模块，两种通信处理模块。常用扩展模块的型号、功能及用途见表 3-4。

表 3-4　S7-200 系列 PLC 常用扩展模块的型号、功能及用途

分类	型号	I/O 规格	功能及用途
数字量扩展模块	EM221	DI8 × DC24V	8 路数字量 DC24V 输入
	EM222	DO8 × DC24V	8 路数字量 DC24V 输出(固态 MOSFET)
		DO8 × 继电器	8 路数字量继电器输出
	EM223	DI4/DO4 × DC24V	4 路数字量 DC24V 输入、输出(固态)
		DI4/DO4 × DC24V 继电器	4 路数字量 DC24V 输入 4 路数字量继电器输出
		DI8/DO8 × DC24V	8 路数字量 DC24V 输入、输出(固态)
		DI8/DO8 × DC24V 继电器	8 路数字量 DC24V 输入 8 路数字量继电器输出
		DI16/DO16 × DC24V	16 路数字量 DC24V 输入、输出(固态)
		DI16/DO16 × DC24V 继电器	16 路数字量 DC 24V 输入 16 路数字量继电器输出
模拟量扩展模块	EM231	AI4 × 12 位	4 路模拟输入,12 位 A/D 转换
		AI4 × 热电偶	4 路热电偶模拟输入
		AI4 × RTD	4 路热电阻模拟输入
	EM232	AQ2 × 12 位	2 路模拟输出
	EM235	AI4/AQ1 × 12	4 路模拟输入,1 路模拟输出,12 位转换
通信模块	EM227	PROFIBUS DP	将 S7-200 CPU 作为从站连接到网络
现场设备接口模块	CP243—2	CPU 22X 的 AS—I 主站	最大扩展 124DI/124DO

1. 本机及扩展 I/O 编址

CPU 本机的 I/O 点具有固定的 I/O 地址，可以把扩展的 I/O 模块接至主机右侧来增加

I/O 点数。扩展模块 I/O 地址由扩展模块在 I/O 链中的位置决定。输入模块与输出模块的地址不会冲突，模拟量控制模块地址也不会影响数字量控制模块。例如，以 CPU 224 为主机，扩展 5 块数字、模拟 I/O 模块，其 I/O 链的连接图如图 3-2-4 所示。

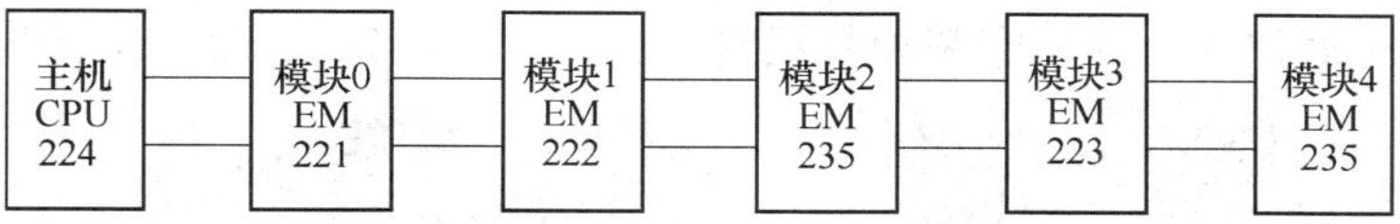

图 3-2-4　I/O 链的连接图

图 3-2-4 所示 I/O 链中各模块对应的 I/O 地址见表 3-5。

表 3-5　模块地址

主机	模块 0	模块 1	模块 2	模块 3	模块 4
I0.0　Q0.0	I2.0	Q2.0	AIW0　AQW0	I3.0　Q3.0	AIW8　AQW4
I0.1　Q0.1	I2.1	Q2.1	AIW2	I3.1　Q3.1	AIW10
I0.2　Q0.2	I2.2	Q2.2	AIW4	I3.2　Q3.2	AIW12
I0.3　Q0.3	I2.3	Q2.3	AIW6	I3.3　Q3.3	AIW14
I0.4　Q0.4	I2.4	Q2.4			
I0.5　Q0.5	I2.5	Q2.5			
I0.6　Q0.6	I2.6	Q2.6			
I0.7　Q0.7	I2.7	Q2.7			
I1.0　Q1.0					
I1.1　Q1.1					
I1.2					
I1.3					
I1.4					
I1.5					
可用作内部存储器标志位（M 位）的 I/O 映像寄存器					
Q1.2 ⋮ Q1.7				I4.0　Q3.4 ⋮ I15.7　Q15.7	
不能用的 I/O 映像寄存器					
I1.6 I1.7			AQW2	I3.4 ⋮ I3.7	AQW6

如果 I/O 物理点与映像寄存器字节内的位数不对应，那么映像寄存器字节剩余位就不会再分配给 I/O 链中的后续模块了。

输出映像寄存器的多余位和输入映像寄存器的多余字节可以作为内部存储器标志位使用。输入模块在每次输入更新时，都把保留字节的未用位清零。因此，输入映像寄存器已用字节的多余位不能作为内部存储器标志位。

模拟量控制模块总是以 2 个字节递增方式来分配空间。默认的模拟量 I/O 点不分配模拟量 I/O 映像存储空间，所以后续模拟量 I/O 控制模块无法使用未用的模拟量 I/O 点。

2. 扩展模块的安装与连接

S7-200 系列 PLC 扩展模块具有与基本单元相同的设计特点，其固定方式与 CPU 主机相同。主机及 I/O 扩展模块有导轨安装和直接安装两种方式，典型安装方式如图 3-2-5 所示。

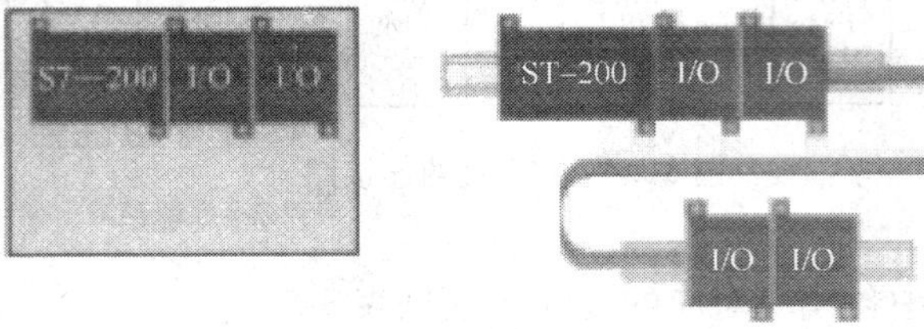

图 3-2-5 S7-200 系列 PLC 的安装方式

导轨安装方式是在 DIN 标准导轨上进行安装，即 I/O 扩展模块安装在紧靠 CPU 右侧的导轨上。该安装方式具有安装方便、拆卸灵活等优点。

直接安装是将螺钉通过安装固定螺孔将模块固定在配电盘上，它具有安装可靠、防振性好等特点。当需要扩展的模块较多时，可以使用扩展连接电缆重叠排布（分行安装）。

扩展模块除了自身需要 24V 供电电源外，还要从 I/O 总线上获得 DC5V 的电源，必要时，需参照表 3-6 校验主机 DC5V 的电流驱动能力。

表 3-6 S7-200 CPU 所提供的电流

CPU 22X 为扩展 I/O 提供的 5V DC 电流/mA		扩展模块 5V DC 电流消耗/mA	
CPU 222 CPU 224 CPU 226	340 600 1000	EM 221 DI8 × DC24V	30
		EM 222 DO8 × DC24V	50
		EM 222 DO8 × 继电器	40
		EM 223 DI4/DO4 × DC24V	40
		EM 223 DI4/DO4 × DC24V/继电器	40
		EM 223 DI8/DO8 × DC24V	80
		EM 223 DI8/DO8 × DC24V/继电器	80
		EM 223 DI16/DO16 × DC24V	160
		EM 223 DI16/DO16 × DC24V/继电器	150
		EM 231 AI4 × 12 位	20
		EM 231 AI4 × 热电偶	60
		EM 231 AI4 × RTD	60
		EM 231 AQ4 × 12 位	20
		EM 231 AI41/AQ1 × 12 位	30
		EM 277 PROFIBUS-DP	150

3. S7-200 系统块配置

系统块是 PLC 系统模块的简称。系统模块可以通过软件设置其功能，如对数字量和模拟量输入信号的滤波、脉冲截取（捕捉）、输出表的配置等。另外，还有对通信接口、保存范围、背景时间及密码等的设置。

实践探索

3.2.4　PLC外部接线的测量

1. 实践目的

1）了解S7-200系列CPU224 PLC的外观结构。

2）认识开关量I/O接口是PLC硬件构成的重要部分。

3）形成对PLC接口信号输入输出的直观印象。

2. 任务内容

S7-200 CPU224接线端子图如图3-2-6所示，要求测出其电源输入、输出端的电压及数字输入/输出信号端的有效电压。

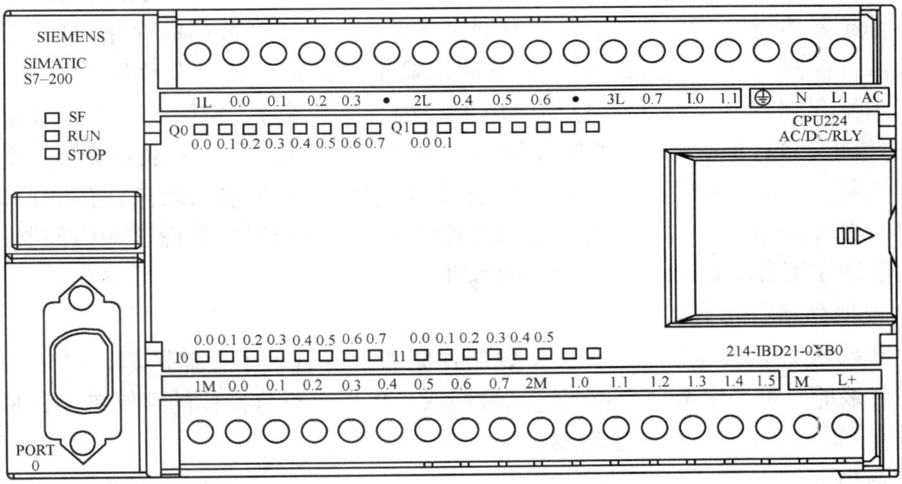

图3-2-6　S7-200 CPU224接线端子图

3. 设备与工具

1）S7-200系列PLC。

2）万用表、螺钉旋具等。

4. 步骤

1）测量PLC的电源输入接口。

2）测量PLC的电源输出接口。

3）认识PLC开关量输入、输出指示灯。

4）测量开关量输入点的电压，比较输入点有/无输入信号时，所测电压的不同，以及指示灯的不同反应。

5）测量开关量输出点的电压，比较输出点有/无输出信号时，所测电压的不同，以及指示灯的不同反应。了解当输出点有输出信号时可以使继电器吸合、指示灯点亮、蜂鸣器发声的现象。

模块 3　PLC 可编程软元件

知 识 积 累

3.3.1　S7-200 系列 PLC 的数据存储类型及寻址方式

PLC 是以微处理器为核心的控制系统。PLC 的指令都是针对有特定功能的存储器进行的，使用时可以将它看成是继电器、定时器、计数器等软元件。PLC 与继电器控制的根本区别在于，PLC 采用的是“软”元件，以程序实现各器件之间的连接。本节从软元件的寻址方式、存储空间、功能等角度出发，介绍各种元器件的使用方法。

1. 数据存储类型

PLC 内部元器件的功能是相互独立的，数据存储区为每一种元器件都分配有一个存储区域。每一种元器件用一组字母表示器件类型，字母加数字表示数据的存储地址。例如，I 表示输入映像寄存器（又称输入继电器）；Q 表示输出映像寄存器（又称输出继电器）；M 表示内部标志位存储器（又称内部辅助继电器或内部继电器）；SM 表示特殊标志位存储器（特殊标志继电器）；S 表示顺序控制存储器（又称状态继电器）；V 表示变量存储器；L 表示局部存储器；T 表示定时器；C 表示计数器；AI 表示模拟量输入映像寄存器；AQ 表示模拟量输出映像寄存器；AC 表示累加器；HC 表示高速计数器等。掌握这些内部器件的定义、范围、功能和使用方法是 PLC 程序设计的基础。

（1）数据存储器的编址

S7-200 系列 PLC 按元器件的种类将数据存储器分成若干个存储区域，每个区域的存储单元按字节编址，每个字节由 8 位二进制数组成。可以进行位操作的存储单元，每一位都可以看成是有“0”、“1”状态的逻辑器件。

（2）数值表示方法

①数据类型及范围：S7-200 系列 PLC 在存储单元所存放的数据类型有布尔型（BOOL）、整数型（INT）和实数型（REAL）三种。

表 3-7 给出了各种数据类型、长度及大小范围。

表 3-7　数据类型、长度及大小范围

基本数据类型	无符号整数表示范围		基本数据类型	有符号整数表示范围	
	十进制表示	十六进制表示		十进制表示	十六进制表示
字节 B(8 位)	0 ~ 255	0 ~ FF	字节 B(8 位) 只用于 SHRB 指令	− 128 ~ 127	80 ~ 7F
字 W(16 位)	0 ~ 65535	0 ~ FFFF	INT(16 位)	− 32767 ~ 32767	8000 ~ 7FFF
双字 D(32 位)	0 ~ 4294967295	0 ~ FFFFFFFF	DINT(32 位)	− 2147483648 ~ 2147483647	80000000 ~ 7FFFFFFF
BOOL(1 位)	0 ~ 1				
实数(32 位)	$-10^{38} \sim 10^{38}$(IEEE32 浮点数)				

布尔型数据指的是1位的二进制数（0或1）；整数型数据有字节型（8位）、字型（16位）和双字型（32位）3种数据长度，并且有带符号整数和不带符号整数两种类型；实数型（浮点数）数据采用32位单精度数表示，数据范围是：

正数：1.175495E-38～3.402823E+38

负数：-1.175495E-38～-3.402823E+38

②常数：在S7-200系列PLC的许多指令中使用了常数，常数值的长度可以是字节（Byte）、字（Word）或双字（Double Word）。CPU以二进制方式存储常数，可以采用十进制、十六进制、ASCII码或浮点数形式书写常数。几种常数表示方法见表3-8。

表3-8　常数表示方法

进制	书写格式	举　例
十进制	十进制数值	1025
十六进制	16#十六进制值	16#8AC7
二进制	2#二进制值	2#1010 0011 1101 0001
ASCII码	'ASCII码文本'	'Show terminals'
浮点数	ANSI/IEEE 754-1985标准	1.175495E-38到3.402823E+38
		-1.175495E-38到-3.402823E+38

2. 寻址方式

S7-200系列PLC将信息存于不同的存储单元，每个单元都有一个唯一的地址，系统允许用户以字节、字、双字为单位存/取信息。提供参与操作的数据地址的方法，称为寻址方式。S7-200系列PLC数据的寻址方式有立即数寻址、直接寻址和间接寻址三大类；有位、字节、字和双字四种寻址格式。用立即数寻址的数据在指令中以常数形式出现。下面对直接寻址和间接寻址方式加以说明：

（1）直接寻址方式

直接寻址方式指在指令中直接使用存储器或寄存器的元件名称和地址编号，直接查找数据。数据直接寻址指的是，在指令中明确指出了存/取数据的存储器地址，允许用户程序直接存/取信息。数据直接地址表示方法如图3-3-1所示。

数据的直接地址包括内存区域标志符，数据大小及该字节的地址或字、双字的起始地址，以及位分隔符和位。其中有些参数可以省略，详见图3-3-1中说明。

位寻址举例如图3-3-2所示，I7.4表示数据地址为输入映像寄存器的第7字节第4位的位地址。可以根据I7.4地址对该位进行读/写操作。

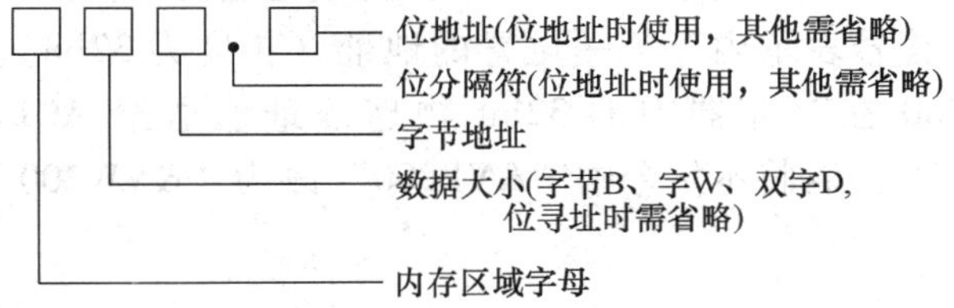

图3-3-1　数据直接地址表示方法

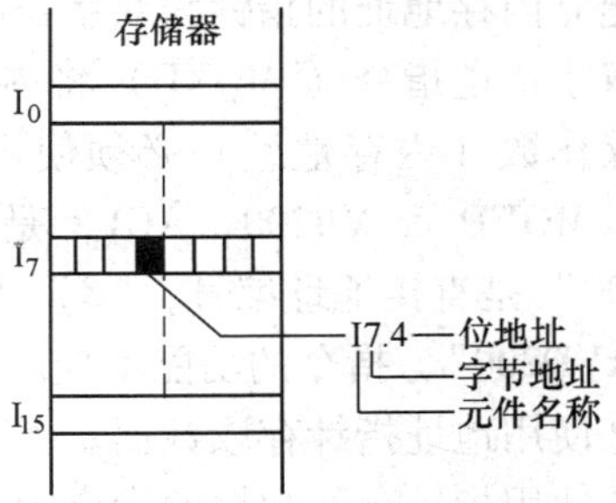

图3-3-2　位寻址格式

可以进行位操作的存储器（软元件）有：输入映像寄存器（I）、输出映像寄存器（Q）、内部标志位存储器（M）、特殊标志位存储器（SM）、局部变量存储器（L）、变量存储器（V）及状态元件（S）等。

直接访问字节（8bit）、字（16bit）、双字（32bit）数据时，必须指明数据存储区域、数据长度及起始地址。当数据长度为字或双字时，最高有效字节为起始地址字节。对变量存储器 V 的数据操作如图 3-3-3 所示。

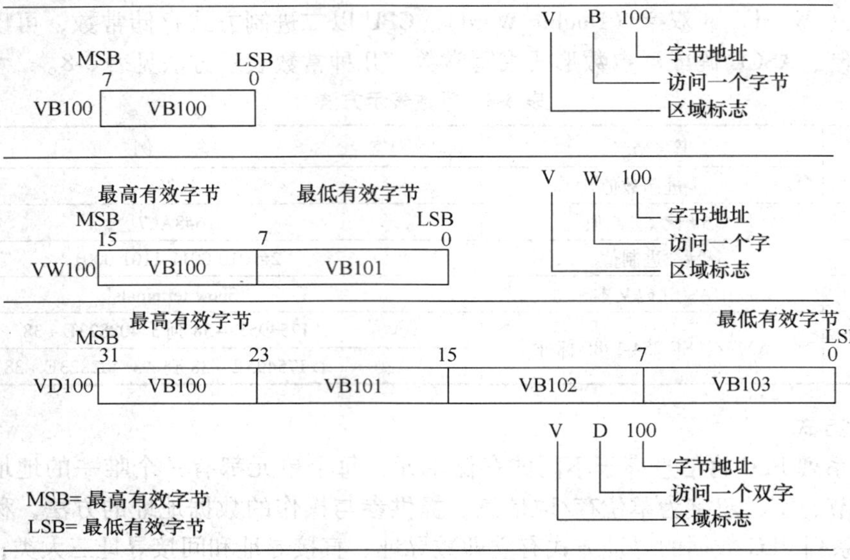

图 3-3-3 字节、字、双字寻址格式

①可按字节操作的元器件有 I、Q、M、SM、S、V、L、AC、常数。

②可按字操作的元器件有 I、Q、M、SM、S、T、C、V、L、AC、常数。

③可按双字操作的元器件有 I、Q、M、SM、S、V、L、AC、HC、常数。

（2）间接寻址方式

间接寻址方式指使用地址指针来存/取存储器中的数据。使用前，首先将数据所在单元的内存地址放入地址指针寄存器中，然后根据此地址存/取数据。S7-200 CPU 中允许使用指针进行间接寻址的存储区域有 I、Q、V、M、S、T、C。

①建立地址指针。

建立内存地址的指针为双字长度（32bit），故可以使用 V、L、AC 作为地址指针。必须采用双字传送指令（MOVD）将内存的某个地址移入到指针当中，以生成地址指针。指令中的操作数（内存地址）必须使用“&”符号表示内存某一位置的地址（长度为 32bit）。例如：MOVD & VB200，AC1，是将 VB200 在存储器中的 32bit 物理地址值送给 AC1。“VB200”是直接地址编号，“&”为地址符号。若将本指令中“&VB200”改为“&VW200”或“&VD200”，指令的功能不变。

②使用地址指针存取数据。

在使用指针存取数据的指令中，操作数前加有“*”时表示该操作数为地址指针。

例如，

MOVW ＊ AC1，AC0

是将 AC1 作为内存地址指针，把以 AC1 中内容为起始地址的内存单元的 16bit 数据送到累加器 AC0 中，其操作过程如图 3-3-4 所示。

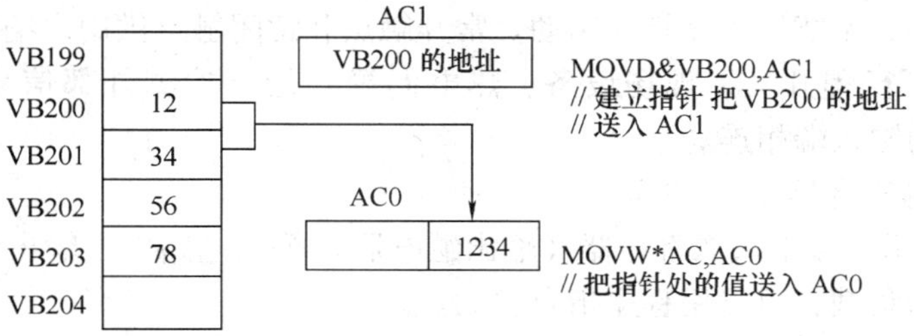

图 3-3-4　使用指针间接寻址

③修改指针

处理连续存储数据时，可以通过修改指针很容易存取紧挨的数据。简单的数学运算指令，如加法、减法、自增和自减等指令可以用来修改指针。在修改指针时，要记住访问数据的长度。在存取字节时，指针加 1；在存取字时，指针加 2；在存取双字时，指针加 4。如图 3-3-5 所示说明如何建立指针，如何存取数据及修改指针。

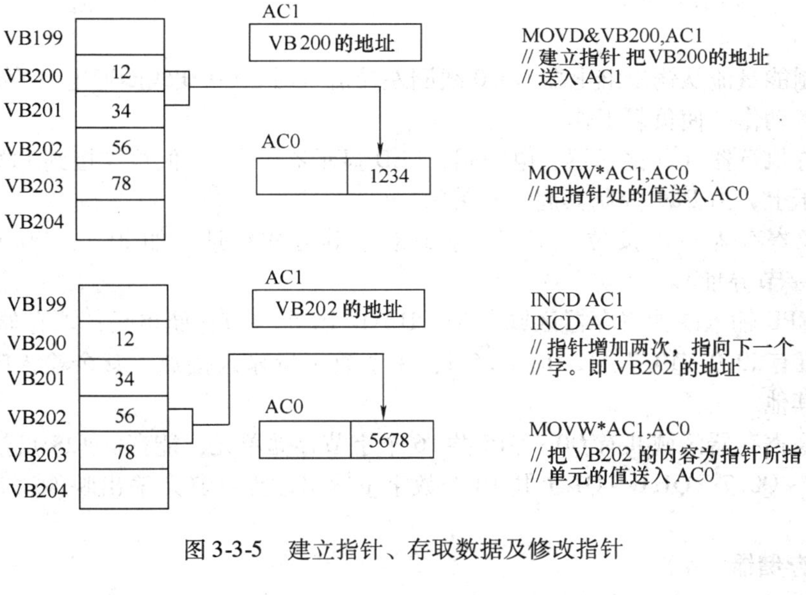

图 3-3-5　建立指针、存取数据及修改指针

3. 3. 2　S7-200 系列 PLC 的数据存储区及软元件功能

1. I/O 映像寄存器

I/O 映像寄存器（输入输出映像寄存器）都是以字节为单位的寄存器，可以按位操作，它们的每一位对应一个数字量 I/O 接点。不同型号主机的 I/O 映像寄存器区域的大小和 I/O 点数可参考主机技术性能指标。扩展后的实际 I/O 点数不能超过 I/O 映像寄存器区域的大小，I/O 映像寄存器区域未用的部分可当做内部标志位 M 或数据存储器（以字节为单位）

使用。

（1）输入映像寄存器

在图 3-3-6 所示的输入映像寄存器（输入继电器）的电路示意图中，输入继电器线圈只能由外部信号驱动，不能用程序指令驱动。常开触点和常闭触点供用户编程使用。外部信号传感器（如按钮、行程开关、现场设备、热电偶等）用于检测外部信号的变化，它们与 PLC 或输入模块的输入端相连。

（2）输出映像寄存器

在图 3-3-7 所示的输出映像寄存器（输出继电器）等效电路中，输出继电器用于将 PLC 的输出信号传递给负载，只能用程序指令驱动。

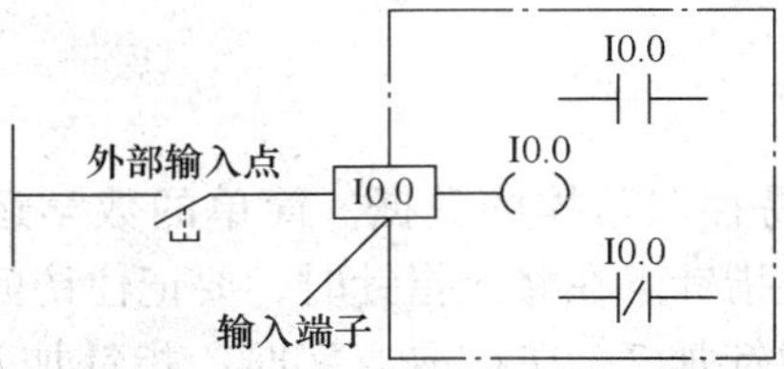

图 3-3-6　输入映像寄存器（输入继电器）的电路示意图

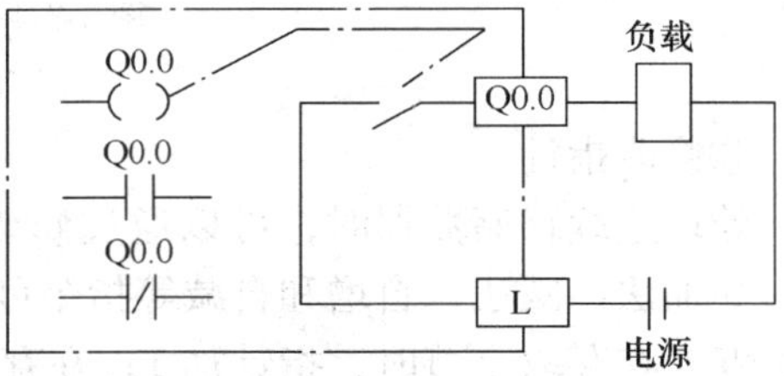

图 3-3-7　输出映像寄存器（输出继电器）等效电路

程序控制能量流从输出继电器 Q0.0 线圈左端流入时，Q0.0 线圈通电（存储器位置 1），带动输出触点动作，使负载工作。

负载又称执行器（如接触器、电磁阀、LED 显示器等），它们被连接到 PLC 输出模块的输出接线端子上，由 PLC 控制其起动和关闭。

I/O 映像寄存器可以按位、字节、字或双字等方式编址，如 I0.1、Q0.1（位寻址），IB1、QB5（字节寻址）。

S7-200 CPU 输入映像寄存器区域有 I0 ~ I15 共 16 个字节存储单元，能存储 128 点信息。CPU 224 主机有 I0.0 ~ 10.7、I1.0 ~ I1.5 共 14 个数字量输入接点，其余输入映像寄存器可用于扩展或其他。

输出映像寄存器区域共有 Q0 ~ Q15 共 16 个字节存储单元，能存储 128 点信息。CPU224 主机有 Q0.0 ~ Q0.7、Q1.0 ~ Q1.1 共 10 个数字量输出端点，其余输出映像寄存器可用于扩展或其他。

2. 变量存储器（V）

变量存储器（V）用于存储运算的中间结果，也可以用于保存工序或与任务相关的其他数据，如模拟量控制、数据运算、设置参数等。变量存储器可按位使用，也可按字节、字或双字使用。变量存储器有较大的存储空间，如 CPU 224 有 VB0.0 ~ VB5119.7 的 5KB，CPU 214 有 VB0.0 ~ VB2047.7 的 2KB。

3. 内部标志位（M）存储区

内部标志位（M）可以按位使用，作为控制继电器（又称中间继电器），用于存储中间操作数或其他控制信息；也可以按字节、字或双字来存取存储区的数据，编址范围是 M0.0 ~ M31.7。

4. 顺序控制继电器（S）存储区

顺序控制继电器S又称为状态继电器，用于组织机器操作或进入等效程序段工步，以实现顺序控制和步进控制。可以按位、字节、字或双字来存取S位，编址范围是S0.0～S31.7。

5. 特殊标志位（SM）存储器

SM存储器提供了CPU与用户程序之间信息传递的方法，用户可以使用这些特殊标志位提供的信息，控制S7-200 CPU的一些特殊功能。特殊标志位可以分为只读操作区和读/写操作区两大部分。CPU 224的SM编址范围为SM0.0～SM179.7共180个字节，CPU 214为SM0.0～SM85.7共86个字节。其中，SM0.0～SM29.7的30个字节为只读型区域。

例如，特殊标志位存储器的只读字节SMB0为状态位，在每次扫描循环结束时由S7-200 CPU更新，用户可使用这些位的信息启动程序内的功能，编制用户程序。SMB0字节的特殊标志位定义如下所述。

1）SM0.0：RUN监控。PLC在运行状态时该位始终为“1”。

2）SM0.1：首次扫描时为“1”，PLC由停止转为运行状态时，ON（“1”态）一个扫描周期。用于程序的初始化。

3）SM0.2：当RAM中数据丢失时，ON一个扫描周期。用于出错处理。

4）SM0.3：PLC上电进入运行方式，ON一个扫描周期。可用在启动操作之前给设备提供一个预热时间。

5）SM0.4：分脉冲，该位输出一个占空比为50%的分时钟脉冲。可用作时间基准或简易延时。

6）SM0.5：秒脉冲，该位输出一个占空比为50%的秒时钟脉冲。可用作时间基准或简易延时。

7）SM0.6：扫描时钟，一个扫描周期为ON（高电平），下一个为OFF（低电平），循环交替。

8）SM0.7：工作方式开关位置指示，“0”为“TERM”位置，“1”为“RUN”位置。为“1”时，使自由端口通信方式有效。

指令状态位SMB1提供不同指令的错误指示，如表示数学操作。其部分位的定义如下所述。

1）SM1.0：零标志，运算结果为“0”时，该位置“1”。

2）SM1.1：溢出标志，运算结果溢出或查出非法数值时，该位置“1”。

3）SM1.2：负数标志，数学运算结果为负时，该位为“1”。

6. 局部存储器（L）

局部存储器（L）和变量存储器（V）很相似，主要区别在于局部存储器（L）是局部有效的，变量存储器（V）则是全局有效的。全局有效是指同一个存储器可以被任何程序（如主程序、中断程序或子程序）存/取，局部有效是指存储区和特定的程序相关联。

S7-200有64B的局部存储器，编址范围为LB0.0～LB63.7。其中的60B可用作暂时存储器或给子程序传递参数，最后4B为系统保留字节。S7-200系列PLC根据需要分配局部存储器。当主程序执行时，64B的局部存储器分配给主程序；当中断或调用子程序时，将局部存储器重新分配给相应程序。局部存储器在分配时，PLC不进行初始化，初始值是任意的。

可以用直接寻址方式按字节、字或双字来访问局部存储器，也可以把局部存储器作为间接寻址的指针，但不能作为间接寻址的存储区域。

7. 定时器

PLC 中的定时器相当于时间继电器，用于延时控制。S7-200 CPU 中的定时器是对内部时钟的时间增量计时的设备。

定时器用符号 T 和地址编号表示，编址范围为 T0 ~ T255 （22X），T0 ~ T127 （21X）。定时器的主要参数有定时器预置值、当前计时值和状态位。

1）时间预置值：时间预置值为 16 位带符号整数，由程序指令给定。

2）当前计时值：在 S7-200 定时器中有一个 16 位的当前值寄存器，用于存放当前计时值（16 位带符号整数）。当定时器输入条件满足时，当前值从零开始增加，每隔 1 个时间基准增加 1。时间基准又称定时精度。S7-200 共有 3 个时基等级，即 1ms、10ms、100ms。定时器按地址编号的不同，分属各个时基等级。

3）状态位：每个定时器除有预置值和当前值外，还有一位状态位。定时器的当前值增加到大于等于预置值后，状态位为“1”，梯形图中代表状态位读操作的常开触点闭合。

定时器的编址（如 T3）可以用于访问定时器的状态位，也可用于访问当前值。存/取定时器数据的实例如图 3-3-8 所示。

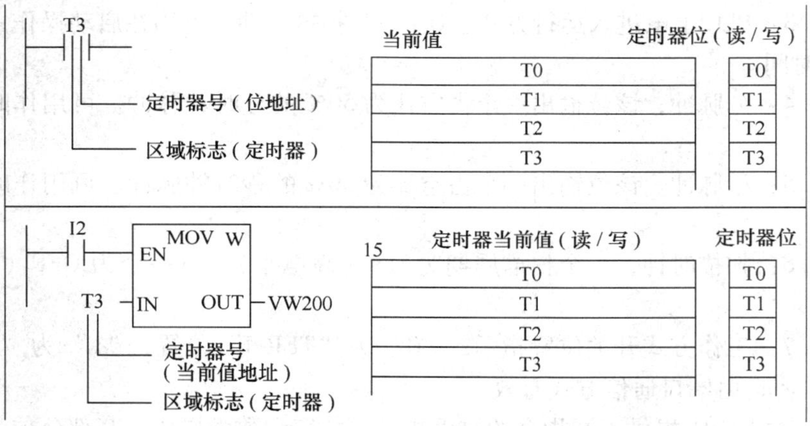

图 3-3-8 存/取定时器数据的实例

8. 计数器

计数器主要用于累计输入脉冲个数。其结构与定时器相似，其设定值（预置值）在程序中被赋予，有一个 16 位的当前值寄存器和一位状态位。当前值寄存器用于累计脉冲个数，当计数器当前值大于或等于预置值时，状态位置 1。

S7-200 CPU 提供有 3 种类型的计数器，即增计数、减计数和增/减计数。计数器用符号 C 和地址编号表示，编址范围为 C0 ~ C255 （22X），C0 ~ C127 （21X）。

计数器数据存/取操作与定时器的类似，可参考图 3-3-8 理解。

9. 模拟量 I/O 映像寄存器（AI/AQ）

S7-200 的模拟量输入电路将外部输入的模拟量（如温度、电压）等转换成 1W （16 位）的数字量，存入模拟量输入映像寄存器区域，可以用区域标志符（ AI）、数据长度（W）

及字节的起始地址来存取这些值。因为模拟量为1W，所以起始地址定义为偶数字节地址，如AIW0，AIW2，…，AIW62，共有32个模拟量输入点。模拟量输入值为只读数据。存/取模拟量输入值的实例如图3-3-9所示。

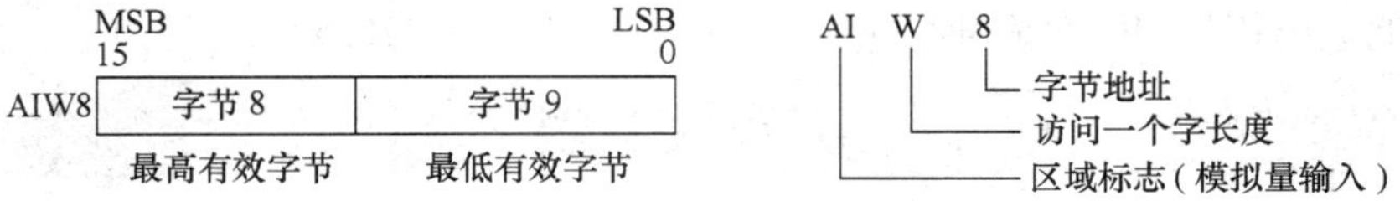

图3-3-9 存/取模拟量输入值的实例

S7-200模拟量输出电路将模拟量输出映像寄存器区域的1W（16位）数字值转换为模拟电流或电压输出。可以用区域标志符（AQ）、数据长度（W）及起始字节地址来设置。因为模拟量输出数据长度为16位，所以起始地址也采用偶数字节地址，如AQW0，AQW2，…，AQW62，共有32个模拟量输出点。用户程序只能给输出映像寄存器区域置数，而不能读取。存/取模拟量输出值的实例如图3-3-10所示。

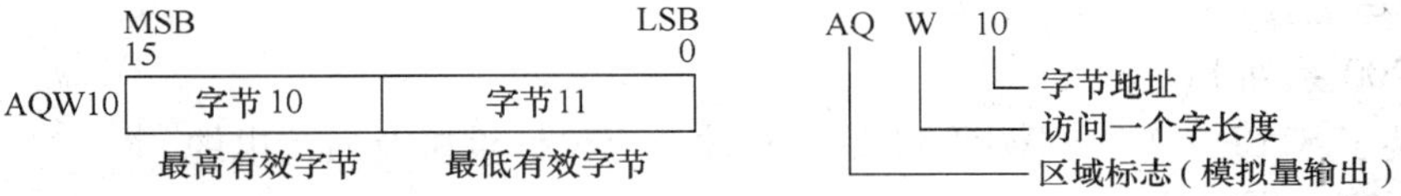

图3-3-10 存/取模拟量输出值的实例

10. 累加器（AC）

累加器（AC）是用于暂存数据的寄存器，可以用于子程序之间传递参数，以及存储计算结果的中间值。S7-200 CPU中提供了4个32位累加器AC0～AC3，累加器支持以字节（B）、字（W）和双字（D）的存/取。按字节或字为单位存/取时，累加器只使用低8位或低16位，数据存储长度由所用指令决定。累加器的操作如图3-3-11所示。

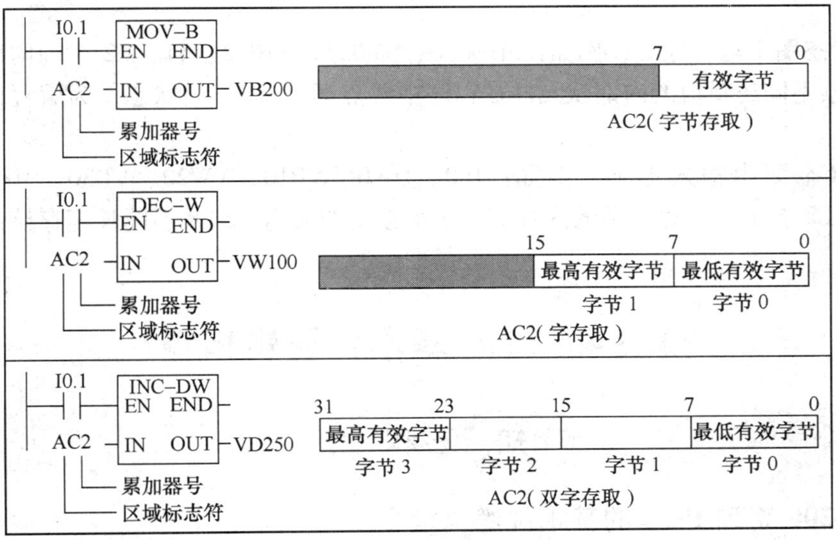

图3-3-11 累加器的操作

11. 高速计数器（HC）

CPU 22X PLC 提供了 6 个高速计数器（每个计数器的最高频率为 30kHz），用于累计比 CPU 扫描速率更快的事件。高速计数器的当前值为双字长的有符号整数，且为只读值。高速计数器的地址由符号 HC 和编号组成，如 HC0，HC1，…，HC5。

实 践 探 索

3.3.3 软元件逻辑值的查询

1. 实践目的

1）熟悉 S7-200 系列 PLC 软元件的种类及其所存储的逻辑值。

2）掌握各种软元件及值的查找方法。

2. 任务内容

查询 S7-200 系列 PLC 软元件的逻辑值及各种存储器存储的数据。

3. 设备与工具

1）S7-200 系列 PLC。

2）安装了 STEP 7-Micro/WIN 32 编程软件的上位计算机及通信电缆。

3）万用表、螺钉旋具等。

4. 训练步骤

1）由教师打开 PLC 和计算机，打开 STEP 7-Micro/WIN 32 编程软件，建立 PLC 的通信，并打开程序状态图。

2）在状态图中输入地址，例如：I0.0、I1.2、Q0.3、Q1.0 查询输入/输出继电器的逻辑值，观察不同逻辑值的软元件在程序中触点通/断的不同状态，为编程建立初步概念，并用万用表测量输入/输出点的电压，以温习上一模块做过的外部接线测量的知识。

3）改变上述地址的逻辑值，对不同的状态加以对比，进一步强化“步骤 2”建立起来的概念。

4）在状态图中输入地址，例如：M100.0、SM0.5、V10.2、T1、C2 查询内部软元件的逻辑值，观察不同逻辑值的内部软元件在程序中触点通/断的不同状态，为编程建立初步概念。

5）在状态图中输入地址，例如：IB0、QW0、VB10、VW20、VD30、MB0、MW22、MD36、T1、C2 查询各种存储器的内容值，了解数据的表达，以及不同长度存储器地址的书写。

模块 4 PLC 基本位逻辑指令

知 识 积 累

3.4.1 S7-200 系列 PLC 的基本位逻辑指令

SIMATIC S7-200 的基本位逻辑指令是指构成基本位逻辑运算功能指令的集合，包括基本的位操作指令、置位/复位指令、立即指令、边沿脉冲指令、逻辑堆栈指令、取非和空操作指令。位操作指令是 PLC 常用的基本逻辑指令，能够实现基本的位逻辑运算和控制。

1. 逻辑取及线圈驱动指令

LD（Load）、LDN（Load Not）、=（Out）

LD（Load）：装载指令，对应梯形图从左侧母线开始，连接常开触点（动合触点）。

LDN（Load Not）：装载指令，对应梯形图从左侧母线开始，连接常闭触点（动断触点）。

=（Out）：置位指令，线圈输出。

这几种指令的用法如图 3-4-1 所示。

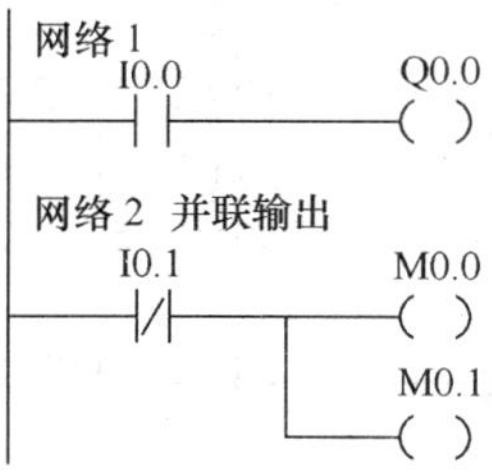

LD	I0.0
=	Q0.0
LDN	I0.1
=	M0.0
=	M0.1

a)　　b)

图 3-4-1　LD、LDN、=指令梯形图及指令表
a）梯形图　b）指令表

2. 触点串联指令

A（And）、AN（And Not）

A（And）：与操作指令，用于常开触点的串联。

AN（And Not）：与操作指令，用于常闭触点的串联。

图 3-4-2 所示梯形图及指令表表示了上述两条基本指令的用法。

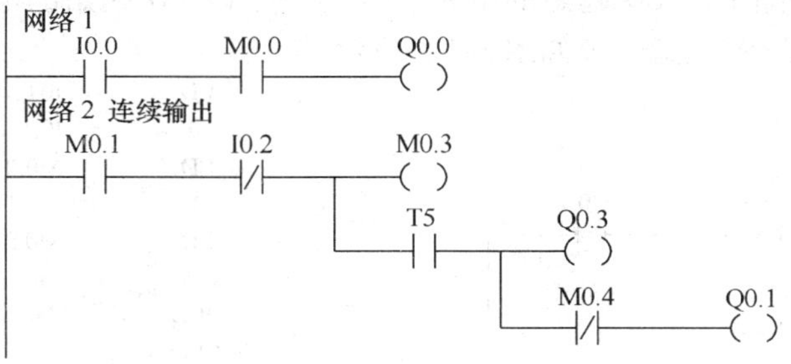

LD	I0.0
A	M0.0
=	Q0.0
LD	M0.1
AN	I0.2
=	M0.3
A	T5
=	Q0.3
AN	M0.4
=	Q0.1

a)　　b)

图 3-4-2　A、AN 指令梯形图及指令表
a）梯形图　b）指令表

3. 触点并联指令

O（Or）、ON（Or Not）

O（Or）：或操作指令，用于常开触点的并联。

ON（Or Not）：或操作指令，用于常闭触点的并联。

图 3-4-3 所示梯形图及指令表表示了 O 及 ON 指令的用法。

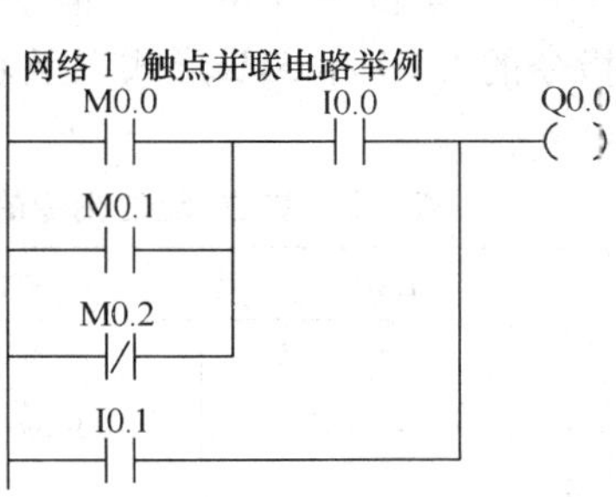

LD	M0.0
O	M0.1
ON	M0.2
A	I0.0
O	I0.1
=	Q0.0

a)　　b)

图 3-4-3　O、ON 指令梯形图及指令表
a）梯形图　b）指令表

4. 串联电路块的并联指令

OLD（Or Load）

OLD（Or Load）是将梯形图中以 LD 起始的电路块和另一个以 LD 起始的电路块并联起

来。OLD（Or Load）指令梯形图及指令表如图 3-4-4 所示。

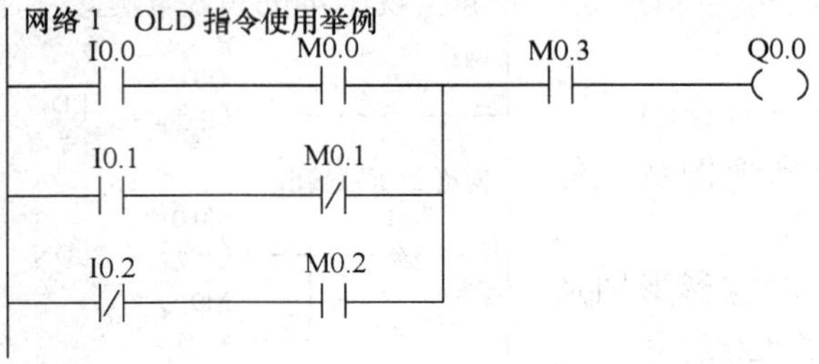

LD	I0.0
A	M0.0
LD	I0.1
AN	M0.1
OLD	
LDN	I0.2
A	M0.2
OLD	
A	M0.3
=	Q0.0

a)　　　　b)

图 3-4-4　OLD 指令梯形图及指令表

a）梯形图　b）指令表

5. 并联电路块的串联指令

ALD（And Load）

ALD（And Load）是将梯形图中以 LD 起始的电路块与另一个以 LD 起始的电路块串联起来。ALD（And Load）指令梯形图及指令表如图 3-4-5 所示。

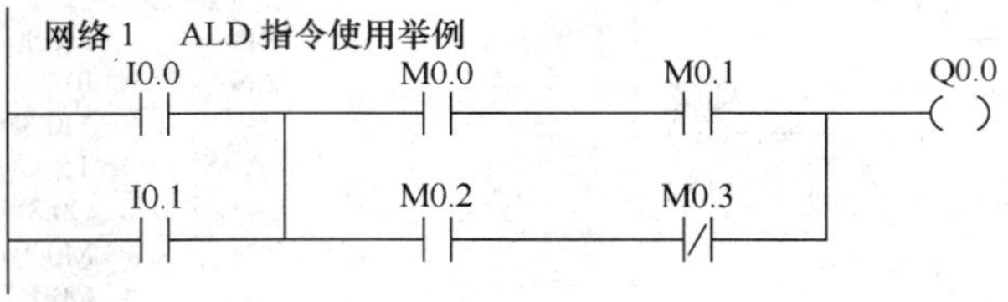

LD	I0.0
O	I0.1
LD	M0.0
A	M0.1
LD	M0.2
AN	M0.3
OLD	
ALD	
=	Q0.0

a)　　　　b)

图 3-4-5　ALD 指令梯形图及指令表

a）梯形图　b）指令表

6. 置位 S（Set）、复位 R（Reset）指令

置位/复位指令的 LAD 和 STL 形式以及功能见表 3-9。图 3-4-6 所示为 S/R 指令应用程序及时序图。

表 3-9　置位/复位指令的 LAD 和 STL 形式以及功能

	LAD	STL	功　能
置位指令	bit ——(S) N	S bit，N	从 bit 开始的 N 个元件置 1 并保持
复位指令	Bit ——(R) N	R bit，N	从 bit 开始的 N 个元件清 0 并保持

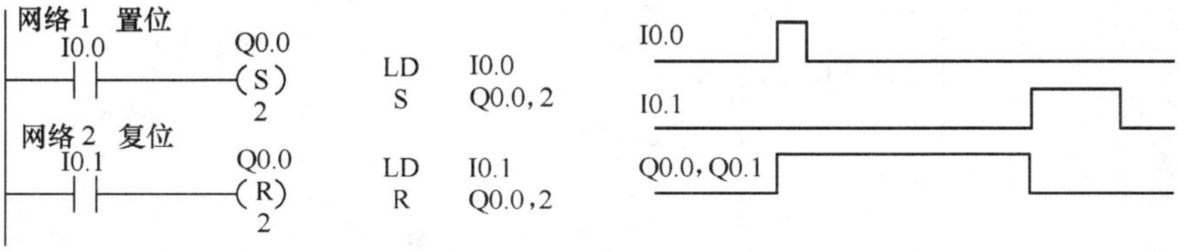

a)　　b)　　c)

图 3-4-6　S/R 指令应用程序及时序图
a）梯形图　b）指令表　c）时序图

7. 立即指令

I（Immediate）

立即指令是为了提高 PLC 对输入/输出的响应速度而设置的，它不受 PLC 循环扫描工作方式的影响，允许对输入和输出点进行快速直接存取。

当用立即指令读取输入点的状态时，对 I 进行操作，相应的输入映像寄存器中的值并未更新；当用立即指令访问输出点时，对 Q 进行操作，更新值同时写到 PLC 的物理输出点和相应的输出映像寄存器。

立即指令的名称和使用说明见表 3-10，应用举例程序及时序图分别如图 3-4-7、图 3-4-8 所示。

表 3-10　立即指令的名称和使用说明

<table>
<tr><th>指令名称</th><th>STL</th><th>LAD</th><th>使用说明</th></tr>
<tr><td>立即取</td><td>LDI bit</td><td rowspan="3">bit
—| I |—</td><td rowspan="6">bit 只能为 I</td></tr>
<tr><td>立即取反</td><td>LDNI bit</td></tr>
<tr><td>立即或</td><td>OI bit</td></tr>
<tr><td>立即或反</td><td>ONI bit</td><td rowspan="3">bit
—| /I |—</td></tr>
<tr><td>立即与</td><td>AI bit</td></tr>
<tr><td>立即与反</td><td>ANI bit</td></tr>
<tr><td>立即输出</td><td>= I bit</td><td>bit
—(I)</td><td>bit 只能为 Q</td></tr>
<tr><td>立即置位</td><td>SI bit, N</td><td>bit
—(SI)
N</td><td rowspan="2">1. bit 只能为 Q
2. N 的范围:1 ~ 128
3. N 的操作数同 S/R 指令</td></tr>
<tr><td>立即复位</td><td>RI bit, N</td><td>bit
—(RI)
N</td></tr>
</table>

8. 边沿脉冲指令

边沿脉冲指令也称为微分指令，为 EU（Edge Up）、ED（Edge Down）。

边沿脉冲指令的名称及使用说明见表 3-11。

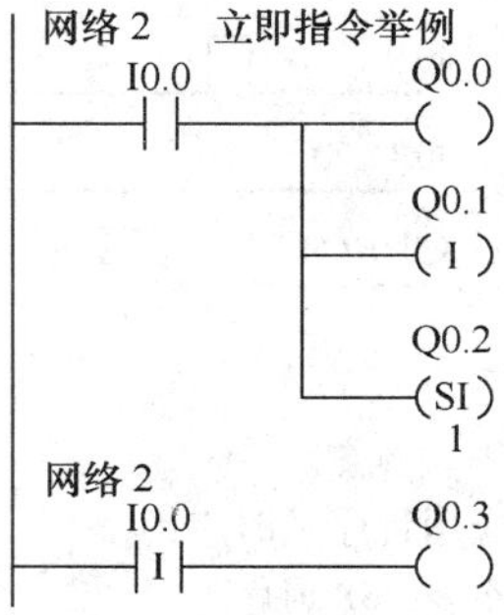


```
LD    I0.0
=     Q0.0
=I    Q0.1
SI    Q0.2,1

LDI   I0.0
=     Q0.3
```

图 3-4-7 立即指令应用程序

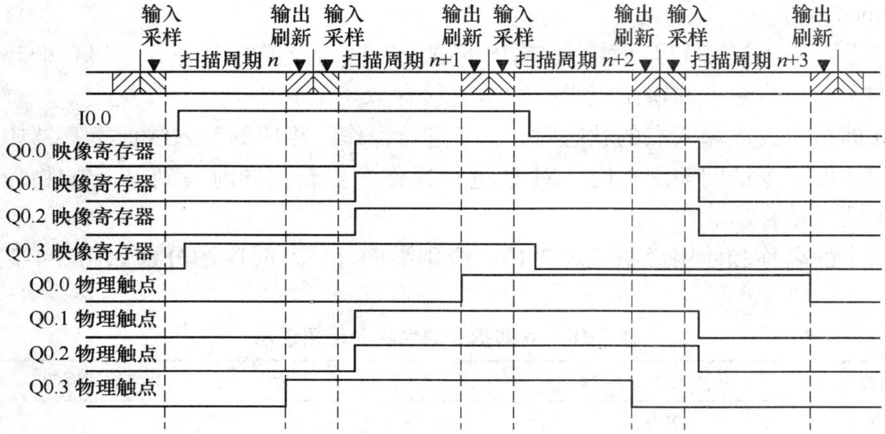

图 3-4-8 立即指令的时序图

表 3-11 边沿脉冲指令的名称及使用说明

STL	LAD	功能	操作元件
EU(Edge Up)	—|P|—( )	上升沿微分输出	无
ED(Edge Down)	—|N|—( )	下降沿微分输出	无

边沿脉冲指令 EU/ED 应用程序及时序图如图 3-4-9 所示。

EU 指令对其之前的逻辑运算结果的上升沿产生一个宽度为一个扫描周期的脉冲，如图 3-4-9 中的 M0.0。ED 指令对逻辑运算结果的下降沿产生一个宽度为一个扫描周期的脉冲，如图 3-4-9 中的 M0.1。脉冲指令常用于起动及关断条件的判定以及配合功能指令完成一些逻辑控制任务。

9. 栈操作指令

LPS、LRD、LPP

LPS：(Logic Push) 逻辑堆栈操作指令（无操作元件)。

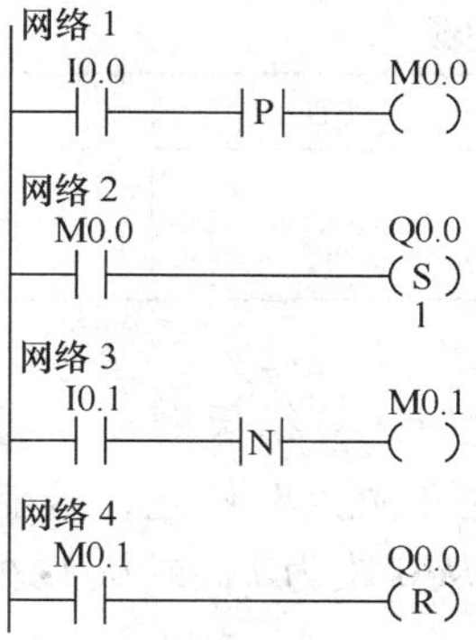


```
NETWORK 1
LD    I0.0
EU
=     M0.0
NETWORK 2
LD    M0.0
S     Q0.0,1
NETWORK 3
LD    I0.1
ED
=     M0.1
NETWORK 4
LD    M0.1
R     Q0.0,1
```

a)

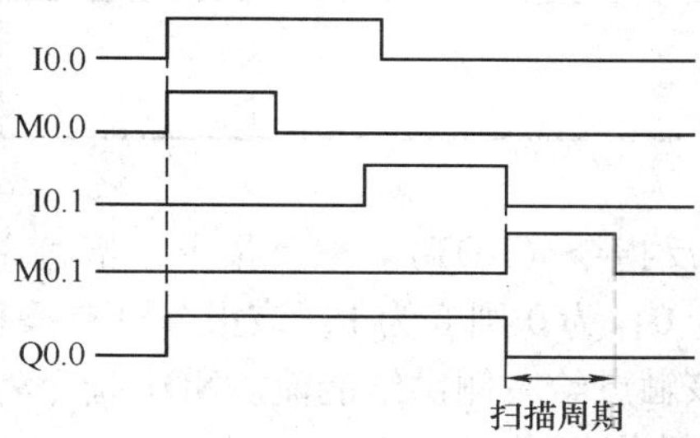

b)

图3-4-9　边沿脉冲指令EU/ED应用程序及时序图
a）应用程序　b）时序图

LRD：（Logic Read）逻辑读栈指令（无操作元件）。

LPP：（Logic Pop）逻辑弹栈指令（无操作元件）。

S7-200系列PLC采用模拟栈结构，用来存放逻辑运算结果以及保存断点地址，所以其操作又称为逻辑栈操作。在此，仅讨论断点保护功能的栈操作概念。

堆栈操作时将断点的地址压入栈区，栈区内容自动下移（栈底内容丢失）。读栈操作时将存储器栈区顶部的内容读入程序的地址指针寄存器，栈区内容保持不变。弹栈操作时，栈的内容依次按照后进先出的原则弹出，将栈顶内容弹入程序的地址指针寄存器，栈区的内容依次上移。

逻辑堆栈指令（LPS）可以嵌套使用，最多为9层。为保证程序地址指针不发生错误，堆栈和弹栈指令必须成对使用，最后一次读栈操作应使用弹栈指令。栈操作指令的应用程序段如图3-4-10所示。

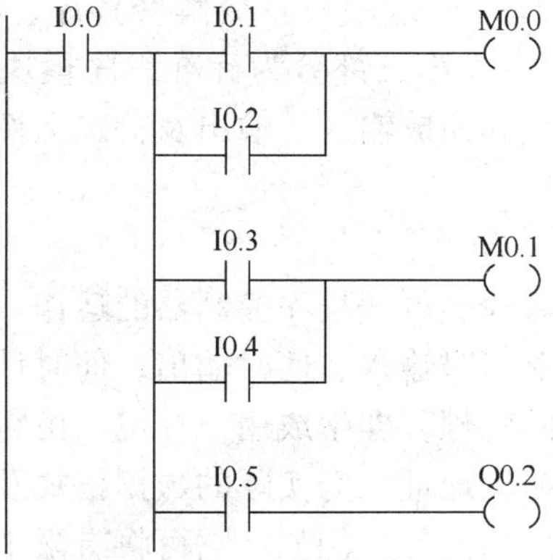

LD	I0.0	装入常开触点
LPS		建立栈指针（堆栈）
LD	I0.1	装入常开触点
O	I0.2	或常开触点
ALD		块与操作
=	M0.0	输出线圈
LRD		读栈
LD	I0.3	装入常开触点
O	I0.4	或常开触点
ALD		块与操作
=	M0.1	输出线圈
LPP		弹栈
A	I0.5	与常开触点
=	Q0.2	输出线圈

图3-4-10　栈操作指令的应用程序段

10. 取反和空操作指令

取反和空操作指令格式及功能见表3-12。

表 3-12　取反和空操作指令格式及功能

LAD	STL	功能	LAD	STL	功能
─┤NOT├─	NOT	取反	N ─[NOP]─	NOP N	空操作指令

1）取反指令（NOT）。取反指令，指将它左边电路的逻辑运算结果取反，运算结果若为 1 则变为 0，为 0 则变为 1，该指令没有操作数。能流到达该触点时停止，若能流未到达该触点，该触点给右侧供给能流。NOT 指令将堆栈顶部的值从 0 改为 1，或从 1 改为 0。

2）空操作指令（NOP）。空操作指令，起增加程序容量的作用。使能输入有效时，执行空操作指令，将稍微延长扫描周期长度，不影响用户程序的执行，不会使能量流输出断开。

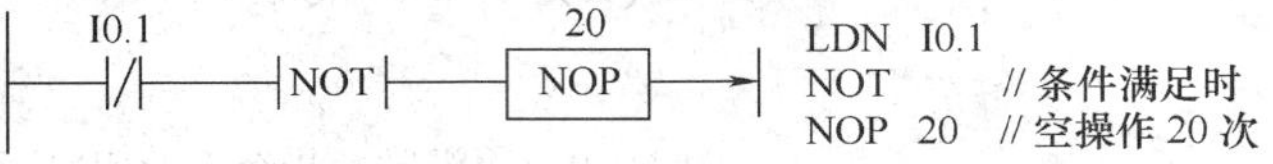

图 3-4-11　取反指令和空操作指令应用

操作数 *N* 为执行空操作指令的次数，*N* 取 0 ~ 255。

取反指令和空操作指令应用如图 3-4-11 所示。

知　识　拓　展

3.4.2　PLC 的软件及用户程序编程语言

PLC 的软件包含系统软件和用户程序。系统软件由 PLC 制造商固化在机内，用以控制可编程序控制器本身的运作；用户程序由可编程序控制器的使用者编制并输入，用于控制外部对象的运行。

1. 系统软件

系统软件主要包括三部分。第一部分为系统管理程序，它控制 PLC 的运行，使整个 PLC 按部就班地工作。第二部分为用户指令解释程序，通过用户指令解释程序，将 PLC 的编程语言变为机器语言指令，再由 CPU 执行这些指令。第三部分为标准程序模块与系统调用，包括许多不同功能的子程序及其调用管理程序，如完成输入、输出及特殊运算等的子程序等。

（1）系统管理程序

系统管理程序是系统软件中最重要的部分，主管控制可编程序控制器的运作。它的作用包括三个方面：一是运行管理，控制可编程序控制器何时输入、何时输出、何时计算、何时自检、何时通信等时间上的分配管理。二是存储空间管理，即生成用户环境，由它规定各种参数、程序的存放地址，将用户使用的数据参数、存储地址化为实际的数据格式及物理存放地址，将有限的资源变为用户很方便的可以直接使用的元件。例如，它可将有限个数的 CTC 扩展为上百个用户时钟和计数器，通过这部分程序，用户看到的就不是实际机器存储地址和 CTC 的地址了，而是按照用户数据结构排列的元件空间和程序存储空间。三是系统自检程序，它包括各种系统出错检验、用户程序语法检验、句法检验、警戒时钟运行等。

（2）用户指令解释程序

用户指令解释程序是联系高级程序语言和机器码的桥梁。众所周知，任何计算机最终都是执行机器语言指令的，但用机器语言编程却是非常复杂的事情。可编程序控制器可用梯形图语言编程，把使用者直观易懂的梯形图变成机器易懂的机器语言，这就是解释程序的任务。解释程序将梯形图逐条解释，翻译成相应的机器语言指令，再由CPU执行这些指令。

（3）标准程序模块及系统调用

标准程序模块和系统调用由许多独立的程序块组成，各程序块具有不同的功能，有些完成输入、输出处理，有些完成特殊运算等。可编程序控制器的各种具体工作都是由这部分程序来完成的。这部分程序的多少决定了可编程序控制器性能的强弱。

整个系统软件是一个整体，其质量的好坏很大程度上影响可编程序控制器的性能。很多情况下，通过改进系统软件就可在不增加任何设备的条件下大大改善可编程序控制器的性能，例如，SYSMAC CPM1A系列PLC在推出后，OMRON公司不断地将其系统软件进行改进完善，使其功能越来越强。

2. 用户程序及编程语言

用户程序即应用程序，是可编程序控制器的使用者针对具体控制对象编制的程序。根据不同的控制要求编制不同的程序，这相当于改变PLC的用途，相当于设计和改变继电器控制设备的硬接线线路，也就是所谓的“可编程序”。程序既可由编程器方便地送入PLC内部的存储器中，也能方便地通过它读出、检查与修改。

参与PLC应用程序编制的是可编程序控制器代表编程器件的存储器，俗称“软继电器”或称编程“软元件”。可编程序控制器中设有大量的编程“软元件”，根据编程功能称为输入继电器、输出继电器、定时器、计数器等。由于“软继电器”实质为存储单元，取用它们的常开触点及常闭触点实质上为读取存储单元的状态，因而认为一个继电器带有无数多个常开、常闭触点。

S7-200系列PLC提供的编程语言通常有三种：梯形图（LAD）、指令表（STL）和顺序功能图（SFC）。而国际电工委员会提供的PLC编程语言有五种，下面分别进行介绍。

（1）梯形图（LD）或（LAD）编程

PLC梯形图（Ladder Diagram）是在继电器控制系统中常用的接触-继电器电路图基础上演变而来的，见表3-13，它的许多图形符号与继电-接触器控制系统电路图有对应关系，编程思想也与继电-接触器控制系统梯形图基本一致，只是PLC在编程中使用的继电器、定时器、计数器等，其功能都是由软件实现的。图3-4-12是典型的梯形图。左右两垂直的线称为母线（右母线可省略）。在左右两母线之间，元件相关符号及接点在水平方向上相串联，或相并联，以表达它们之间的“与”及“或”的关系。图中主要的符号是触点及线圈，它们都属于PLC的一定的存储单元，也即前面提到的“软元件”。

表3-13　符号对照表

项　目		物理继电器	PLC继电器
线圈		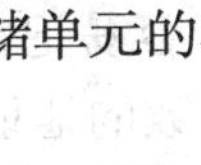	—( )
触点	常开		—| |—
	常闭	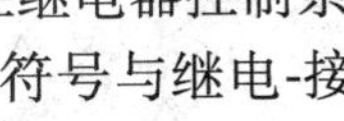	—|/|—

PLC 梯形图的一个关键概念是“能流”（Power Flow），是一种假想的“能量流”。如图 3-4-12 中，把左边的母线假设为电源“相线”，而把右边的母线（虚线所示）假想为电源“中性线”。如果有“能流”从左至右流向线圈，则线圈被激励，即线圈得电。如没有“能流”，则线圈未被激励，即线圈未得电。

“能流”可以通过被激励（ON）的常开触点（接点）和未被激励（OFF）的常闭触点自左向右流，也可以通过并联接点中的一个触点流向右边。“能流”在任何时候都不会通过触点自右向左流。如图 3-4-12 中，当 A、B、C 触点都接通后，线圈 M 才能接通（被激励），只要其中一个触点不接通，线圈就不会接通；而 D、E、F 接点中任何一个接通，线圈 Q 就被激励。

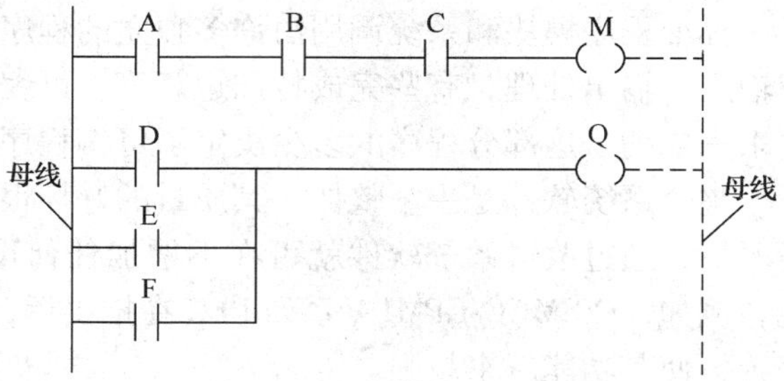

图 3-4-12　典型的梯形图

要强调的是，引入“能流”概念仅仅是用于告诉人们如何来理解梯形图各输出点的动作，实际上并不存在这种“能流”。

（2）指令表（IL）编程

指令表（Instruction List）语言类似于计算机中的助记符语言，它是 PLC 最基础的编程语言。所谓指令表（也称语句表 STL）编程，是用一系列的指令表达程序的控制要求。一条典型指令往往由两部分组成：一是由几个容易记忆的字符来代表 PLC 的某种操作功能，称为助记符；另一部分为操作数或称为操作数的地址。其指令还和梯形图有一定的对应关系。

S7-200 系列 PLC 的基本指令包括“与”、“或”、“非”以及定时器、计数器等。图 3-4-13 是指令表编程的例子，图 3-4-13a 是梯形图，图 3-4-13b 为相应的指令表。

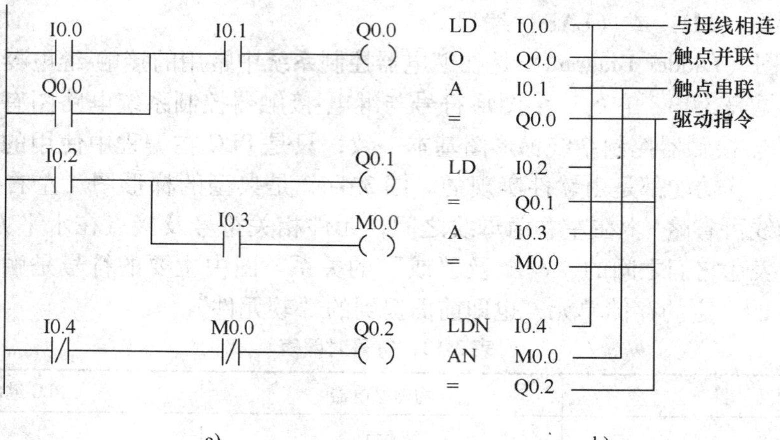

图 3-4-13　指令表编程举例

a）梯形图　b）指令表

（3）顺序功能图（SFC）编程

顺序功能图（Sequential Function Chart）也称为状态流程图编程，是一种较新的编程方法，它的作用是用“功能图”表达一个顺序控制过程。图中用方框表示整个控制过程中的一个个“状态”，或称“功能”，或称“步”，用线段表示方框间的关系及方框间状态转换的条件。

图3-4-14所示是状态流程图的例子，这是一个钻孔顺序的例子。方框中的数字代表顺序步，每一步对应一个控制任务，每个顺序步的步进条件以及每个顺序执行的功能可以写在方框右边。

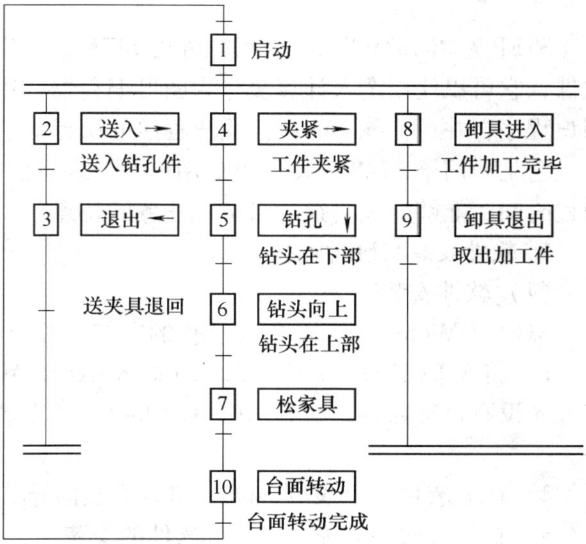

图3-4-14　状态流程图编程举例

SFC作为一种步进顺控语言，为顺序控制类程序的编制提供了很大的方便。用这种语言可以对一个控制过程进行分解，用多个相对独立的程序段代替一个长的梯形图程序，还能使用户看到在某个给定时间中机器处于什么状态。

（4）功能块图（FBD）编程

此外，国际上还流行功能块图（Function Block Diagram）编辑器，这也是一种图形编程语言。和梯形图相比，功能块图没有母线、触点及线圈，只有表示指令功能的方框，方框间用线段表示方框间的联系，整个图形则用来表示一定的控制功能。图3-4-15给出了功能块图编程的例子。

（5）结构文本（ST）编程

随着可编程序控制器的飞速发展，如果许多高级功能还是用梯形图来表示，会很不方便。为了增强可编程序控制器的数字运算、数据处理、图表显示、报表打印等功能，方便用户的使用，许多大中型可编程序控制器都配备了PASCAL、BASIC、C等高级编程语言。这种编程方式叫做结构文本（Structure Text）。与梯形图相比，结构文本有两个很大优点：其一，能实现复杂的数学运算；其二，非常简洁和紧凑。用结构文本编制极其复杂的数学运算程序可能只占一页纸。结构文本用来编制逻辑运算程序也很容易。

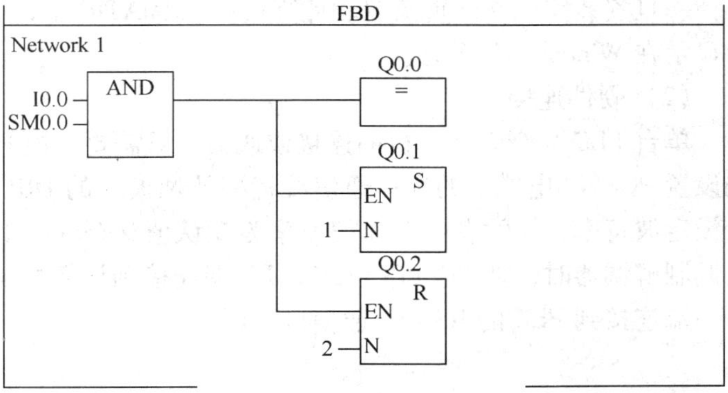

图3-4-15　功能块图编程举例

以上编程语言的五种表达式是由国际电工委员会（IEC）1994年5月在可编程序控制器标准中推荐的。对于一款具体的可编程序控制器，生产厂家可在这五种表达方式提供的几种编程语言中选择。也就是说，并不是所有的可编程序控制器都支持全部的五种编程语言。

实 践 探 索

3.4.3 STEP 7-Micro/WIN 编程软件的使用

STEP 7-Micro/WIN 32 编程软件由 SIEMENS 公司专为 S7-200 系列 PLC 研制开发的编程软件，它可以使用个人计算机作为图形编程器，用于在线（联机）或者离线（脱机）开发用户程序，并可在线实时监控用户程序的执行状态。

它是西门子 S7-200 系列 PLC 用户不可缺少的开发工具，具有简单、易学、高效、节省编程时间、能够解决复杂的自动化任务的特点。

1. 软件安装与硬件连接

（1）软件安装

STEP 7-Micro/WIN 32 编程软件的安装一般步骤如下：

1）将 STEP 7-Micro/WIN 32 CD 放入 CD-ROM 驱动器，系统自动进入安装向导。如果安装程序没有自动启动，可在 CD-ROM 的 F：（光盘）/STEP 7/DISK1/setup. exe 找到安装程序。

2）在安装目录里双击 setup，进入安装向导。

3）在安装向导的提示下完成软件的安装。

4）首次安装完成后，会出现一个“浏览 Readme 文件”选项对话框，你可以选择使用德语、英语、法语、西班牙语和意大利语阅读“Readme”文件。

一旦安装完成并已重新启动计算机，“SIMATIC Manager（SIMATIC 管理器）” 

图标将显示在 Windows 桌面上。

（2）硬件连接

单台 PLC 与个人计算机的连接或通信，只需要一根 PC/PPI 电缆，如图 3-4-16 所示。首先设置 PC/PPI 电缆上的选择通信波特率及帧模式的 DIP 开关，DIP 开关的第 1、2、3 位用于设定波特率，初学者可选通信速率为默认值 9. 6kbit/s，开关 4、5 均应设置为 0。在不使用调制解调器时，把 PC/PPI 电缆的 PC 端连接到计算机的 RS-232 通信口（一般是 COM1），另一端连接到 PLC 的 RS-485 通信口即可。

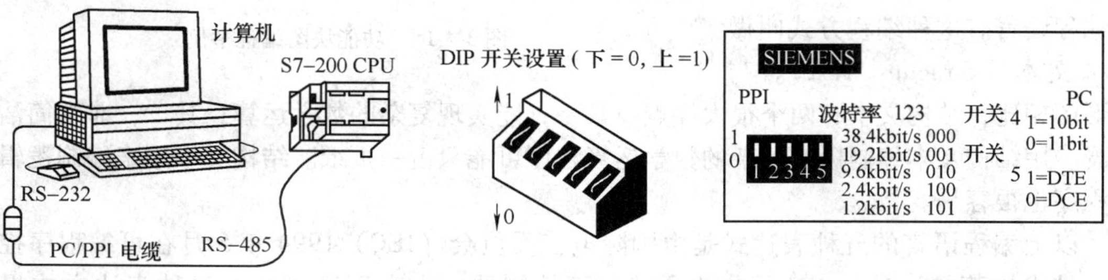

a) b) c)

图 3-4-16 PLC 与计算机连接示意图

a）计算机与 PLC 的连接 b）PC/PPI 电缆上的 DIP 开关 c）DIP 开关的设置

（3）参数设置

安装完软件并且连接好硬件之后，可以按下面的步骤设置参数：

1）运行 STEP 7-Micro/WIN 32 软件，进入其主界面。在引导条中单击通讯图标或从“视图（View）”菜单中选择“通信（Communications）”选项，则会出现一个通信对话框，如图3-4-17所示。

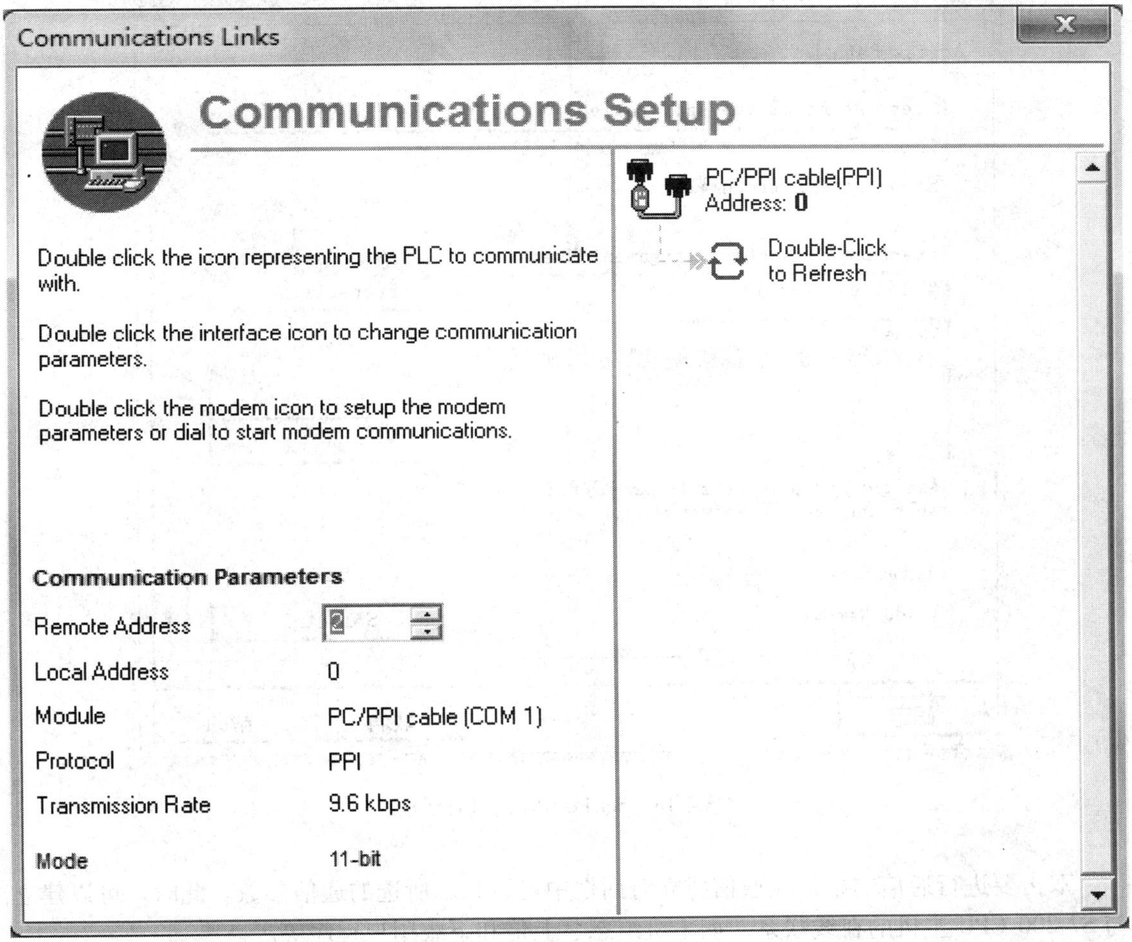

图3-4-17　通信对话框

2）在对话框中双击 PC/PPI 或 CP5611（PROFIBUS）电缆的图标，系统将出现 Set PG/PC 接口的对话框，如图3-4-18所示。

3）单击 Properties 按钮，将出现接口属性对话框，检查各参数的属性是否正确。在图3-4-17中，早期单主机组态系统默认设置：远程设备站地址为2，通信波特率为9.6kbit/s，采用 PC/PPI 电缆通信，使用计算机的 COM1 口，使用 PPI 协议，传送字符数据格式（Mode）为11位。

（4）建立在线联系

前几步如果都顺利完成，则可以建立与西门子 S7-200 CPU 的在线联系，步骤如下；单击通信图标，或从“视图（View）”菜单中选择“通信（Communications）”选项，则会出现一个通信建立结果对话框，显示是否连接了 CPU 主机。双击通信建立对话框中的刷新图标，STEP 7-Micro/WIN 32 将检查所连接的所有 S7-200 CPU 站，并为每个站建立一个 CPU 图标。

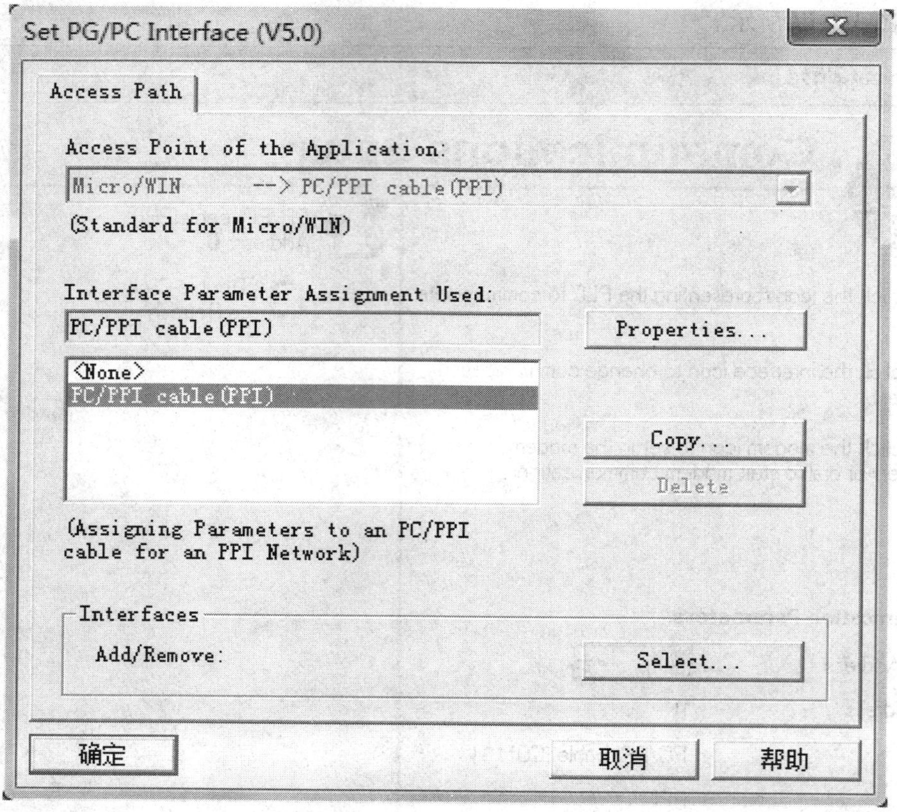

图 3-4-18 Set PG/PC 接口对话框

双击要进行通信的站，在通信建立对话框中可以显示所选的通信参数。此时，可以建立与 S7-200 CPU 主机的在线联系，如主机组态、上传和下载用户程序等。

2. 编程软件的功能及其主界面

（1）STEP 7-Micro/WIN 32 的基本功能

STEP 7-Micro/WIN 32 的基本功能是在 Windows 平台编制用户应用程序，它主要完成下列任务：

在离线（脱机）方式下创建、编辑和修改用户程序。在离线方式下，计算机不直接与 PLC 联系，可以实现对程序的编辑、编译、调试和系统组态，此时所有的程序和参数都存储在计算机的存储器中。

在在线（联机）方式下，通过联机通信的方式上传和下载用户程序及组态数据，编辑和修改用户程序，可以直接对 PLC 进行各种操作。

在编辑程序过程中具有简单语法检查功能。利用此功能可提前避免一些语法和数据类型方面的错误；它主要在梯形图错误处下方自动加红色曲线，或在指令表中错误行前加注红色叉，且错误处下方加红色曲线。

具有用户程序的文档管理和加密等一些工具功能。

此外，还可直接用编程软件设置 PLC 的工作方式、运行参数以及进行运行监控和强制操作等。

（2）软件主界面组件及功能

起动 STEP 7-Micro/WIN 32 编程软件，其主界面外观如图 3-4-19 所示。它采用了标准的 Windows 程序界面，如标题栏、主菜单栏等，熟悉 Windows 的用户可以非常容易地掌握。

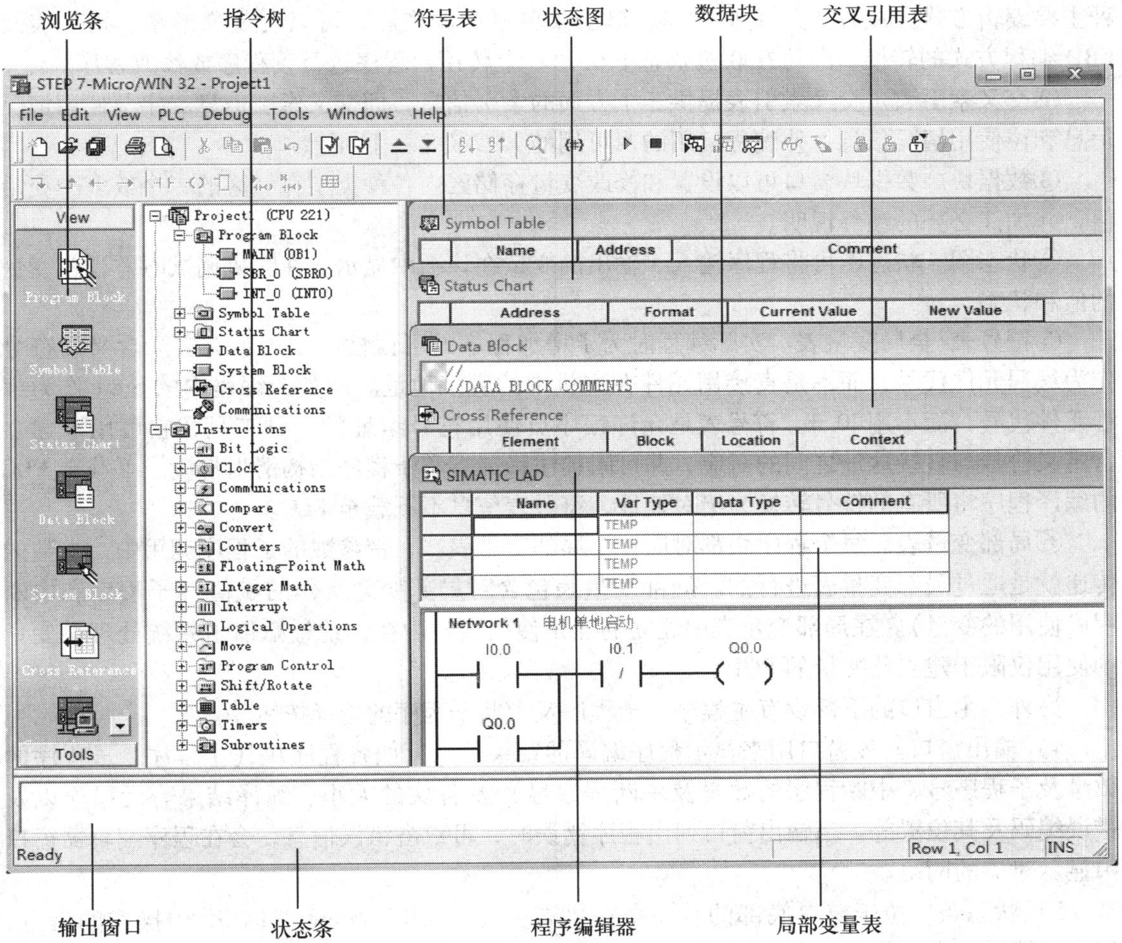

图 3-4-19　STEP 7-Micro/WIN 32 窗口组件

编程器窗口包含的各组件名称及功能如下：

1）浏览条。位于软件窗口的左方是浏览条，能为编程提供按钮控制的快速窗口切换功能。包含程序块（Program Block）、符号表（Symbol Table）、状态图表（Status Chart）、数据块（Data Block）、系统块（System Block）、交叉索引（Cross Reference）和通信（Communications）等图标按钮。在浏览条中单击任何一个按钮，则主窗口切换成此按钮对应的窗口。

2）指令树。指令树提供所有项目对象和为当前程序编辑器（LAD、FBD或STL）的所有指令提供树形视图。可以用鼠标右键单击树中“项目”部分的文件夹，插入附加程序组织单元（POU）。一旦打开指令文件夹，就可以拖放单个指令或双击，按照需要自动将所选指令插入程序编辑器窗口中的光标位置。也可以将指令拖放在“偏好”文件夹中，排列经常使用的指令。

3）主窗口。主窗口用来显示编程操作的工作对象。可以以程序编辑器、符号表、状态图、数据块及交叉引用等进行程序的编辑工作。以下说明这几种工作界面的用途。

①程序编辑器。程序编辑器是编程的主要界面。可以以梯形图、指令表及FBD编程三种主要编辑方式完成程序的编辑工作。单击菜单栏中的视图，可以实现梯形图、指令表及FBD编程方式的转换，还可在联机状态下从PLC上传用户程序进行读程序或修改程序。

②交叉索引表。交叉索引表提供三个方面的索引信息，即交叉索引信息、字节使用情况信息和位使用情况信息，使编程已用的及可用的PLC资源一目了然。

③数据块。数据块窗口可以设置和修改变量存储区内各种类型存储区的一个或多个变量值，并加注必要的注释说明。

④状态图。状态图可将程序输入、输出的变量在该图中显示，在联机调试时监视各变量的值和状态。

⑤符号表/全局变量表。实际编程时为了增加程序的可读性，常用带有实际含义的符号作为编程元件代号，而不是直接用元件在主机中的直接地址。例如，编程中的Start作为编程元件代号，而不用I0.3。符号表是允许程序员使用符号编址的一种工具，它可用来建立自定义符号与直接地址之间的对应，并可附加注释，有利于程序结构清晰易读。下载至PLC的编译程序将所有的符号转换为绝对地址，符号表信息不下载至PLC。

⑥局部变量表。每个程序块都对应一个局部变量表，在带参数的子程序调用中，参数的传递就是通过局部变量表进行的。局部变量表包含对局部变量所作的赋值（子程序和中断程序使用的变量）。在局部变量表中建立的变量使用暂时内存，地址赋值由系统处理，变量的使用仅限于建立此变量的POU。

另外，主窗口的下部设有主程序、子程序及中断子程序的选择按钮。

4）输出窗口。该窗口用来显示程序编译的结果信息，如各程序块（主程序、子程序的数量及子程序号、中断程序的数量及中断程序号）及各块的大小、编译结果有无错误以及错误编码及其位置等。当输出窗口列出程序错误时，可双击错误信息，会在程序编辑器窗口中显示对应的网络。

5）状态条。位于窗口底部的状态条提供有关在STEP 7-Micro/WIN 32中操作的信息。如在编辑模式中工作时，它会显示简要状态说明、当前网络号码、光标位置（用于STL编辑器的行和列，用于LAD或FBD编辑器的行和列）等编辑器信息。

6）帮助（Help）。它通过帮助菜单上的目录和索引检阅几乎所有相关的使用帮助信息，帮助菜单还提供网上查询功能。在软件操作过程中的任何步骤或任何位置都可以按键来显示在线帮助，大大方便了用户的使用。

7）工具条。在STEP 7-Micro/WIN 32编程软件中，将各种最常用的操作以按钮形式设定到工具条。可以用“检视（View）”菜单中的“工具条（Toolbars）”选项来显示或隐藏工具条。常用的有标准（Standard）、调试（Debug）和指令（Instructions）三种，标准工具条与基于 Windows 其他应用软件功能差不多，图 3-4-20、图 3-4-21 所示分别为调试（Debug）和指令（Instructions）工具条所含快捷按钮及功能简介，供大家速查。

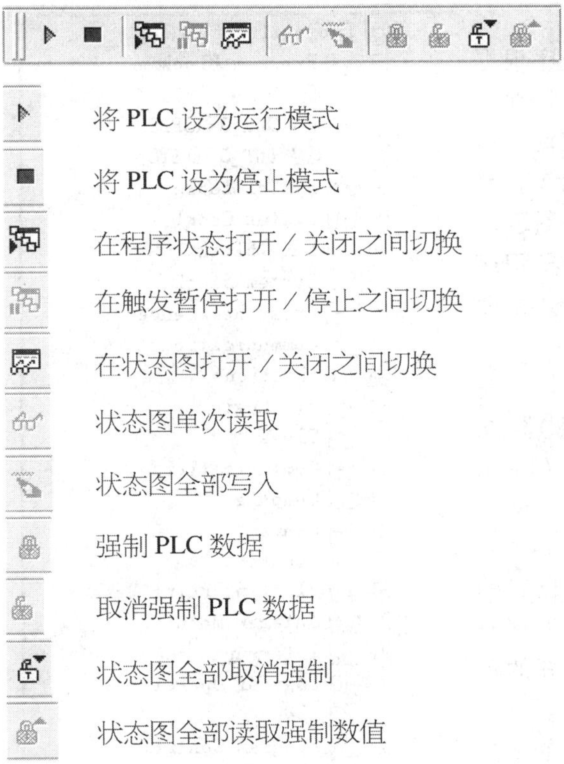

图 3-4-20　调试工具条

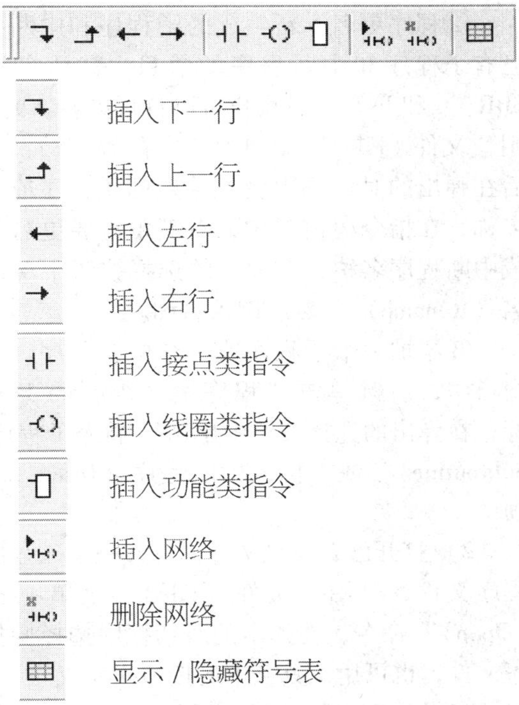

图 3-4-21　指令工具条

3. 编程及运行操作

下面介绍如何使用 STEP 7-Micro/WIN 32 编程软件进行编程。

（1）程序文件操作

1）新建项目。双击 STEP 7-Micro/WIN 32 图标，或从“开始”菜单选择 Simatic > STEP 7-Micro/WIN 32，启动应用程序，会打开一个新的 STEP 7-Micro/WIN 32 项目。

建立一个程序文件，可用“文件（File）”菜单中的“新建（New）”命令，在主窗口将显示新建程序文件的主程序区，也可用工具条中的新建按钮来完成。图 3-4-22 所示为一个新建程序文件的指令树，系统默认初始设置如下：新建的程序文件以“项目 1（CPU221）”命名，括号内为系统默认 PLC 的型号。项目包含 7 个相关的块（程序块、符号表、状态图表、数据块、系统块、交叉索引及通信）。其中程序块中有 1 个主程序，1 个子程序 SBR-0 和 1 个中断程序 INT _0。

用户可以根据实际编程需要做以下操作：

①确定 CPU 主机型号。确定主机型号的具体操作如下：右键单击“项目 1（Projectl CPU 221）”图标，在弹出的按钮中单击“类型（Type）”，或用菜单命令 PLC/Type 来选择 CPU 型号。

通过选择 PLC 类型，可帮助执行指令和参数检查，防止在建立程序时发生错误。此外，在为项目指定 PLC 类型后，指令树用红色标记“x”表示对 PLC 无效的任何指令，以免下载项目时，会被 PLC 拒绝。

②程序更名。新生成的子程序和中断程序根据已有子程序和中断程序的数目，默认名称分别为 SBR _ n 和 INT _ n，用户可以自行更名。更名时，可用“文件（File）”菜单中“另存为（S）”命令，然后在弹出的对话框中键入希望的子程序或中断程序名称，在指令树窗口中，右键单击要更名的子程序或中断程序名称，在弹出的选择按钮中单击“重命名（Rename）”，然后键入名称。

③添加一个子程序或一个中断程序。在指令树窗口中，右键单击“程序块（Program Block）”图标，在弹出的选择按钮中单击“插入子程序（Insert Subroutine）”或“插入中断程序（Insert Interrupt）”项。

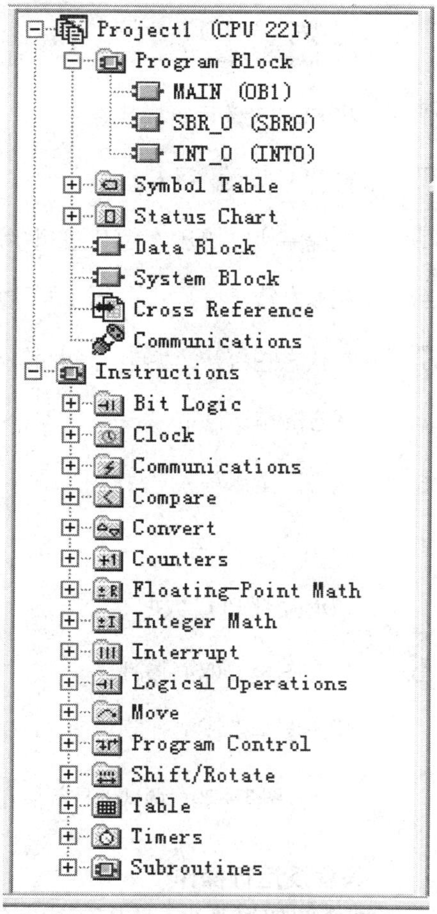

图 3-4-22 新建文件指令树

2）打开已有项目文件。打开一个磁盘中已有的程序文件，可用“文件（File）”菜单中的“打开（Open）”命令，在弹出的对话框中选择要打开的程序文件，也可用工具条中的按钮来完成。

如果最近打开过某一项目，该项目就会在“文件”菜单下列出，可直接选择，不必使用“打开”对话框。

3）上传和下载程序文件。在已经与 PLC 建立通信的前提下，上传程序文件是指将存储在 PLC 主机中的程序文件装入到编程器（计算机）中。可用菜单命令 File \ Upload，或者用工具条中的 Upload 按钮来完成操作。下载程序文件是指将存储在编程器（计算机）中的程序文件装入到 PLC 主机中。可用菜单命令 File \ Download，或者用工具条中的 Download 按钮完成下载程序文件的操作。

（2）编辑程序

STEP 7-Micro/WIN 32 编程软件有很强的编辑功能，熟练掌握编辑和修改程序操作可以大大提高编程的效率。

1）输入编程元件。在使用 STEP 7-Micro/WIN 32 编程软件时，一般采用梯形图编程，编程元件有线圈、触点、指令盒、标号及连接线。触点 代表电流可通过的开关，电流仅在触点闭合时可以通过；线圈 代表电流的中继或输出；指令盒 代表当电流到达方框时执行的一项功能（例如，计时器、计数器或数学运算等）。

输入编程元件的方法有两种：

方法 1：从指令树中双击或拖放。

①在程序编辑器窗口中将光标放在所需的位置。一个选择方框在该位置周围出现。

②在指令树中，浏览至所需的指令双击或拖放该指令到程序编辑器窗口。

方法 2：使用工具条按钮。

单击图 3-4-23 所示的指令工具条上的触点、线圈或指令盒等相应编程按钮，从弹出的下拉菜单中选择要输入的指令单击即可，也可使用功能键（F4-触点、F6-线圈、F9-指令盒）插入一个类属指令，图 3-4-24 所示为触点、线圈和指令盒类属指令列表。

在指令工具条上，编程元件输入有 7 个按钮。下行线、上行线、左行线和右行线按钮用于输入连接线，可形成复杂梯形图结构。输入触点、输入线圈和输入指令盒按钮用于输入编程元件。

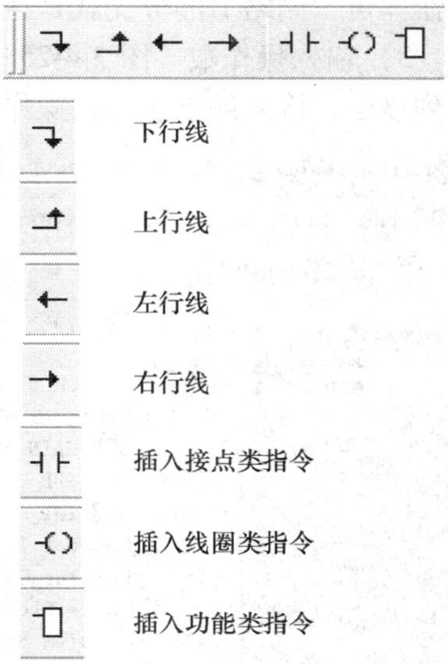

图 3-4-23　指令工具条

2）元件间的连接。在一个梯形图支路中，如果只有编程元件的串联连接，输入和输出都无分叉，只需从网络的开始依次输入各编程元件即可，每输入一个元件，光标自动向后移动到下一列。但对于较复杂的梯形图结构，如并联触点或触点块或梯形图分支，则要用到指令工具条中的编程按钮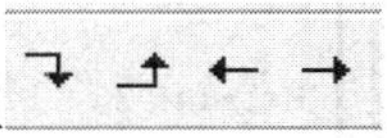，可编辑复杂结构的梯形图。例如，在图

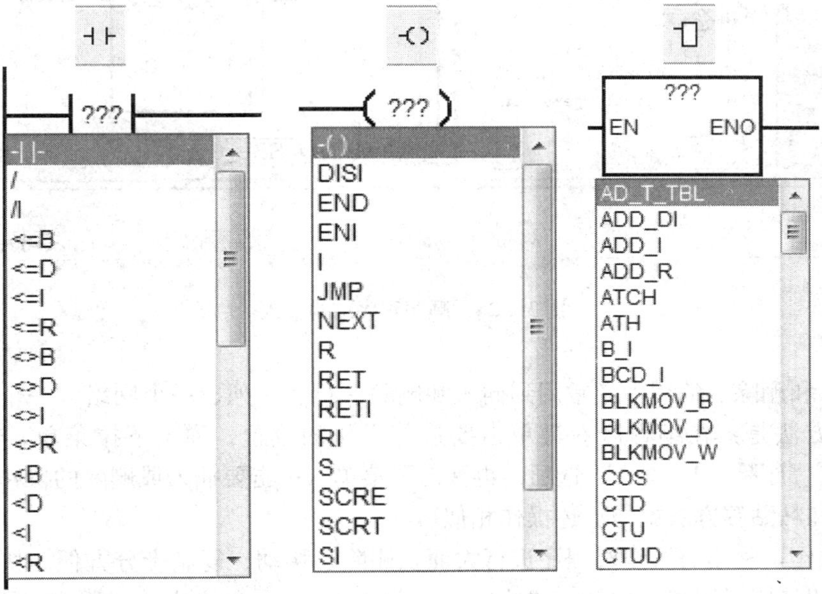

图 3-4-24　类属指令列表

3-4-25 中，单击图中第一行下方的编程区域，则在本行下一行的开始处显示光标（图中方框），然后输入触点，生成新的一行，输入完成后将光标移到要合并的触点处，单击按按钮即可，网络 1 的分支就是在 Q0.0 处后单击按钮的结果。

3）输入操作数。图 3-4-25 中的元件上方均有红色的“???”，须单击“???”，将光标移到该处，输入触点名称或操作数值，元件的输入才算完整。

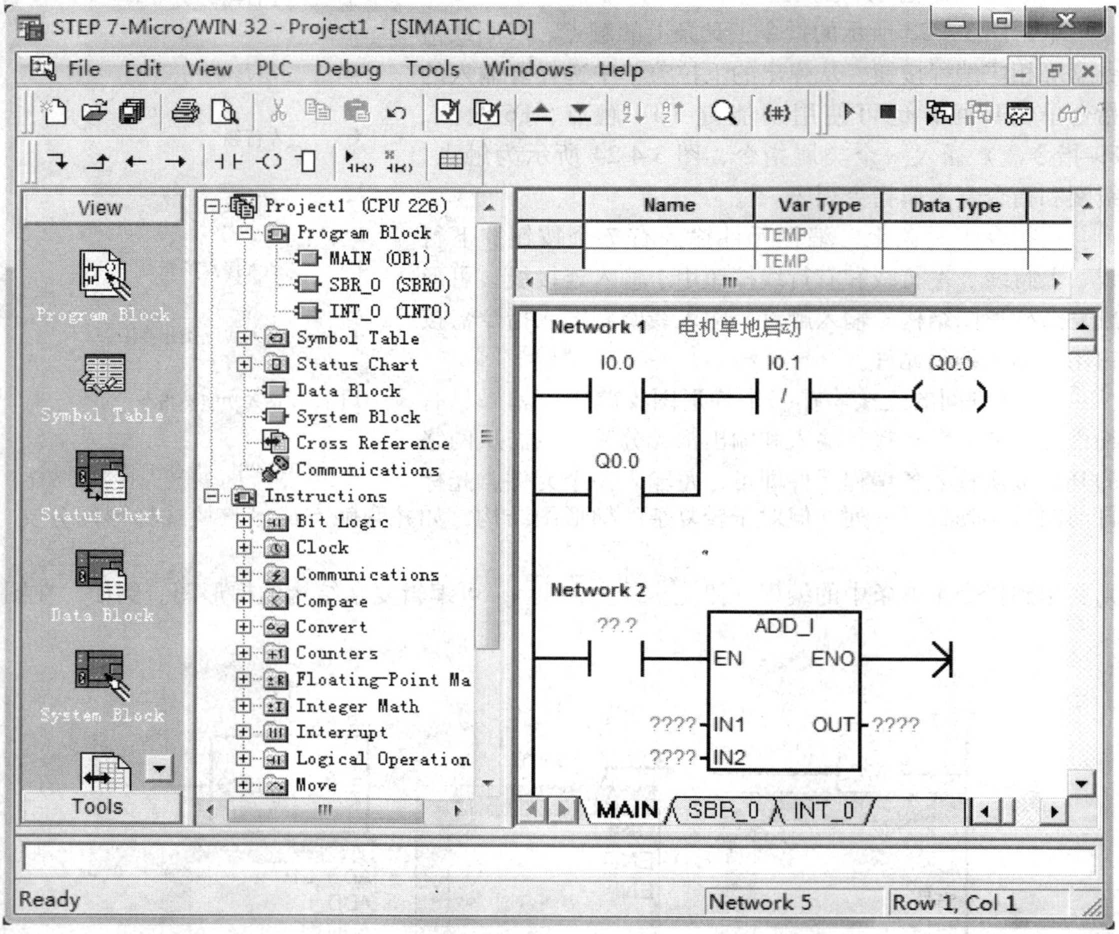

图 3-4-25　顺序程序结构输入

4）插入和删除。编程中经常用到插入和删除一行、一列、一个网络、一个子程序或中断程序等。方法是：在编程区右键单击要进行操作的位置，弹出下拉菜单，选择“插入（Insert）”或“删除（Delete）”选项，再弹出子菜单，单击要插入或删除的操作。对于元件剪切、复制和粘贴等方法也与上述操作相似。

5）块操作。利用块操作对程序进行大面积删除、移动、复制十分方便。块操作包括块选择、块剪切、块复制和块粘贴。这些操作非常简单，与一般文字处理软件中的相应操作方法完全相同。

除了梯形图编程，STEP 7-Micro/WIN 32 编程软件还提供指令表编程，并可以方便地将 LAD 与 STL 进行转换。此外，编程操作中还有符号表、局部变量表、注释等操作，这是为了方便程序的编制与阅读的。在此不再详述。

6）局部变量表。打开局部变量表的方法是，将光标移到程序编辑区的上边缘，拖动上边缘向下，则会自动显露出局部变量表，此时即可设置局部变量。使用带参数的子程序调用指令时会用到局部变量表，在此不再详述。

7）注释。梯形图编程器中的“网络 n（Network n）”标志每个梯级，同时又是标题栏，可在此为该梯级加标题或必要的注释说明，使程序清晰易读。方法为：双击“网络 n”区域，弹出对话框，此时可以在“题目（Title）”文本框键入标题，在“注释（Comment）”文本框中键入注释。

8）编程语言转换。软件可实现三种编程语言（编辑器）之间的任意切换。选择“视图（View）”菜单，单击 STL、LAD 或 FBD 任何一种便可进入对应的编程环境。使用最多的是 STL 和 LAD 之间的互相切换，STL 的编程可以按或不按网络块的结构顺序编程，但 STL 只有严格按照网络块编程的格式编程才可切换到 LAD，不然无法实现转换。

9）编译。程序编辑完成后，可用“PLC”菜单中的“编译（Compile）”命令进行离线编译。编译结束后，在输出窗口显示编译结果信息。

10）程序的下载。编辑完成的程序可以单击工具条中的下载按钮进行下载。下载前软件将对待下载的程序进行编译，编译中若发现错误，则在输出窗口给出提示，下载则暂停执行。编译无误的程序下载后会给出下载成功的提示。

4. 程序的调试及运行监控

程序的调试及运行监控是程序开发的重要环节，很少有程序一经编制完成就是完善的，只有经过试运行甚至现场运行才能发现程序中不合理的地方并且进行修改。STEP 7-Micro/WIN 32 编程软件提供了一系列工具，可使用户直接在软件环境下调试并监视用户程序的执行。

PLC 在连续循环中读取输入、执行程序逻辑、写入输出和执行系统操作和通信。该扫描循环速度极快，每秒执行多次。虽然 STEP 7-Micro/WIN 32 会快速发出状态请求，实际上我们检视的不是 PLC 中出现的每一个事件，这一点十分重要。

（1）设置扫描次数

调试就是试运行，当某些程序需观察一定次数的扫描执行的结果时，设置用户程序试运行的扫描次数就很有意义。具体设置时将 PLC 置于 STOP 模式，使用“调试（Debug）”菜单中的“初次扫描（First Scans）”命令及“多次扫描（Multiple Scans）”命令，即可指定执行的扫描次数，然后单击确认（OK）按钮进行监视。

（2）状态图监控

程序调试中有时为了模拟运行中的一些工作条件的变化，需人为改变程序相关的一些变量，并观察相关编程器件的变化，这一工作可通过状态图来完成。具体操作时在引导条窗口中单击“状态图（Status Chart）”或用“检视（View）”菜单中的“状态图”命令。

当程序运行时，可使用状态图来读、写和监视其中的变量（见图 3-4-26），并可以用强制表操作修改用户程序中的变量。当用状态图时，可将光标移到某一个单元格，单击右键，在弹出的下拉菜单中单击一项，可实现相应的编辑操作。

状态图

	地址	格式	当前数值	新数值
1	I0.0	位	2#0	
2	I0.7	位	2#1	
3	Q0.2	位	2#1	
4	Q1.3	位	2#0	
5	IB0	不带符号	128	
6	QW0	带符号	+4	
7	M10.0	位	2#0	
8	MB16	不带符号	0	
9	MW32	带符号	+0	
10	IN_BUFFER	带符号	-32589	
11	L_TIME	位	2#0	
12	L_INTERNAL	位	2#0	
13		带符号		

图 3-4-26　状态图的监视

强制改变的变量可以是一个 Q 位或所有的 Q 位，还可以强制改变最多 16 个 V 存储器或 M 存储器的数据，变量可以是字节、字或双字类型，强制改变模拟量映像存储器 I/O（AI 或 AQ）时，变量类型为偶字节开始的字类型。

利用类似的操作可以解除有关器件的强制。

5. 运行模式下的编辑

在运行模式下编辑，可在对控制过程影响较小的情况下，对用户程序做少量的修改。修改后的程序下载时，将立即影响系统的控制运行，所以使用时应特别注意。可进行这种操作的 PLC 有 CPU 224、CPU 226 和 CPU226XM 等。

操作步骤如下：

（1）选择菜单

选择菜单命令调试“Debug”，在运行模式中进行程序编辑（Program Edit in RUN）。因为 RUN 模式下只能编辑主机中的程序，如果主机中的程序与编程软件窗口中的程序不同，系统会提示用户存盘。如果程序中有用 STEP 7-Micro/WIN 32 编写的尚未保存的程序，会提示将程序保存。会出现警告对话框，选择“继续（Continue）”按钮，确认希望继续在 RUN（运行）模式中编辑程序。这会使程序从 PLC 上传至计算机 STEP 7-Micro/WIN 32 中，在此可以进行编辑改动。完成所需的改动后，需要将改动下载至 PLC 主机中，才会立即生效。

（2）下载编辑

在 RUN（运行）模式下执行程序编辑的过程中，只能下载程序块（OB1），而不能下载系统块或数据块。开始下载后，不能在 STEP 7-Micro/WIN 32 中执行其他任务，直至下载完成。检查输出窗口是否存在任何编译错误（例如，重复 EU 或 ED 号码等）。可双击错误信息，在 STEP 7-Micro/WIN 32 程序编辑器窗口中调出出错的网络。

在程序编译成功后，可用“文件（File）”菜单中的“下载（Download）”命令，或单击工具条中的下载按钮，将程序块下载到PLC主机。

（3）退出运行

退出运行模式编辑使用“调试（Debug）”菜单中的“RUN（运行）”中的“程序编辑（E）”命令，然后根据需要选择“选项（Checkmark）”中的内容。

6. 程序监视

在PLC运行时，三种程序编辑器（梯形图、指令表和功能表）都可监视程序的执行对各元件的执行结果，并可监视操作数的数值（本书只介绍梯形图和指令表的情况）。

（1）梯形图监视

梯形图编辑器可以监视在线程序状态，如图3-4-27所示，被点亮的元件表示处于接通状态。

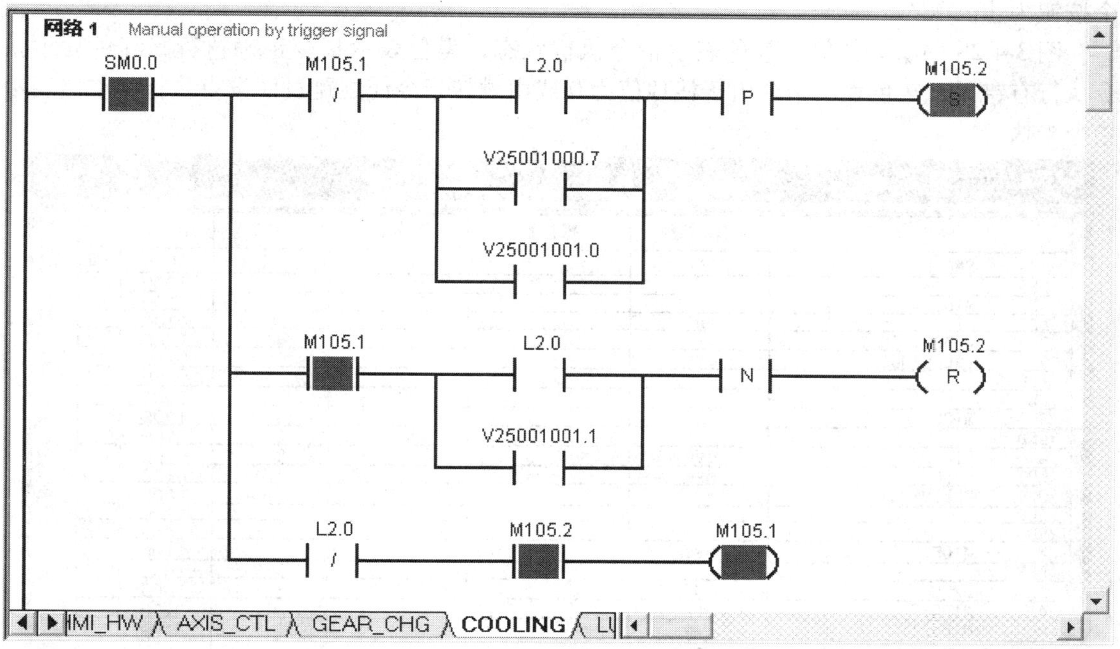

图3-4-27　梯形图监视

实现方法是：用“工具（Tools）”菜单中的“选项（Options）”命令，打开选项对话框，选择“LAD状态（LAD status）”选项卡，然后选择一种梯形图的样式。梯形图可选择的样式有3种：一是指令内部显示地址和外部显示值；二是指令外部显示地址和外部显示值；三是只显示状态值。打开梯形图窗口，在工具条中单击程序状态按钮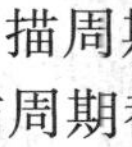即可。

梯形图中显示所有操作数的值，所有这些操作数状态都是PLC在扫描周期完成时的结果。在使用梯形图监控时，STEP 7-Micro/WIN 32编程软件不是每个扫描周期都采集状态值在屏幕上的梯形图中显示，而是要间隔多个扫描周期采集一次状态值，然后刷新梯形图中各值的状态显示。在通常情况下，梯形图的状态显示不反映程序执行时的每个编程元素的实际状态。但这并不影响使用梯形图来监控程序状态，而且在大多数情况下，使用梯形图也是编程人员的首选。

（2）指令表监视

用户可利用指令表编辑器监视在线程序状态。指令表程序状态按钮连续不断地更新屏幕上的数值，操作数按顺序显示在屏幕上，这个顺序与它们出现在指令中的顺序一致，当指令执行时，这些数值将被捕捉，它可以反映指令的实际运行状态，实现方法是：单击工具栏上的程序状态按钮，出现图 3-4-28 所示的显示界面。其中，指令表的程序代码出现在左侧的 STL 状态窗口里，包含操作数的状态区显示在右侧。间接寻址的操作数将同时显示存储单元的值和它的指针。

可以利用工具栏中的按钮暂停，将当前的状态数据保留在屏幕上，直到再次单击这个按钮为止。

图 3-4-28 中状态数值的颜色表示指令执行状态，黑色表示指令正确执行，红色表示指令执行有错误，灰色表示指令由于栈顶值为 0 或由跳转指令使之跳过而没有执行，空白表示指令未执行。

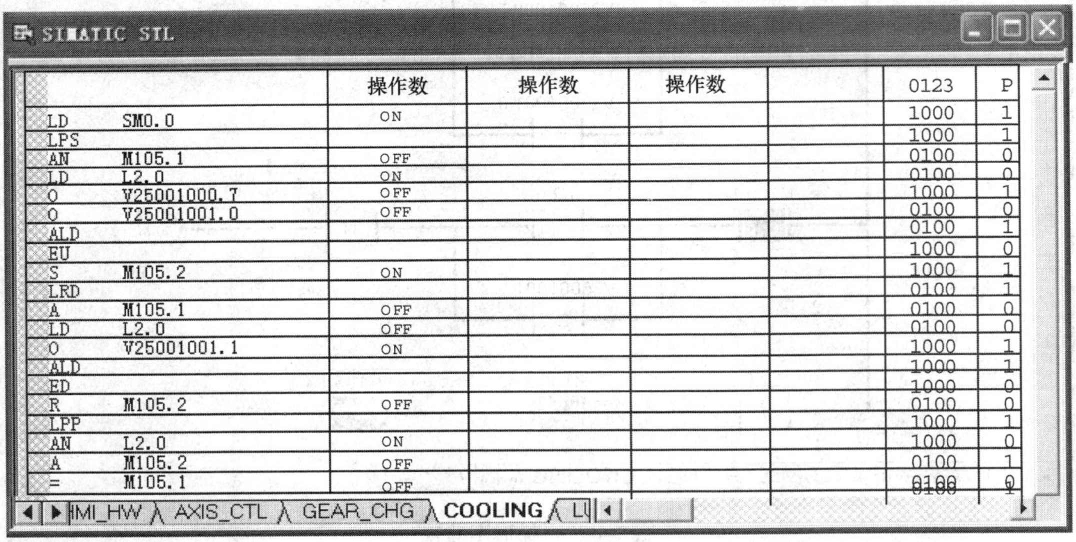

图 3-4-28 指令表监视

设置指令表状态窗口的样式，用“工具（ Tools）”菜单中的“选项（Options）”命令，打开选项对话框，选择“STL 状态（STL status）”的选项卡，然后进行设置。

3.4.4 基本逻辑指令的运行观察

1. 实践目的

1）熟悉常开触点、常闭触点、线圈等指令的运行特点。

2）熟悉触点的串\并联逻辑，电路块的串\并联逻辑。

3）熟悉置位\复位指令的运行特点。

4）熟悉脉冲指令的运行特点。

2. 任务内容

通过观察学会判断常开触点、常闭触点的接通或断开，线圈的得电与失电。基本逻辑指令的运行观察图如图3-4-29所示。

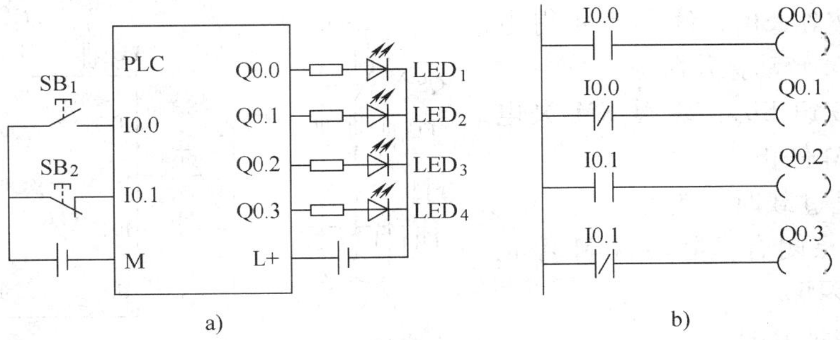

图3-4-29 基本逻辑指令的运行观察图

a）硬件图 b）梯形图

3. 设备与工具

1）S7-200系列PLC。

2）安装了STEP 7-Micro/WIN 32编程软件的上位计算机及通信电缆。

3）万用表、螺钉旋具等。

4. 训练步骤

1）打开PLC和计算机，启动STEP 7-Micro/WIN 32编程软件，建立PLC的通信，并使上述程序运行。

2）让学生观察SB_1、SB_2不按下时，I0.0、I0.1、Q0.0～Q1.3的逻辑值和其常开触点/常闭触点的通断情况，以体会常开触点、常闭触点、线圈等指令的运行特点；然后在SB_1、SB_2按下时，让学生观察I0.0、I0.1、Q0.0～Q1.3的逻辑值和其常开触点/常闭触点的通断情况，以对比条件改变后，常开触点、常闭触点、线圈等指令运行的不同。

3）将模块4中介绍的置位/复位指令、立即指令、边沿脉冲指令的程序例子一一运行，让学生观察体会各指令的运行特点。

模块5 PLC基本位逻辑指令应用

控制分析

3.5.1 基本位逻辑指令应用举例

1. 单地起动、停止控制

单地起动、停止控制是控制电路中最基本的控制方法，通常采用一个起动按钮（常开触点/动合触点）和一个停止按钮（常闭触点/动断触点）的组合来实现，如图1-3-13所示。利用已学的输入/输出指令来实现起动、停止的功能，并在此基础上逐步深入。

（1）控制要求

三相异步电动机起动、停止控制电路如图 3-5-1 所示。其中，图 3-5-1a 是主电路，图 3-5-1b 是 PLC 控制电路，即 I/O 接线图。请注意，所有输入元件均以“常开”触点的形式接入，是为初学者设计的，具体分析可见下文的“3. 5. 2 编程注意事项”。控制要求如下：

1）按下按钮 SB_1，线圈 KM 得电，主电路电动机 M 转动，并保持。

2）按下按钮 SB_2，线圈 KM 失电，主电路电动机 M 停止。

3）电动机过载时，热继电器 FR 动作，其常开触点闭合，电动机 M 停止，同时报警灯 H 闪烁。

（2）I/O 地址分配

在设计梯形图前，必须合理地分配 I/O 地址，I/O 地址分配表见表 3-14，表中地址按 S7-200 系列 CPU244 型 PLC 实际地址填写，分配结束后才能画出图 3-5-1b 的 I/O 接线图。

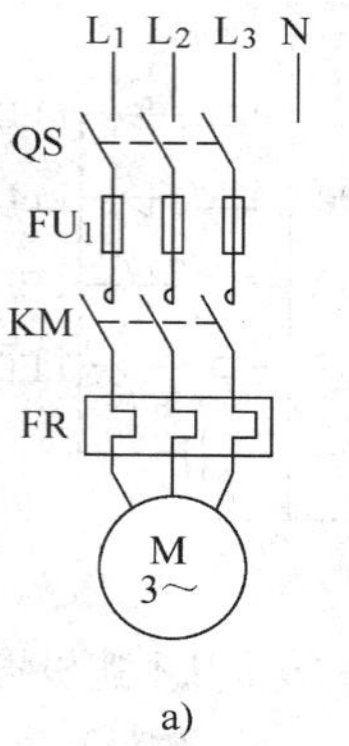

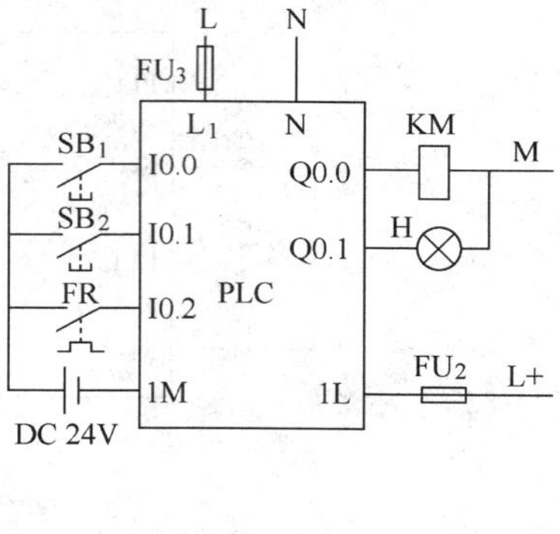

图 3-5-1　三相异步电动机起动、停止控制电路
a）主电路　b）PLC 控制电路

表 3-14　I/O 地址分配表

输入元件	符　号	输入地址	输出元件	符　号	输出地址
起动按钮	SB_1	I0. 0	接触器线圈	KM	Q0. 0
停止按钮	SB_2	I0. 1	报警灯	H	Q0. 1
热继电器常开触点	FR	I0. 2			

（3）利用触点组合编写的控制梯形图

利用触点组合编写的控制梯形图如图 3-5-2 所示。

在计算机上编写如图 3-5-2 所示的梯形图，并传送到 PLC，然后作以下调试：

按下起动按钮 SB_1，“输入继电器”I0. 0 得电，在梯形图上，其常开触点 I0. 0 闭合，“输出继电器”Q0. 0 得电，其常开触点闭合建立自锁，Q0. 0 外部常开触点闭合，线圈 KM 得电，从而使主电路电动机 M 旋转。

按下停止按钮 SB_2，“输入继电器”I0. 1 得电，在梯形图上，其常闭触点 I0. 1 断开，“输出继电器”Q0. 0 失电，其常开触点断开解锁，线圈 KM 失电，主电路中常开主触点 KM 断开，电动机 M 停止旋转，等待下一个启动信号。

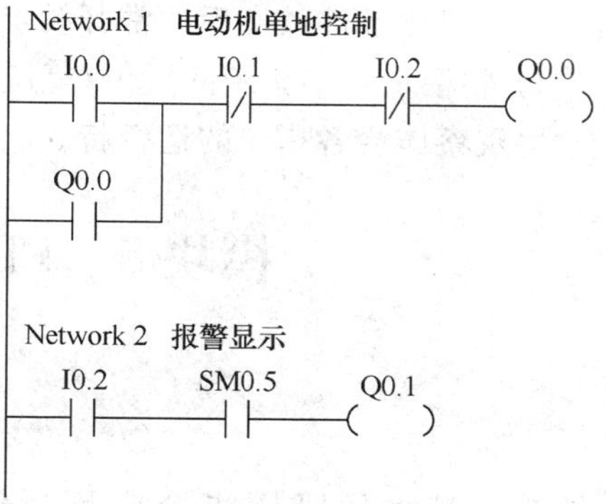

图 3-5-2　利用触点组合编写的控制梯形图

电动机过载时，FR 常开触点闭合，“输入继电器”I0. 2 得电，其常闭触点 I0. 2 断开，“输出继电器”Q0. 0 失电，线圈 KM 失电，电动机失电停转，以实现对电动机的保护。

图中的 SM0. 5 即 1s 时钟脉冲，当电动机过载时，常开触点 I0. 2 闭合，在秒脉冲的作用下，导致输出线圈 Q0. 1 以 0. 5s 得电、0. 5s 失电，使报警灯闪烁。

（4）利用置位、复位指令编写的控制梯形图

利用置位、复位指令编写的控制梯形图如图3-5-3所示。

在图3-5-3中，起动时，当SB_1（I0.0）一经闭合，线圈KM（Q0.0）被置位（得电），SB_1断开后，KM得电保持；当停止或过载时，SB_2（I0.1）或FR（I0.2）闭合，线圈KM（Q0.0）立即复位（失电），SB_2或FR断开后，KM仍旧失电；当SB_1和SB_2均闭合时，由于REST指令在后，所以KM失电，这就是所谓的停止优先控制。若将图3-5-3中Network1和Network2两条梯形图对换，就成了起动优先控制。请读者不妨一试。

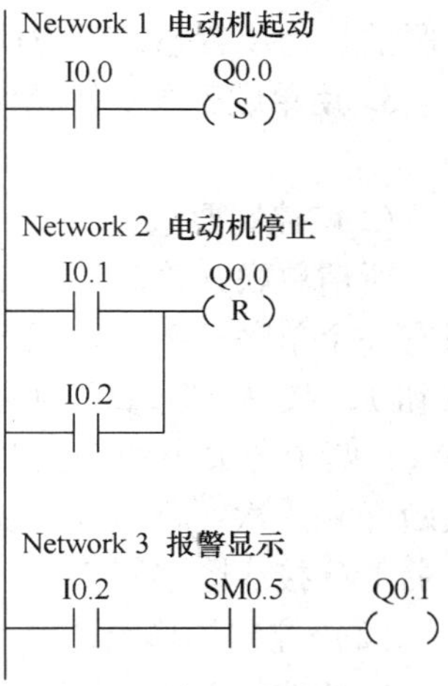

图3-5-3 置位、复位指令的梯形图

（5）关于程序结束指令

在前面几个实例中，梯形图最后都应有一条END（结束）指令，表示程序结束，这是必需的。这里要说明的是，在STEP 7-Micro/WIN编程软件中，在建立了一个新程序时，都会在程序段后面自动加一个“END”程序段，所以在程序段的梯形图最后增加一条“END”指令，反而是多余了，而且在编译程序时会出现一个警告提示。因此，在实例中，图中画出的都是“程序段”的梯形图，不出现“END”的字样。

2. 两地起动、停止控制

（1）控制要求

在两个不同的地方控制同一台电动机，每个地方都配置一个起动按钮，一个停止按钮，即双按钮。两组按钮（起动按钮SB_1和停止按钮SB_2、起动按钮SB_3和停止按钮SB_4）都能对同一台电动机进行操作。

（2）控制方案

可采用如下两种方法：

1）将两个起动按钮（SB_1、SB_3）并联后接入PLC输入端I0.0，将两个停止按钮（SB_2、SB_4）并联后接入输入端I0.1，如图3-5-4a所示，控制梯形图如上例不变。

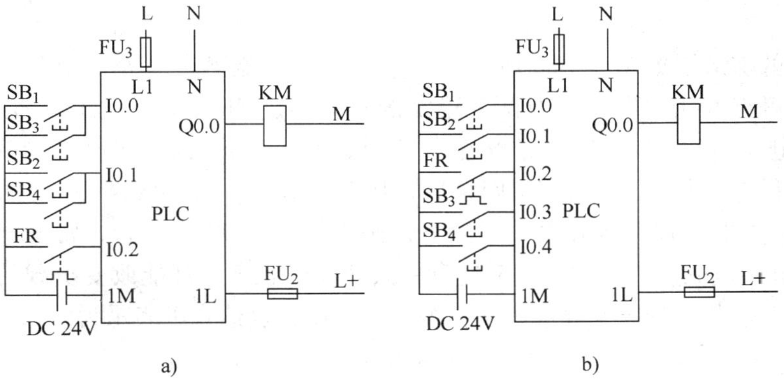

图3-5-4 两种按钮接入图

a）按钮并联接入 b）按钮分别接入

2）将按钮 SB_1、SB_2、SB_3、SB_4 分别接入 I0.0、I0.1、I0.3、I0.4，输入端 I0.2 仍旧分配给热继电器 FR，如图 3-5-4b 所示。按钮分别接入的梯形图如图 3-5-5 所示。从图 3-5-5 中可以看出常开触点是并联的，常闭触点是串联的。请读者想一想为什么这样连接。

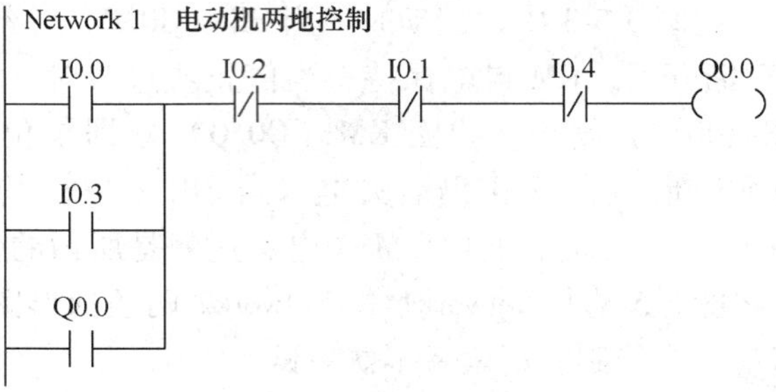

图 3-5-5　按钮分别接入的梯形图

3. 用单联开关实现两地起动、停止控制

（1）控制要求

所谓单联开关两地控制，就是在每地只有一个单联开关 SK_1 或 SK_2（注意不是按钮），接入到 PLC 的输入端 I0.0 和 I0.1，两个开关中的任一开关动作（闭合或断开）一次，都能改变输出点 Q0.0 的状态，使灯 H 亮或灭。单联开关两地起动、停止控制的 I/O 接线图如图 3-5-6 所示。

（2）控制梯形图

这种控制需求的解决方法，其实是电气控制中常用的一灯双控照明电路，如图 3-5-7 所示，但必须使用双联开关。用 PLC 能方便地实现两地控制和多地控制的控制要求。

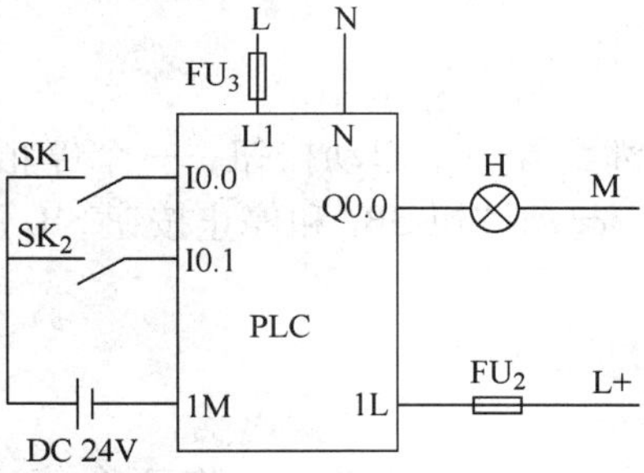

图 3-5-6　单联开关两地起动、停止控制的 I/O 接线图

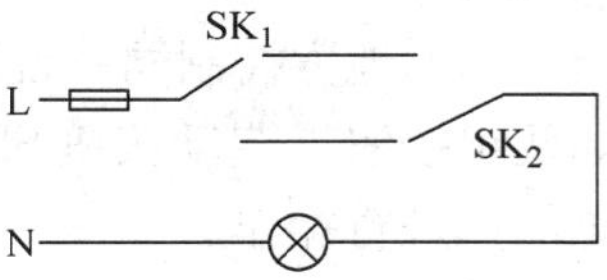

图 3-5-7　一灯双控照明电路

两地控制的梯形图如图 3-5-8a 所示。由于单联开关能稳定地处于闭合、断开两个不同的位置，所以触点 I0.0、I0.1 具有两种稳定的状态。设 SK_1、SK_2 一开始都处于断开状态，线圈 Q0.0 失电。当 SK_1 闭合时，常开触点 I0.0 闭合，线圈 Q0.0 得电，外部触点 Q0.0 闭合，被控对象得电（灯亮）。当 SK_2 闭合后，从图中看出，驱动线圈 Q0.0 的两条支路均不通，线圈 Q0.0 失电。若再将开关 SK_1 断开，则常闭触点 I0.0 闭合，常开触点 I0.1 闭合，线圈 Q0.0 得电，被驱动。由此，改变任意一只开关的状态，都能改变负载的状态，达到两地控制的目的。这其实是一个异或的逻辑关系，用逻辑表达式可表示为

$$Q0.0 = I0.0 \times \overline{I0.1} + \overline{I0.0} \times I0.1$$

在此基础上，三地控制的程序如图 3-5-8b 所示，图中将触点 I0.0、I0.1 状态异或的结果用 M10.0 表示。再将触点 M10.0 和触点 I0.2 的状态再异或一次，其结果送给线圈 Q0.0。具体动作过程，请读者自行分析。

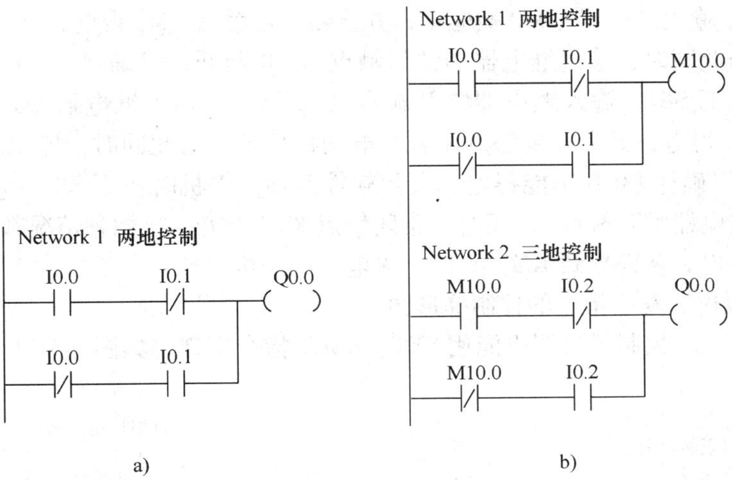

图 3-5-8 一灯双控控制梯形图

a）两地控制 b）三地控制

4. 电动机正反转控制

电动机正反转控制电路如图 3-5-9 所示，输入/输出元件的地址分配可对照图 3-5-9b 分析，其中，SB_1 是停止按钮，SB_2 是正向起动按钮，SB_3 是反向起动按钮，KM_1 是正转接触器，KM_2 是反转接触器。

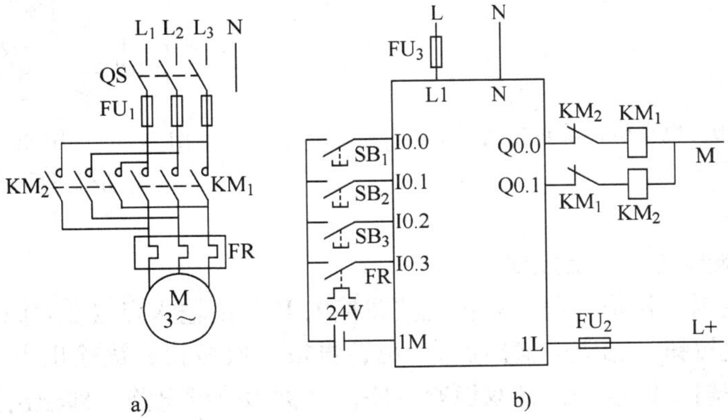

图 3-5-9 电动机正反转控制电路

a）主电路 b）PLC 控制电路

（1）控制要求

在电动机停止时，按下 SB_2，接触器 KM_1 得电，其常开触点闭合，电动机正转；在电动机停止时，按下 SB_3，接触器 KM_2 得电，其常开触点闭合，电动机反转；按下 SB_1，或过载时热继电器常开触点 FR 闭合，KM_1 或 KM_2 失电，电动机停转。为了提高控制电路的可靠性，在输出电路中设置电路互锁，同时要求在梯形图中也要实现软件互锁。

（2）使用触点组合的控制梯形图

符合控制要求的电动机正反转控制梯形图如图 3-5-10 所示。按下 SB_2，输入继电器常开触点 I0.1 闭合，输出继电器 Q0.0 被驱动，并自锁，接触器 KM_1 得电，其常开主触点闭合，电动机正转，与此同时，输出继电器的常闭触点 Q0.0 断开，以确保 Q0.1 不能得电，实行软件互锁。若按下 SB_3，输入继电器常开触点 I0.2 闭合，输出继电器 Q0.1 被驱动，并自锁，接触器 KM_2 得电，其常开主触点闭合，电动机反转；与此同时，输出继电器的常闭触点 Q0.1 断开，以确保 Q0.0 不能得电，实行软件互锁。停机时按下 SB_1，常闭触点 I0.0 断开；过载时热继电器常开触点 FR 闭合，常闭触点 I0.3 断开，这两种情况都能使输出继电器 Q0.0 或 Q0.1 失电，从而导致 KM_1 或 KM_2 失电，电动机停转。

（3）使用置位、复位指令的控制梯形图

电动机的正反转控制梯形图也能用 SET、RSET 指令实现，如图 3-5-11 所示，请读者自行分析。

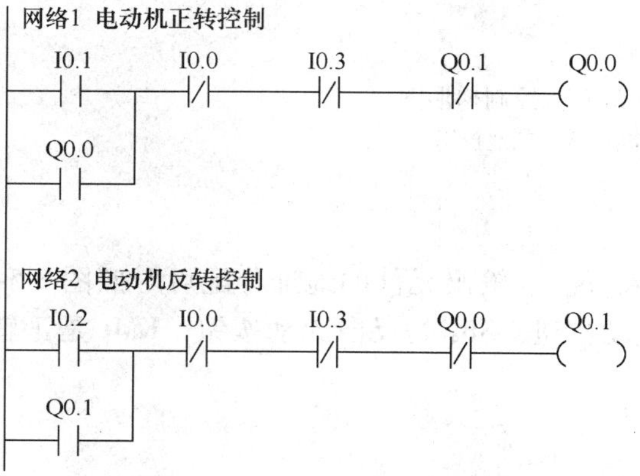

图 3-5-10　电动机正反转控制梯形图

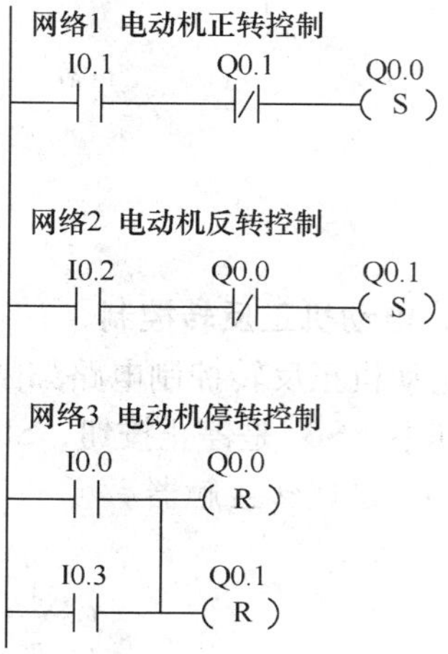

图 3-5-11　用 SET、RSET 指令的电动机正反转控制梯形图

5. 单按钮单地起动、停止控制

所谓单按钮控制，就是采用一只普通按钮接入 PLC 的输入点（如 I0.0），编写新的用户程序，使得按一次按钮，相应的输出点为 ON，再按一次按钮，该输出点为 OFF，如此可不断循环执行。从逻辑上讲这是一种双稳态电路，又称为分频电路，即输出信号的频率是输入信号频率的二分之一。

应用边沿脉冲指令（微分型指令）和输入/输出指令，能方便地写出使用单按钮实现电动机起动、停止控制的梯形图程序，为简单起见，以下程序统一设定输入元件为普通按钮 SB_1，接入输入端 I0.0，输出元件为接触器 KM，接到输出端 Q0.0。

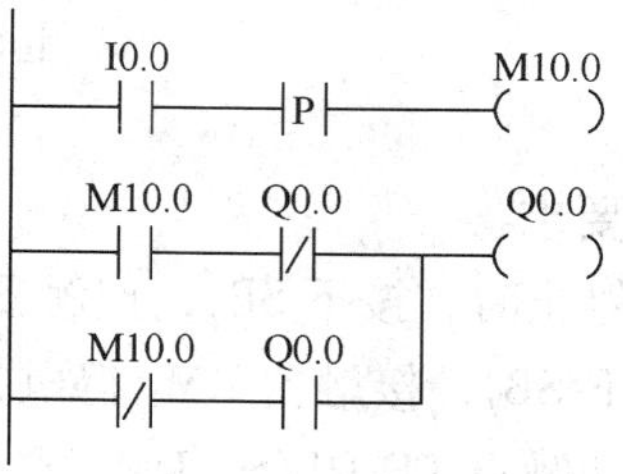


```
LD   I0.0
EU
=    M10.0
LD   M10.0
AN   Q0.0
LDN  M10.0
A    Q0.0
OLD
=    Q0.0
```

图 3-5-12　利用微分指令编写的单按钮控制梯形图和指令表

利用微分指令和触点组合编写的单按钮控制梯形图和指令表如图 3-5-12 所示。从图中看出，该梯形图程序分为两条，第一条是当 SB_1 按钮闭

合时，输入触点 I0.0 同时闭合，由于微分指令的作用，内部辅助继电器 M10.0 得电一个扫描周期；第二条是一个典型的异或电路，即

$$Q0.0 = M10.0 \times \overline{Q0.0} + \overline{M10.0} \times Q0.0$$

它将 M10.0 的状态和输出继电器 Q0.0 的状态相异或后，在 Q0.0 输出。运行开始时，线圈 Q0.0 的状态为 OFF，其常开触点断开，常闭触点闭合。SB_1 第一次闭合时，在 M10.0 上产生一个上升沿脉冲（ON），线圈 Q0.0 的状态（OFF）和 M10.0 的状态（ON）两者异或，在线圈 Q0.0 得到结果为 ON。SB_1 第二次闭合时，在 M10.0 上又产生一个上升沿脉冲（ON），此时因为线圈 Q0.0 的当前状态为 ON，两者异或，在线圈 Q0.0 得到结果为 OFF。这样，当每按一次按钮 SB_1，输出线圈 Q0.0 的状态就改变一次，接触器 KM 得电或失电一次，实现了用单按钮的控制电动机的起动和停止。整个电路其实是一个双稳态电路，即来一个脉冲，输出的状态翻转一次。

6. 用输入/输出指令生成边沿脉冲

当某种 PLC 没有微分指令时，也可用已学的输入/输出指令来设计一个简单的梯形图，来生成一个脉冲输出，如图 3-5-13 所示。可以这样分析，在触点 I0.0 闭合的第一个扫描周期，第一条梯形图因辅助继电器 M10.1 尚未得电，常闭触点 M10.1 还是闭合，辅助继电器 M10.0 得电；在第二个扫描周期时，第一条梯形图的常闭触点 M10.1 因其线圈得电已断开，所以辅助继电器 M10.0 失电。可以看出同指令边沿脉冲指令一样，在 M10.0 上得到了一个扫描周期的脉冲。

这样我们可以用基本的输入/输出指令来实现单按钮单地起动、停止控制，如图 3-5-14 所示。

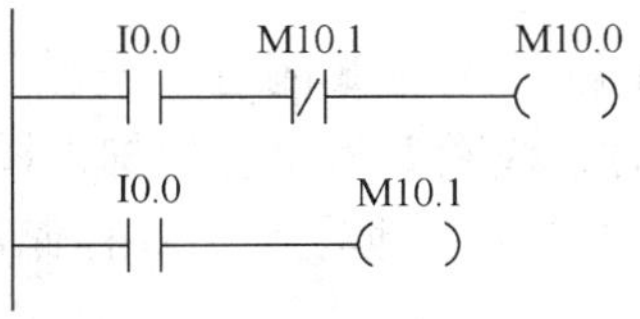


```
LD   I0.0
AN   M10.1
=    M10.0
LD   I0.0
=    M10.1
```

图 3-5-13　用输入/输出指令生成边沿脉冲

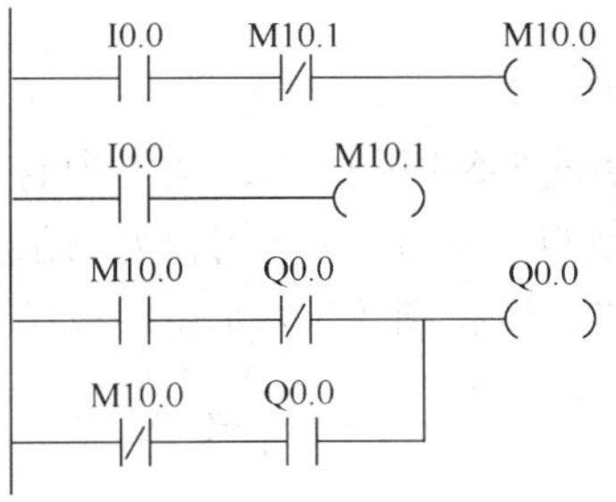


```
LD   I0.0
AN   M10.1
=    M10.0
LD   I0.0
=    M10.1
LD   M10.0
AN   Q0.0
LDN  M10.0
A    Q0.0
OLD
=    Q0.0
```

图 3-5-14　利用接点组合编写的单按钮控制梯形图和指令表

知 识 拓 展

3.5.2　编程注意事项

1. 关于输入元件的动断触点（常闭触点）

在上述实例中，停止按钮和热继电器都采用常开触点接入，目的是使初学者方便学习，因为如图 3-5-2 所示的梯形图和习惯的控制电路十分一致，便于分析，但在通常的控制电路中，为了达到控制的可靠性，停止按钮和热继电器都采用常闭触点接入。若采用常闭触点接

入（起动按钮 SB_1 还是采用常开触点接入），可将图 3-5-2 的梯形图改写成图 3-5-15 所示形式。

由于停止按钮（SB_2）、热继电器（FR）采用常闭触点，所以梯形图中的常开触点 I0.1、I0.2 在停止按钮（SB_2）、热继电器（FR）未动作时都是闭合的，当 SB_1（I0.0）闭合时，线圈（Q0.0）得电，并自锁。最后一行的常闭触点 I0.2 在热继电器（FR）未动作时是断开的，输出线圈 Q0.1 不会得电。但是由于 I0.1、I0.2 在梯形图中的常开触点形式，使初学者分析时较为困难，所以在后面的介绍中，还是沿用常开触点的接入方法。

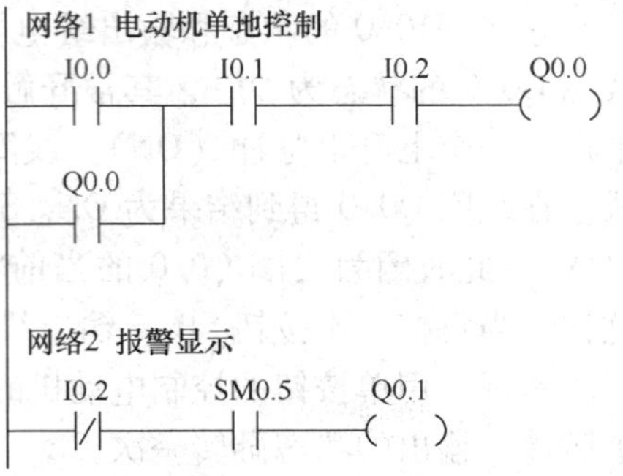

图 3-5-15　停止按钮、热继电器采用动断触点的梯形图

2. 线圈位置不对的梯形图及转换

线圈位置不对的梯形图如图 3-5-16a 所示。从图中看出，该梯形图的目的是在触点 A、B、C 都闭合时，线圈 F 得电。但在梯形图中线圈必须在最右边，可将图 3-5-16a 转换成图 3-5-16b 所示形式。

a)　　　　　　b)

图 3-5-16　线圈位置不对的电路及转换

a）线圈位置不对的梯形图　b）转换后的梯形图

3. 桥式电路

桥式电路如图 3-5-17a 所示，从图中看出该电路的目的是在触点 A 与 B 闭合、或触点 C 与 D 闭合、或触点 A 与 E 与 D 闭合、或触点 C 与 E 与 B 闭合时，线圈 F 得电。但梯形图没有此类表示方法，应将图 3-5-17a 转换成图 3-5-17b 所示形式，才能正确地写入 PLC 存储器。

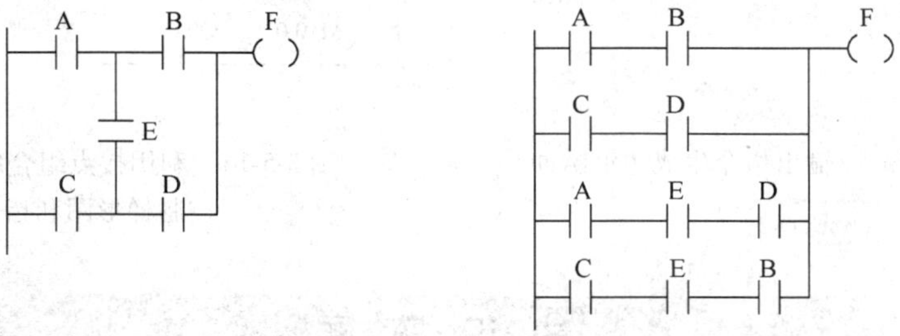

a)　　　　　　b)

图 3-5-17　桥式电路的转换

a）桥式电路　b）转换后的梯形图

4. 同名双线圈输出及其对策

图 3-5-18a 所示为同名双线圈输出梯形图。在编程语法上，该梯形图并不违反规定，但在实际执行中，其结果有时会和编程者的要求有所不同。编程者希望当触点 A、B 闭合，或

触点 C、D 闭合，或四个触点都闭合时，线圈 F 均会得电。但在实际执行中，当触点 A、B 闭合，而触点 C、D 断开时，线圈 F 并不得电。这是因为 PLC 采用循环扫描的处理方式。在输入采样后，中央处理器对梯形图自上而下进行运算。在运算第一条电路时，线圈 F 得电，在运算到第二条电路时，线圈 F 失电。在 I/O 刷新时，以最后的运算结果为标准进行输出。为了达到准确的控制要求，可将图 3-5-18a 改画成图 3-5-18b 或图 3-5-18c 所示的梯形图。

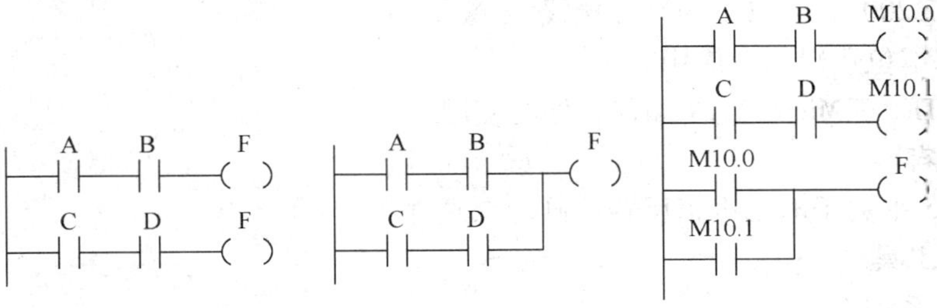

a)　b)　c)

图 3-5-18　同名双线圈输出

a）同名双线圈输出梯形图　b）改画后的梯形图　c）改画后的梯形图

5. 注意梯形图的结构

1）宜将串联电路多的部分画在梯形图上方。如图 3-5-19a 所示的梯形图可改画成图 3-5-19b 所示的梯形图。改画后，梯形图的功能不变，但可少写 OLD 指令，减少指令数，使程序更趋合理。

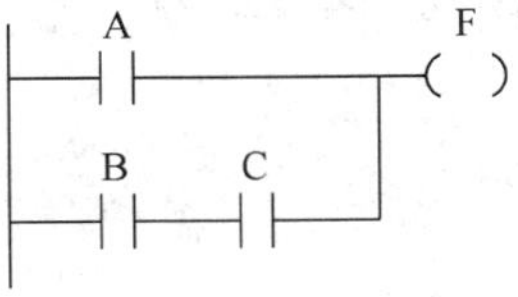


```
LD   A
LD   B
A    C
OLD
=    F
```

a)

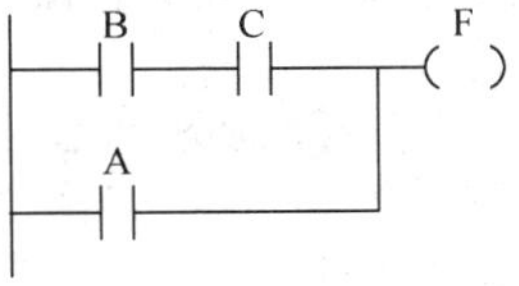


```
LD   B
A    C
O    A
=    F
```

b)

图 3-5-19　合理安排串联电路

a）原梯形图　b）改画后的梯形图

2）宜将并联电路多的部分画在梯形图左方。如图 3-5-20a 所示的梯形图也可改画成图 3-5-20b 所示的梯形图，同样，改画后梯形图功能不变，但可少写 ALD 指令。

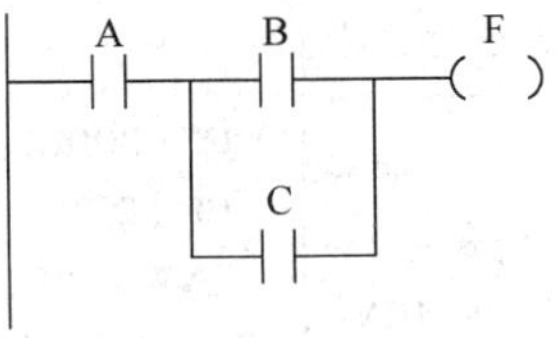


```
LD   A
LD   B
O    C
ALD
=    F
```

a)

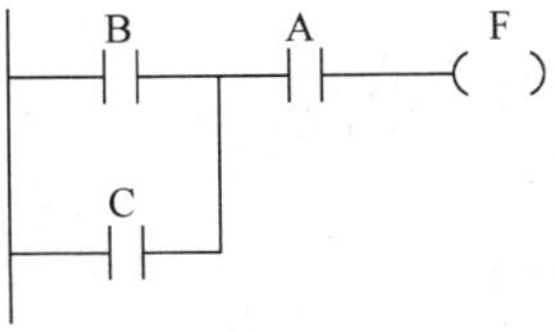


```
LD   B
O    C
A    A
=    F
```

b)

图 3-5-20　合理安排并联电路

a）原梯形图　b）改画后的梯形图

技 能 训 练

3.5.3 电动机正反转控制

1. 实践目的

1）掌握 S7-200 系列 PLC 的硬件接线。

2）熟悉基本位逻辑指令应用。

3）熟悉 STEP 7-Micro/WIN 编程软件的使用。

2. 任务内容

完成模块 5 中关于电动机正反转控制的软硬件。

3. 设备与工具

1）S7-200 系列 PLC。

2）安装了 STEP 7-Micro/WIN 32 编程软件的上位计算机及通信电缆。

3）万用表、螺钉旋具等。

4. 训练步骤

1）按图施工，完成相关电路的硬件接线。

2）使用 STEP 7-Micro/WIN 32 编程软件，完成相关 PLC 程序编辑。

3）下载梯形图程序，并调试。

模块 6 定时器、计数器指令及应用

知 识 积 累

3.6.1 定时器指令介绍

定时器是 PLC 中最常用的元器件之一，掌握它的工作原理对 PLC 的程序设计非常重要。S7-200 系列 PLC 为用户提供了 3 种类型的定时器：通电延时型（TON）、有记忆的通电延时型又叫保持型（TONR）、断电延时型（TOF）。它们都为增量型定时器。定时器工作方式及指令格式见表 3-15。

表 3-15 定时器工作方式及指令格式

梯形图（LAD）	语句表（STL）	说 明	数据类型及操作数
接通延时定时器 Txxx TON IN PT	TON Txxx，PT	当使能 IN = “1” 时，定时器计时，连续计数最大可达 32 767，PT = 定时预置值 当前值≥预置值时，定时器为 ON 当使能 IN = “0” 时，对 TON：定时器为 OFF，当前值 = 0 对 TONR：定时器和当前值保持最后状态，必须经复位指令对 TONR 进行复位	IN（BOOL）：能流 PT（INT）： VW、IW、QW、MW、SW、SMW、LW、AIW、T、C、AC、常数、* AD、* AC、* LD、
有记忆接通延时定时器 Txxx TONR IN PT	TONR Txxx，PT		

（续）

梯形图（LAD）	语句表（STL）	说　明	数据类型及操作数
断开延时定时器 Txxx TOF IN PT	TOF Txxx，PT	当使能 IN = “1” 时，定时器为 ON，当前值 = 0 PT = 定时预置值 当使能 IN 从 “1” → “0” 跳变，定时器计时；当前值 = 预置值时，定时器为 OFF，停止计时并保持当前值	IN（BOOL）：能流 PT（INT） VW、IW、QW、MW、SW、SMW、LW、AIW、T、C、AC、常数、* VD、* AC、* LD、

定时器的定时时间为 $T = 0.001 \times PT \times S$（单位为 s）。式中：$T$ 为实际定时时间，PT 为设定值，S 为分辨率，不同编号定时器的定时精度见表 3-16。

表 3-16　定时器精度

工作方式	分辨率/ms	最大定时时间/s	定时器号
TONR	1	32.767	T0，T64
	10	327.67	T1 ~ T4，T65 ~ T68
	100	3276.7	T5 ~ T31，T69 ~ T95
TON/TOF	1	32.767	T32，T96
	10	327.67	T33 ~ T36，T97 ~ T100
	100	3276.7	T37 ~ T63，T101 ~ T225

IN 是使能输入端，编程范围为 T0 ~ T255；PT 是预置值输入端，最大预置值为 32 767；PT 数据类型：INT（整数型 16 位）。

PT 寻址范围：VW、IW、QW、MW、SW、SMW、LW、AIW、T、C、AC、* AC、* VD、* LD 和常数。

1. 通电延时型定时器 TON（On-Delay Timer）

使能端（IN）输入有效时，定时器开始计时，当前值从 0 开始递增，大于或等于预置值（PT）时，定时器输出状态位置 1（输出触点有效），当前值的最大值为 32 767。使能端无效（断开）时，定时器复位（当前值清零，输出状态位置 0）。通电延时型定时器应用程序及运行结果时序分析如图 3-6-1 所示。

2. 有记忆通电延时型定时器 TONR（Retentive On-Delay Timer）

使能端（IN）输入有效时（接通），定时器开始计时，当前值递增，当前值大于或等于预置值（PT）时，输出状态位置 1。使能端输入无效（断开）时，当前值保持（记忆）；使能端（IN）再次接通有效时，在原记忆值的基础上递增计时。有记忆通电延时型（TONR）定时器采用线圈的复位指令（R）进行复位操作，当复位线圈有效时，定时器当前值清零，输出状态位置 0。

有记忆通电延时型定时器应用程序及运行结果时序分析如图 3-6-2 所示。

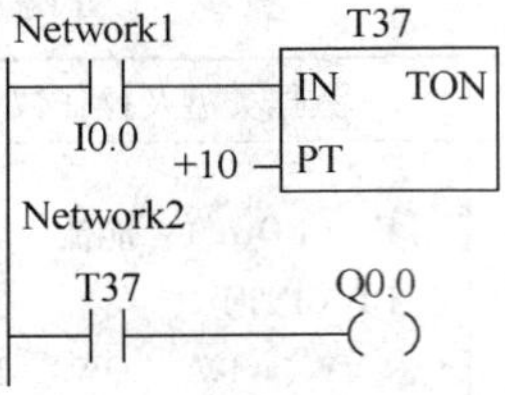	//100ms 定时器 T37 在 I0. 0 接通 1s 后到时，I0. 0 断开，复位 T37 //定时器 T37 控制 Q0. 0	Network1 LD I0. 0 TON T37， +10 Network2 LD T37 = Q0. 0

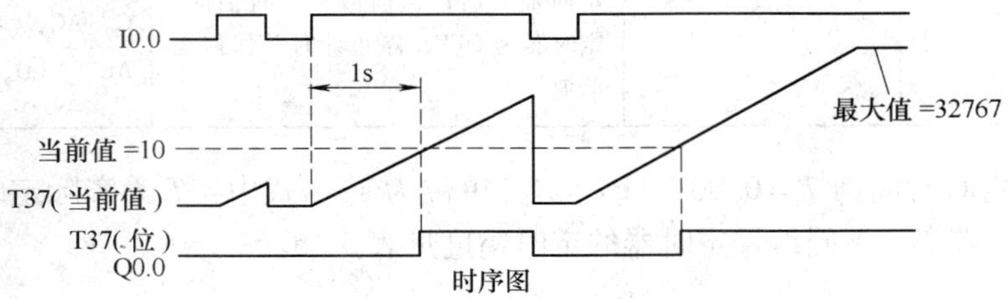

图 3-6-1 通电延时型定时器应用程序及运行结果时序分析

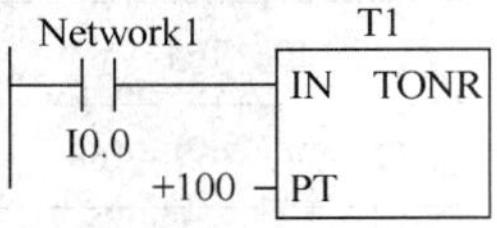	//10msTONR 定时器 T1 在 1s 后到时	Network1 LD I0. 0 TONR T1，100
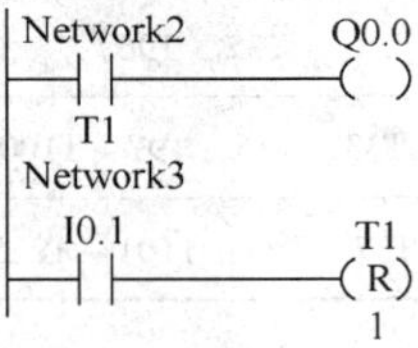	//T1 位控制 Q0. 0。1s 后 T1 使 Q0. 0 接通。 //TONR 定时器必须用复位指令才能复位。当 I0. 1 接通时，复位 T1	Network2 LD T1 = Q0. 0 Network3 LD I0. 0 R T1，1

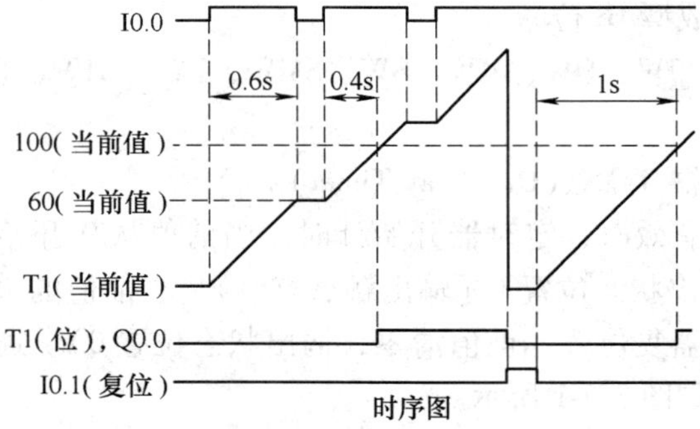

图 3-6-2 有记忆通电延时型定时器应用程序及运行结果时序分析

3. 断电延时型定时器 TOF（Off-Delay Timer）

使能端（IN）输入有效时，定时器输出状态位立即置 1，当前值复位（为 0）。使能端（IN）断开时，开始计时，当前值从 0 递增，当前值达到预置值时，定时器状态位复位置 0，并停止计时，当前值保持。

断电延时型定时器应用程序及程序运行结果时序分析如图 3-6-3 所示。

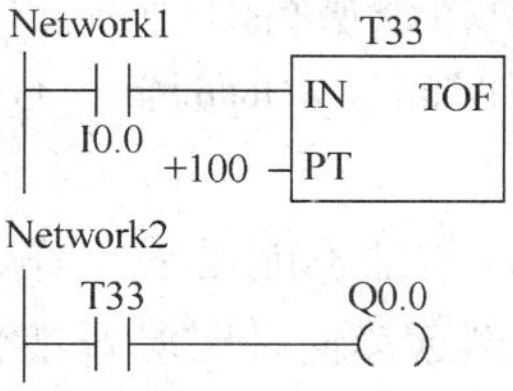	//10ms 定时器 T33 在 I0.0 关断 1s 后到时。I0.0 接通 T33 置位 //定时器 T33 用其输出位控制 Q0.0	Network1 LD　I0.0 TOF　T33，+100 Network2 LD　T33 =　Q0.0

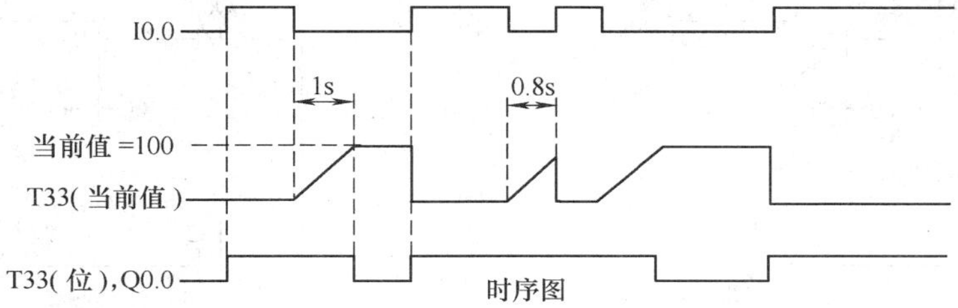

图 3-6-3　断电延时型定时器应用程序及运行结果时序分析

4. S7-200 系列 PLC 定时器的刷新方式和正确使用

1）定时器的刷新方式。S7-200 系列 PLC 定时器的刷新方式是不同的，从而在使用方法上有很大的不同，这和其他类型的 PLC 有很大区别。使用时一定要注意根据应用场合和要求的不同来选择定时器。

①1ms 定时器每隔 1ms 定时器刷新一次，定时器刷新与扫描周期和程序处理无关，它采用的是中断刷新方式。扫描周期较长时，定时器一个周期内可能多次被刷新（多次改变当前值）。

②10ms 定时器在每个扫描周期开始时刷新。每个扫描周期之内，当前值不变。

③100ms 定时器是定时器指令执行时被刷新，下一条执行的指令即可使用刷新后的结果，非常符合正常思维，使用方便可靠。但应当注意，如果该定时器的指令不是每个周期都执行（比如条件跳转时），定时器就不能及时刷新，可能会导致出错。

2）定时器的正确使用。图 3-6-4 所示为使用定时器本身的常闭触点作激励输入，希望经过延时产生一个机器扫描周期的时钟脉冲输出。定时器状态位置位时，依靠本身的动断触点（激励输入）的断开使定时器复位，重新开始设定时间，进行循环工作。采用不同时基标准的定时器时，会有不同的运行结果，具体分析如下：

①T32 为 1ms 时基定时器，每隔 1ms 定时器刷新一次当前值，CPU 当前值若恰好在处理常闭触点和常开触点之间被刷新，Q0.0 可以接通一个扫描周期，但这种情况出现的几率很小，一般情况下，不会正好在这时刷新。若在执行其他指令时，定时时间到，1ms 的定时刷新，使定时器输出状态位置位，常闭触点打开，当前值复位，定时器输出状态位立即复位，所以输出线圈 Q0.0 一般不会通电。

②若将图 3-6-4 中定时器 T32 换成 T33，时基变为 10ms，当前值在每个扫描周期开始刷新，计时时间到时，扫描周期开始时，定时器输出状态位置位，常闭触点断开，立即将定时

器当前值清零，定时器输出状态位复位（为 0）。这样，输出线圈 Q0.0 永远不可能通电（ON）。

③若将图 3-6-4 中定时器 T32 换成 T37，时基变为 100ms，当前指令执行时刷新，Q0.0 在 T37 计时时间到时准确地接通一个扫描周期。可以输出一个 OFF 时间为定时时间，ON 时间为一个扫描周期的时钟脉冲。

综上所述，用本身触点激励输入的定时器，时基为 1ms 和 10ms 时都不能可靠工作，一般不宜使用本身触点作为激励输入。若将图 3-6-4 改成图 3-6-5，无论选择何种时基都能正常工作。

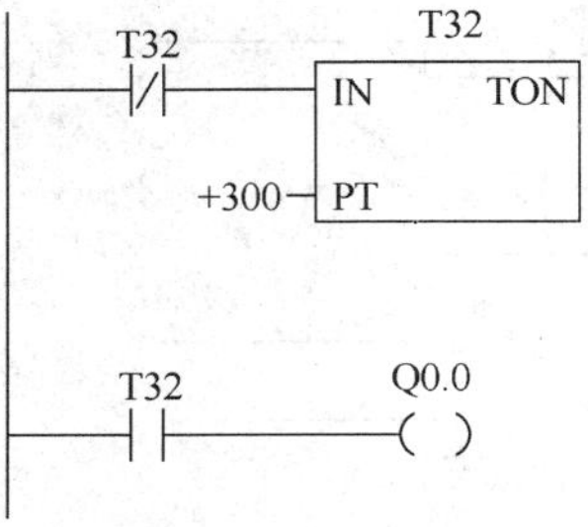

图 3-6-4　自身激励输入程序

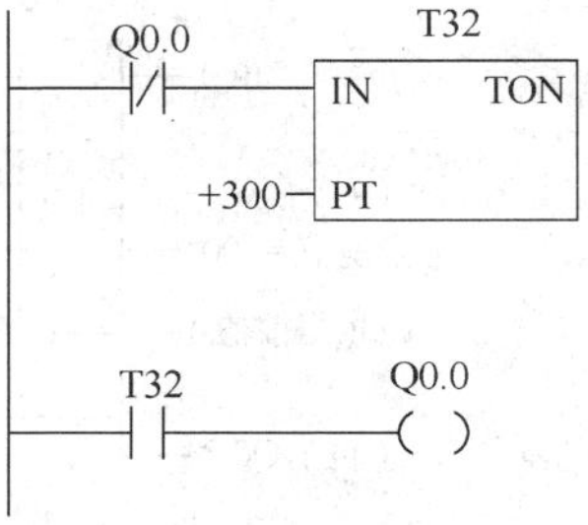

图 3-6-5　非自身激励输入程序

5. S7-200 系列 PLC 定时器的使用注意事项

1）编号、类型及分辨率。S7-200 系列 PLC 配置了 256 个定时器（T0 ~ T255）。定时器有 1ms、10ms、100ms 三种分辨率，编号和类型与分辨率有关，选用前应先查表 3-16 以确定合适的编号。从表 3-16 中可知，有记忆的定时器均是接通延时型的，无记忆的定时器可通过指令指定为接通延时或关断延时型。

2）预置值，也叫设定值。预置值即编程时设定的延时时间的长短。PLC 定时器采用时基计数及与预置值比较的方式确定延时时间是否到达。在使用梯形图编程时，预置值标在定时器功能框的“PT”端。

3）一个定时器号不能同时用作 TOF 和 TON。例如，不能既有 TON：T32，又有 TOF：T32。

4）每个当前值的计数是多重时基的。例如，以 10ms 为时基，当前值 50 代表 10ms × 50 = 500ms；以 100ms 为时基，则当前值代表 100ms × 50 = 5000ms。定时器可能在其时基（1、10ms 或 100ms）内任何时间起动，由于定时器的计时间隔与程序的扫描周期并不同步，所以 PT 的预置值必须大于最小需要的时间间隔。例如，使用 10ms 定时器实现 140ms 的延时（时间间隔），预置值应设为 15（10ms × 15 = 150ms）；若使用 1ms 定时器要确保 56ms 的时间间隔，预置值应设为 57（1ms × 57 = 57ms）。

各种不同的定时器应用于不同的场合，一般地，接通延时型定时器 TON 用于单一的时间间隔定时，有记忆接通延时型定时器 TONR 用于累计许多的时间间隔，断开延时型定时器 TOF 则用于故障事件后的时间延时。

3.6.2 计数器指令介绍

计数器用于累计输入脉冲个数，在实际应用中用来对产品进行计数或完成复杂的逻辑控制任务。S7-200 系列 PLC 有递增计数（CTU）、增/减计数（CTUD）、递减计数（CTD）三类计数指令。计数器的使用方法和基本结构与定时器基本相同，主要由预置值寄存器、当前值寄存器、状态位等组成。

计数器的梯形图指令符号为指令盒形式，指令格式见表 3-17。

表 3-17 计数器指令格式

	增计数指令	减计数指令	增/减计数指令
指令的表达形式	CTU C××,PV CU CTU R PV	CTD C××,PV CD CTD LD PV	CTUD C××,PV CU CTUD CD R PV
操作数的范围及类型	C××：（WORD）常数 C0 ~ C255 CU、CD、LD、R（BOOL）I，Q，V，M，SM，S，T，C，L，能流 PT：（INT）IW，QW，VW，MW，SMW，T，C，SW，LW，AC，AIW，*VD，*LD，*AC，常数		

梯形图指令符号中，CU 为增 1 计数脉冲输入端；CD 为减 1 计数脉冲输入端；R 为复位脉冲输入端；LD 为减计数器的复位脉冲输入端；编程范围为 C0 ~ C255；PV 预置值最大范围为 32 767。

1. 增计数指令

CTU（Count Up）

增计数指令（CTU）在每一个（CU）输入状态从低到高（上升沿）时增计数。当计数器当前值不小于预置值 PV 时，计数器输出位 C 置位（置 1）。当复位端（R）接通或执行复位指令后，计数器复位（置 0）。当达到最大值（32767）后，计数器停止计数。增计数指令的应用可以参考图 3-6-6 理解。

2. 增/减计数指令

CTUD（Count Up/Down）

增/减计数指令（CTUD）在每一个增计数输入（CU）从低到高（上升沿）时增计数，在每一个减计数输入（CD）从低到高（上升沿）时减计数，在当前值大于或等于预置值时，计数器输出位 C 接通。否则，计数器输出位关断。当复位输入端（R）接通或执行复位指令时，计数器复位。当达到预置值 PV 时，CTUD 计数器停止计数。

增/减计数器的计数范围为 −32 678 ~ 32 767，当达到最大值 32 767 后，下一个 CU 输入上升沿将使计数值变为最小值 −32 678。同样，达到最小值 −32 678 后，下一个 CD 输入上升沿将使计数值变为最大值 32 767。增/减计数器指令应用程序段及时序分析如图 3-6-6 所示。

3. 减计数指令

CTD（Count Down）

减计数指令（CTD）在每一个（CD）输入状态从低到高（上升沿）时减计数。当 C 的当前值等于 0 时，计数器输出位 C 置位。当装载输入端（LD）接通时，计数器位被复位，并将计数器的当前值设为预置值 PV。当计数到 0 时，停止计数，计数器输出位 C 接通。

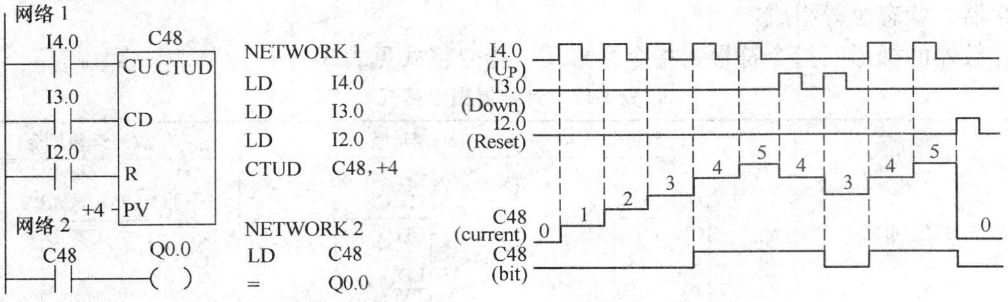

图 3-6-6 增/减计数器应用程序段及时序分析

减计数指令应用程序及时序图如图 3-6-7 所示，减计数器在计数脉冲 I3.0 的上升沿减 1 计数，当前值从预置值开始减至 0 时，定时器输出状态位置 1，Q0.0 通电（置 1）。在复位脉冲 I1.0 的上升沿，定时器状态位置 0（复位），当前值等于预置值，为下次计数工作做好准备。

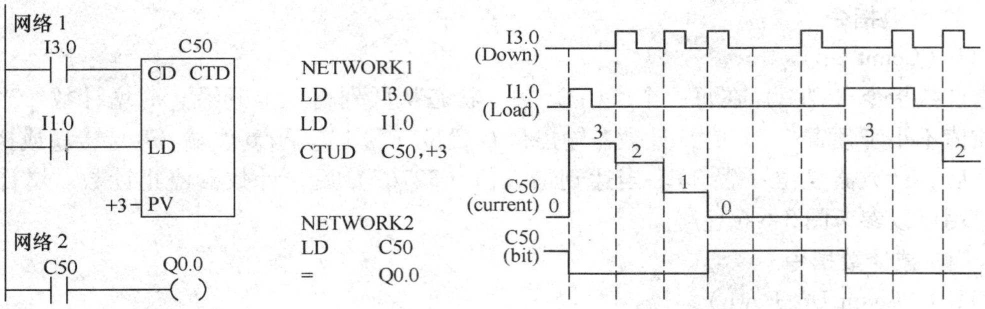

图 3-6-7 减计数指令应用程序及时序图

控 制 分 析

3.6.3 定时器/计数器指令应用

1. 脉冲宽度可控制电路

图 3-6-8 所示为一个脉冲宽度可控制电路的程序及时序图。该电路在输入信号宽度不规范的情况下，要求在每一个输入信号的上升沿产生一个宽度固定的脉冲，该脉冲宽度可以调节。需要说明的是，如果输入信号的两个上升沿之间的距离小于该脉冲宽度，则忽略输入信号的第二个上升沿，图 3-6-8 中，关键是找出定时器 T37 的计时输入逻辑，使其不论在 I0.0 的宽度大于或小于 2s 时，都可使 Q0.0 的宽度为 2s。该例中，通过调节 T37 设定值 PT 的大

小，就可控制 Q0.0 的宽度。该宽度不受 I0.0 接通时间长短的影响。

2. 延时接通/延时断开电路

图 3-6-9 所示为延时接通/延时断开电路的程序及时序图。该电路要求有输入信号后，停一段时间输出信号才为 ON；而输入信号 OFF 后，输出信号延时一段时间才 OFF。

3. 闪烁电路

闪烁电路也称为振荡电路。闪烁电路实际上就是一个时钟电路，它可以是等间隔的通断，也可以是不等间隔的通断。图 3-6-10 所示为一个典型闪烁电路的程序及时序图。在该例中，当 I0.0 有效时，T37 就会产生一个 2s 断、1s 通的闪烁信号。Q0.0 和 T37 一样开始闪烁。

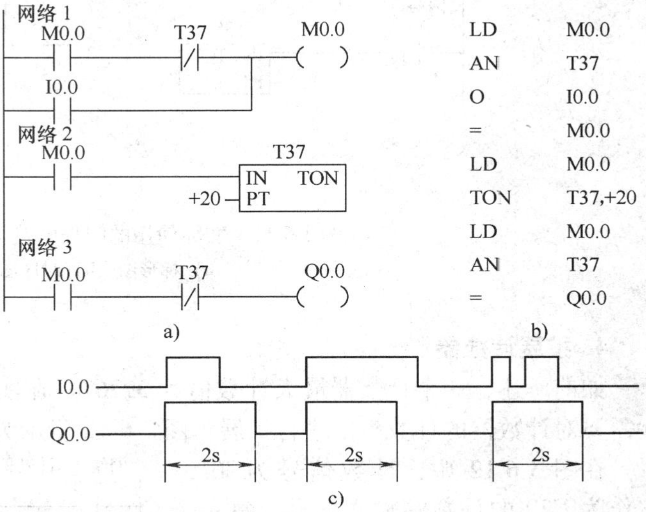

图 3-6-8　脉冲宽度可控制电路的程序及时序图

a）梯形图　b）指令表　c）时序图

在实际的程序设计中，如果电路中用到闪烁功能，往往直接用两个定时器组成闪烁电路，如图 3-6-11 所示。这个电路不管其他信号如何，PLC 一通电，它就开始工作。什么时候使用到闪烁功能，把 T37 的常开触点（或常闭触点）串联上即可。通断的时间值可以根据需要任意设定。图 3-6-11 所示为一个 2s 通、2s 断的闪烁电路。

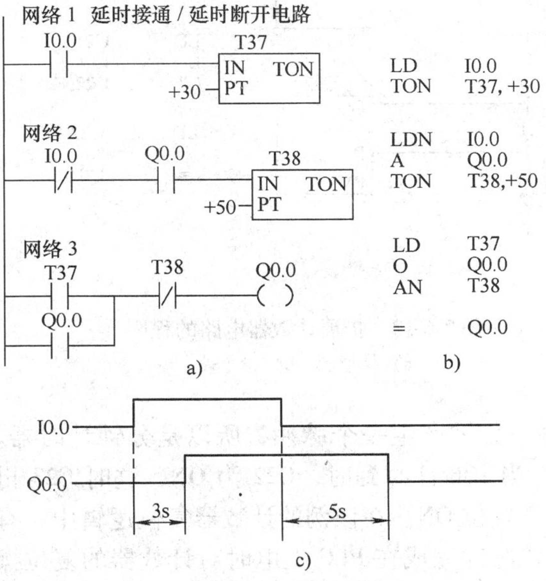

图 3-6-9　延时接通/延时断开电路的程序及时序图

a）梯形图　b）指令表　c）时序图

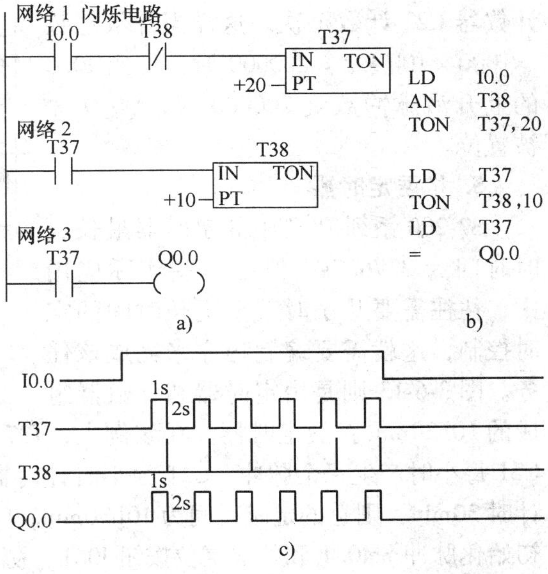

图 3-6-10　闪烁电路的程序及时序图

a）梯形图　b）指令表　c）时序图

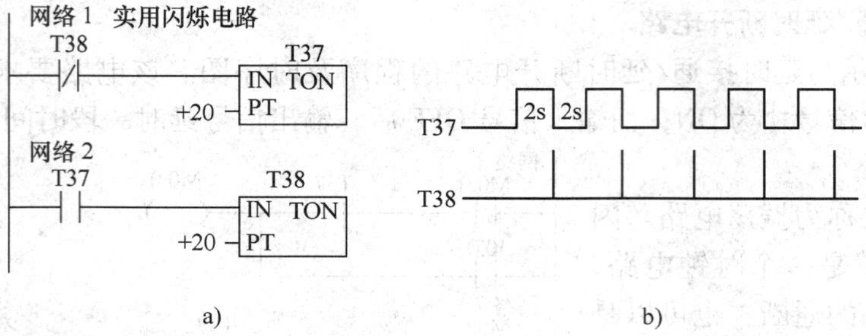

a) b)

图 3-6-11 实际使用的闪烁电路程序及时序图

a）梯形图 b）时序图

4. 扩展计数器

如前所述，一个计数器最大计数值为 32767。在实际应用中，如果计数范围超过该值，就需要对计数器的计数范围进行扩展，图 3-6-12 所示为计数器扩展电路的程序。

在图 3-6-12 中，计数信号为 I0.0，它作为 C20 的计数端输入信号，每一个上升沿使 C20 计数 1 次；C20 的常开触点作为计数器 C21 的计数输入信号，C20 计数到 1000 时，使计数器 C21 计数 1 次；C21 的常开触点作为计数器 C22 的计数输入信号，C21 计数到 100 时，使计数器 C22 计数 1 次。这样当计数总数 =1000×100×2 = 200000 时，即当 I0.0 的上升沿脉冲数到 200000 时，Q0.0 才被置位。

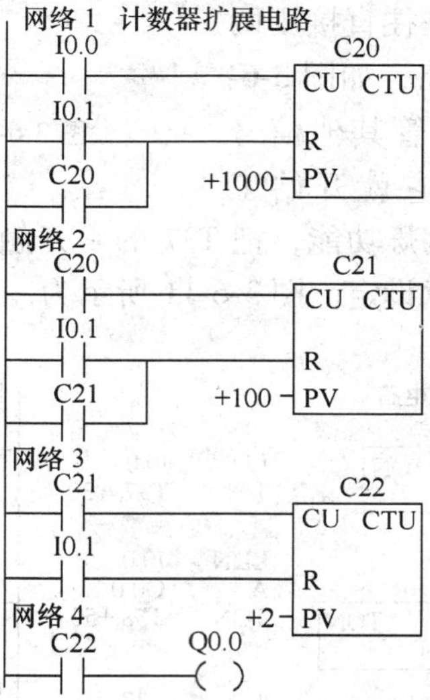

LD	I0.0
LD	I0.1
O	C20
CTU	C20,+1000
LD	C20
LD	I0.1
O	C21
CTU	C21,+100
LD	C21
LD	I0.1
CTU	C22,+2
LD	C22
=	Q0.0

a) b)

图 3-6-12 扩展计数器电路的程序

a）梯形图 b）指令表

5. 扩展定时器

S7-200 系列 PLC 中的定时器最长定时时间为 3276.7s，但在一些实际应用中，往往需要几小时甚至更长时间的定时控制，这就需要编制程序来完成该任务。图 3-6-13 则是由定时器和计数器组成的 10h30min 扩展定时器。在该例中，T37 每一分钟产生一个脉冲，所以是分钟计时器。C21 每小时产生一个脉冲，C21 为小时计时器。当 10h 计时到时，C22 为 ON，这时 C23 再计时 30min，则总的定时时间为 10h30min，Q0.0 置位 ON。在该例的计数器复位逻辑中，有初始化脉冲 SM0.1 和外部复位按钮 I0.1。初始化脉冲完成在 PLC 上电时对计数器的复位操作，如果所使用的计数器不是设置为掉电保护模式，则不需要初始化复位。

在定时时间很长，定时精度要求不高的场合，如小于 1s 或 1min 的误差可以忽略不计时，则可以使用时钟脉冲 SM0.4（1min 脉冲）或 SM0.5（1s 脉冲）来构成长延时电路。

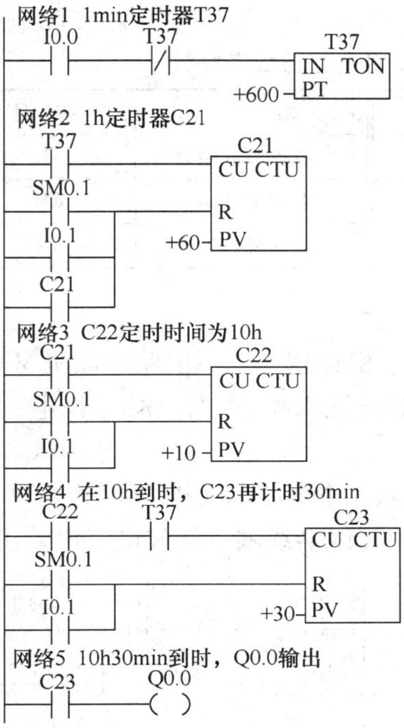

a)

```
LD      I0.0
AN      T37
TON     T37,+600

LD      T37
LD      SM0.1
O       I0.1
O       C21
CTU     C21,+600

LD      C21
LD      SM0.1
O       I0.1
CTU     C22,+10

LD      C22
A       T37
LD      SM0.1
O       I0.1
CTU     C23,+30

LD      C23
=       Q0.0
```

b)

图 3-6-13 扩展定时器电路的程序

a）梯形图 b）指令表

6. Y-△减压起动控制

（1）控制要求

三相异步电动机Y-△减压起动、停止控制电路如图3-6-14所示。

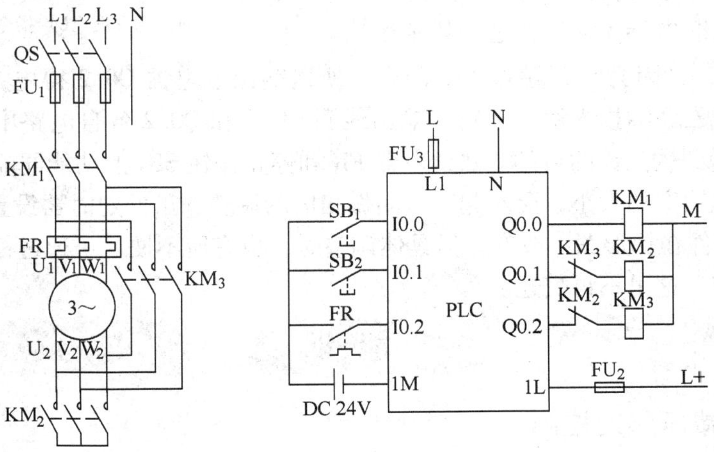

a) b)

图 3-6-14 三相异步电动机Y-△减压起动、停止控制电路

a）主电路 b）PLC控制电路

I/O 地址分配表见表 3-18，表中地址按 S7-200 CPU224 型 PLC 实际地址填写。

表 3-18　I/O 地址分配表

输入元件	符　号	输入地址	输出元件	符　号	输出地址
起动按钮	SB_1	I0.0	接触器线圈	KM_1	Q0.0
停止按钮	SB_2	I0.1	接触器线圈	KM_2	Q0.1
热继电器动合触点	FR	I0.2	接触器线圈	KM_3	Q0.2

具体控制要求如下：

①按下起动按钮 SB_1，接触器线圈 KM_1、KM_2 得电，主电路电动机 M 成Y联结，电动机起动，同时开始定时；定时时间到，接触器线圈 KM_2 失电，KM_3 得电，电动机 M 成△联结，进入正常运转。

②按下停止按钮 SB_2，接触器线圈均失电，主电路电动机 M 停止。

③若电动机过载时，FR 常开触点闭合，接触器线圈也均失电，电动机 M 停止。

④KM_1 和 KM_2 除在输出电路中有电路硬触点互锁外，在梯形图程序中有软触点互锁。

（2）控制梯形图

符合Y-△减压起动控制要求的梯形图如图 3-6-15 所示。

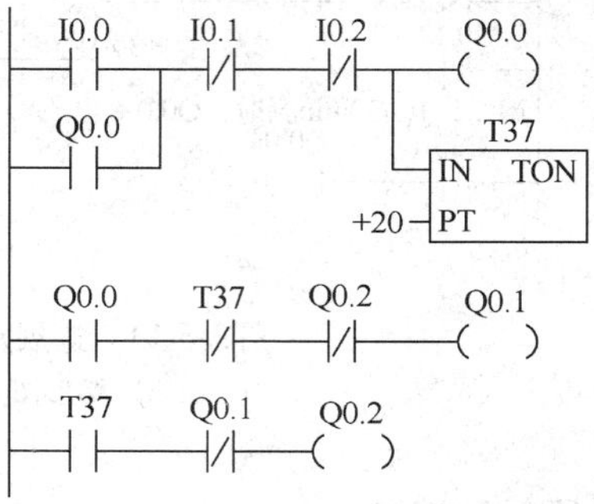


```
LD   I0.0
O    Q0.0
AN   I0.1
AN   I0.2
=    Q0.0
TON  T37,+20
LD   Q0.0
AN   T37
AN   Q0.2
=    Q0.1
LD   T37
AN   Q0.1
=    Q0.2
```

a)　　b)

图 3-6-15　Y-△减压起动控制梯形图
a）梯形图　b）指令表

在图 3-6-15 中，当按下起动按钮 SB_1 时，触点 I0.0 闭合，输出继电器 Q0.0 得电并自锁，常开触点 Q0.0 闭合，导致输出继电器 Q0.1 也得电，此时 KM_1、KM_2 得电，电动机成星形联结起动；与此同时，定时器 T37 开始计时；2s 定时时间到，常闭触点 T37 断开，输出继电器 Q0.1 失电，其常闭触点 Q0.1 闭合，又因为常开触点 T37 闭合，所以输出继电器 Q0.2 得电，此时 KM_1、KM_3 得电，电动机成△联结投入稳定运行。输出线圈 Q0.1 和 Q0.2 各自电路中串联的常闭触点 Q0.2 和 Q0.1 达到软互锁的目的。热继电器 FR 和停止按钮 SB_2 的功能同前所述。

根据电动机功率的大小，要对起动时间做相应的调整，虽然定时器设置值能通过 STEP7 – Micro/WIN 软件在梯形图中改变，但具体调整时，也有所不便。可通过模拟电位器对时间设置值进行调整，这里不再赘述。

技 能 训 练

3.6.4　Y-△减压起动控制

1. 实践目的

1）掌握 S7-200 系列 PLC 的硬件接线。

2）熟悉定时器指令应用。

3）熟悉 STEP 7-Micro/WIN 编程软件的使用。

2. 任务内容

完成模块6中关于Y-△减压起动控制的软硬件。

3. 设备与工具

1）S7-200 系列 PLC。

2）安装了 STEP 7-Micro/WIN 32 编程软件的上位计算机及通信电缆。

3）万用表、螺钉旋具等。

4. 训练步骤

1）按图施工，完成相关电路的硬件接线。

2）使用 STEP 7-Micro/WIN 32 编程软件，完成相关 PLC 程序编辑。

3）下载梯形图程序，并调试。

4）观察定时器指令运行特点。

模块7 功能图和步进控制指令及应用

知 识 积 累

3.7.1 功能图及步进控制指令简介

在3.4.2 PLC 的编程语言一节中，已提出了编程的第三种方法即功能图编程。采用梯形图及指令表方式编程深受广大电气技术人员的欢迎，且电路工作比较直观。但是，这种方式也有缺点，即对步进控制程序设计很困难，电路工作也不易理解，且编程难度较大。功能图编程就是针对这些问题而问世的。国外已设计并应用了各种功能，也称为各种状态转移系统，例如 FUNCTION PLAN（德国）、GUAFCET（法国）等，并趋于国际标准化。

若利用 IEC 标准的功能图（SFC）语言来编制步进控制程序，则初学者也很容易编写复杂的步进控制程序，使工作效率大大提高。并且，这种编程方法为调试、试运行带来极大的方便，故深受欢迎。

S7-200 系列 PLC 有三条简单的步进控制指令，见表3-19。

表3-19 步进控制指令的形式及功能

STL	LAD	功 能	操作元件
LSCR	├──[SCR]	顺控状态开始	S
SCRT	───(SCRT)	顺控状态转移	S
SCRE	───(SCRE)	顺控状态结束	无

步进控制指令 SCR 仅仅对于状态元件 S 有效，但是状态元件能够使用 LD、LDN、A、AN、O、ON、=、S、R 等指令。状态元件 S 具有一般辅助继电器的功能。

步进控制指令 SCR 具有其独特性，与其他指令比较有一定的特点。图3-7-1 所示例子说明了 SCR 指令的工作情况。

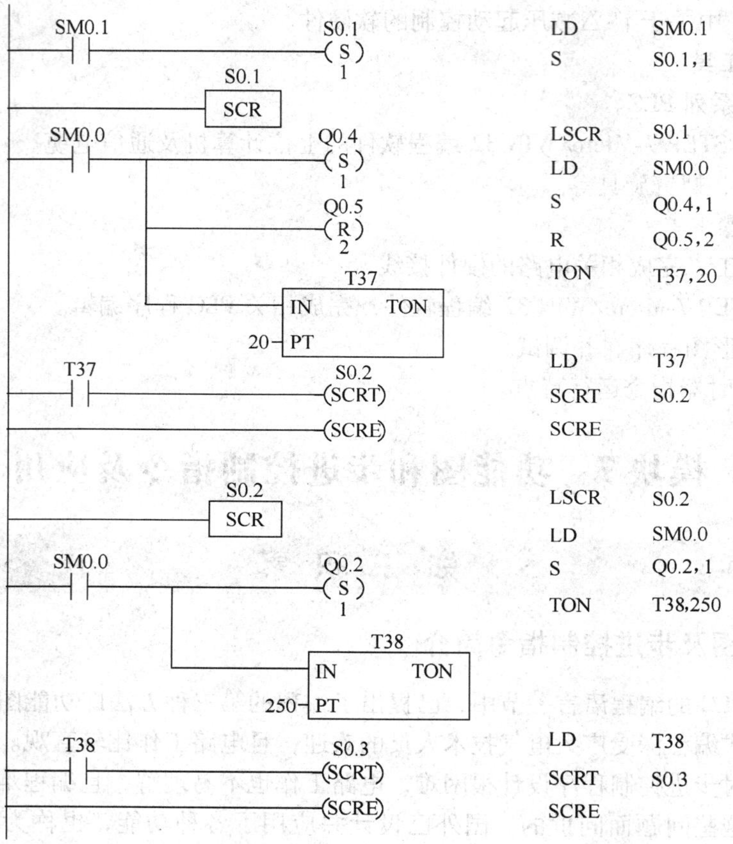

图 3-7-1 SCR 指令应用示例（单支流程）

1）初始化脉冲 SM0.1 在开机后第一个扫描周期将状态 S0.1 置 1，这就是第一步。

2）在第一步中要驱动 Q0.4，复位 Q0.5、Q0.6。

3）第一步的工作时间为 2s，因而打开 T37 计时。

4）2s 时间到，转移到第二步。通过 T37 常开触点将状态 S0.2 置 1，同时自动将原工作状态 S0.1 清 0。

5）在第二步中要驱动 Q0.2。

6）第二步的工作时间为 25s，因而打开 T38 计时。

7）25s 时间到，转移到第三步。通过 T38 常开触点将状态 S0.3 置 1，同时自动将原工作状态 S0.2 清 0。

8）每一个状态提供了三种功能：

①驱动处理，即在这一步要做什么。

②转移条件，即满足该条件则转移到下一步。

③转移后状态自动复位，即置位转移后的状态，并自动复位原状态。

3.7.2　功能图主要类型

1. 单支流程

状态号没有必要按过程号的次序安排，其单流程功能图、梯形图及指令表如图 3-7-2 所示。

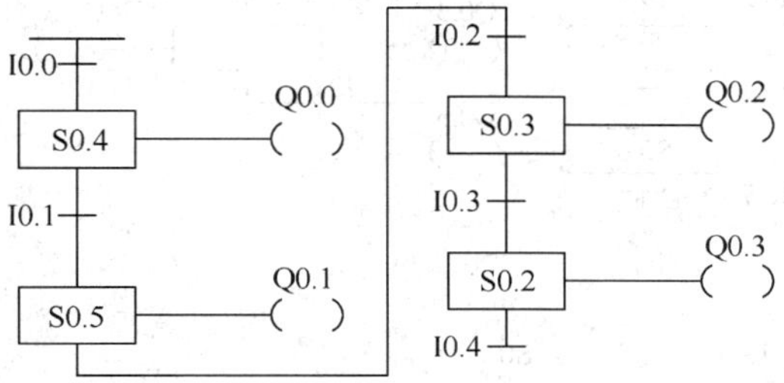

a)

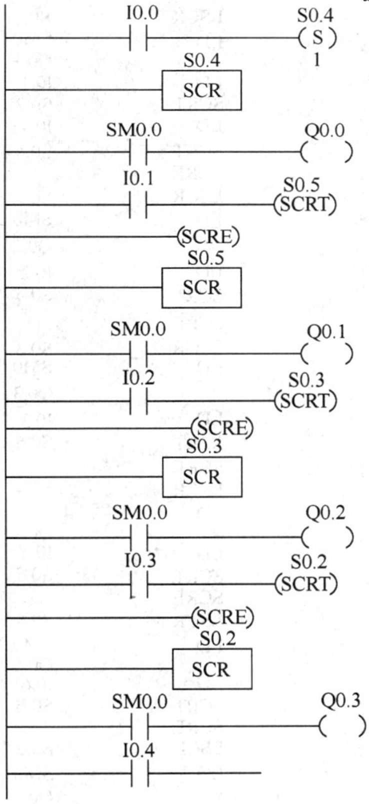

b)

```
LD      I0.0
S       S0.4,1
LSCR    S0.4
LD      SM0.02
=       Q0.0
LD      I0.1
SCRT    S0.5
SCRE
LSCR    S0.5
LD      SM0.0
=       Q0.1
LD      I0.2
SCRT    S0.3
SCRE
LSCR    S0.3
LD      SM0.0
=       Q0.2
LD      I0.3
SCRT    S0.2
SCRE
LSCR    S0.2
LD      SM0.0
=       Q0.3
LD      I0.4
⋮
```

c)

图 3-7-2　单支流程

a）功能图　b）梯形图　c）指令表

2. 选择分支和连接

图 3-7-3 是选择分支和连接的功能图、梯形图及指令表。状态元件 S0.2 或 S0.4 接通，

则状态元件 S0.1 自动复位。状态元件 S0.6 由状态元件 S0.3 或 S0.5 置位。状态元件 S0.6 置位，状态元件 S0.3 或状态元件 S0.5 自动复位。

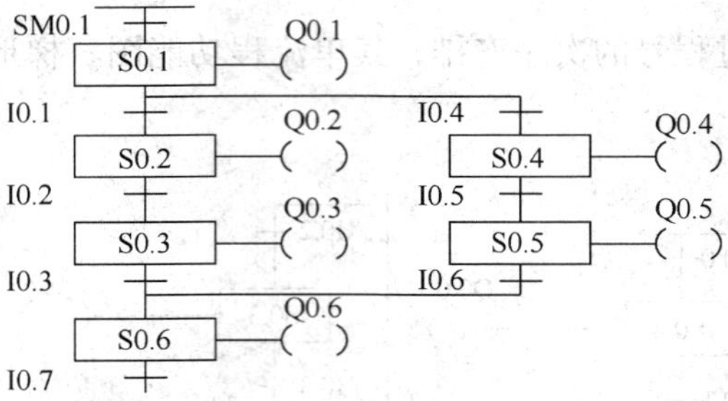

a)

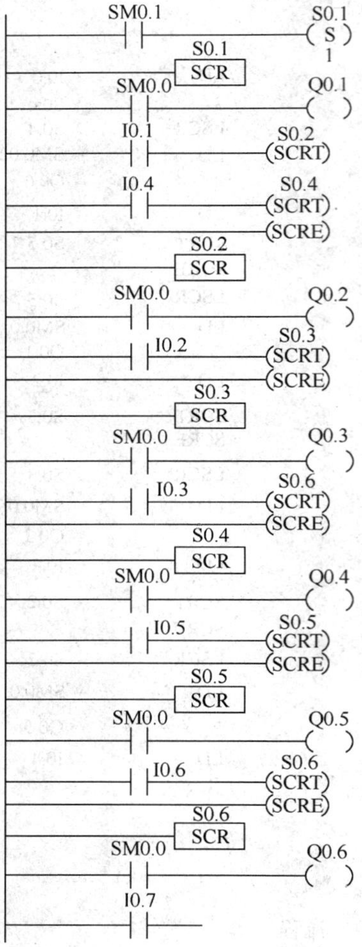

b)

LD	SM0.1
S	S0.1, 1
LSCR	S0.1
LD	SM0.0
=	Q0.1
LD	I0.1
SCRT	S0.2
LD	I0.4
SCRT	S0.4
SCRE	
LSCR	S0.2
LD	SM0.0
=	Q0.2
LD	I0.2
SCRT	S0.3
SCRE	
LSCR	S0.3
LD	SM0.0
=	Q0.3
LD	I0.3
SCRT	S0.6
SCRE	
LSCR	S0.4
LD	SM0.0
=	Q0.4
LD	I0.5
SCRT	S0.5
SCRE	
LSCR	S0.5
LD	SM0.0
=	Q0.5
LD	I0.6
SCRT	S0.6
SCRE	
LSCR	S0.6
LD	SM0.0
=	Q0.6
LD	I0.7
⋮	

c)

图 3-7-3 选择分支和连接

a）功能图 b）梯形图 c）指令表

3. 并行分支和连接

图3-7-4为并行分支和连接的功能图、梯形图及指令表。状态元件S0.2和状态元件S0.4同时接通，则状态元件S0.1自动复位。状态元件S0.6由状态元件S0.3和状态元件S0.5置位。在状态元件S0.3和状态元件S0.5同时接通且转移条件满足的情况下，状态元件S0.6被置位。S0.6置位后，S0.3和S0.5自动复位。

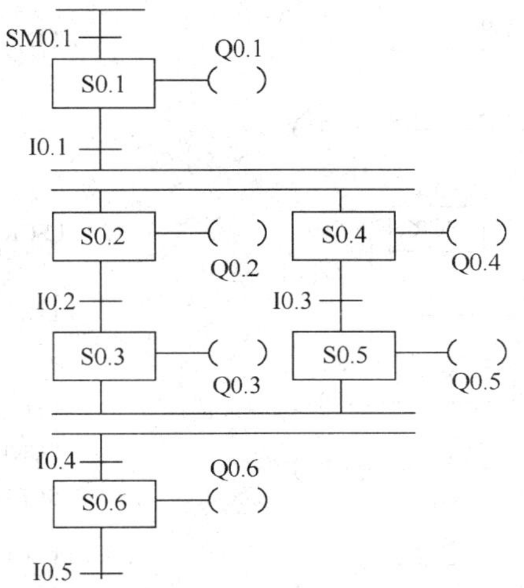

a)

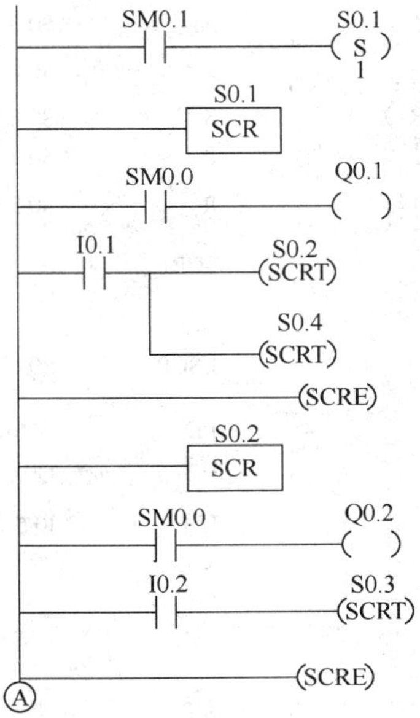

LD	SM0.1
S	S0.1,1
LSCR	S0.1
LD	SM0.0
=	Q0.1
LD	I0.1
SCRT	S0.2
SCRT	S0.4
SCRE	
LSCR	S0.2
LD	SM0.0
=	Q0.2
LD	I0.2
SCRT	S0.3
SCRE	

b)　　　　c)

图3-7-4　并行分支和连接

a）功能图　b）梯形图　c）指令表

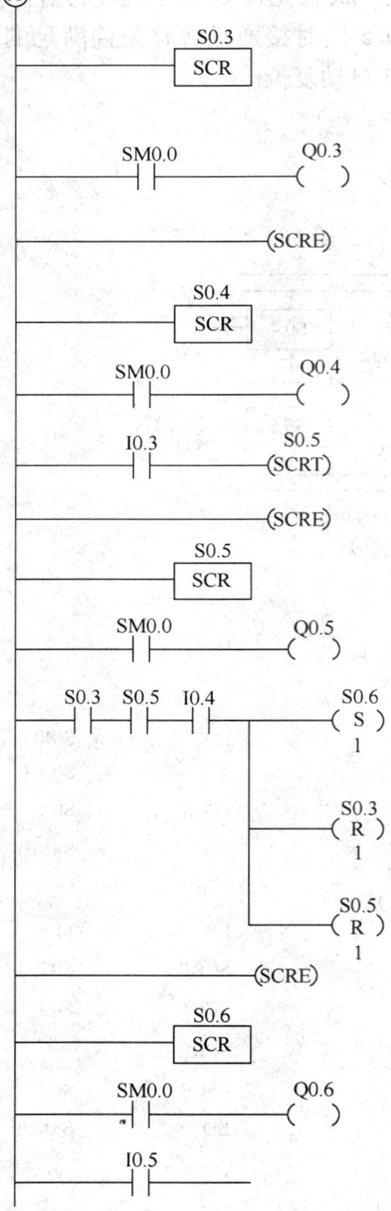

b)

LSCR	S0.3
LD	SM0.0
=	Q0.3
SCRE	
LSCR	S0.4
LD	SM0.0
=	Q0.4
LD	I0.3
SCRT	S0.5
SCRE	
LSCR	S0.5
LD	SM0.0
=	Q0.5
LD	S0.3
A	S0.5
A	I0.4
S	S0.6,1
R	S0.3,1
R	S0.5,1
SCRE	
LSCR	S0.6
LD	SM0.0
=	Q0.6
LD	I0.5
⋮	

c)

图 3-7-4　并行分支和连接（续）

b）梯形图　c）指令表

4. 跳转和循环

图3-7-5为跳转和循环的功能图、梯形图及指令表。

图中，当I1.0接通时，S0.1～S0.3循环重复工作。当I1.0不通并且I1.1接通时，S0.5和S0.6不工作，程序跳转。

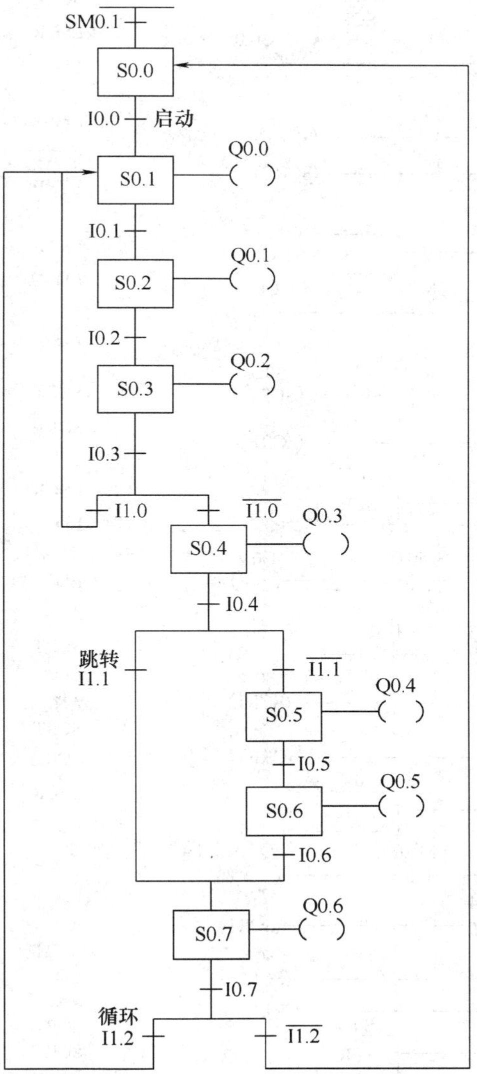

a)

图3-7-5　跳转和循环

a）功能图

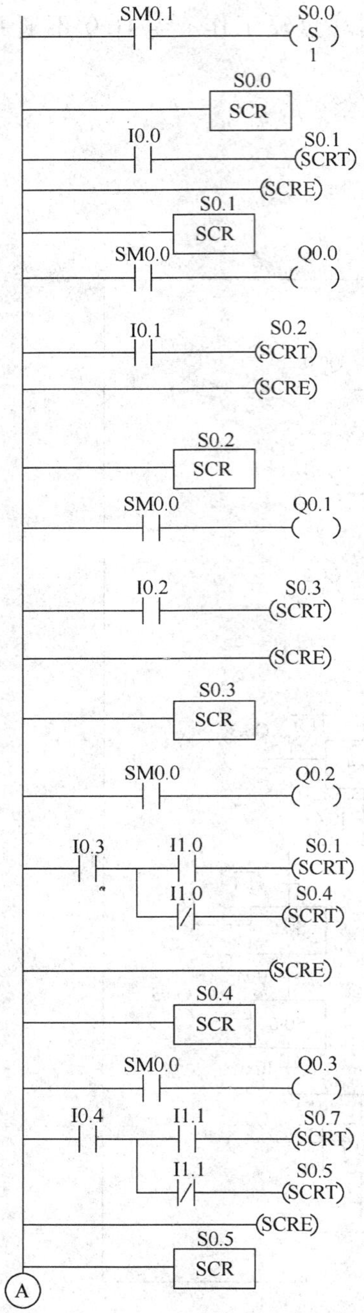

b)

LD	SM0.1
S	S0.0,1
LSCR	S0.0
LD	I0.0
SCRT	S0.1
SCRE	
LSCR	S0.1
LD	SM0.0
=	Q0.0
LD	I0.1
SCRT	S0.2
SCRE	
LSCR	S0.2
LD	SM0.0
=	Q0.1
LD	I0.2
SCRT	S0.3
SCRE	
LSCR	S0.3
LD	SM0.0
=	Q0.2
LD	I0.3
A	I1.0
SCRT	S0.1
LD	I0.3
AN	I1.0
SCRT	S0.4
SCRE	
LSCR	S0.4
LD	SM0.0
=	Q0.3
LD	I0.4
A	I1.1
SCRT	S0.7
LD	I0.4
AN	I1.1
SCRT	S0.5
SCRE	
LSCR	S0.5

c)

图 3-7-5　跳转和循环（续一）

b）梯形图　c）指令表

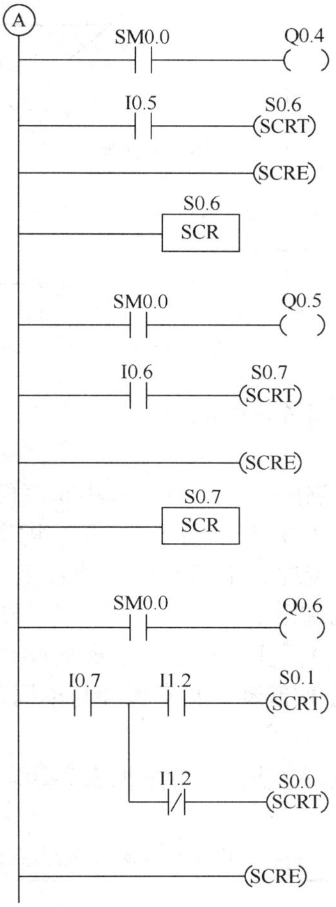

b)

```
LD     SM0.0
=      Q0.4
LD     I0.5
SCRT   S0.6
SCRE
LSCR   S0.6
LD     SM0.0
=      Q0.5
LD     I0.6
SCRT   S0.7
SCRE
LSCR   S0.7
LD     SM0.0
=      Q0.6
LD     I0.7
A      I1.2
SCRT   S0.1
LD     I0.7
AN     I1.2
SCRT   S0.0
SCRE
```

c)

图3-7-5　跳转和循环（续二）
b）梯形图　c）指令表

控制分析

3.7.3　功能图及步进控制指令的应用

1. 小车运动控制

图3-7-6是小车运动示意图。当小车处于后端时，按下起动按钮，小车向前运行，压下前限位开关后，翻门打开，7s后小车向后运行，到达后端即压下后限位开关，打开小车底门5s，完成一次动作。要求控制小车的运行，并具有以下三种方式：手动、自动单周期和自动循环。

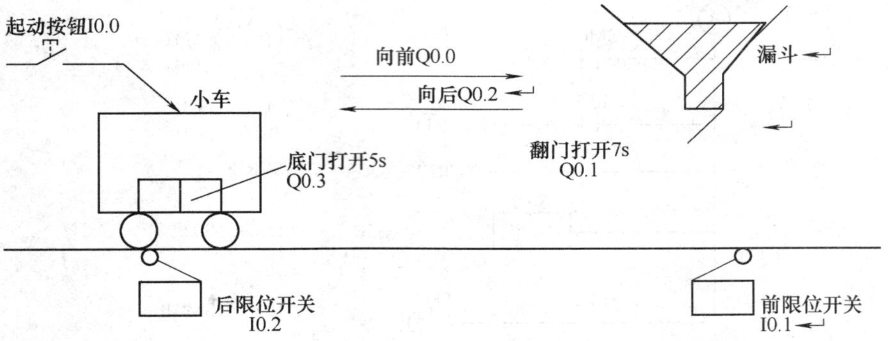

图 3-7-6 小车运动示意图

手动控制包括以下几方面：手动向前按钮 I0.6 接通并且小车底门关闭时，小车向前运行直到前限位开关 I0.1 接通；开翻门按钮 I1.0 接通，翻门打开，货物通过漏斗卸下，7s 后自动关闭漏斗的翻门；手动向后按钮 I0.7 接通，小车向后运动直至后限位开关 I0.2 接通；开底门按钮 I1.1 接通，底门打开 5s 将货物卸下。

自动单周期运行是指按下起动按钮 I0.0，且小车已位于最后端位置并且小车底门已关闭，小车将往复运行一周后停在后端等待下次起动。自动循环与单周期的区别在于它不只是完成一次循环而是将连续自动循环下去。

工作方式选择开关、手动操作按钮及输入/输出点分配见表 3-20。

表 3-20 工作方式选择开关、手动操作按钮及输入/输出点分配

工作方式选择		输入点	
手动	I0.3	起动	I0.0
单循环	I0.4	前限位开关	I0.1
自动循环	I0.5	后限位开关	I0.2
手动操作按钮		**输出点**	
小车向前	I0.6	向前运动	Q0.0
小车向后	I0.7	向后运动	Q0.2
翻门打开	I1.0	翻门打开	Q0.1
底门打开	I1.1	底门打开	Q0.3

程序结构如图 3-7-7 所示。手动操作梯形图如图 3-7-8 所示。自动运行功能图如图 3-7-9 所示。小车自动运行梯形图及指令表如图 3-7-10 所示。

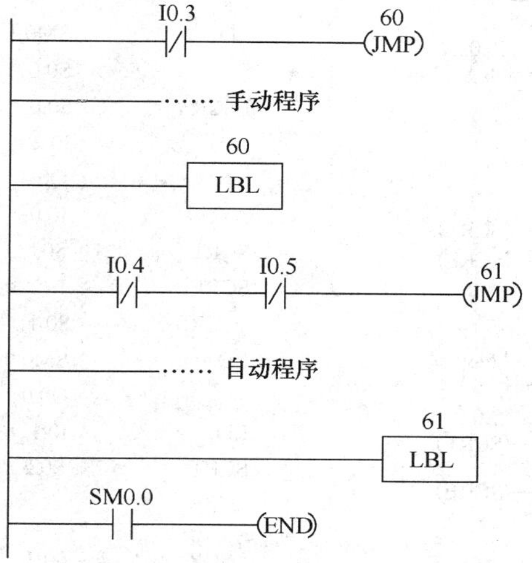


```
LDN     I0.3
JMP     60
手动程序
LBL     60
LDN     I0.4
AN      I0.5
JMP     61
自动程序
LBL     61
LD      SM0.0
END
```

图 3-7-7　程序结构

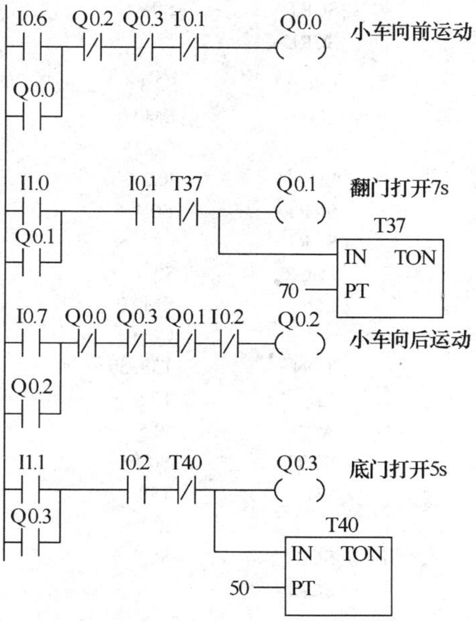

图 3-7-8　手动操作梯形图

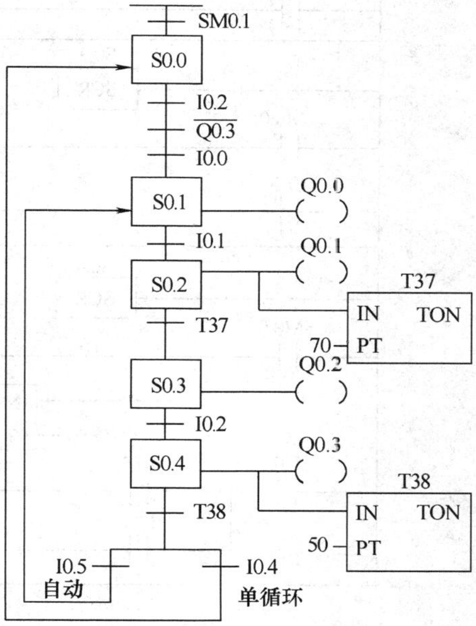

图 3-7-9　小车自动运行功能图

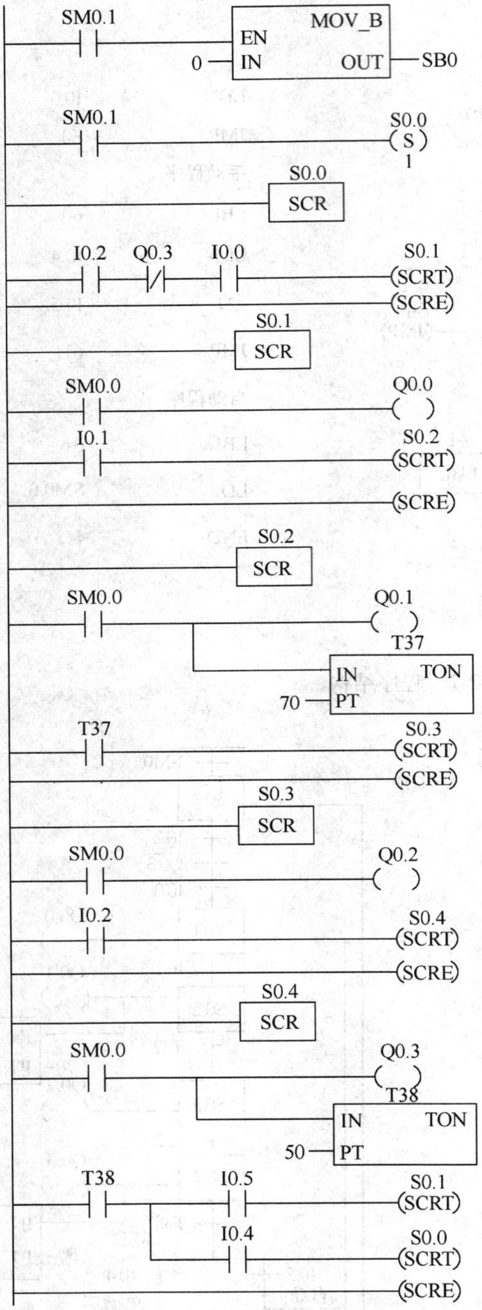

LD	SM0.1
MOVB	0, SB0
LD	SM0.1
S	S0.0, 1.
LSCR	S0.0
LD	I0.2
AN	Q0.3
A	I0.0
SCRT	S0.1
SCRE	
LSCR	S0.1
LD	SM0.0
=	Q0.0
LD	I0.1
SCRT	S0.2
SCRE	
LSCR	S0.2
LD	SM0.0
=	Q0.1
TON	T37, 70
LD	T37
SCRT	S0.3
SCRE	
LSCR	S0.3
LD	SM0.0
=	Q0.2
LD	I0.2
SCRT	S0.4
SCRE	
LSCR	S0.4
LD	SM0.0
=	Q0.3
TON	T38, 50
LD	T38
A	I0.5
SCRT	S0.1
LD	T38
A	I0.4
SCRT	S0.0
SCRE	

图 3-7-10　小车自动运行梯形图及指令表

2. 电动机顺序起动和停止

表 3-21 为输入/输出点分配。

表 3-21　输入/输出点分配

起动按钮	I0.0	停止按钮	I0.1
电动机 M_1	Q0.1	电动机 M_2	Q0.2
电动机 M_3	Q0.3	电动机 M_4	Q0.4

图 3-7-11 为电动机顺序起动及反方向顺序停止控制示意图。

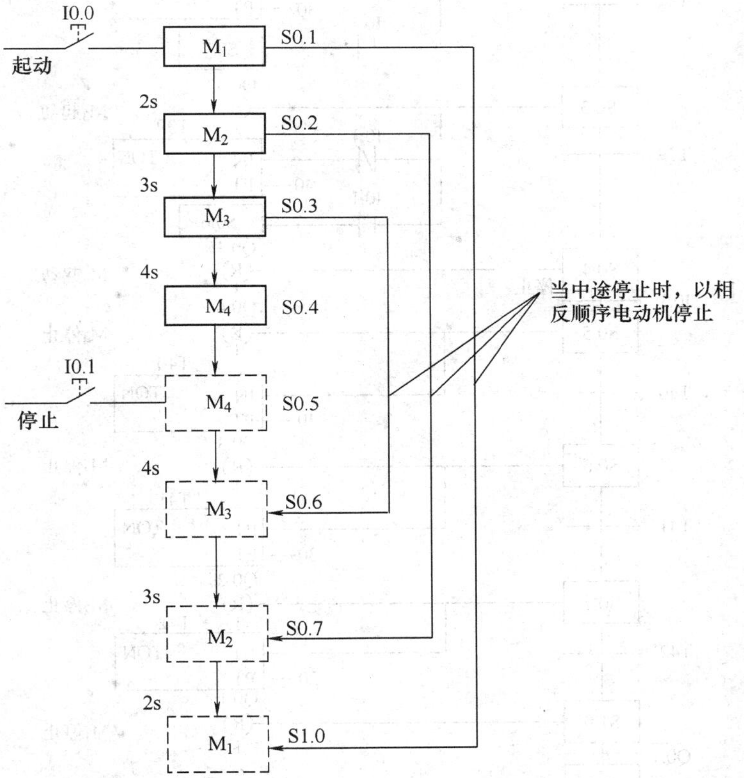

图 3-7-11　电动机顺序起动和反方向顺序停止控制示意图

图 3-7-12 为电动机顺序起动和反方向顺序停止功能图。图 3-7-13 是相应的梯形图和指令表。

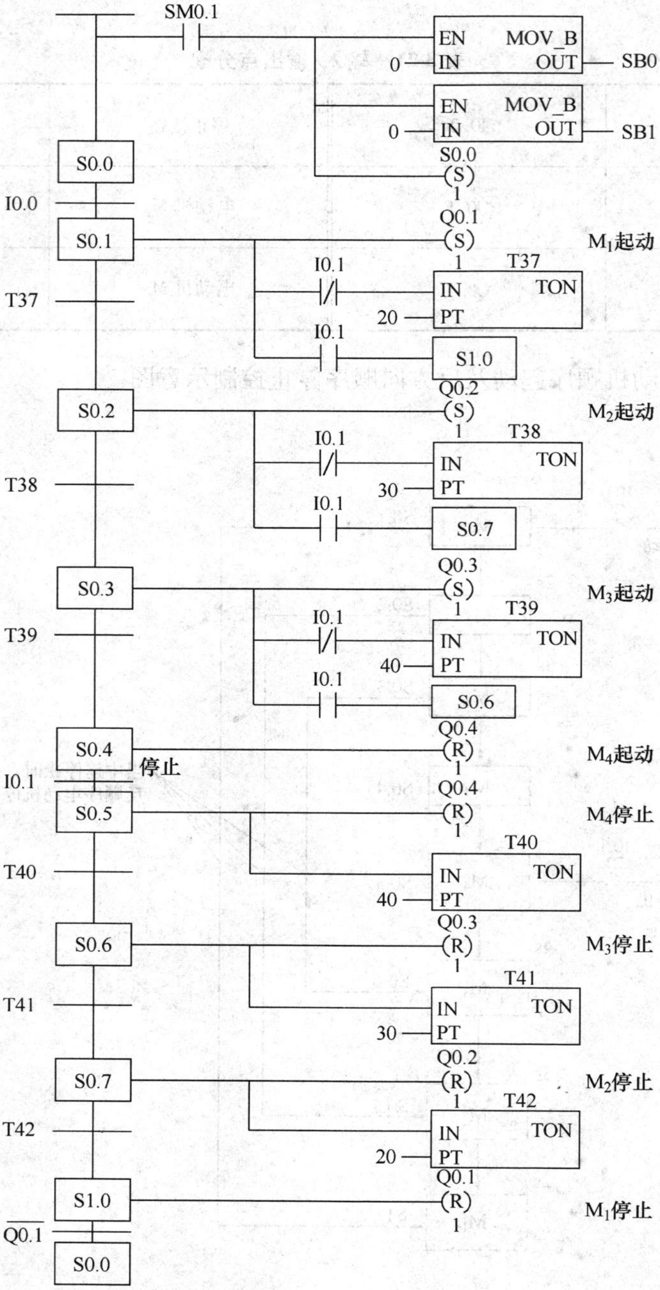

图 3-7-12 电动机顺序起动和反方向顺序停止功能图

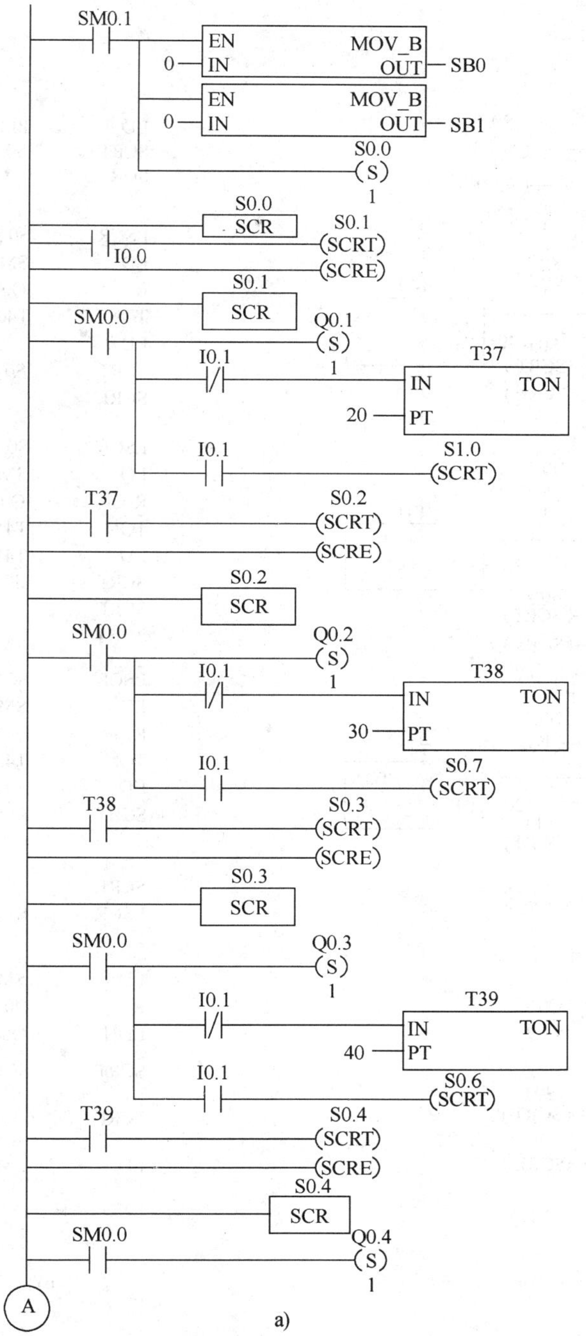

a)

LD	SM0.1
MOVB	0, SB0
MOVB	0, SB1
S	S0.0, 1
LSCR	S0.0
LD	I0.0
SCRT	S0.1
SCRE	
LSCR	S0.1
LD	SM0.0
S	Q0.1, 1
LD	SM0.0
AN	I0.1
TON	T37, 20
LD	SM0.0
A	I0.1
SCRT	S1.0
LD	T37
SCRT	S0.2
SCRE	
LSCR	S0.2
LD	SM0.0
S	Q0.2, 1
AN	I0.1
TON	T38, 30
LD	SM0.0
A	I0.1
SCRT	S0.7
LD	T38
SCRT	S0.3
SCRE	
LSCR	S0.3
LD	SM0.0
S	Q0.3, 1
LD	SM0.0
AN	I0.1
TON	T39, 40
LD	SM0.0
A	I0.1
SCRT	S0.6
LD	T39
SCRT	S0.4
SCRE	
LSCR	S0.4
LD	SM0.0
S	Q0.4, 1

b)

图 3-7-13　电动机顺序起动和反方向顺序停止梯形图及指令表

a）梯形图　b）指令表

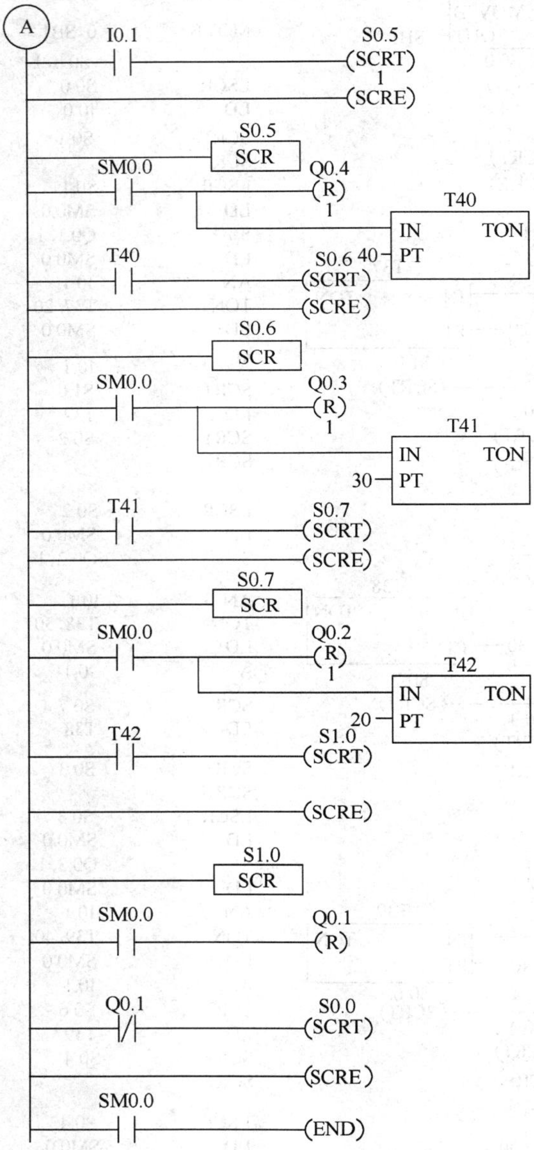

a)

LD	I0.1
SCRT	S0.5
SCRE	
LSCR	S0.5
LD	SM0.0
R	Q0.4, 1
TON	T40, 40
LD	T40
SCRT	S0.6
SCRE	
LSCR	S0.6
LD	SM0.0
R	Q0.3, 1
TON	T41, 30
LD	T41
SCRT	S0.7
SCRE	
LSCR	S0.7
LD	SM0.0
R	Q0.2, 1
TON	T42, 20
LD	T42
SCRT	S1.0
SCRE	
LSCR	S1.0
LD	SM0.0
R	Q0.1, 1
LDN	Q0.1
SCRT	S0.0
SCRE	
LD	SM0.0
END	

b)

图 3-7-13　电动机顺序起动和反方向顺序停止梯形图及指令表（续）

a）梯形图　b）指令表

图中，在状态继电器S0.2工作并起动电动机后压下停止按钮，状态步跳到S0.7。此时，电动机M_2停止。之后，电动机M_1相继停止。

技能训练

3.7.4　电动机顺序起动和停止控制

1. 实践目的

1）掌握S7-200系列PLC的硬件接线。

2）熟悉步进控制指令的应用。

3）熟悉STEP 7-Micro/WIN编程软件的使用。

2. 任务内容

完成模块7中关于电动机顺序起动和停止控制的软硬件。

3. 设备与工具

1）S7-200系列PLC。

2）安装了STEP 7-Micro/WIN 32编程软件的上位计算机及通信电缆。

3）万用表、螺钉旋具等。

4. 训练步骤

1）按图施工，完成相关电路的硬件接线。

2）使用STEP 7-Micro/WIN 32编程软件，完成相关PLC程序编辑。

3）下载梯形图程序，并调试。

4）观察步进控制指令运行特点。

模块8　常用功能指令及应用

知识积累

3.8.1　S7-200系列PLC的数据处理指令

S7-200系列PLC的数据处理指令实质上也是一些功能不同的子程序，其开发和应用是PLC应用系统不可缺少的。合理、正确地应用数据处理指令，对于优化程序结构，提高应用系统的功能，简化对一些复杂问题的处理有着重要的作用。

下面举几个例子介绍几条使用频度较高的数据处理指令的格式、功能说明和梯形图编程方法。其他数据处理指令在实际使用时可以查阅S7-200系统手册。

1. 比较指令

比较指令用于比较两个数值或字符串，在程序中用于建立控制节点，在此仅介绍数值比较指令。数值比较含“=”、“>=”、“<=”、“>”、“<”、“<>”共6种情况。被比较的数据可以是字节（B）、整数（I）、双字（D）及实数（R）。其中字节比较是无符号的。整数、双字、实数的比较是有符号的。

比较指令以触点形式出现在梯形图及指令表中，因而有“LD”、“A”、“O”三种基本形式。

对于 LAD，当比较结果为真时，指令使能点接通。对于 STL，比较结果为真时，与比较指令相关的指令得以执行。表 3-22 为数值比较指令的表达形式及操作数。图 3-8-1 所示为数值比较指令程序应用实例。图中比较触点的条件满足时接通，其后的线圈则置 1。

表 3-22　数值比较指令

触点基本类型	从母线取用比较触点	串联比较触点	并联比较触点
(以字节比较为例) ─┤==B├─ ─┤<>B├─ ─┤>=B├─ ─┤<=B├─ ─┤>B├─ ─┤<B├─	LDB==IN1, IN2 IN1 ├──┤==B├─ IN2	LD　Bit AB==IN1, IN2 IN1 ├─┤ ├─ N ─┤==B├─ IN2	LD　Bit OB==IN1, IN2 N ├─┤ ├─ IN1 └─┤==B├─┘ IN2
	LDB =，LDB < LDB >，LDB < > LDB < =，LDB > =	AB =，AB < AB >，AB < > AB < =，AB > =	OB =，OB < OB >，OB < > OB < =，OB > =
操作数的含义及范围	IN1、IN2：(BYTE) IB、QB、VB、MB、SMB、SB、LB、AC、*AD、*LD、*AC、常数 IN1、IN2：(INT) VW、IW、QW、MW、SW、SMW、LW、AIW、T、C、AC、*VD、*AC、*LD、常数 IN1、IN2：(DINT) ID、QD、VD、MD、SMD、SD、LD、AC、*VD、*LD、*AC、HC、常数 IN1、IN2：(REAL) ID、QD、VD、MD、SMD、SD、LD、AC、*VD、*LD、*AC、常数 OUT：(BOOL) I、Q、V、M、SM、S、T、C、L、能流		

2. 传送指令

传送指令用于 PLC 内部数据的传送与生成，可用于存储单元的清零、程序初始化等场合。

传送指令含单个数据传送及一次性传送多个连续字块。每种指令又可根据传送数据的类型分为字节、字、双字或者实数等几种情况。以下是字节、字、双字、实数的传送指令。

字节传送指令（MOVB）、字传送指令（MOVW）、双字传送指令（MOVD）和实数传送指令（MOVR）。在不改变原值的情况下将 IN 中的值传送到 OUT。表 3-23 给出了以上指令的表达形式及操作数。图 3-8-2 所示为传送指令编程实例。

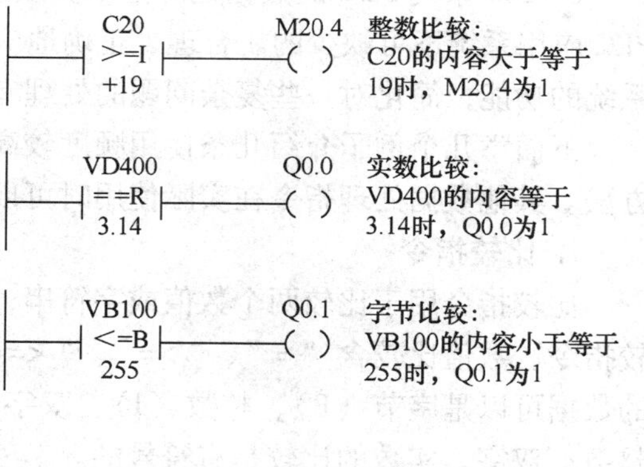

图 3-8-1　数值比较指令程序应用实例

表 3-23　字节、字、双字、实数传送指令

	字节传送	字传送	双字传送	实数传送
指令的表达	MOVB IN,OUT MOV_B EN　ENO IN　OUT	MOVW IN,OUT MOV_W EN　ENO IN　OUT	MOVD IN,OUT MOV_DW EN　ENO IN　OUT	MOVR IN,OUT MOV_R EN　ENO IN　OUT
操作数的含义及范围	IN：IB、QB、VB、MB、SMB、SB、LB、AC、* VD、* AC、* LD、常数 OUT：QB、VB、MB、SMB、SB、LB、AC、* VD、* AC、* LD	IN：IW、QW、VW、MW、SMW、SW、T、C、LW、AIW、AC、* VD、* AC、* LD、常数 OUT：IW、QW、VW、MW、SW、SMW、T、C、LW、AC、AQW、* VD、* AC、* LD	IN：ID、QD、VD、MD、SMD、SD、LD、AC、HC、&VB、&IB、&QB、&MB、&SB、&T、&C、* VD、* AC、* LD、常数 OUT：VD、ID、QD、MD、SMD、SD、LD、AC、* VD、* AC、* LD	IN：VD、ID、QD、MD、SD、SMD、LD、AC、常数、* VD、* AC、* LD OUT：VD、ID、QD、MD、SD、SMD、LD、AC、* VD、* AC、* LD

注：标有“&”的存储单元为指针，标有“ * ”的存储单元为指针的使用。

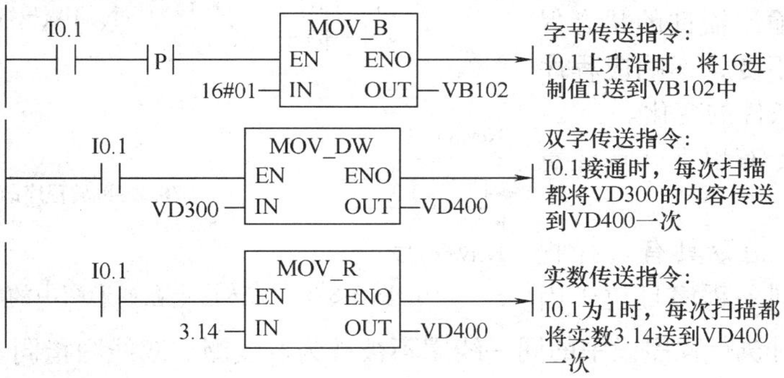

图 3-8-2　传送指令编程实例

3.8.2　S7-200 系列 PLC 的程序控制指令

S7-200 系列 PLC 的程序控制类指令包括跳转指令、循环指令、顺控继电器指令、子程序指令、中断指令等，主要用于程序执行流程的控制。

对一个扫描周期而言，跳转指令可以使程序出现跨越以实现程序段的选择。子程序指令可调用某段子程序。循环指令可多次重复执行指定的程序段。中断指令则用于中断信号引起的子程序调用。顺控继电器指令及状态编程法可控制状态程序段中各状态的激活及隔离。

程序控制类指令可以影响程序执行的流向及内容。对合理安排程序的结构，提高程序功能以及实现某些技巧性运算，具有重要的意义。以下仅介绍跳转指令、循环指令、子程序指令、暂停、结束和看门狗复位指令，其他程序控制指令在实际使用时可以查阅 S7-200 系统手册。

1. 跳转及标号指令

跳转指令使程序流程跳转到指定标号 N 处的程序分支执行。标号指令标记跳转目的地的位置 N。跳转及标号指令的表达形式及操作数范围见表 3-24。

表 3-24 跳转及标号指令的表达形式及操作数范围

指令的表达形式		操作数的含义及范围
跳转指令 JMP N N —(JMP)	标记指令 LBL N N LBL	N：WORD 常数 0 ~255

图 3-8-3 所示为跳转指令在梯形图中的应用实例。Network4 中的跳转指令使程序流程跨过一些程序分支（Network5 ~15）跳转到标号 4 处继续运行。跳转指令中的“N”与标号指令中的“N”值相同。在跳转发生的扫描周期中，被跳过的程序段停止执行，该程序段涉及的各输出器件的状态保持跳转前的状态不变，不响应程序相关的各种工作条件的变化。

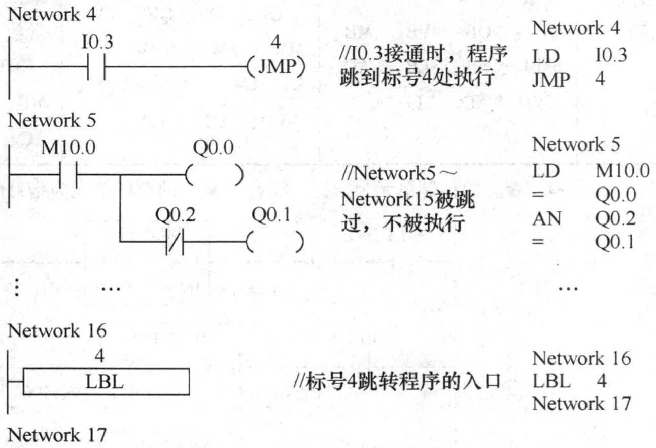

图 3-8-3 跳转指令在梯形图中的应用实例

使用跳转指令有以下几点注意事项：

1）由于跳转指令具有选择程序段的功能，在同一程序且位于因跳转而不会被同时执行程序段中的同一线圈不被视为双线圈。双线圈指同一程序中，出现对同一线圈的不同逻辑处理现象，这在编程中是不允许的。

2）可以有多条跳转指令使用同一标号，但不允许一个跳转指令对应两个标号的情况，即在同一程序中不允许存在两个相同的标号。

3）在跳转条件中引入上升沿或下降沿脉冲指令时，跳转只执行一个扫描周期，但若用特殊辅助继电器 SM0.0 作为跳转指令的工作条件，跳转就成为无条件跳转。

2. 循环指令 FOR 和 NEXT

循环指令的引入为解决重复执行相同功能的程序段提供了极大方便，并且优化了程序结构。

（1）循环指令功能

循环开始指令 FOR：用来标记循环体的开始。

循环结束指令 NEXT：用来标记循环体的结束，无操作数。

FOR 和 NEXT 之间的程序段称为循环体，每执行一次循环体，当前计数值增 1，并且将其结果同终值作比较，如果大于终值，则终止循环。循环指令的 LAD 和 STL 形式如图 3-8-4 所示。

（2）参数说明

从图 3-8-4a 中可以看出，循环指令盒中有当前循环计数 INDX（index value or current loop count）、循环初值 INIT（starting value）和循环终值 FINAL（ending value）三个数据输入端。

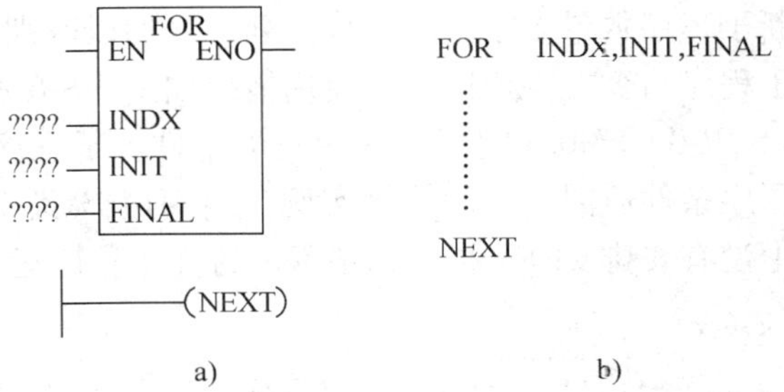

图 3-8-4　循环指令的 LAD 和 STL 形式
a）梯形图　b）指令表

在使用时必须给 FOR 指令指定当前循环计数（INDX）、初值（INIT）和终值（FINAL）。INDX 操作数包括 VW、IW、QW、MW、SW、SMW、LW、T、C、AC、*VD、*AC 和*CD，属 INT 型。

INIT 和 FINAL 操作数包括 VW、IW、QW、MW、SW、SMW、LW、T、C、AC、常数、*VD、*AC 和*CD，属 INT 型。

循环指令应用程序如图 3-8-5 所示。当 I1.0 接通时，表示为 A 的外层循环执行 100 次。当 I1.1 接通时，表示为 B 的内层循环执行 2 次。

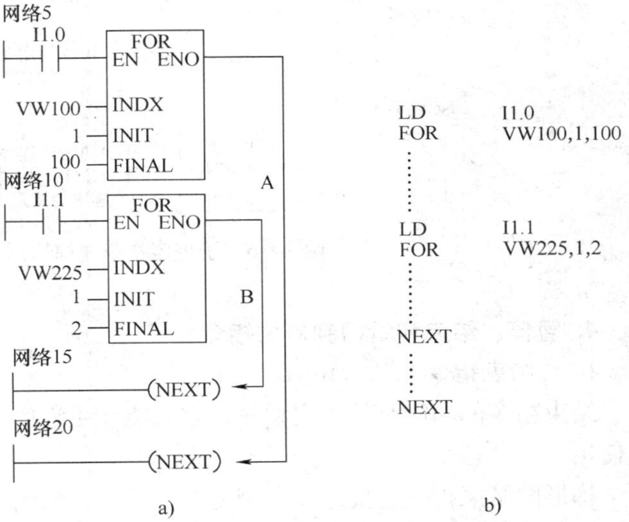

图 3-8-5　循环指令应用程序
a）梯形图　b）指令表

使用说明：

①FOR、NEXT 指令必须成对使用。

②FOR 和 NEXT 可以循环嵌套，嵌套最多为 8 层，但各个嵌套之间不可有交叉现象。

③每次使能输入（EN）重新有效时，指令将自动复位各参数。

④初值大于终值时，循环体不被执行。

3. 子程序指令

子程序指令包括子程序的调用及子程序的返回指令。子程序调用指令将程序控制权交给子程序 SBR-N，该子程序执行完成后，程序控制权回到子程序调用指令的下一条指令。子程序条件返回指令（CRET）在条件满足时中止子程序执行。子程序指令见表 3-25。

表 3-25　子程序指令

指令的表达形式		数据类型及操作数
子程序调用指令：CALL SBR–N SBR–N EN	子程序条件返回指令：CRET ——(RET)	N：WORT 常数 CPU221、CPU222、CPU224、CPU226：0～63 CPU226XM：0～127

子程序含中断子程序，是为一些特定的控制要求编制的相对独立的程序。为了和主程序区别，S7-200 编程手册中规定子程序与中断子程序分区排列在主程序的后边，且当子程序或中断子程序数量多于 1 时，分序列编号加以区别。

子程序指令在梯形图中的使用情况如图 3-8-6 所示，主程序段中安排有子程序调用指令 CALL SBR-0，SM0. 1 是子程序执行的条件。子程序 SBR-0 安排在子程序段中，其中也给出了子程序条件返回指令的使用实例，当 M14. 3 置 1 时，子程序 0 将在结束前返回。如果子程序中没有安排 CRET 指令，子程序将在子程序运行完毕后返回。

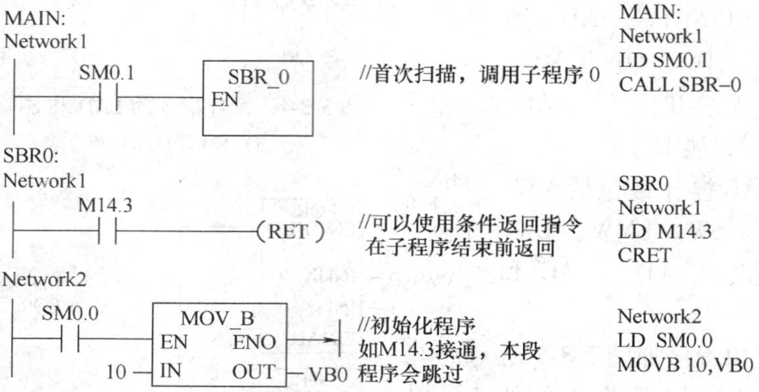

图 3-8-6 子程序指令在梯形图中的使用情况

4. 暂停、结束和看门狗复位指令

（1）结束指令 END/MEND

结束指令的功能是结束主程序，它只能在主程序中使用，不能在子程序和中断服务程序中使用。

梯形图结束指令直接连在左侧电源母线时，为无条件结束指令（ MEND），不连在左侧母线时，为条件结束指令（END）。

条件结束指令在使能输入有效时，终止用户程序的执行返回主程序的第一条指令执行（循环扫描工作方式）。

无条件结束指令执行时（指令直接连在左侧母线，无使能输入），立即终止用户程序的执行，返回主程序的第一条指令执行。

STEP7-Micro/WIN32 编程软件在主程序的结尾自动生成无条件结束（MEND）指令，用户不得输入无条件结束指令，否则编译出错。

（2）暂停指令 STOP

暂停指令的功能是使能输入有效时，立即终止程序的执行，CPU 工作方式由 RUN 切换到 STOP 方式。在中断程序中执行 STOP 指令，该中断立即终止，并且忽略所有挂起的中断，继续扫描程序的剩余部分，在本次扫描的最后，将 CPU 由 RUN 切换到 STOP。结束、暂停指令格式见表 3-26。

（3）看门狗复位指令 WDR（Watch Dog Reset）

在 PLC 中，为了避免出现程序死循环的情况，有一个专门监视扫描周期的警戒时钟，常称看门狗定时器。它有一设定的重新起动时间，若程序扫描周期超过 300ms，看门狗复位指令重新触发看门狗定时器，可以增加一次扫描时间。结束、暂停、看门狗指令格式见表 3-26。

表 3-26　结束、暂停、看门狗指令格式

LAD	STL	功　能
——(STOP)	STOP	暂停指令
——(END)	END/MEND	条件/无条件结束指令
——(WDR)	WDR	看门狗指令

看门狗复位指令的功能是使能输入有效时，将看门狗定时器复位。在没有看门狗的情况下，可以增加一次扫描允许的时间。若使能输入无效，看门狗定时器定时时间到，程序将中止当前指令的执行，重新启动，返回到第一条指令重新执行。

注意：使用 WDR 指令时，要防止过度延迟扫描完成时间，否则，在终止本扫描之前，下列操作过程将被禁止（不予执行）：通信（自由端口方式除外）、I/O 更新（立即 I/O 除外）、强制更新、SM 更新（SM0，SM9 ~ SM29 不能被更新）、运行时间诊断、中断程序中的 STOP 指令。扫描时间超过 25s，10ms 和 100ms 定时器将不能正确计时。

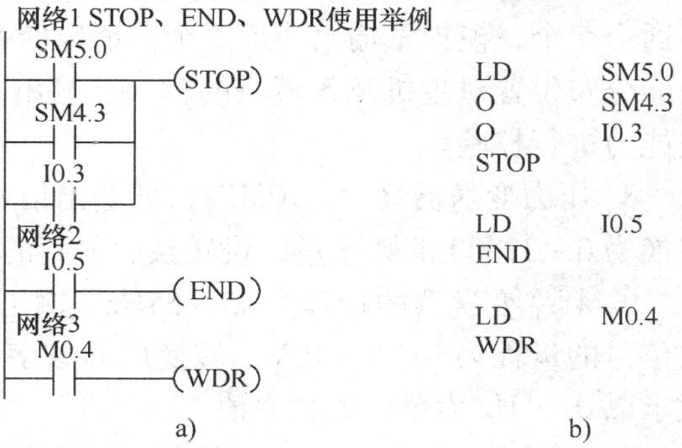

图 3-8-7　暂停、结束、看门狗指令应用程序
a）梯形图　b）指令表

暂停（STOP）、条件结束（END）、看门狗（WDR）指令应用程序如图 3-8-7 所示。

技 能 训 练

3.8.3　限制循环次数的控制

1. 实践目的

1）熟悉数据处理指令、程序控制指令的应用。

2）熟悉 STEP 7-Micro/WIN 编程软件的使用。

2. 任务内容

完成模块 8 中关于数据处理指令、程序控制指令的控制。

3. 设备与工具

1）S7-200 系列 PLC。

2）安装了 STEP 7-Micro/WIN 32 编程软件的上位计算机及通信电缆。

4. 训练步骤

1）按图施工，完成相关电路的硬件接线。

2）使用 STEP 7-Micro/WIN 32 编程软件，完成相关 PLC 程序编辑。

3）下载梯形图程序，并调试。

4）观察数据处理指令、程序控制指令的运行特点。

习题与思考题 3-1（PLC 硬件）

1. 叠装式 PLC 系统的配置有什么特点？

2. S7-200 的接口模块有多少种类？各有什么用途？

3. 简述 S7-200 系列 PLC 系统的基本构成。

4. S7-200 CPU22X 系列有哪些产品？

5. 常用的 S7-200 系列 PLC 的扩展模块有哪些？各适用于什么场合？

6. CPU226 主机扩展配置时，应考虑哪些因素？I/O 是如何编制的？

7. 某 PLC 控制系统，经估算需要数字量输入点 20 个，数字量输出点 10 个，模拟量输入通道 5 个，模拟量输出通道 3 个。请选择 S7-200 系列 PLC 的机型及其扩展模块，要求按空间分布位置对主机及各模块的输入、输出点进行编址，并对主机内部的 DC 5V 电源的负载能力进行校验。

8. 压力变送器（0～10MPa）的输出信号为 DC 4～20mA，模拟量输入模块将 0～20mA 转换为 0～32000 的数字量，设转换后得到的数字为 8000，试求以 kPa 为单位的压力值。

9. 频率变送器的量程为 45～55Hz，输出信号为 DC 0～10V，选择模拟量输入模块，输入信号的量程为 DC 0～10V，转换后的数字量为 0～32000，设转换后得到的数字为 16800，试求以 0.01Hz 为单位的频率值。

10. 如何知道 S7-200 CPU 的集成 I/O 和扩展 I/O 寻址？

11. 如何进行 S7-200 的电源需求与计算？

12. CPU 224 XP 后面挂的模拟量模块的地址如何分配？

13. S7-200 的 CPU 模块有实时时钟吗？

14. 什么是单极性、双极性？S7-200 模拟量信号单、双极性的数值范围是多少？

15. 同一个模块的不同通道是否可以分别接电流型和电压型输入信号？

16. S7-200 模拟量输入信号的精度能达到多少？

17. S7-200 的模拟量输入/输出模块是否带信号隔离？

18. 模拟量信号的传输距离有多远？

19. 为何模拟量值的最低 3 位有非零的数值变化？

习题与思考题 3-2（PLC 原理）

1. PLC 扫描用户梯形图程序依照怎样的顺序和步骤？

2. PLC 为什么采取集中采样、集中输出的工作方式？这种方式对输入、输出的响应产生怎样的影响？

3. 模拟量输入/输出单元的核心部件分别是什么？

4. PLC 的组成结构有哪两种基本形式？若系统运算量大且对实时性要求较高，最好选用哪种结构形式的 PLC？在这种情况下，应该重点关注 PLC 的哪一项性能指标？

5. 计数器指令一般由哪几部分组成？

6. 图 3-9-1 给出了一个简单的 PLC 外部电路接线图和相应的用户程序（采用三菱 FX 系列 PLC 编程语言），请回答以下问题：

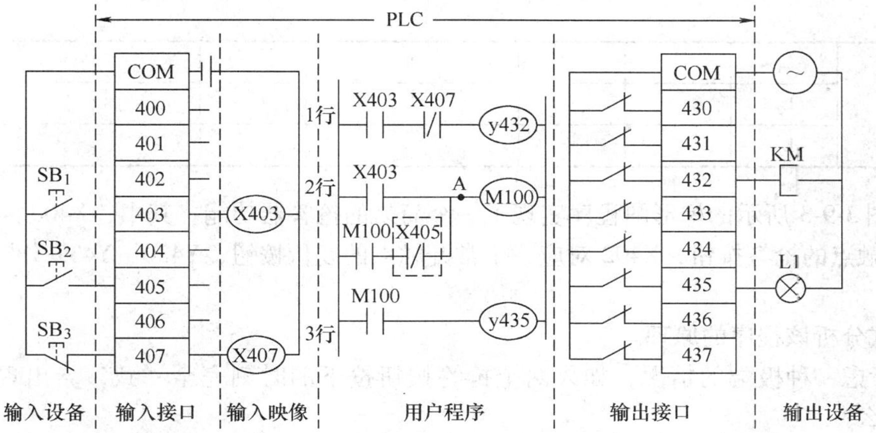

图3-9-1 PLC接线图及用户程序

1）在 SB_1 和 SB_3 两个按钮都没有按下的情况下，输入映像X403、X407的状态是OFF还是ON？

2）如果只按下按钮 SB_1，接触器KM能否动作？为什么？

3）如果电路和程序都不变，怎样才能让接触器KM动作？

4）给出至少两个修改方案，达到这样的目的：按下 SB_1 则KM吸合；按下 SB_3 则KM断开。

7. 如图3-9-1所示，在用户程序的第2、3行中出现了编程元件M100，这是一个中间辅助继电器，其用法与输出继电器相同，只是没有输出映像与其对应。试分析第2、3行程序所完成的功能。

8. 在图3-9-1所示的用户程序中，如果将第2行虚框内的指令移到该行A点处，会不会改变程序功能？如果将第2行和第3行对换一下，是否会影响实际效果？其中的差别是什么？请说明理由。

9. 图3-9-1中，如果不使用中间辅助继电器，应当怎样修改程序？

10. 现有一个6点数系统，输入、输出各占3点。表3-27是该系统的I/O分配表，对应的用户梯形图程序如图3-9-2所示。试分析该程序完成的逻辑功能，将分析结果填入表3-28中。

表3-27 I/O分配表

输入设备	地址编号	输出设备	地址编号
开关 S_1	X400	指示灯 L_1	Y430
开关 S_2	X401	指示灯 L_2	Y431
开关 S_3	X402	指示灯 L_3	Y432

表3-28 用户程序实现的逻辑功能

输入设备	S_1	OFF	OFF	OFF	OFF	ON	ON	ON	ON
	S_2	OFF	OFF	ON	ON	OFF	OFF	ON	ON
	S_3	OFF	ON	OFF	ON	OFF	ON	OFF	ON

（续）

输出设备	L_1								
	L_2								
	L_3								

11. 图 3-9-3 所示的梯形图程序实现了一个简易的抢答器功能。其中，X400、X401 对应两个常开触点的抢答按钮，X402 对应一个常开触点的复位按钮，Y430、Y431 分别外接指示灯。

1）试分析该程序的原理。

2）考虑一种极端的情况，如果两个抢答按钮按下的时刻完全一致，会出现什么情况呢？为什么？

12. 在图 3-9-4 所示的程序中，如果 X400 在第一个扫描周期闭合，那么 Y430、Y431、Y432 分别在第几个周期接通？若希望 3 个线圈能够在一个周期内同时接通，则应当怎样修改程序？

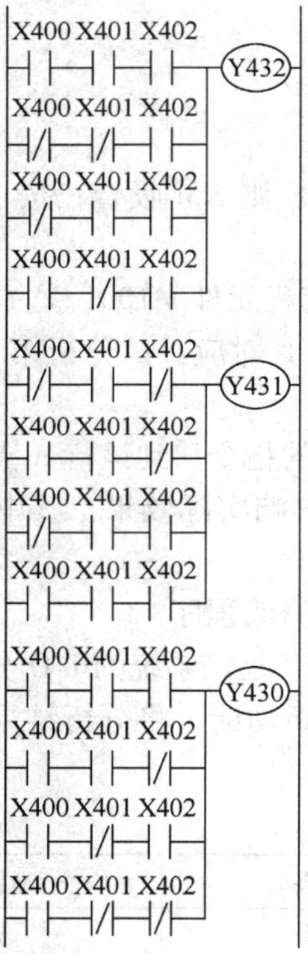

图 3-9-2 梯形图程序

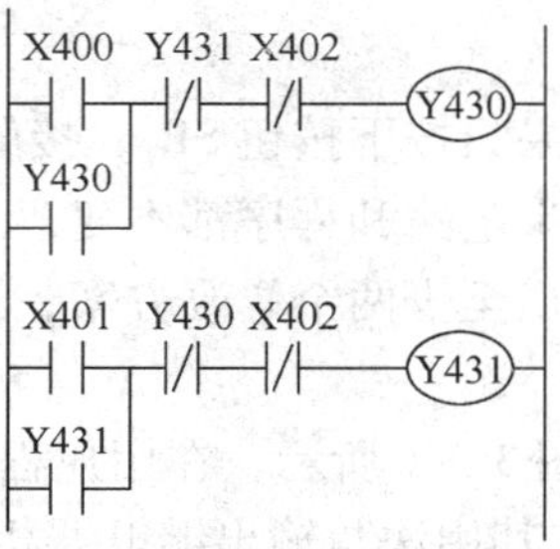

图 3-9-3 抢答器程序

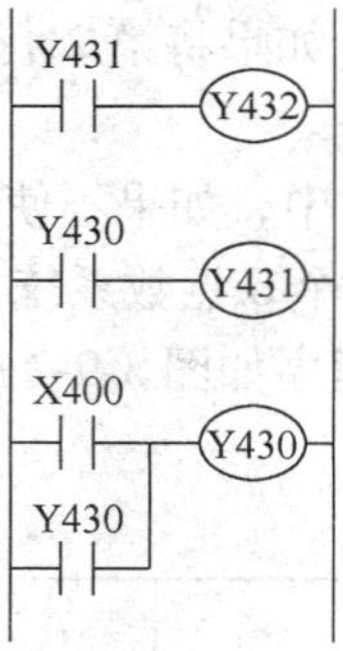

图 3-9-4 梯形图程序

13. 指出在图 3-9-5 所示的程序中有哪些不规范的地方。

14. 可编程序控制器的特点有哪些？

15. 从软、硬件两个角度说明 PLC 的高抗干扰性能。

16. PLC 怎样执行用户程序？说明 PLC 在正常运行时的工作过程。

17. 如果数字量输入的脉冲宽度小于 PLC 的循环周期，是否能保证 PLC 检测到该脉冲？

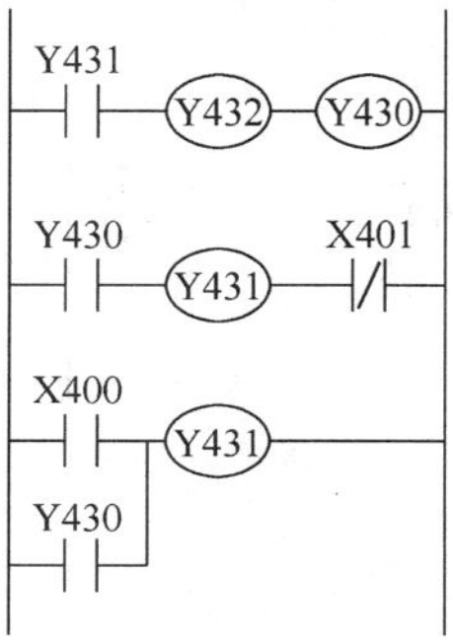

图3-9-5 有问题的程序

为什么？

18. 影响PLC输出响应滞后的因素有哪些？你认为最重要的原因是哪一个？

习题与思考题3-3（编程指令）

1. S7-200指令参数所用的基本数据类型有哪些？

2. 立即I/O指令有何特点？它应用于什么场合？

3. 画出执行下面一段程序对应的时序图。

```
LD I0.0
=I Q0.0
=   Q0.1
```

4. 画出执行下面一段程序（见图3-9-6）对应的时序图。

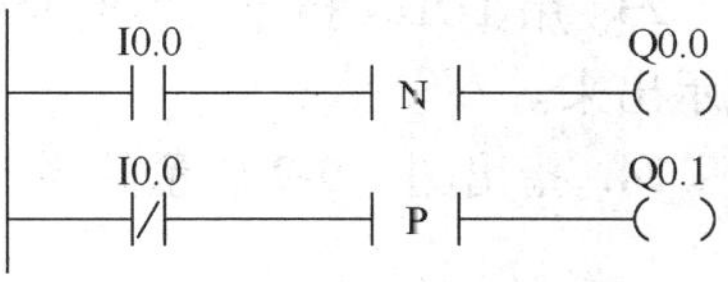

图3-9-6 思考题4图

5. 逻辑堆栈指令有哪些？各用于什么场合？

6. 定时器有几种类型？各有何特点？与定时器相关的变量有哪些？梯形图中如何表示这些变量？

7. 计数器有几种类型？各有何特点？与计数器相关的变量有哪些？梯形图中如何表示这些变量？

8. 不同分辨率的定时器的当前值是如何刷新的？

9. 写出图3-9-7所示梯形图的指令表程序。

10. 写出图3-9-8所示梯形图的指令表程序。

11. 用自复位式定时器设计一个周期为5s、脉冲为一个扫描周期的脉冲串信号。

12. 设计一个计数范围为0～50000的计数器。

13. 用置位、复位（S、R）指令设计一台电动机的起动、停止控制程序。

14. 用顺序控制继电器、（SCR）指令设计一个居室通风系统控制程序，使3个居室的通风机自动轮流地打开和关闭。轮换时间间隔为1h。

15. 用移位寄存器指令（SHRB）设计一个路灯照明系统的控制程序，使3路灯按H1→H2→H3的顺序依次点亮。各路灯之间点亮的间隔时间为10h。

16. 用循环移位指令设计一个彩灯控制程序，8路彩灯串按H1→H2→H3→……→H8的顺序依次点亮，且不断重复循环。各路彩灯之间的间隔时间为0.1s。

17. 用整数除法指令将VW100中的（240）除以8后存放到AC0中。

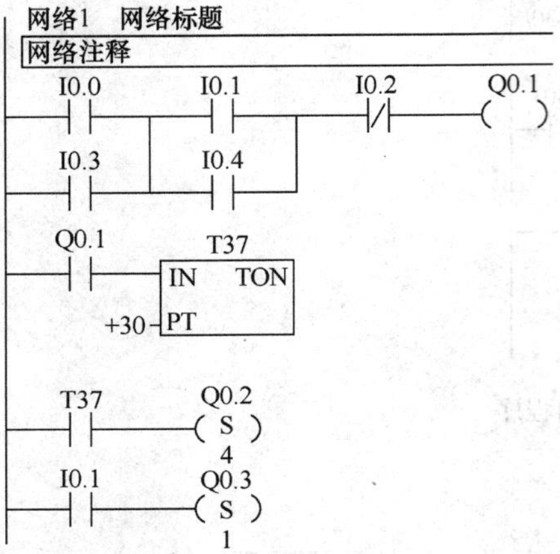

图 3-9-7 思考题 9 图

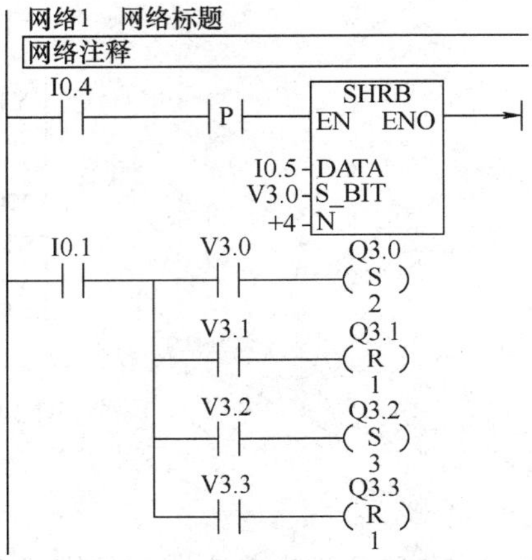

图 3-9-8 思考题 10 图

18. 将 AIW0 中的有符号整数（3400）转换成（0.0～1.0）之间的实数，结果存入 VD200。

19. 将 PID 运算输出的标准化实数 0.75 先进行刻度化，然后再转换成一个有符号整数（INT），结果存入 AQW2。

20. 用定时中断设置一个每 0.1s 采集一次模拟量输入值的控制程序。

21. 按模式 6 设计高速计数器 HSC1 初始化子程序，设控制字节 SMB47 = 16#F8。

22. 以输出点 Q0.1 为例，简述 PTO 多段操作初始化及其操作过程。

23. 用 TODR 指令从实时时钟读取当前日期，并将“星期”的数字用段码指令（SEG）显示出来。

24. 指出图 3-9-9 所示的梯形图中的语法错误，并改正。

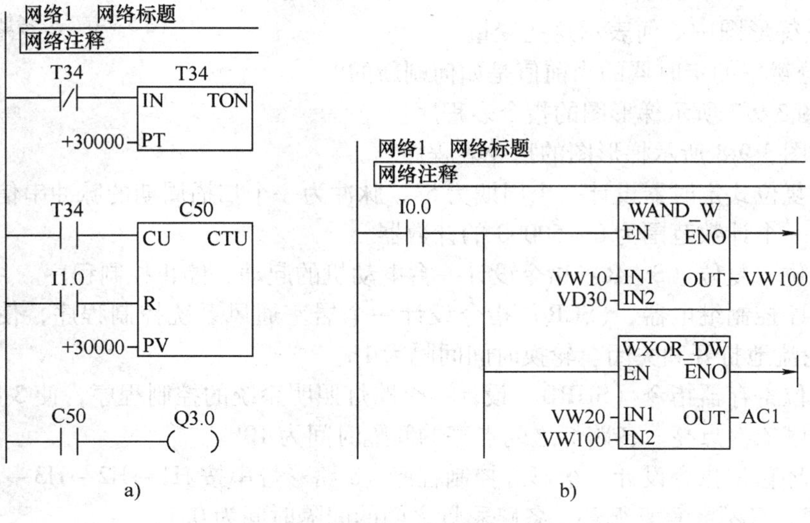

图 3-9-9 梯形图

习题与思考题 3-4（编程软件）

1. STEP7-Micro/WIN 32 编程软件如何安装在“C：\ ”下？如何进行中文设置？

2. STEP7-Micro/WIN 32 编程软件有哪几种功能窗口？相互间如何调用？

3. STEP7-Micro/WIN 32 编程软件提供了几种编程方式？相互间如何转换？

4. 程序编辑器（梯形图、指令表和功能表）是否可在 PLC 运行时监视程序的执行情况？可监视哪些内容？如何操作？

5. 如何进行程序调试？应注意哪些问题？

6. 编写一段梯形图程序，包含一个主程序和一个子程序。主程序中含有带参数的子程序调用指令，子程序的功能是完成求一个角的余弦（角的单位为度）。

7. 编写一个用户程序，完成开关量的控制。要求有多个输入和多个输出，建立符号表，使每个元件在梯形图中显示一定的实际意义。

8. 强制与改写变量有什么区别？什么情况需要使用强制？

9. 什么是系统组态？PLC 的系统组态包括哪些内容？

10. S7-200 系列 PLC 最多可以调用多少个子程序？子程序可以带参数吗？

11. 子程序的局部变量表中的临时变量的状态为什么不能保持？举例说明。

12. 编写中断程序应注意什么问题？

项目4 PLC应用实践

可编程序控制器的结构和工作方式与通用微型计算机不完全一样。因此，用可编程序控制器设计自动控制系统与微机控制系统开发过程也不完全相同，需要根据可编程序控制器的特点进行系统设计。可编程序控制器与继电-接触器控制系统也有本质区别，硬件和软件可分开进行设计是可编程序控制器的一大特点。

就工业控制的全面性而言，控制系统的设计包含了许多内容和步骤，需要丰富的专业知识。然而只要掌握了一定的基本知识和对控制对象具有足够的了解，在设计一些规模较小或者结构较为简单的控制系统时，就会发现事情本身其实并不复杂。

模块1 PLC控制系统的设计

知识积累

4.1.1 PLC控制系统设计的基本原则

任何一种电气控制系统都是为了实现被控对象（生产设备或生产过程）的工艺要求，以提高生产效率和产品质量。在设计PLC控制系统时，应遵循以下基本原则：

1）最大限度地满足被控对象的控制要求。设计前，应深入现场进行调查研究，搜集资料，并与机械部分的设计人员和实际操作人员密切配合，共同拟订电气控制方案，协同解决实际控制过程中出现的各种问题。

2）在满足控制要求的前提下，力求使控制系统简单、经济，使用及维修方便。

3）保证控制系统的安全、可靠。

4）考虑到生产的发展和工艺的改进，在选择PLC容量时，应适当留有裕量。

4.1.2 PLC控制系统设计的一般步骤

1. 控制系统流程图

图4-1-1是可编程序控制器系统流程图，具体设计步骤为：

1）根据生产的工艺过程分析控制要求，如需要完成的动作（动作顺序、动作条件、必需的保护和联锁等）、操作方式（手动、自动、连续、单周期、单步等）等。

2）根据控制要求确定所需要的用户输入/输出设备，据此确定PLC的I/O点数。

3）选择PLC。

4）分配PLC的I/O点，设计I/O连接图，这一步也可以结合第2）步进行。

5）进行PLC程序设计，同时可进行控制台（柜）的设计和现场施工。

在设计电气控制系统时，必须在控制线路（硬接线）设计完后，才能进行控制台（柜）的设计和现场施工。可见，采用PLC控制，可以使整个工程的周期缩短。

2. PLC 的程序

PLC 程序设计的步骤是：

1）对于较复杂的控制系统，需绘制系统控制流程图，以清楚地表明动作的顺序和条件。对于简单的控制系统，也可省去这一步。

2）设计梯形图。这是程序设计的关键一步，也是比较困难的一步。要设计好梯形图，首先要十分熟悉控制要求，同时还要有一定的电气设计的实践经验。

3）根据梯形图编制程序清单（若使用的编程器可直接输入梯形图，则可省去此步）。

4）用编程器将程序键入到 PLC 的用户存储器中，并检查键入的程序是否正确。

5）对程序进行调试和修改，直到满足要求为止。

6）待控制台（柜）及现场施工完成后，就可以进行联机调试。如不满足要求，再回去修改程序或检查接线，直到满足要求为止。

7）编制技术文件。

8）交付使用。

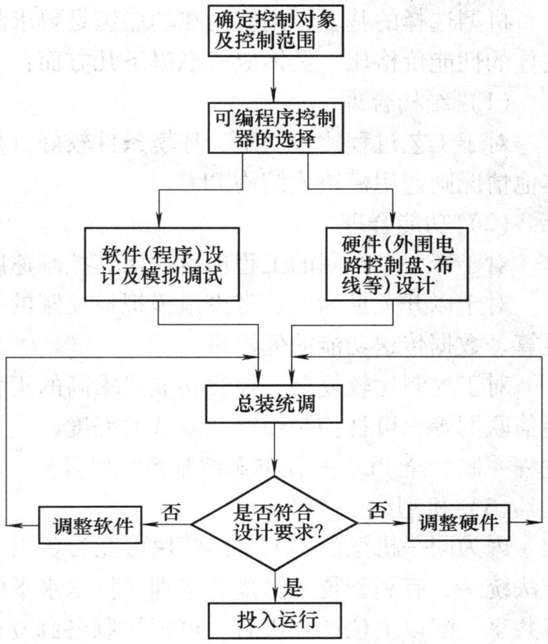

图 4-1-1　可编程序控制器系统设计流程图

4.1.3　确定控制对象和控制范围

要应用可编程序控制器，首先要详细分析被控对象、控制过程与要求，熟悉了解工艺流程后列出控制系统的所有功能和指标要求，与继电-接触器控制系统和工业控制计算机进行比较后加以选择，如果控制对象的工业环境较差，而安全性、可靠性要求特别高，系统工艺复杂，输入输出以开关量为多，而用常规的继电器、接触器难以实现，工艺流程有要经常变动的对象和现场，用可编程序控制器进行控制是合适的。

可编程序控制器不仅能处理开关量，而且对模拟量的处理能力也很强，因此在很多情况下，已可代替工业控制计算机。

控制对象确定后，可编程序控制器的控制范围还要进一步明确。一般而言，能够反映生产过程的运行情况、能用传感器进行直接测量的参数，用人工进行控制工作量大、操作复杂、容易出错的或者操作过于频繁、人工操作不容易满足工艺要求的，往往由 PLC 控制。另外一些情况，如紧急停机，是由可编程序控制器控制还是手动控制，不同的控制方式和硬件设计与编程关系密切。

4.1.4　PLC 的选择

随着 PLC 的推广普及，PLC 产品的种类越来越多，而且功能也日趋完善。PLC 的品种繁多，其结构形式、性能、容量、指令系统、编程方法、价格等各不相同，适用场合也各有侧重。因此，合理选择 PLC，对于提高 PLC 控制系统的技术经济指标起着重要的作用。

1. 机型的选择

机型选择的基本原则应是在功能满足要求的情况下，保证性能可靠、维护使用方便以及最佳的性能价格比。具体应考虑以下几方面：

（1）结构合理

对于工艺过程比较固定、环境条件较好（维修量较小）的场合，选用整体式结构 PLC；其他情况则选用模块式结构 PLC。

（2）功能合理

对于开关量控制的工程项目，对其控制速度无需考虑，一般的低档机就能满足要求。

对于以开关量为主、带少量模拟量控制的工程项目，可选用带 A/D 或 D/A 转换、加减运算、数据传送功能的低档机。

对于控制比较复杂、控制功能要求高的工程项目，例如要求实现 PID 运算、闭环控制、通信联网等，可视控制规模及复杂的程度，选用中档或高档机。其中高档机主要用于大规模过程控制、全 PLC 的分布式控制系统以及整个工厂的自动化等。

（3）机型统一

因为同一机型的 PLC，其模块可互为备用，便于备品备件的采购和管理；其功能及编程方法统一，有利于技术力量的培训、技术水平的提高和功能的开发；其外部设备通用，资源可共享，配以上位计算机后，可把控制各独立系统的多台 PLC 连成一个多级分布式控制系统，相互通信，集中管理。

（4）是否在线编程

PLC 的特点之一是使用灵活。当被控设备的工艺过程改变时，只需用编程器重新修改程序，就能满足新的控制要求，给生产带来很大方便。

PLC 的编程分为离线编程和在线编程两种。离线编程的 PLC，其特点是主机和编程器共用一个 CPU，在编程器上有一个“编程/运行”选择开关或按键，选择编程状态时，CPU 将失去对现场的控制，只为编程器服务，这就是所谓的“离线”编程。程序编好后，如选择运行状态，CPU 则去执行程序而对现场进行控制，这时，CPU 对编程指令按步作出响应。此类 PLC，由于编程器和主机共用一个 CPU，因此节省了大量的硬件和软件，编程器的价格也比较便宜。中、小型 PLC 多采用离线编程。

在线编程的 PLC，其特点是主机和编程器各有一个 CPU，编程器的 CPU 可以随时处理由键盘输入的各种编程指令。主机的 CPU 则是完成对现场的控制，并在一个扫描周期的末尾和编程器通信，编程器把编好或改好的程序发送给主机，在下一个扫描周期主机将按照新送入的程序控制现场，这就是所谓的“在线”编程。此类 PLC，由于增加了硬件和软件，故价格高，但应用领域较宽。大型 PLC 多采用在线编程。

是否在线编程，应根据被控设备工艺要求的不同来选择。对于产品定型的设备和工艺不常变动的设备，应选用离线编程的 PLC；反之，可考虑选用在线编程的 PLC。

2. 输入/输出的选择

（1）可编程序控制器控制系统 I/O 点数估算

1）控制电磁阀等所需的 I/O 点数。由电磁阀的动作原理可知，一个单线圈电磁阀用可编程序控制器控制时需 2 个输入及 1 个输出；一个双线圈电磁阀需 3 个输入及 2 个输出；一个按钮需一个输入；一个光电开关需 1 个或 2 个输入；一个信号灯需 1 个输出；波段开关，有几个波段就需几个输入；一般情况，各种位置开关都需占用 2 个输入点。

2）控制交流电动机所需的 I/O 点数。用可编程序控制器控制交流电动机时，是以主令信号和反馈信号作为可编程序控制器的输入信号；以可编程序控制器作为控制器，用它的输出信号驱动执行元件来完成对交流电动机的控制。例如，用可编程序控制器控制一台Y-△起动的交流电动机，一般需占用可编程序控制器的 4 个输入点及 3 个输出点。用可编程序控制器控制一台单向运行的笼型电动机，需占用 4 个输入点及 1 个输出点；控制一台可逆运行的笼型电动机，需 5 个输入点及 2 个输出点；控制一台单向运行的变极调速电动机，需 5 个输入点及 2 个输出点；控制一台单向运行的绕线转子交流电动机，需 3 个输入点及 4 个输出点；控制一台可逆运行的绕线转子交流电动机，需 4 个输入点及 5 个输出点。

3）控制直流电动机所需的 I/O 点数。晶闸管直流电动机调速系统是直流调速的主要形式，它采用晶闸管整流装置对直流电动机供电。用可编程序控制器控制的直流传动系统中，可编程序控制器的输入除考虑主令信号外，还需考虑合闸信号、传动装置综合故障信号、抱闸信号、风机故障信号等。可编程序控制器的输出主要考虑速度指令信号正向 1～3 级、反向 1～3 级、允许合闸信号、抱闸打开信号等。一般情况下，一个用可编程序控制器控制的可逆直流传动系统大约需 12 个输入点和 8 个输出点，一个不可逆的直流传动系统需 9 个输入点和 6 个输出点。表 4-1 是典型传动设备及电器元件所需可编程序控制器 I/O 点数。此表在实际确定控制对象的 I/O 点数时有一定的参考价值。

表 4-1　典型传动设备及电器元件所需可编程序控制器 I/O 点数

序号	电气设备、元件	输入点数	输出点数	I/O 总点数
1	Y-△起动的笼型电动机	4	3	7
2	单向运行的笼型电动机	4	1	5
3	可逆运行的笼型电动机	5	2	7
4	单向变极电动机	5	3	8
5	可逆变极电动机	6	4	10
6	单向运行的直流电动机	9	6	15
7	可逆运行的直流电动机	12	8	20
8	单线圈电磁阀	2	1	3
9	双线圈电磁阀	3	2	5
10	比例阀	3	5	8
11	按钮	1	—	1
12	光电开关	2	—	2
13	信号灯	—	1	1
14	拨码开关	4	—	4
15	三挡波段开关	3	—	3
16	行程开关	1	—	1
17	接近开关	1	—	1
18	制动器	—	1	1
19	风机	—	1	1
20	位置开关	2	—	2

确定 I/O 点数一般是必须说明的首要问题。估算出被控对象的 I/O 点数后，就可选择点数相当的可编程序控制器。I/O 点数是衡量可编程序控制器规模大小的重要指标。选择相应规模的可编程序控制器并留有 10% ~15% 的 I/O 裕量。

（2）输入/输出模块的选择

可编程序控制器输入模块的任务是检测并转换来自现场设备（按钮、限位开关、接近开关等）的高电平信号为机器内部电平信号，模块类型分直流 5V、12V、24V、68V、60V 几种，交流 115V 和 220V 两种。可根据现场设备与模块之间的远近程度选择电压的大小。一般 5V、12V、24V 属低电平，传输距离不宜太远，例如 5V 的输入模块最远不能超过 10m，也就是说，距离较远的设备选用较高电压的模块比较可靠。另外，高密度的输入模块如 32 点、64 点，同时接通点数取决于输入电压和环境温度。一般而言，同时接通点数不得超过 60%。为了提高系统的稳定性，必须考虑门槛（接通电平与关断电平之差）电平的大小。门槛电平值越大，抗干扰能力越强，传输距离也就越远。

输出模块的任务是将机器内部信号电平转换为外部过程的控制信号。对于开关频率高、电感性、低功率因数的负载，推荐使用晶闸管输出模块，缺点是模块价格高，过载能力稍差。继电器输出模块的优点是适用电压范围宽，导通压降损失小，价格低；其缺点是寿命较短，响应速度较慢。输出模块同时接通点数的电流累加值必须小于公共端所允许通过的电流值。输出模块的电流值必须大于负载电流的额定值。

3. 内存估计

用户程序所需内存容量受到下面几个因素的影响：内存利用率、开关量输入/输出点数、模拟量输入/输出点数、用户的编程水平。

（1）内存利用率

用户程序通过编程器键入主机内，最后是以机器语言的形式存放在内存中。同样的程序，不同厂家的产品，在把用户程序变成机器语言存放时所需的内存数是不同的。把一个程序段中的接点数与存放该程序段所代表的机器语言所需的内存字数的比值称为内存利用率。高的内存利用率给用户带来好处。同样的程序可以减少内存量，从而降低内存投资。另外，同样的程序可缩短扫描周期时间，从而提高系统的响应。

（2）开关量输入/输出总点数

可编程序控制器开关量输入/输出总点数是计算所需内存容量的重要根据。一般系统中，开关量输入和开关量输出的比为 6:4。这方面的经验公式是根据开关量输入、开关量输出电气控制与可编程序控制器的总点数给出的。

所需内存字数 = 开关量(输入 + 输出)总点数 × 10

（3）模拟量输入/输出总点数

具有模拟量控制的系统就要用到数字传送和运算的功能指令，这些功能指令的内存利用率较低，因此所占的内存数较多。

在只有模拟量输入的系统中，一般要对模拟量进行读入、数字滤波、传送和比较运算。在模拟量输入/输出同时存在的情况下，就要进行较复杂的运算，一般是闭环控制，内存要比只有模拟量输入的情况需要量大。在模拟量处理中，常常把模拟量读入、滤波及模拟量输出编成子程序使用，这样会使所占内存大大减少，特别是在模拟量路数比较多时，每一路模拟量所需的内存数会明显减少。下面给出一般情况下的经验公式：

只有模拟量输入时：所需内存字数 = 模拟量点数 ×100

模拟量输入输出同时存在时：所需内存字数 = 模拟量点数 ×200

这些经验公式的算法是在 10 点模拟量左右，当点数小于 10 时，内存字数要适当加大，点数多时，可适当减少。

(4) 程序编写质量

用户程序优劣对程序长短和运行时间都有较大影响。对于同样的系统，不同用户编写的程序可能会使程序长短和执行时间差距很大。一般来说，对初学者应为内存多留一些裕量，而对有经验的编程者可少留一些裕量。

综上所述，推荐下面的经验计算公式：

总存储器字数 =（开关量输入点数 + 开关量输出点数）×10 + 模拟量点数 ×150

算好后，按计算存储器字数的 25% 考虑裕量。

4. 响应时间

对过程控制，扫描周期和响应时间必须要认真考虑。可编程序控制器顺序扫描的工作方式使它不能可靠地接收持续时间小于扫描周期的输入信号。例如某产品有效检测宽度为 3cm，产品传送速度为 30m/min，为了确保不会漏检经过的产品，要求可编程序控制器扫描周期不能大于产品通过检测点的时间间隔 60ms [T = 3cm/（30m/min）]。

系统响应时间是指输入信号产生时刻与由此使输出信号状态发生变化时刻的时间间隔。即

系统响应时间 = 输入滤波时间 + 输出滤波时间 + 扫描时间

4.1.5　硬件与程序设计

在确定了控制对象的控制任务和选择好可编程序控制器的机型后，就可进行控制系统流程图设计，画出流程图，进一步说明各信息流之间的关系，然后具体安排输入、输出的配置，并对输入、输出进行地址分配。配置与地址分配这两部分工作安排得合理，会给硬件设计、程序编写和系统调试带来很多方便。对指定输入点进行地址分配时应注意：把所有的按钮、限位开关分别集中配置，同类型的输入点可分在同一组内；按照每一种类型的设备号，按顺序定义输入点地址号；如果输入点有剩余，可将每一个输入模块的输入点都分配给一台设备或机器；尽可能将有高噪声的输入信号的模块插在远离 CPU 模块的插槽内，因此，这类输入点的地址号较大。输出配置和地址分配也应注意以下几点：同类型设备占用的输出点地址应集中在一起；按照不同类型的设备顺序地指定输出点地址号；如果输出点有剩余，可将每一个输出模块的输出点都分配给一台设备或机器；对彼此有关的输出器件，如电动机正转、反转，电磁阀的前进与后退等，其输出地址号应连写。输入/输出地址分配确定后，再画出可编程序控制器端子和现场信号联络图表，这样进行系统设计时便可将硬件设计、程序编写两项工作平行地进行。

用户编写程序的过程就是软件设计过程。在系统的实现过程中，用户常面临 PLC 的编程问题，用户应当对所选择产品的软件功能有所了解。一般地，一个系统的软件总是用于处理控制器具备的控制硬件的。但是，也有应用系统需要控制硬件部件以外的软件功能的。

可编程序控制器的控制功能都是以程序的形式来体现的，程序设计通常采用逻辑设计法，它是以布尔代数为理论基础，根据生产过程各工步之间各检测元件状态的不同组合和变

化，确定所需的中间环节（如中间继电器）。再按各执行元件所应满足的动作节拍表，分别列写出各自用相应的检测元件及中间环节状态逻辑值表示的布尔表达式，最后用触点的串并联组合在电路上进行逻辑表达式的物理实现。可编程序控制器的辅助继电器、定时器、计数器、状态器数量相当大，且这些器件的触点为无限多个，给程序设计带来很大方便，只要程序容量和扫描时间允许，程序的复杂程度并不影响程序的可靠性。与继电接触器控制系统使用的路基设计法（最简单的线路是最可靠的）相比，可编程序控制器软件设计就不用考虑触点的数量。

4.1.6 总装统调

总装统调是可编程序控制器构成控制系统的最后一个设计步骤。用户程序在总装统调前需进行模拟调试。用装在可编程序控制器上的模拟开关模拟输入信号的状态，用输出点的指示灯模拟被控对象，检查程序无误后便把可编程序控制器接到系统里去，进行总装统调。

首先对可编程序控制器外部接线进行仔细检查，外部接线一定要准确、无误。如果用户程序还没有送到机器里去，可用自行编写的试验程序对外部接线作扫描通电检查，查找接线故障。为了安全可靠起见，常常将主电路断开，进行预调，当确认接线无误后再接主电路，将模拟调试好的程序送入用户存储器进行调试，直到各部分的功能都正常，并能协调一致成为一个完整的整体控制为止。由此可见，在完成总体设计以及具体的硬件系统设计和软件系统设计后，除要对硬件系统和软件系统进行分别调试外，还必须对硬件系统和软件系统进行联合调试和试运行，反复进行硬件系统和软件系统的修改调整，直到整个控制系统全部投入正常工作为止，才算最终完成系统设计。

必须特别指出，在确定控制方式之后和进行 I/O 地址分配之前，必须进行外围电路的设计；在确定存储器容量之后和选择 I/O 模块之前必须进行选择外部设备的工作；在选择 I/O 模块之后和进行控制电路设计之前，必须进行控制盘/柜的设计。这些工作可在上述较适当的时候穿插进行，但在整个设计过程中，这是必不可少的工作。

模块 2 机械手控制系统

控 制 分 析

4.2.1 工艺过程与控制要求

机械手的动作示意图如图 4-2-1 所示。它是一个水平/垂直位移的机械设备，用来将工件由左工作台搬到右工作台。

机械手的全部动作由气缸驱动，而气缸又由相应的电磁阀控制。其中，上升/下降和左移/右移分别由双线圈两位电磁阀控制。例如，当下降电磁阀通电时，机械手下降；当下降电磁阀断电时，机械手下降停止。只有当上升电磁阀通电时，机械手才上升；当上升电磁阀断电时，机械手上升停止。同样，左移/右移分别由左移电磁阀和右移电磁阀控制。机械手的放松/夹紧由一个单线圈两位置电磁阀（称为夹紧电磁阀）控制。当该线圈通电时，机械手夹紧；当该线圈断电时，机械手放松。

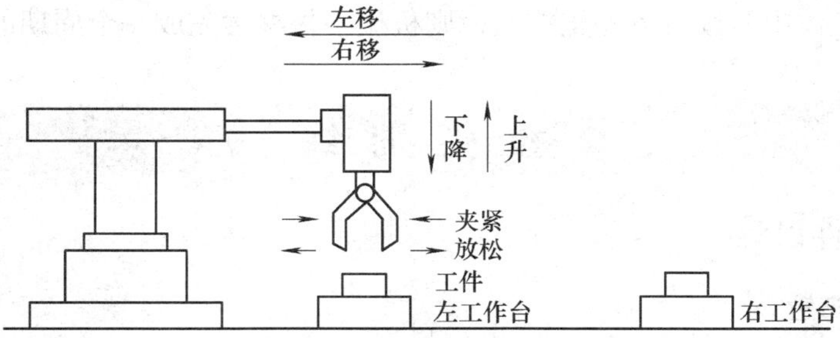

图 4-2-1　机械手动作示意图

当机械手右移到位并准备下降时，为了确保安全，必须在右工作台无工件时才允许机械手下降。也就是说，若上一次搬运到右工作台上的工件尚未搬走，机械手应自动停止下降，用光电开关 I0. 5 进行无工件检测。

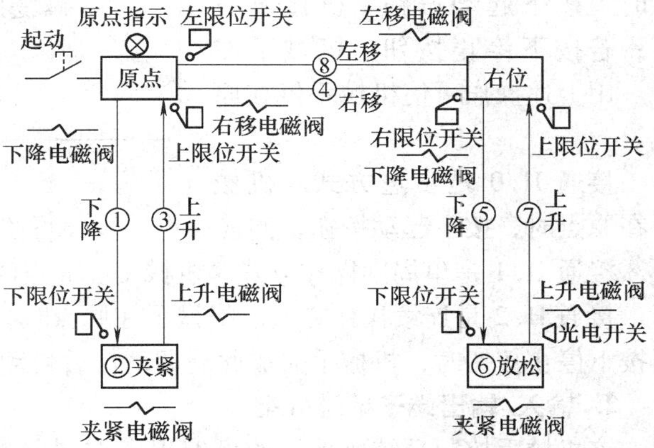

图 4-2-2　机械手的动作过程

机械手的动作过程如图 4-2-2 所示。从原点开始，按下起动按钮，下降电磁阀通电，机械手下降。下降到底时，碰到下限位开关，下降电磁阀断电，下降停止；同时接通夹紧电磁阀，机械手夹紧。夹紧后，上升电磁阀通电，机械手上升。上升到顶时，碰到上限位开关，上升电磁阀断电，上升停止；同时接通右移电磁阀，机械手右移，右移到位时，碰到右限位开关，右移电磁阀断电，右移停止。若此时右工作台上无工件，则光电开关接通，下降电磁阀通电，机械手下降。下降到底时，碰到下限位开关，下降电磁阀断电，下降停止；同时夹紧电磁阀断电，机械手放松。放松后，上升电磁阀通电，机械手上升。上升到顶时，碰到上限位开关，上升电磁阀断电，上升停止；同时接通左移电磁阀，机械手左移。左移到原点时，碰到左限位开关，左移电磁阀断电，左移停止。至此，机械手经过八步动作完成了一个周期的动作。

机械手的操作方式分为手动操作方式和自动操作方式。自动操作方式又分为步进、单周期和连续操作方式。

手动操作：就是用按钮操作对机械手的每一步运动单独进行控制。例如，当选择上/下运动时，按下起动按钮，机械手下降；按下停止按钮，机械手上升。当选择左/右运动时，按下起动按钮，机械手右移；按下停止按钮，机械手左移。当选择夹紧/放松运动时，按下起动按钮，机械手夹紧；按下停止按钮，机械手放松。

步进操作：每按一次起动按钮，机械手完成一步动作后自动停止。

单周期操作：机械手从原点开始，按一下起动按钮，机械手自动完成一个周期的动作后停止。

连续操作：机械手从原点开始，按一下起动按钮，机械手的动作将自动地、连续不断地周期性循环。在工作中若按一下停止按钮，则机械手将继续完成一个周期的动作后，回到原点自动停止。

技 能 训 练

4.2.2 系统硬件设计

1. 操作面板布置

图 4-2-3 是可编程序控制器控制盘面板布置图。

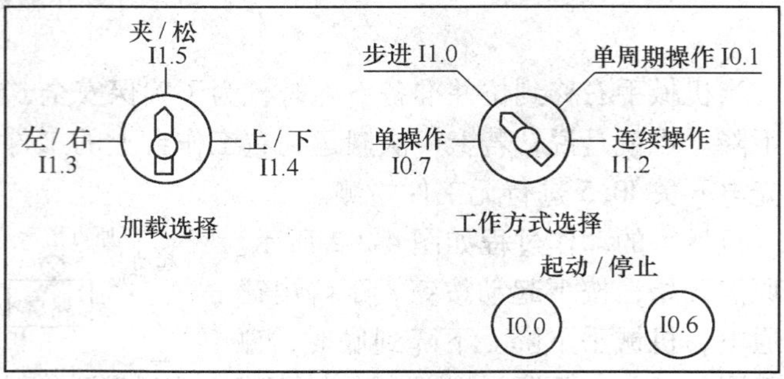

图 4-2-3 操作面板布置图

接通 I0.7 是单操作方式（手动操作）。按加载选择开关的位置，用起动/停止按钮选择加载操作，当加载选择开关打到“左/右”位置时，按下起动按钮，机械手右行；若按下停止按钮，机械手左行。用上述操作可使机械手停在原点。

接通 I1.0 是步进方式。机械手在原点时，按下起动按钮，向前操作一步；每按起动按钮一次，操作一步。

接通 I1.1 是单周期操作方式。机械手在原点时，按下起动按钮，自动操作一个周期。

接通 I1.2 是连续操作方式。机械手在原点时，按下起动按钮，连续执行自动周期操作，当按下停止按钮时，机械手完成此周期动作后自动回到原点并不再动作。

2. 输入/输出端子地址分配

该机械手控制系统所采用的可编程序控制器是德国西门子公司生产的 S7-200 CPU224。图 4-2-4 是 S7-200 CPU224 输入/输出端子地址分配图。该机械手控制系统共使用了 14 个输入量，6 个输出量。

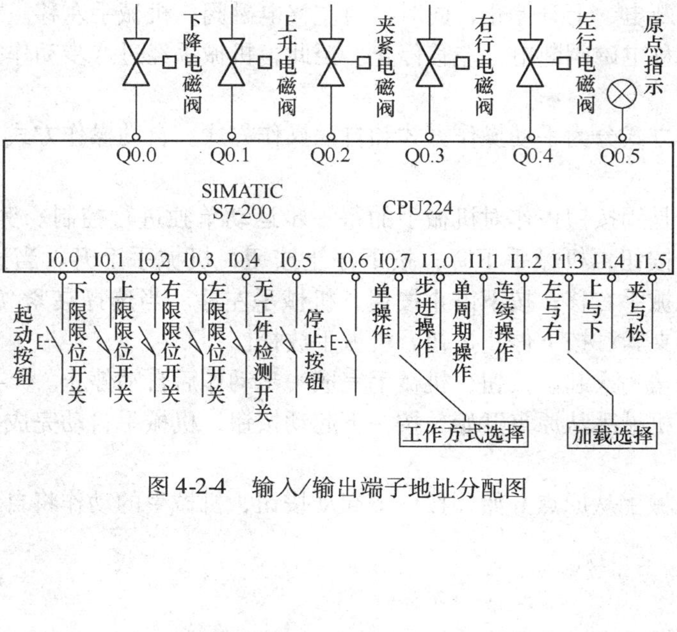

图 4-2-4 输入/输出端子地址分配图

4.2.3　系统程序设计

1. 整体程序结构

图 4-2-5 是机械手控制系统可编程序控制器整体程序结构。

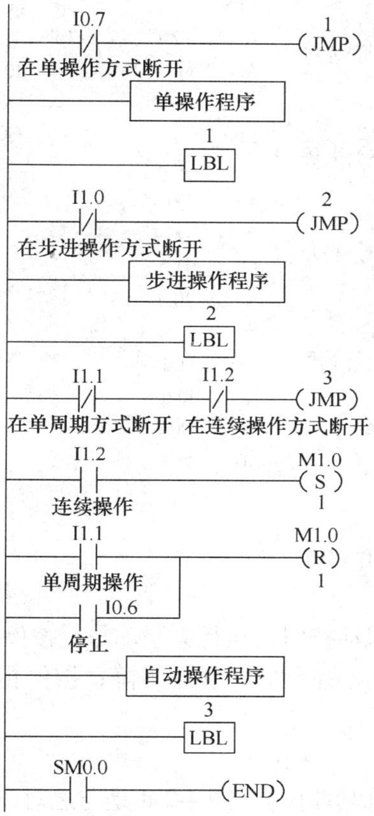

LDN	I0.7
JMP	1
单操作程序	
LBL	1
LDN	I1.0
JMP	2
步进操作程序	
LBL	2
LDN	I1.1
AN	I1.2
JMP	3
LD	I1.2
S	M1.0,1
LD	I1.1
O	I0.6
R	M1.0,1
自动操作程序	
LBL	3
LD	SM0.0
END	

图 4-2-5　整体程序结构

若选择单操作工作方式，I0.7 断开，接着执行单操作程序。单操作程序可以独立于自动操作程序，可另行设计。

在单周期工作方式和连续操作方式下，可执行自动操作程序。在步进工作方式下，执行步进操作程序，按一下起动按钮执行一个动作，并按规定顺序进行。

在需要自动操作方式时，中间继电器 M1.0 接通。步进工作方式、单操作工作方式和自动操作方式，都用同样的输出继电器。

2. 单操作程序

图 4-2-6 是实现单操作工作的梯形图程序及指令表。为避免发生误动作，插入了一些联锁电路。例如，将加载开关扳到“左/右”挡，按下起动按钮，机械手向右行；按下停止按钮，机械手向左行。且这两个动作只能当机械手处在上限位置时才能执行（为安全起见，设上限安全联锁保护）。

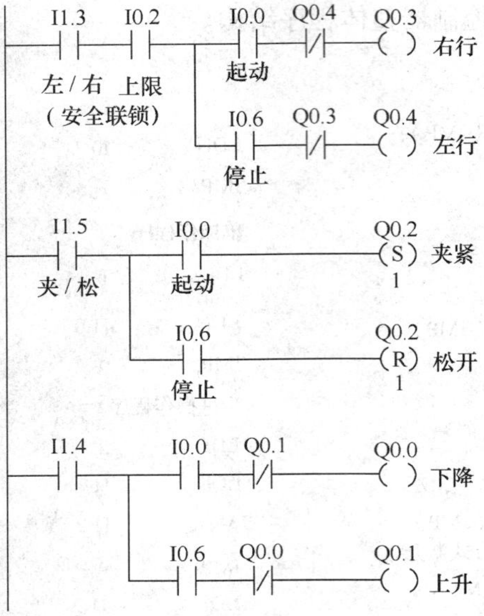


```
LD   I1.3
A    I0.2
LPS
A    I0.0
AN   Q0.4
=    Q0.3
LPP
A    I0.6
AN   Q0.3
=    Q0.4
LD   I1.5
A    I0.0
S    Q0.2,1
LD   I1.5
A    I0.6
R    Q0.2,1
LD   I1.4
A    I0.0
AN   Q0.1
=    Q0.0
LD   I1.4
A    I0.6
AN   Q0.0
=    Q0.1
```

图 4-2-6　单操作梯形图及指令表

将加载选择开关扳到“夹/松”挡，按起动按钮，执行夹紧动作；按停止按钮，松开。

将加载选择开关扳到“上/下”挡，按起动按钮，机械手下降；按停止按钮，机械手上升。

3. 自动操作程序

图 4-2-7 是机械手自动操作流程图（或称功能图），图 4-2-8 是与之对应的梯形图及指令表。

PLC 由 STOP 转为 RUN 时，初始脉冲 SM0. 1 对状态进行初始复位，当机械手在原点时将状态 S0. 0 置 1，这是第一步。按下起动按钮后，置位状态 S0. 1，同时将原工作状态 S0. 0 清 0，输出继电器 Q0. 0 得电，Q0. 5 复位，原点指示灯熄灭，执行下降动作。当下降到底碰到下限位开关时，I0. 1 接通，状态转移到 S0. 2，同时将状态 S0. 1 清 0，输出继电器 Q0. 0 复位，Q0. 2 置 1，于是机械手停止下降，执行夹紧动作；定时器 T37 开始计时，延时 1. 7s 后，接通 T37 常开触点将状态 S0. 3 置 1，同时将工作状态 S0. 2 清 0，而输出继电器 Q0. 1 得电，执行上升动作。由于 Q0. 2 已被置 1，夹紧动作继续执行。当上升到上限位时，I0. 2 接通，状态转移到 S0. 4，同时将状态 S0. 3 清 0，Q0. 1 失电，不再上升，而 Q0. 3 得电，执行右行动作。当右行至右限位时，I0. 3 接通，Q0. 3 失电，机械手停止右行，若此时 I0. 5 接通，则状态转移到 S0. 5，同时将状态 S0. 4 清 0，而 Q0. 0 再次得电，执行下降动作。当下降到底碰到下限位开关时，I0. 1 接通，状态转移到 S0. 6，同时将状态 S0. 5 清 0，输出继电器 Q0. 0 复位，Q0. 2 被复位，于是机械手停止下降，执行松开动作；定时器 T38 开始计时，延时 1. 5s 后，接通 T38 常开触点将状态 S0. 7 置 1，同时将工作状态 S0. 6 清 0，而输出继电器 Q0. 1 再次得电，执行上升动作。行至上限位置，I0.2 接通，状态转移到 S1.0，同时将状态 S0.7 清 0，Q0.1 失电，停止上升，而 Q0.4 得电，执行左行动作。到达左限位，I0.4 接通，将状态 S1.0 清 0。如果此时为连续工作状态，M1.0 置 1，即状态转移回到 S0.1，重复执行自动程序。若为单周期操作方式，状态转移到 S0.0，则机械手停在原点。

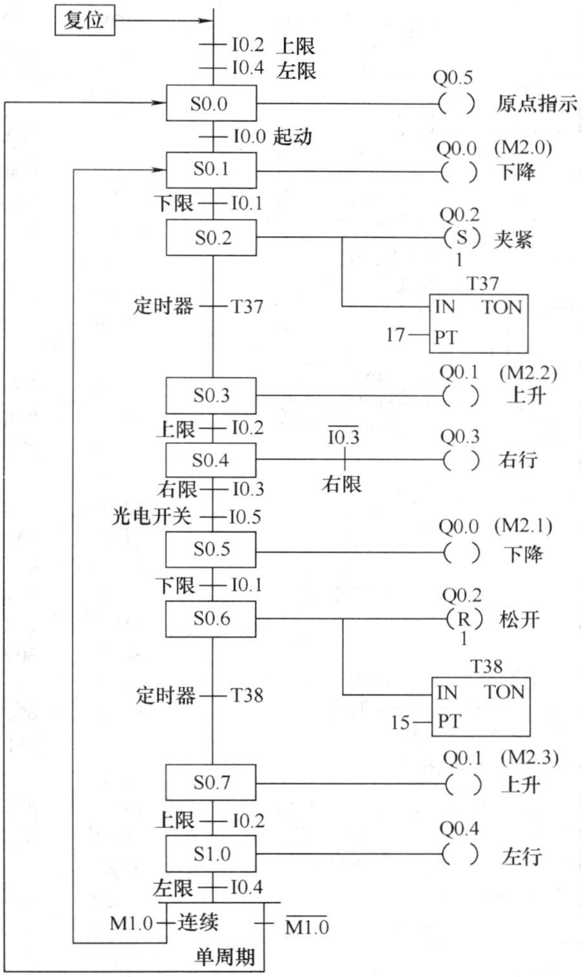

图 4-2-7　自动操作流程图

在运行中，如按停止按钮，机械手的动作执行完当前一个周期后，回到原点自动停止。

在运行中，PLC 若掉电，机械手动作停止。重新起动时，先用手动操作将机械手移回原点，再按起动按钮，又重新开始自动操作。

步进动作是指按下起动按钮动作一次。步进动作功能图与图 4-2-7 相似，只是每步动作都须增加一起动按钮，如图 4-2-9 所示。步进操作所用的输出继电器、定时器与其他操作所用的输出继电器、定时器相同。

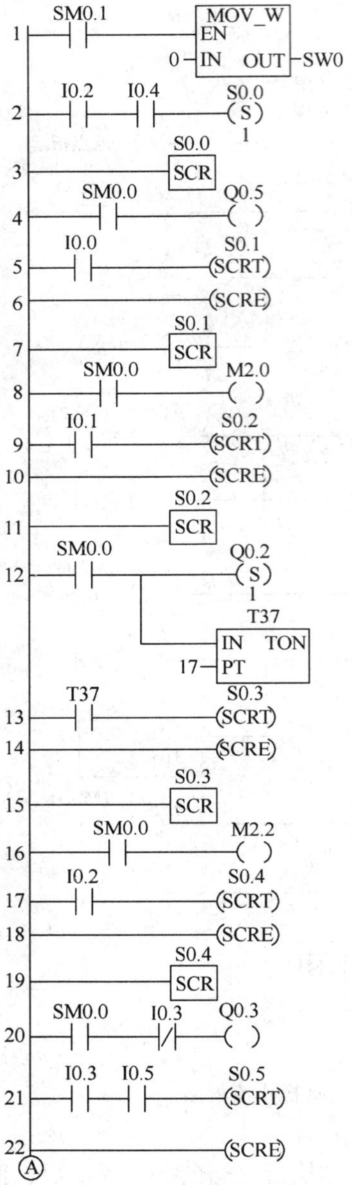


```
LD      SM0.1
MOVW    0,SW0
LD      I0.2
A       I0.4
S       S0.1,1
LSCR    S0.0
LD      SM0.0
=       Q0.5
LD      I0.0
SCRT    S0.1
SCRE
LSCR    S0.1
LD      SM0.1
=       M2.0
LD      I0.1
SCRT    S0.2
SCRE
LSCR    S0.2
LD      SM0.0
S       Q0.2,1
TON     T37,17
LD      T37
SCRT    S0.3
SCRE
LSCR    S0.3
LD      SM0.0
=       M2.2
LD      I0.2
SCRT    S0.4
SCRE
LSCR    S0.4
LD      SM0.0
AN      I0.3
=       Q0.3
LD      I0.3
A       I0.5
SCRT    S0.5
SCRE
```

图 4-2-8 自动操作梯形图及指令表

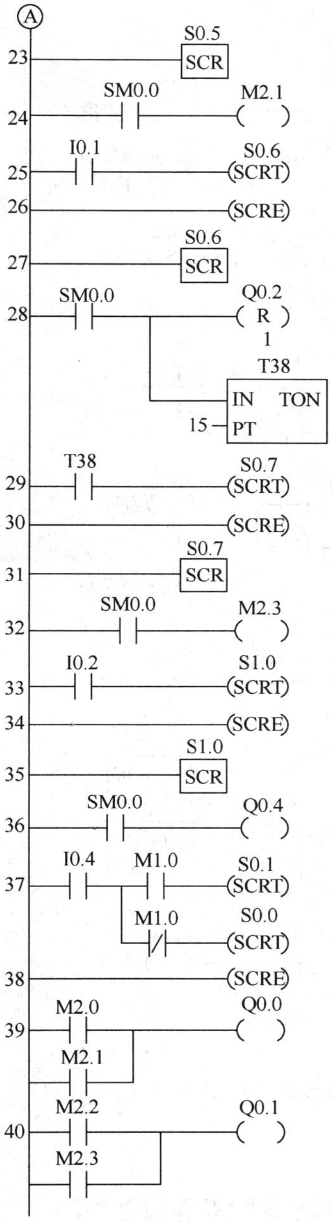

LSCR	S0.5
LD	SM0.0
=	M2.1
LD	I0.1
SCRT	S0.6
SCRE	
LSCR	S0.6
LD	SM0.0
R	Q0.2，1
TON	T38　15
LD	T38
SCRT	S0.7
SCRE	
LSCR	S0.7
LD	SM0.0
=	M2.3
LD	I0.2
SCRT	S1.0
SCRE	
LSCR	S1.0
LD	SM0.0
=	Q0.4
LD	I0.4
A	M1.0
SCRT	S0.1
LD	I0.4
AN	M1.0
SCRT	S0.0
SCRE	
LD	M2.0
O	M2.1
=	Q0.0
LD	M2.2
O	M2.3
=	Q0.1

图 4-2-8　自动操作梯形图及指令表（续）

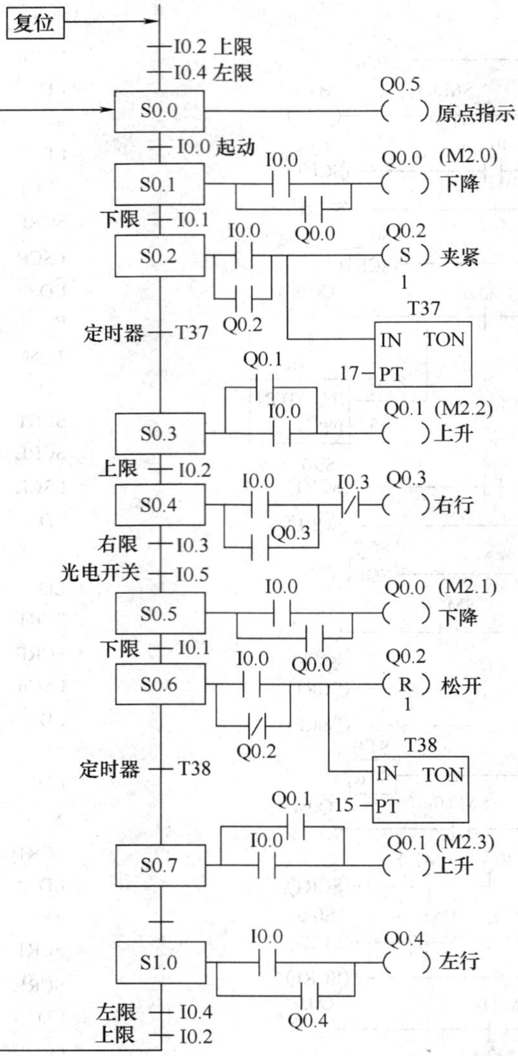

图 4-2-9 步进操作流程图

模块 3 混合液体装置的控制

控 制 分 析

4.3.1 装置结构与工艺要求

图 4-3-1 为两种液体的混合装置结构图。SL_1、SL_2、SL_3 为液面传感器，液面淹没时接

通，两种液体（液体 A、液体 B）的流入和混合液体流出分别由电磁阀 YV_1、YV_2、YV_3 控制，M 为搅匀电动机，控制要求如下：

1）初始状态。当装置投入运行时，液体 A、B 阀门关闭，混合液体阀门打开 20s，将容器放空后关闭。

2）起动操作。按下起动按钮 SB_1，装置就开始按下列给定的规定动作工作。液体 A 阀门打开，液体 A 流入容器。当液面到达 SL_2 时，SL_2 接通，关闭液体 A 阀门，打开 B 阀门。当液面到达 SL_1 时，关闭液体 B 阀门，搅匀电动机开始转动。搅匀电动机工作 1min 后停止搅动，混合液体阀门打开，开始放出混合液体。当液面下降到 SL_3 时，SL_3 由接通变为断开，再经过 20s 后，容器放空，混合液体阀门关闭，开始下一周期操作。

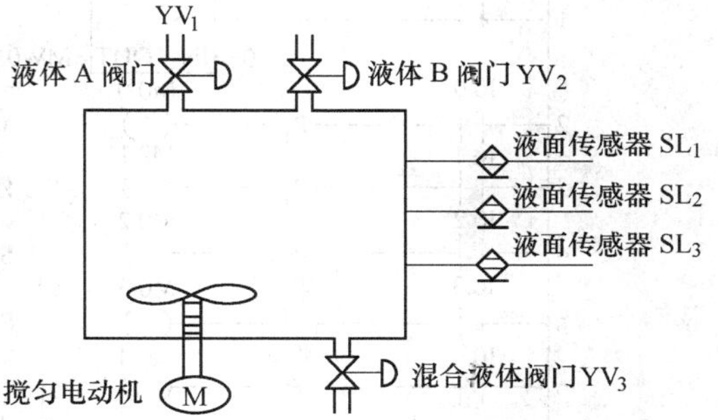

图 4-3-1　液体混合装置结构图

3）停止操作。按下停止按钮 SB_2 后，在当前的混合操作处理完毕后，才停止操作，即停在初始状态上。

技 能 训 练

4.3.2　系统设计

1. 输入/输出地址分配

该装置的控制采用的 PLC 为 S7-200 CPU224，输入/输出地址分配如图 4-3-2 所示。

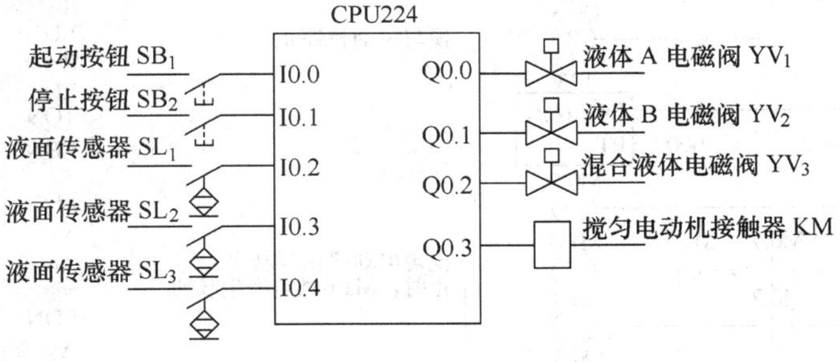

图 4-3-2　输入/输出地址分配

2. 梯形图程序设计

根据控制要求编写的梯形图及指令表如图 4-3-3 所示。

3. 工作过程分析

1）起动操作。按下起动按钮 SB_1，I0.0 的常开触点闭合，M0.0 产生启动脉冲，第 10 行的 M0.0 的常开触点闭合，使 Q0.0 保持接通，液体 A 电磁阀 YV_1 打开，液体 A 流入容器。

2）液面上升到 SL_2。当液面上升到 SL_3 时，虽然 I0.4 常开触点接通，但没有引起输出动作。当液面上升到 SL_2 位置时，SL_2 接通，I0.3 的常开触点接通，M0.3 产生脉冲，第 11 行 M0.3 的常开触点接通一个扫描周期，复位指令（R Q0.0，1）使线圈 Q0.0 断开，YV_1

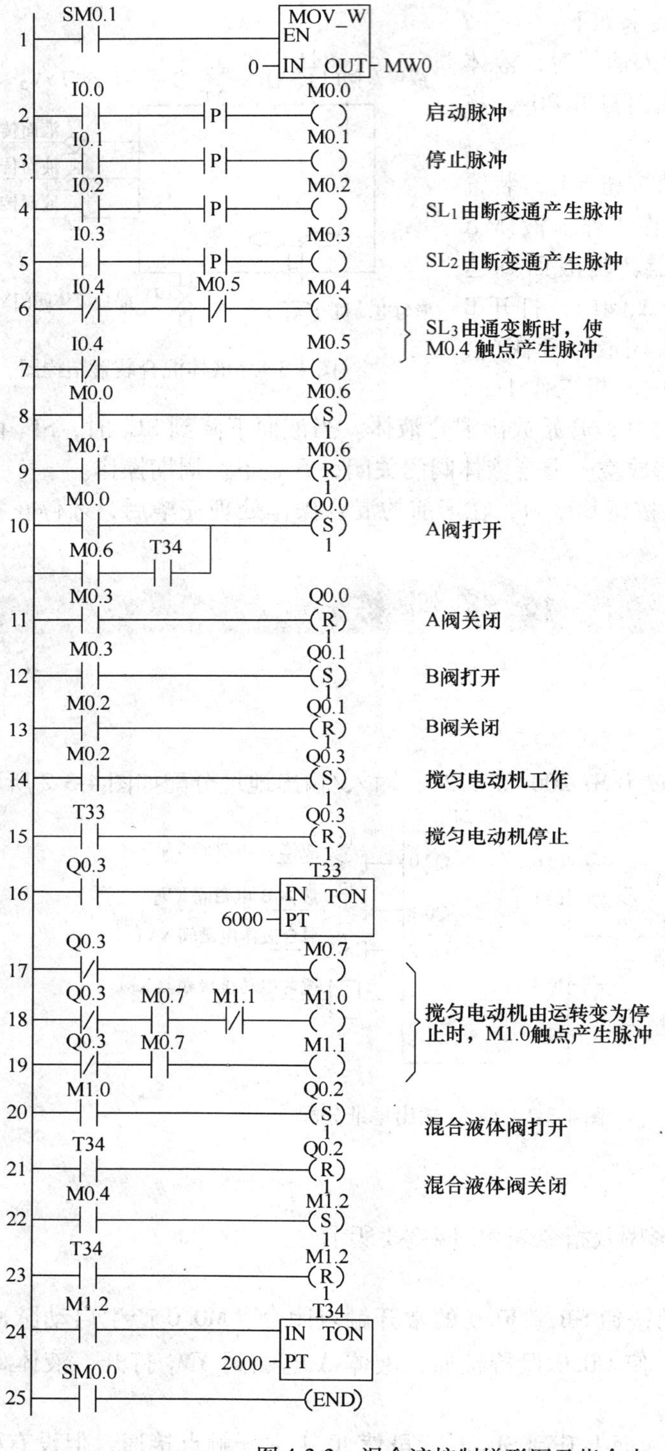


```
LD     SM0.1
MOVW   0,MW0
LD     I0.0
EU
=      M0.0
LD     I0.1
EU
=      M0.1
LD     I0.2
EU
=      M0.2
LD     I0.3
EU
=      M0.3
LDN    I0.4
AN     M0.5
=      M0.4
LDN    I0.4
=      M0.5
LD     M0.0
S      M0.6,1
LD     M0.1
R      M0.6,1
LD     M0.0
LD     M0.6
A      T34
OLD
S      Q0.0,1
LD     M0.3
R      Q0.0,1
LD     M0.3
S      Q0.1,1
LD     M0.2
R      Q0.1,1
LD     M0.2
S      Q0.3,1
LD     T33
R      Q0.3,1
LD     Q0.3
TON    T33,6000
LDN    Q0.3
=      M0.7
LDN    Q0.3
A      M0.7
AN     M1.1
=      M1.0
LDN    Q0.3
A      M0.7
=      M1.1
LD     M1.0
S      Q0.2,1
LD     T34
R      Q0.2,1
LD     M0.4
S      M1.2,1
LD     T34
R      M1.2,1
LD     M1.2
TON    T34,2000
LD     SM0.0
END
```

图 4-3-3 混合液控制梯形图及指令表

电磁阀关闭，液体A停止流入；与此同时，第12行M0.3的常开触点接通一个扫描周期，置位指令（S Q0.1，1）使线圈Q0.1接通，液体B电磁阀YV_2打开，液体B流入。

3）液面上升到SL_1。当液面上升到SL_1时，SL_1接通，M0.2产生脉冲，第13行M0.2常开触点闭合，使Q0.1线圈断开，YV_2关闭，液体B停止注入，第14行的M0.2常开触点闭合，Q0.2线圈接通，搅匀电动机工作，开始搅匀。

4）搅匀后放混合液。搅匀电动机工作时，第16行的Q0.3常开触点闭合，启动定时器T33，过了60s，第15行的T33的常开触点闭合，Q0.3线圈断开，电动机停止搅动。当搅匀电动机由接通变为断开时，第17、18、19行的电路，使M1.0产生一个扫描周期的脉冲，第20行的M1.0的常开触点闭合，Q0.2线圈接通，混合液电磁阀YV_3打开，开始放混合液。

5）液面下降到SL_3。当液面传感器SL_3由接通变为断开时，第6、7行的电路使第22行的M0.4常开触点接通一个扫描周期，M1.2线圈接通，第24行的T34开始工作，20s后，混合液放完，第21行的T34常开触点闭合，Q0.2线圈断开，电磁阀YV_3关闭，同时第10行的T34的常开触点闭合，Q0.0线圈接通，YV_1打开，液体A流入，开始进入下一循环。

6）停止操作。按下停止按钮SB_2，I0.1的常开触点接通，M0.1产生停止脉冲，使M0.6线圈复位断开，第10行的M0.6已闭合的常开触点断开，在当前的混合操作处理完毕后，使Q0.0不能再接通，即停止操作。

模块4　交通信号灯的控制

控 制 分 析

4.4.1　控制要求

十字路口的交通指挥信号灯布置如图4-4-1所示。控制要求如下：

1. 控制开关

信号灯受一个起动开关控制。当起动开关接通时，信号灯系统开始工作，且先南北红灯亮，东西绿灯亮。当起动开关断开时，所有信号灯都熄灭。

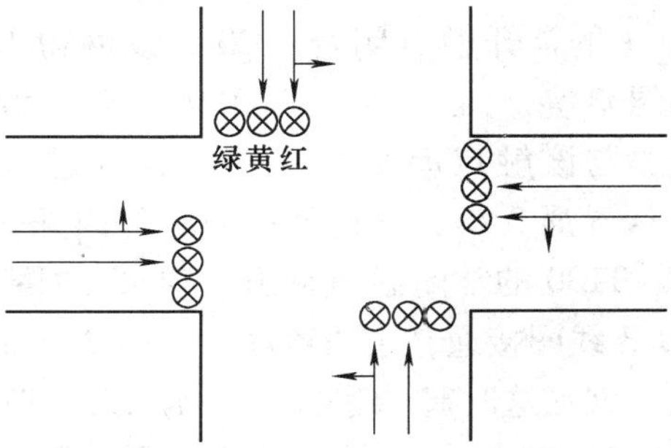

图4-4-1　交通指挥信号灯示意图

2. 控制要求

1）南北绿灯和东西绿灯不能同时亮。如果同时亮应关闭信号灯系统，并立即报警。

2）南北红灯亮维持25s。在南北红灯亮的同时东西绿灯也亮，并维持20s。到20s时，东西绿灯闪亮，闪亮3s后熄灭。在东西绿灯熄灭时，东西黄灯亮，并维持2s。到2s时，东西黄灯熄灭，东西红灯亮。同时，南北红灯熄灭，南北绿灯亮。

3）东西红灯亮维持30s。南北绿灯亮维持25s，然后闪亮3s，再熄灭。同时南北黄灯亮，维持2s后熄灭，这时南北红灯亮，东西绿灯亮。

4）周而复始，循环往复。

根据控制要求可知，这是一个时序逻辑控制系统。图 4-4-2 是其时序图。

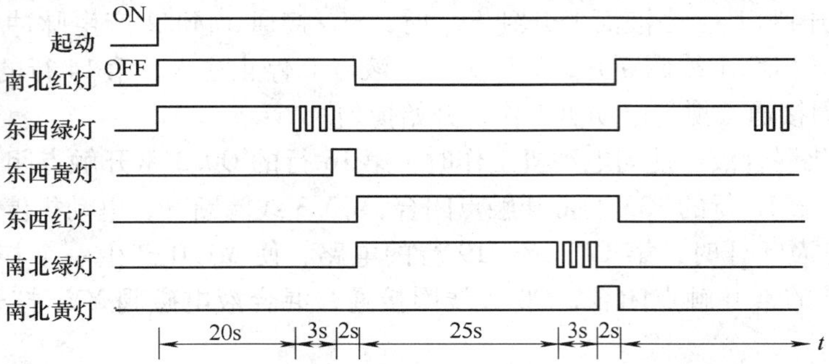

图 4-4-2　交通指挥信号灯时序图

技 能 训 练

4.4.2　系统设计

1. 输入/输出地址分配

交通信号灯控制采用的 PLC 为 S7-200 CPU224，图 4-4-3 是可编程序控制器控制交通信号灯输入/输出地址分配。

2. 程序设计

根据控制要求和 I/O 地址分配编制的交通灯控制梯形图及指令表如图 4-4-4 所示。

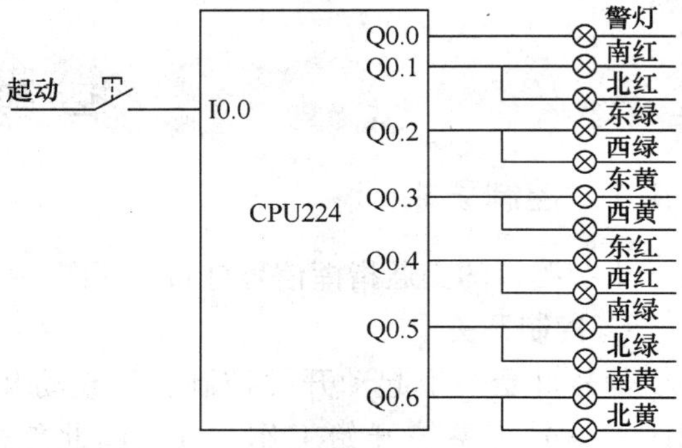

图 4-4-3　输入/输出地址分配

3. 程序分析

当起动开关合上时，触点 I0.0 接通，Q0.1 线圈得电，南北红灯亮；与此同时，Q0.1 的常开触点闭合，Q0.2 线圈得电，东西绿灯亮。维持到 20s，T99 的常开触点接通，与该触点串联的 T32 的常开触点每隔 0.5s 导通 0.5s，从而使东西绿灯闪烁。又过 3s，T100 的常闭触点断开，Q0.2 线圈失电，东西绿灯熄灭；此刻 T32 的常开触点闭合，Q0.3 线圈接通，东西黄灯亮。再过 2s 后，T98 的常闭触点断开，Q0.3 线圈失电，东西黄灯灭；就在这时起动累计时间为 25s，T33 的常闭触点断开，Q0.1 线圈失电，南北红灯灭，T33 的常开触点闭合，Q0.4 线圈接通，东西红灯亮，Q0.4 的常开触点闭合，Q0.5 线圈得电，南北绿灯亮。

又过了 25s，即起动累计时间 50s，T34 常开触点闭合，与该接点串联的 T32 的触点每隔 0.5s 导通 0.5s，从而使南北绿灯闪烁；闪烁 3s，T35 常闭触点断开，Q0.5 线圈失电，南北绿灯灭；此时 T35 的常开触点闭合，Q0.6 线圈得电，南北黄灯亮。维持 2s 后，T36 常闭触点断开，Q0.6 线圈失电，南北黄灯灭。这时起动累计时间为 55s，T97 常闭触点断开，T33 复位，Q0.4 线圈断开失电，即维持了 30s 的东西红灯灭。这是一个工作过程，下面再周而复始。

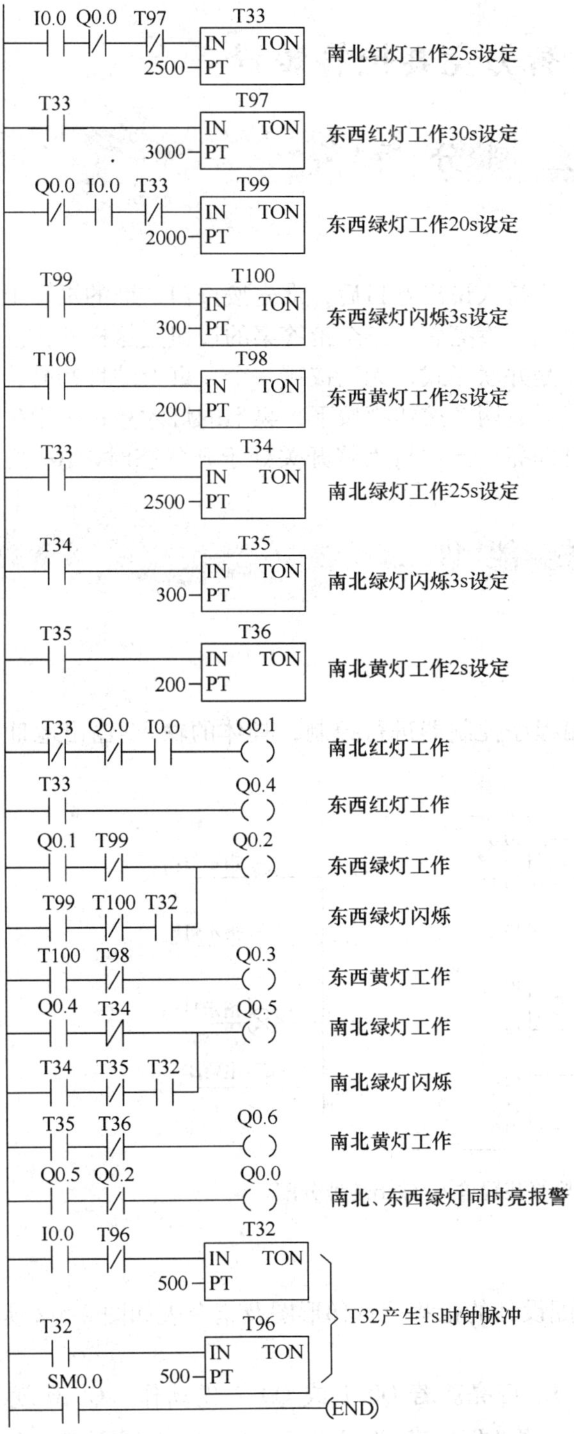


```
LD    I0.0
AN    Q0.0
AN    T97
TON   T33,2500
LD    T33
TON   T97,3000
LDN   Q0.0
A     I0.0
AN    T33
TON   T99,2000
LD    T99
TON   T100,300
LD    T100
TON   T98,200
LD    T33
TON   T34,2500
LD    T34
TON   T35,300
LD    T35
TON   T36,200
LDN   T33
AN    Q0.0
A     I0.0
=     Q0.1
LD    T33
=     Q0.4
LD    Q0.1
AN    T99
LD    T99
AN    T100
A     T32
OLD
=     Q0.2
LD    T100
AN    T98
=     Q0.3
LD    Q0.4
AN    T34
LD    T34
AN    T35
A     T32
OLD
=     Q0.5
LD    T35
AN    T36
=     Q0.6
LD    Q0.5
AN    Q0.2
=     Q0.0
LD    I0.0
AN    T96
TON   T32,500
LD    T32
TON   T96,500
LD    SM0.0
END
```

图 4-4-4　交通灯控制梯形图及指令表

如果发生南北、东西绿灯同时亮，这时 Q0.0 线圈接通得电，产生报警做紧急处理。

模块 5 智力竞赛抢答装置

控 制 分 析

4.5.1 控制要求

主持人一个开关控制三个抢答桌。主持人说出题目后，谁先按按钮，谁的桌子上的灯即亮。这时主持人按按钮后灯才熄灭，否则一直亮着。三个抢答桌的按钮是这样安排的：一个抢答桌上是儿童组，桌上有两个按钮，是并联形式，无论按哪一个，桌上的灯都亮；大人组的桌子上也有两个按钮，是串联形式，只有两个按钮都按下，桌上的灯才亮；中学生组桌上只有一个按钮，且只有一个人，一按灯即亮。当主持人将开关处于开状态时，10s 之内若有人抢答按下按钮，电铃响。

技 能 训 练

4.5.2 系统设计

1. 输入/输出端子地址分配

抢答装置采用 S7-200 CPU224 可编程序控制器进行控制，具体的输入/输出地址分配如图 4-5-1 所示。

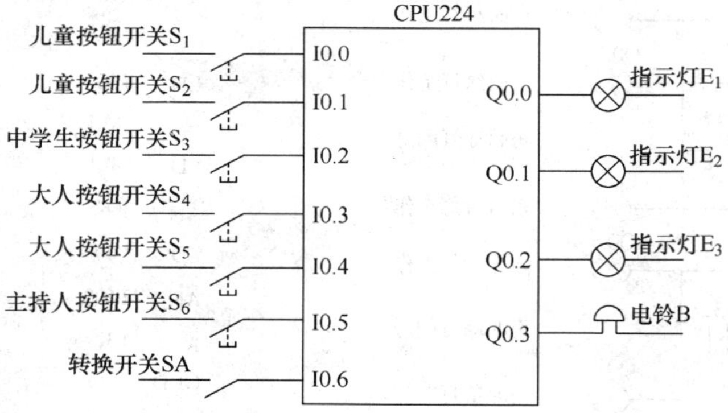

图 4-5-1 抢答装置输入/输出地址分配

2. 程序设计

根据工艺要求和输入/输出地址分配设计的抢答装置梯形图及指令表如图 4-5-2 所示。

3. 程序分析

I0.0 或 I0.1 接通时，Q0.0 自保，E_1 灯亮。若 Q0.1 或 Q0.2 先动作，Q0.0 就不能动作。I0.2 接通时，Q0.1 自保，E_2 灯亮。若 Q0.0 或 Q0.2 先动作，Q0.1 就不能动作。I0.3 和 I0.4 同时接通时，Q0.2 自保，E_3 灯亮。若 Q0.0 或 Q0.1 先动作，Q0.2 就不能动作。当主持人将转换开关 SA 处于开状态时，10s 之内若有人抢答按下按钮，Q0.3 得电，电铃响。

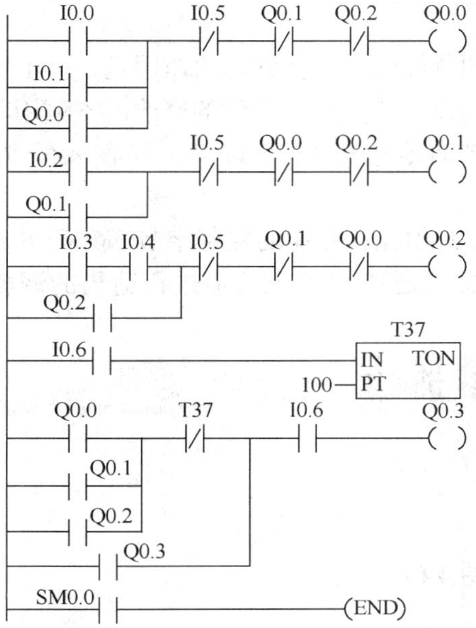


```
LD      I0.0            AN      Q0.0
O       I0.1            =       Q0.2
O       Q0.0            LD      I0.6
AN      I0.5            TON     T37,100
AN      Q0.1            LD      Q0.0
AN      Q0.2            O       Q0.1
=       Q0.0            O       Q0.2
LD      I0.2            AN      T37
O       Q0.1            O       Q0.3
AN      I0.5            A       I0.6
AN      Q0.0            =       Q0.3
AN      Q0.2            LD      SM0.0
=       Q0.1            END
LD      I0.3
A       I0.4
O       Q0.2
AN      I0.5
AN      Q0.1
```

图 4-5-2　抢答装置梯形图及指令表

模块 6　高速输出功能及集成模拟量通道的应用

控 制 分 析

4.6.1　控制要求

1. 应用背景

许多场合都要用到高速输出功能，例如，交流调速系统中的驱动模板就需要 PWM 信号源，数控系统中用于驱动步进电动机的驱动模板需要脉冲串信号源。在 S7-200 系列 PLC 中就有这一特殊用途的指令，即 PLS 指令，从而使这种实时控制功能的实现演变为填写有关的表格，再执行一条指令。这比用单板机或单片机以汇编语言来实现更简单，效率更高。

2. 控制任务

本例采用 AC/DC/DC214 型 PLC。通过手动调节集成在 PLC 上的模拟量电位器旋钮来作为脉冲宽度的给定值，在 Q0.0 上输出周期为 60s 的脉冲宽度调制（PWM）信号。要求在改变脉宽时不产生不完整的周期信号，即脉宽的改变必须在当前一个完整的周期结束后而下一个周期开始前发生。

3. 目的及要点提示

1）本例将周期值设为 60s，一是为便于理解和观测，二是考虑到大部分场合使用的 PLC 为 AC/DC/Relay 型，而在其上不宜进行实际高速处理（但可用作熟悉有关指令功能）。另外，只需 3 条导线即可完成本试验。

注：本例程序将周期值改成很小的值之后，不需作任何其他的修改，即可用于真正的高

速 PWM 信号源。

2）CPU214 上有两个集成的模拟量手动调节旋钮。这些旋钮的作用是，可不增加任何额外的硬件开销即能够在运行中进行 PID 参数的设定或定时时间值的修改。本例用其中的通道 0 来实现脉宽的在线修改或给定。PLC 将自动地进行模/数转换，并存入特殊存储字节 SMB28（SM32）中。

3）要起动高速输出功能 PWM（Q0.0），必须先在相应的控制字节 SMB67 中按位填入 0 或 1，然后将周期值填入 SMW68，再将由模拟量通道 O 输入的值进行适当的调整后作为脉宽送入 SMW70 中，最后执行 PLS 指令。

技 能 训 练

4.6.2　系统设计

1. 程序设计

根据控制任务设计的梯形图及指令表如图 4-6-1 所示。

2. 程序分析

存储器的分配：VW100 存放滤波后的脉宽值（VW98 用于存放比较功能时的暂时变量），VW102 存放滤波计数值，AC3 存放滤波累加值。

1）初始化。包括对 PWM 控制字节的初始化（子程序 0）和用于消除模拟量电位器的低位转换结果的不稳定性而进行滤波的计数器和累加器的清零。

2）调理。用于对模拟量通道 0 的滤波。在主循环程序中，不断读取 SMB28 的值并进行累加。其后，每隔 100 次，求一次平均值。经放大作用（本例取为 255）后，将此值与当前的周期值 60s 相比较，若超出则取为 60s（60000ms = 0EA60hex），即一直有输出；否则按实际计算值送入 VW100。最后将滤波计数值和累加器清零。

3）子程序 0。首先设置控制字节 SMB67，所设置的功能为：使能 PWM 功能，时基为 1ms，允许刷新装载脉宽和周期。其中，十六进制数 EA60 即十进制的 60000，即 60s 周期值。由于由模拟量通道转换来的值为 8 位二进制数（0 ~ 255），故需经过放大。本例中取放大系数为 255（也可根据实际需要选取其他值）。由于本例的周期数为 60000ms，此值已超过有符号的 16 位二进制数的表示范围，故必须借助于双字的比较指令 LDD > = 才能与它进行比较。为此，需引入内容为 0 的高位字 VW98。

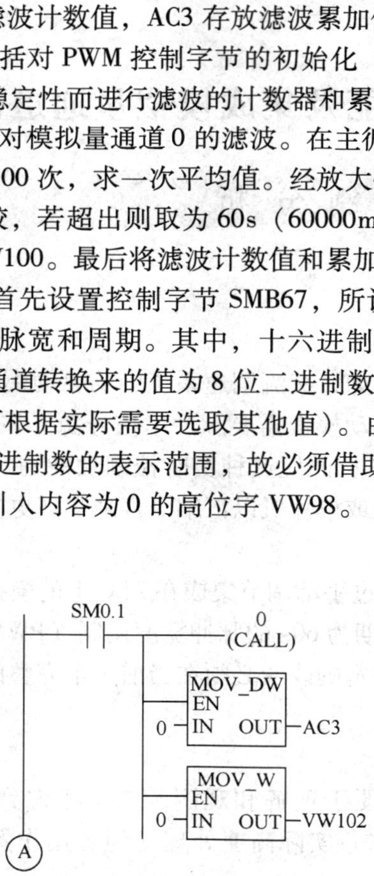

LD	SM0.1
CALL	0
MOVD	0, AC3
MOVW	0, VW102
ATCH	1, 0

图 4-6-1　相应控制任务的梯形图及指令表

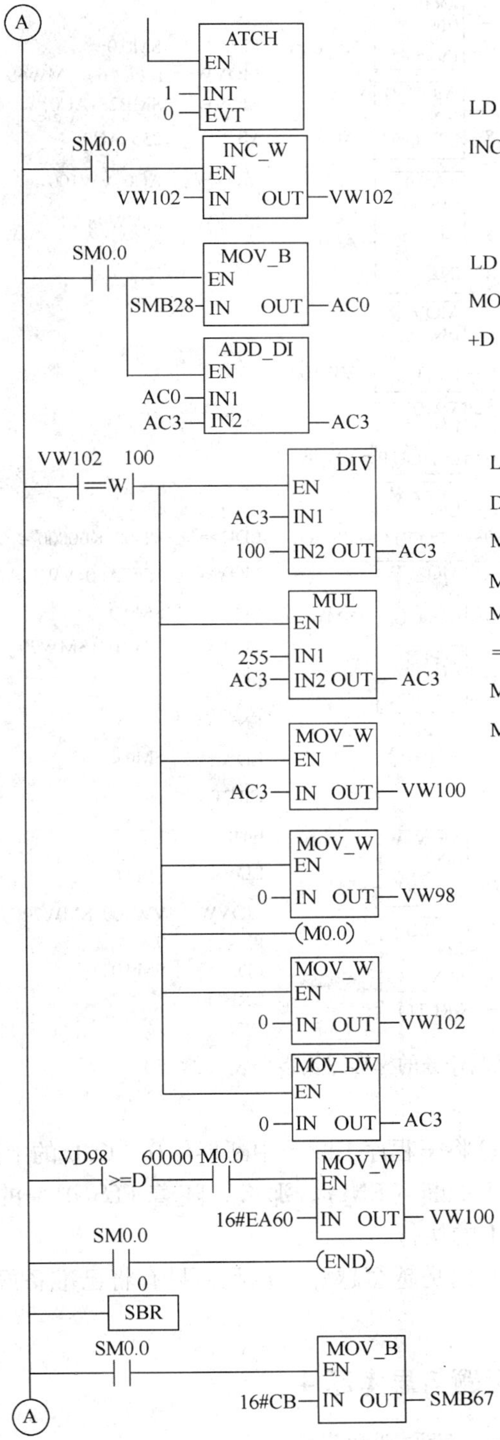


```
LD      SM0.0
INCW    VW102

LD      SM0.0
MOVB    SMB28, AC0
+D      AC0, AC3

LDW=    VW102, 100
DIV     100, AC3
MUL     255, AC3
MOVW    AC3, VW100
MOVW    0, VW98
=       M0.0
MOVW    0, VW102
MOVD    0, AC3

LDD>=   VD98, K60000
A       M0.0
MOVW    16#EA60 ,VW100
LD      SM0.0
END
SBR     0
LD      SM0.0
MOVB    16#CB, SMB67
```

图 4-6-1　相应控制任务的梯形图及指令表（续一）

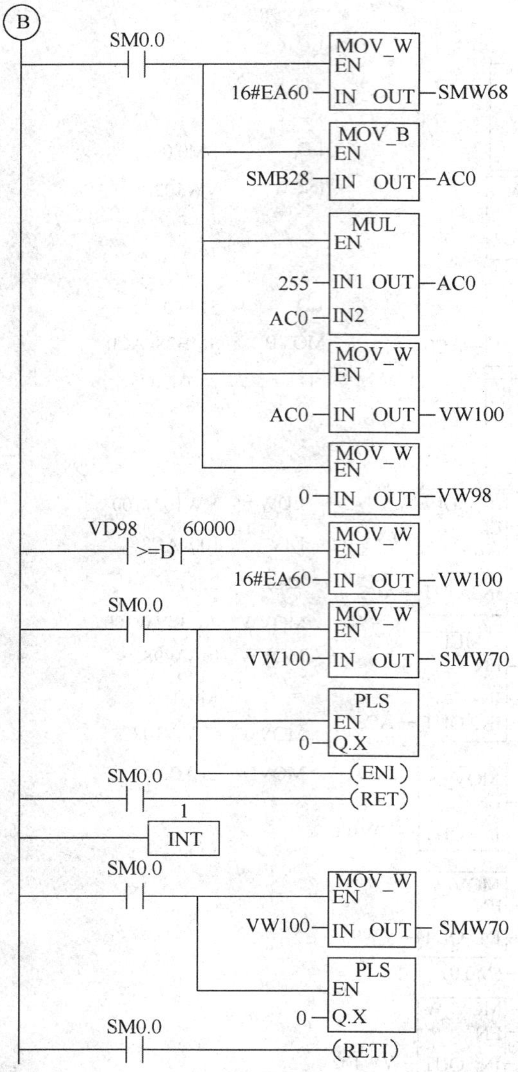


```
LD      SM0.0
MOVW    16#EA60,SMW68
MOVB    SMB28,AC0
MUL     255,AC0
MOVW    AC0,VW100
MOVW    0,VW98

LDD>=   VD98,K60000
MOVW    16#EA60,VW100
LD      SM0.0
MOVW    VW100,SMW70
PLS     0
ENI
LD      SM0.0
CRET
INT     1
LD      SM0.0
MOVW    VW100,SMW70
PLS     0
LD      SM0.0
CRETI
```

图 4-6-1　相应控制任务的梯形图及指令表（续二）

4）中断处理。在初始化程序中，已将子程序 1 赋予中断事件 0（I0. 0 的上升沿），在子程序 0（Network 11 的最后）也全局开中断（ENI）。那么，随着 PLS 指令的执行，必使 Q0. 0 接通或关断，从而触发中断程序 1 的执行。

5）中断程序 1。编制中断程序的原则是越短越好。在此，只有将已准备好的脉宽值写入并刷新这 2 条指令。

习题与思考题 4

1. 简述可编程序控制器系统设计的一般原则和步骤。
2. 可编程序控制器的选型需要考虑哪些问题？
3. 怎样根据继电器电路图来设计梯形图？

4. 提高可编程序控制器系统可靠性的措施有哪些？

5. 设计一段程序，要求对五相步进电动机 5 个线圈依次自动实现如下方式的循环通电控制：

1）第一步，A-B-C-D-E。

2）第二步，A-AB-BC-CD-DE-EA。

3）第三步，AB-ABC-BC-BCD-CD-CDE-DE-DEA。

4）第四步，EA-ABC-BCD-CDE-DEA。

5）A、B、C、D、E 分别接主机的输出点 Q0.1、Q0.2、Q0.3、Q0.4、Q0.5，起动按钮接主机的输入点 I0.0，停止按钮接主机的输入点 I0.1。

6. 已知彩灯共有 8 盏，设计一段彩灯控制程序，实现下述控制要求：

1）程序开始时，灯 1（Q0.0）亮。

2）一次循环扫描且定时时间到后，灯 1（Q0.0）灭，灯 2（Q0.1）亮。

3）再次循环扫描且定时时间到后，灯 2（Q0.1）灭，灯 3（Q0.2）亮，……，直至灯 8 亮。灯 8 灭后循环重新开始。

7. 开关量控制系统可能有哪些工作方式？

8. 为什么要设置手动工作方式？

9. TD200 显示 CPU 无响应的原因可能有哪些？

项目5　PLC的通信系统

PLC具有通信联网的功能，PLC的网络通信包括PLC之间、PLC与上位计算机之间以及PLC和其他智能设备之间的通信。可编程序控制器与计算机可以直接或通过通信处理单元、通信转接器相连构成网络，各可编程序控制器或远程I/O模块按功能各自放置在生产现场进行分散直接控制，计算机用于编程、显示、打印和系统管理，然后用网络连接起来，构成“集中管理、分散控制”的分布式控制系统（DCS），满足工厂自动化（FA）系统发展的需要。

一个控制过程总是由许多控制任务组成，这些控制任务既有相对的独立性，又要和其他任务相互联系，众多相对独立的任务又需在总的方面构成一个整体，这种控制过程如果仅靠扩大机型来解决，会给系统带来许多难处。因此几乎所有提供可编程序控制器的厂家都为自己产品打开销路而开发了网络系统。德国西门子公司先后推出了SINEC LI局域网和SINEC HI局域网。

在工厂自动化（FA）和柔性制造系统（FMS）时代，可以把工厂自动化控制系统分成三级：最高级为采用中央计算机的数据管理级；中间级是在生产线上使用计算机或可编程序控制器的数据控制级；最低级就是使用可编程序控制器的顺序控制和逻辑控制级。数据通信就是在同一级内或者在不同级之间进行数据的传送和接收。可编程序控制器之间的通信以及可编程序控制器与计算机之间的通信是拓宽可编程序控制器应用的一个重要方面。

模块1　PLC通信的基础知识

知识积累

5.1.1　网络结构和通信协议

对于一个自动化工程（特别是中大规模控制系统）来讲，选择网络是非常重要的。首先，网络必须是开放的，以方便不同设备的集成及未来系统规模的扩展；其次，针对不同网络层次的传输性能要求，选择网络的形式，必须在较深入地了解该网络标准协议机制的前提下进行；再次，综合考虑系统成本、设备兼容性、现场环境适用性等具体问题，确定不同层次所使用的网络标准。

网络结构又称为网络的拓扑结构，它主要指如何从物理上把各个节点连接起来形成网络。常用的网络结构有链接结构和联网结构。

1. 链接结构

链接结构是指两个节点的连接形式，即通过通信接口和通信介质（如电缆线等）把两个节点连接起来。链接结构按信息在设备间的传送方向可分为单工通信、半双工通信、全双工通信三种，其数据传送方向如图5-1-1所示。

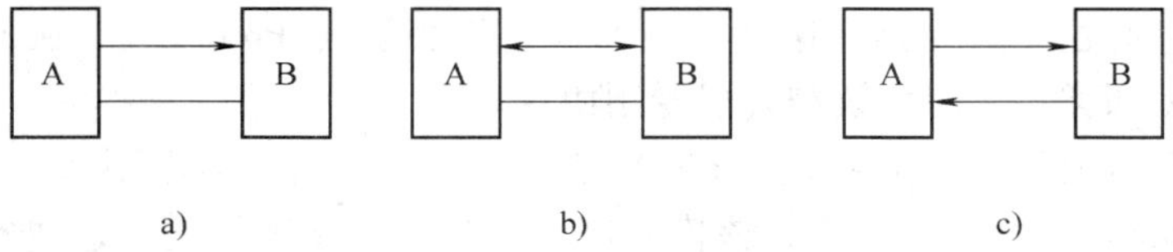

图 5-1-1　数据传送方向

a）单工示意图　b）半双工示意图　c）全双工示意图

1）单工方式。单工通信就是指数据的传送始终保持同一个方向，而不能进行反向传送，如图 5-1-1a 所示。其中 A 端只能作为发送端发送数据，B 端只能作为接收端接收数据。

2）半双工方式。半双工通信就是指信息流可以在两个方向上传送，但同一时刻只限于一个方向传送，如图 5-1-1b 所示，其中 A 端和 B 端都具有发送和接收的功能，但传送线路只有一条，或者 A 端发送 B 端接收，或者 B 端发送 A 端接收。

3）全双工方式。全双工通信能在两个方向上同时发送和接收，如图 5-1-1c 所示。A 端和 B 端双方都可以同时发送和接收数据。

由于半双工和全双工通信可实现双向数据传输，故在 PLC 链接及联网中较为常用。

2. 联网结构

联网结构指多个节点的连接形式，常用连接方式有 3 种，如图 5-1-2 所示。

1）星形结构。星形网络的结构特点是以中央节点为中心，网络中任何两个节点不能直接进行通信，数据传送由中央节点进行控制和管理。星形结构如图 5-1-2a 所示。上位机（主机 0）通过点对点的方式与各个现场处理机（从机 1、2、3、4 等）进行通信。

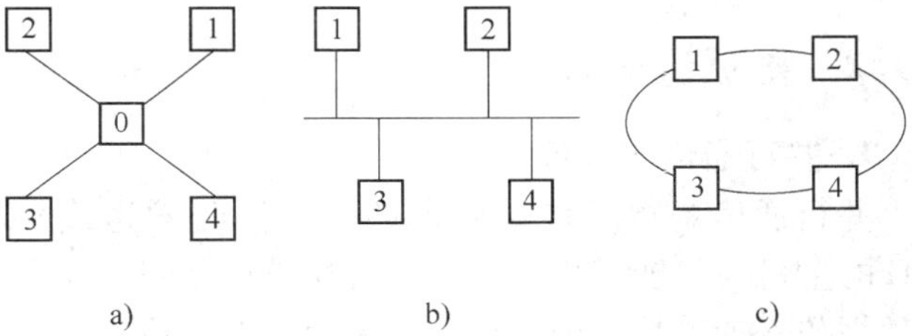

图 5-1-2　联网结构示意图

a）星形结构　b）总线结构　c）环形结构

星形网络结构简单，建网容易，便于程序集中开发和资源共享。但是上位机的负荷重，线路利用率低，系统费用高。如果上位机发生故障，整个通信系统将瘫痪。

2）总线结构。这种结构的所有节点都通过相应硬件接口连接到一条无源公共总线上，所有的节点对总线有同等的访问权，任何一个节点发出的信息都可沿着总线传输，并可被总线上其他任意节点接收。总线结构如图 5-1-2b 所示。

总线网络结构简单，易于扩充，可靠性高，灵活性好，网络响应速度快，特别适用于工业控制局域网。

3）环形结构。环形网络的结构特点是各个节点通过环路接口首尾相连，形成环形。各个节点均可请求发送信息，请求批准后，数据沿环路穿越各个环路接口，单向或双向发送，直到接收节点，再返回到发送节点。环形结构如图 5-1-2c 所示。

环形网络结构简单，安装费用低，某个节点发生故障时，可以自动旁路，系统可靠性高。自动化系统经常采用环形网络。

3. 网络通信协议

在进行网络通信时，各网络节点、各用户主机为了进行通信，就必须共同遵守一套事先制定的为交换信息而建立的规则，这种规则称为通信协议（Protocol）。在 PLC 网络中配置的通信协议可分为两类：通用协议和公司专用协议。

1）通用协议。国际标准化组织（ISO）于 1978 年提出了开放式系统互连参考模型（Open Systems Interconnection，OSI），该模型定义了各种设备连接在一起进行通信的结构框架。所谓开放，就是指只要遵守这个参考模型的有关规定，任何两个系统都可以连接并实现通信。网络通信协议共分七层，如图 5-1-3 所示。

图 5-1-3 国际 OSI 通用协议模型

在该模型中，最底层为物理层，实际通信就是通过物理层在物理互连媒体上进行的，上面的任何层都以物理层为基础，对等层之间可以实现开放系统互连。常用的通用协议有 MAP 协议和 Ethernet 协议两种。

2）公司专用协议。低层子网和中间层子网一般采用公司专用协议，尤其是最底层子网，由于传送的是过程数据及控制命令，这种信息较短，但实时性要求高。公司专用协议的层次一般只有物理层、链路层及应用层，而省略了通用协议所必需的其他层，因此信息传递速率快。

5.1.2 数据通信方式

1. 并行通信与串行通信

并行通信是指所传送数据的各位同时发送或接收。在 PLC 的各个编程元件之间，在 PLC 的主机与扩展模板及近距离智能模板之间，经常采用并行通信的方式。并行通信的特点是数据传送速度快。但是传输线的根数多，成本高，一般用于近距离的数据传送。

串行通信是指所传送的数据按顺序一位一位地发送或接收。在 PLC 与计算机之间以及在 PLC 之间，经常采用串行通信的方式。在串行通信时，除了公共线外，在一个数据传输方向上只需要一根数据线，这根线既作为数据线又作为通信联络控制线，数据信号和联络信号在这根线上按位进行传送。

串行通信的特点是通信线路简单，需要的信号线少，最少的只需要两根线（双绞线），故成本低，但是传送速度比并行通信慢，适用于距离较远的场合。近年来，串行通信的传送速度发展很快，可以达到 Mbit/s 的数量级，在分级分布式控制系统中得到了广泛的应用。计算机和可编程序控制器都有通用的串行通信接口（如 RS-232C），串行通信特别适合于分级、分层和分布式控制系统以及远程通信中，工业控制中一般也使用串行通信。

2. 异步通信与同步通信

在串行通信中，一个很重要的问题是使发送端和接收端保持同步，可以采用两种同步技术：同步传送和异步传送。

1）异步传送。每个字符的起始位为 0，然后是数据位（有效数据位可以是 5 ~ 8 位），随后是奇偶校验位（根据需要选择），最后是停止位（可以是 1 位或多位）。在图 5-1-4 中，有效数据位为 7 位，停止位为 1 位。在停止位后可以加空闲位，空闲位为 1，位数不限，空闲位的作用是等待下一个字符的传送。有了空闲位，发送和接收可以连续或间断地进行，而不受时间限制。

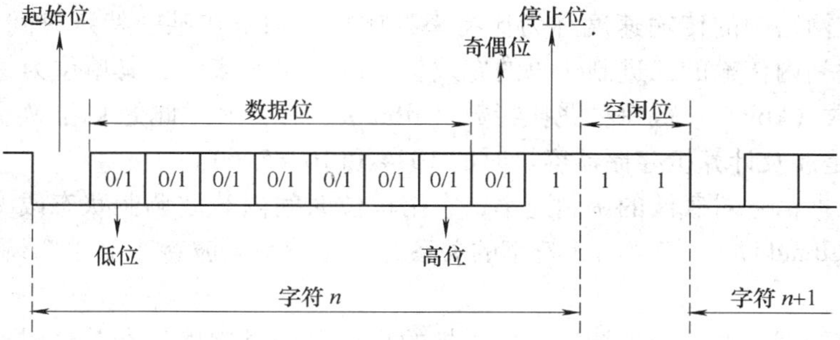

图 5-1-4　异步串行通信的数据传送格式

异步串行传送的优点是硬件结构简单，缺点是传送效率低，因为每个字符都要加上冗余的起始位和停止位，主要用于中、低速的通信（小于2000bit/s）。

进行异步串行传送数据时，要保证发送设备和接收设备有相同的数据传送格式及相同的传送速率。

2）同步传送。同步传送是以数据块（一组数据）为单位进行数据传送。在数据开始处用同步字符来指示，由定时信号（时钟）来实现发送端同步，一旦检测到与规定的同步字符相符合，就按顺序连续传送数据。由于不需要起始位和停止位，克服了异步传送效率低的缺点，但是所需要的软件及硬件价格是异步传送的8～12倍。

3. 基带传送和频带传送

1）基带传送。所谓基带，就是指电信号所固有的基本频带，简称基带。数字信号的基本频带是从0至若干兆赫，由传输速率决定。数据传输系统对信号不做任何调制，直接传输的数据传输方式就是基带传送，这种数据传输系统就称之为基带传送系统。

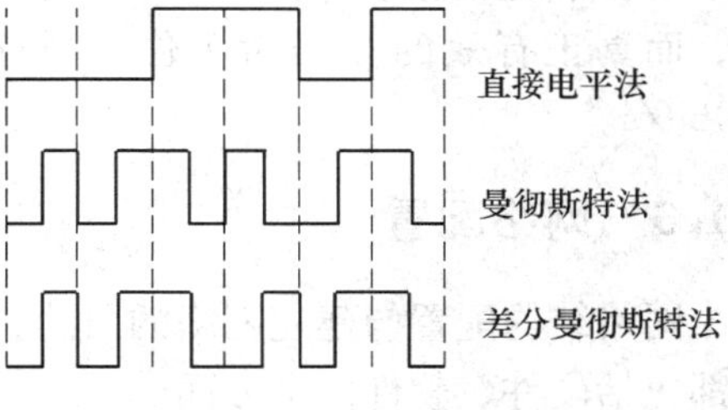

图 5-1-5　基带传送

可以用三种方式进行基带传送：直接电平法、曼彻斯特法和差分曼彻斯特法，如图5-1-5所示。在PLC网络中，大多数采用基带传送。只有在传送距离很远时，考虑采用调制解调器进行频带传送。基带传送传输效率高，但是对硬件的要求较高，一般用于高速通信。

2）频带传送。频带传送是指数据传送系统将计算机或数字设备产生的信号调制到某一频带上进行传送，如图5-1-6所示就是频带传送的转变过程。它是把数字信号经过调制后再进行传输，到接收端后又经过解调还原成原来的信号。

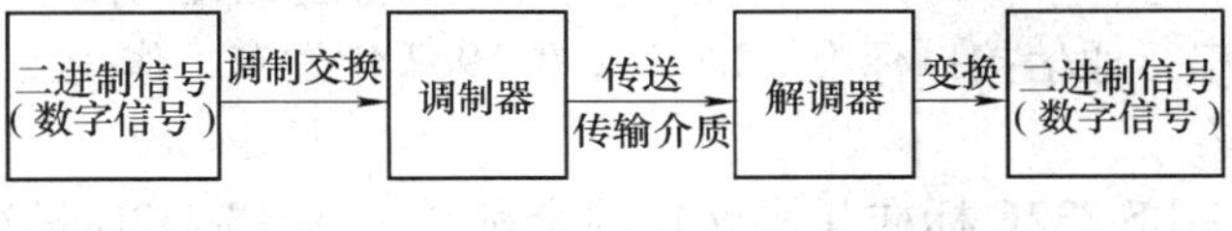

图 5-1-6　频带传送的转变过程

频带传送有调频、调幅和调相三种调制方式。频带传送不仅克服了目前许多长途电话线路不能直接传输基带信号的缺点，而且能够实现多路复用，从而提高了通信线路的利用率。但是，频带传送在发送端和接收端都要设置调制解调器，需要将基带信号变换为频带信号后再实现传输。

4. 传输速率

数字信号在网络中的传输速度称为比特率，比特率测量在某一特定时间内传输的数据量。它用单位时间内传输的二进制代码的有效位（bit）数来表示，其单位为每秒比特数 bit/s、每秒千比特数（kbit/s）或每秒兆比特数（Mbit/s）来表示（此处 k 和 M 分别为 1000 和 1000000，而不是涉及计算机存储器容量时的 1024 和 1048576）。

波特率指数据信号对载波的调制速率，它用单位时间内载波调制状态改变次数来表示，其单位为波特（Baud）。波特率与比特率的关系为：比特率 = 波特率 × 单个调制状态对应的二进制位数。

在电子通信领域，波特率即调制速率，指的是信号被调制以后在单位时间内的波特数，即单位时间内载波参数变化的次数。它是对信号传输速率的一种度量，通常以“波特每秒”（B/s）为单位。

波特率有时候会同比特率混淆，实际上后者是对信息传输速率（传信率）的度量。波特率可以被理解为单位时间内传输码元符号的个数（传符号率），通过不同的调制方法可以在一个码元上负载多个比特信息。

波特率与比特率的区分是，两相调制（单个调制状态对应 1 个二进制位）的比特率等于波特率；四相调制（单个调制状态对应 2 个二进制位）的比特率为波特率的两倍；八相调制（单个调制状态对应 3 个二进制位）的比特率为波特率的三倍；依次类推。

在某一特定网络上通信的每台设备必须被配置以相同的波特率传输数据。否则，网络上速度最快的波特率由与网络连接的速度最慢的设备决定。

波特率与有效数据的传送速率并不完全一致，如果每秒传送 120 个字符，每个字符为 10 位，则传送的波特率为：120 字符/秒 ×10 位/字符 = 1200bit/s。然而，如每个字符为 10 位，而真正有效的数据为 7 位，则有效数据的传送速率为：120 字符/秒 ×7 位/字符 = 840bit/s。

5.1.3 网络配置

网络结构配置与建立网络的目的、网络结构以及通信方式有关，但任何网络，其结构配置都包括硬件、软件两个方面。

1. 硬件配置

硬件配置主要考虑两个问题：一是通信接口，二是通信介质。

1）通信接口。PLC 网络的通信接口多为串行接口，主要功能是进行数据的并行与串行转换、控制传送的波特率及字符格式，进行电平转换等。目前应用最广泛的通信接口标准有 RS-232、RS-422 和 RS-485。

① RS-232。RS-232 接口是计算机普遍配置的接口，它是由美国电子工业协会 EIA 公布的串行通信接口标准。RS-232 在 1962 年发布，作为工业标准，以保证不同厂家产品之间的兼容。

RS-232C 标准（协议）的全称是 EIA-RS-232C 标准。其中，EIA 代表美国电子工业协会，RS 代表推荐标准，232 是标识号，C 代表 RS-232 的最新一次修改（1969），它既是一种协议标准，又是一种电气标准，它规定了终端和通信设备之间信息交换的方式和功能。PLC 与上位机的通信就是通过 RS-232 完成的。在这之前，有 RS-232B、RS-232A。RS-232C

可简称 232、RS-232。例如，目前在 IBM PC 上的 COM1、COM2 接口，就是 RS-232C 接口。

RS-232C 接口采用按位串行的方式，单端发送，单端接收，应用既简单又方便，但数据传送速率低，抗干扰能力差，在通信距离近（最大距离为 15m）、传送速率和环境要求不高的场合应用较广泛。

RS-232C 采用的是负逻辑电平，即用 +5 ~ +15V 表示逻辑 "0"，用 -5 ~ -15V 表示逻辑 "1"。噪声容限为 2V，即要求接收器能识别低至 3V 的信号，并将其作为逻辑 "0"，高到 -3V 的信号作为逻辑 "1"。RS-232C 采取不平衡传输方式，即所谓单端通信。RS-232C 是为点对点（只用一对收、发设备）通信而设计的，其驱动器负载为 3 ~ 7kΩ。RS-232C 的最高传输速率为 20kbit/s，标准中规定最大传送距离为 15 ~ 30m。

一个完整的 RS-232 接口有 22 根线，采用标准的 25 芯插头座（DB-25）。除此之外，目前广泛应用的还有一种 9 芯的 RS-232 接口（DB-9）。它们的外观都是一个 D 形，其接线编号如图 5-1-7 所示。

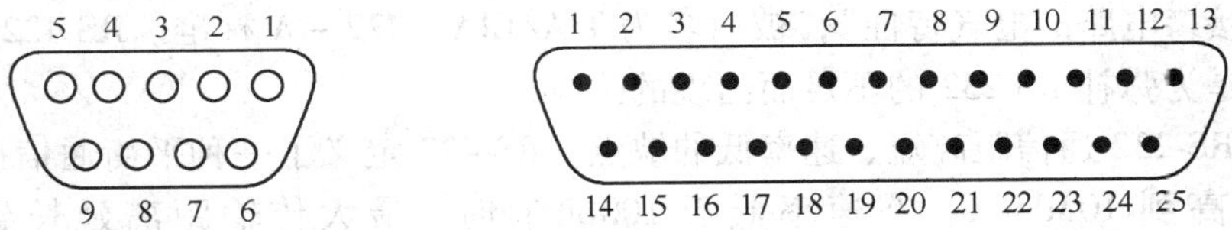

图 5-1-7　9 针和 25 针串口接线编号

DB-9 和 DB-25 的常用信号引脚说明见表 5-1。

表 5-1　DB-9 和 DB-25 的常用信号引脚说明

9 针串口（DB-9）			25 针串口（DB-25）		
针　号	功能说明	缩　写	针　号	功能说明	缩　写
1	数据载波检测	DCD	8	数据载波检测	DCD
2	接收数据	RXD	3	接收数据	RXD
3	发送数据	TXD	2	发送数据	TXD
4	数据终端准备	DTR	20	数据终端准备	DTR
5	信号地	GND	7	信号地	GND
6	数据设备准备好	DSR	6	数据准备好	DSR
7	请求发送	RTS	4	请求发送	RTS
8	清除发送	CTS	5	清除发送	CTS
9	振铃指示	DELL	22	振铃指示	DELL

RS-232C 串口通信接线最为简单且常用的是三线制接法，即信号地、接收数据和发送数据。图 5-1-8 所示为双机串行通信互连图。

还有许多非标准设备，如接收 GPS 数据或电子罗盘数据也需要 RS-232C 串口通信接线，因此，对 RS-232C 串口的通信要记住一个接线原则：接收数据引脚（或引线）与发送数据引脚（或引线）相连，彼此交叉，信号地对应相接。

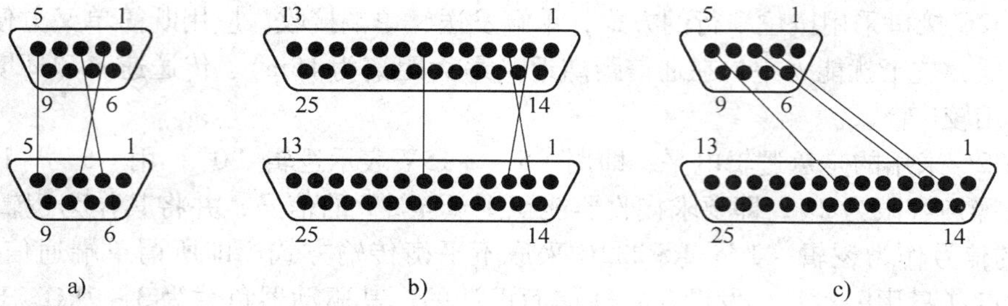

图 5-1-8 双机串行通信互连图

a）两个 9 针接头 b）两个 25 针接头 c）一个 9 针接头和一个 25 针接头

②RS-422。RS-422 是一种单机发送、多机接收的单向平衡传输规范，标准全称是“平衡电压数字接口电路的电气特性”，被命名为 TIA/EIA－422－A 标准。RS-422 由 RS-232 发展而来，它是为弥补 RS-232 的不足而出现的。

为改进 RS-232 通信距离短、速率低的缺点，RS-422 定义了一种平衡通信接口，将最大传输速率提高到 10Mbit/s，在速率低于 100bit/s 时，最大传输距离延长到 4000ft（约 1219m），由于接收器采用高输入阻抗和发送驱动器比 RS-232C 更强的驱动能力，故允许在相同传输线上连接多个接收节点，最多可接 10 个节点。即一个主设备（Master），其余为从设备（slave），从设备之间不能通信，所以 RS-422 支持点对多的双向通信。接收器输入阻抗为 4kΩ，故发送端最大负载是（10×4k+100）Ω（终端电阻）。

RS-422 四线接口由于采用单独的发送和接收通道，因此不必控制数据方向，各装置之间任何必需的信号交换均可以按软件方式（XON/XOFF 握手）或硬件方式（一对单独的双绞线）实现。RS-422 的平衡双绞线长度与传输速率成反比，也只有在很短的距离下才能获得最高速率传输，一般 100m 长的双绞线上所能获得的最大传输速率仅为 1Mbit/s。RS-422 需要一终端电阻，要求其阻值约等于传输电缆的特性阻抗。在短距离传输时可不需终端电阻，即一般在 300m 以下不需终端电阻。终端电阻接在传输电缆的最远端。

RS-422 接口的传输线采用平衡驱动和差分接收的方法，电平变化范围为 12V（±6V），因而它能够允许更高的数据传输速率，而且抗干扰性更高。它克服了 RS-232 接口易产生共模干扰的缺点，适合远距离传送数据。RS-422 接口属于全双工通信方式，在工业计算机上配备的较多。

③RS-485。为扩展应用范围，EIA 又于 1983 年在 RS-422 基础上制定了 RS-485 标准，增加了多点、双向通信能力，即允许多个发送器连接到同一条总线上，同时增加了发送器的驱动能力和冲突保护特性，扩展了总线共模范围，后命名为 TIA/EIA－485－A 标准。由于 EIA 提出的建议标准都是以“RS”作为前缀，所以在通信工业领域，仍然习惯将上述标准以“RS”作为前缀来称谓。

RS-485 接口是 RS-422 接口的简化，它属于半双工通信方式，靠使能控制实现双方的数据通信。即在某一时刻，只有一个节点可以发送数据，而另一节点只能接收数据，发送则由使能端控制，有较高的通信速率（波特率可达10MB/s以上）和较强的抗干扰能力，输出阻抗低，并且无接地回路。在远距离高速通信中，以最少的信号线完成通信任务，因此在PLC的控制网络中广泛应用。SIEMENS公司的S7系列CPU均配置了RS-485接口。

RS-485数据信号采用差分传输方式，也称为平衡传输，它使用一对双绞线，将其中一线定义为A，另一线定义为B。通常情况下，发送驱动器A、B之间的正电平在+2～+6V之间，是一个逻辑状态，负电平在-6～-2V之间，是另一个逻辑状态。另有一个信号地，在RS-485中还有一个使能端，而在RS-422中这是可用可不用的。

使能端是用于控制发送驱动器与传输线的切断与连接。当使能端起作用时，发送驱动器处于高阻状态，称做"第三态"，即它是有别于逻辑"1"与"0"的第三态。接收器也作了与发送端相对应的规定，接收、发送端通过平衡双绞线将AA与BB对应相连。

当在接收端AB之间有大于200mV的电平时，输出正逻辑电平，小于-200mV时，输出负逻辑电平。接收器接收平衡线上的电平范围通常在200mV～6V之间。

由于RS-485是从RS-422基础上发展而来的，所以RS-485的许多电气规定与RS-422相仿。如都采用平衡传输方式，都需要在传输线上接终端电阻等。RS-485可以采用二线与四线方式，二线制可实现真正的多点双向通信。而采用四线连接时，与RS-422一样只能实现点对多的通信，即只能有一个主设备，其余为从设备，但它比RS-422有改进，无论四线还是二线，在连接方式总线上可连接多达32个节点。

2）通信介质。通信介质主要是指计算机网络中发送和接收者之间的物理通路，其中有通信电缆，也有无线信道（如微波线路和卫星线路）。局域网的典型传输介质是双绞线、同轴电缆和光缆。在PLC网络中，数据传送的介质主要有双绞线、同轴电缆和光缆，如果传送距离较远，还可以利用电话线，其他介质如电磁波、红外线、微波等的应用较少。

①双绞线。双绞线是两根绝缘导线相互绞接在一起的一种通用的传输介质。双绞线分非屏蔽双绞线（UTP）和屏蔽双绞线（STP）两种，它可以减少线间的电磁干扰，适用于模拟、数字通信。如果再加上屏蔽套，则抗干扰能力更好。双绞线的成本低，安装简单，RS-485多用双绞线电缆实现通信连接。

目前，在局域网中，大多数使用的是UTP，其传输速率取决于芯线质量、传输距离、驱动和接收信号的技术等。如令牌环网采用第三类UTP，传输速率最高可达16Mbit/s，10BASE-T采用的第三类UTP，传输速率达10Mbit/s，100BASE-T采用的第五类UTP，传输速率达100Mbit/s。UTP价格较低，传输速率满足使用要求，适合在办公大楼、学校、商厦等干扰较小的环境中使用，但并不适用于噪声大、电磁干扰强的恶劣环境。

②同轴电缆。同轴电缆由一空心金属圆管（外导体）和一根硬铜导线（内导体）组成。内导体位于金属圆管中心，内外导体间用聚乙烯塑料垫绝缘。同轴电缆可以用于基带传送，也可以用于频带传送。同轴电缆的传送速率高，传输距离远，成本比双绞线高。

在局域网中使用的同轴电缆有75Ω、50Ω和93Ω三种。RG-59型75Ω电缆是共用天线电视系统（CATV）采用的标准电缆。它常用于传输频分多路FDM方式产生的模拟信号，频率可达300～400MHz，称为频带传送，也可用于传输数字信号。50Ω同轴电缆分粗缆（RG-8型或RG-11型）和细缆（RG-58型）两种。粗缆抗干扰性能好，传输距离较远，细缆价格低，传输距离较近，传输速率一般为10 Mbit/s，适用于以太网。RG-62型93Ω电缆是Arcnet网采用的同轴电缆，通常只适用于频带传送，传输速率为2～20Mbit/s。

③光缆。光缆是光纤电缆的简称，它是传送光信号的介质，由纤芯、包层和外部一层的增强强度的保护层构成。纤芯是采用二氧化硅掺入锗、磷等材料制成的，呈圆柱形。外面包层用纯二氧化硅制成，它将光信号折射到纤芯中。

光纤分单模和多模两种，单模只提供一条光通路，多模有多条光通路，单模光纤容量大，价格较贵。目前，单模光纤芯连包层尺寸约 8.3μm/125μm ，多模纤芯常用的为 62.5μm /125μm，光纤只能作单向传输，如需双向通信，则应成对使用。

光缆是目前计算机网络中最有发展前途的传输介质，其传输速率可高达 1000Mbit/s，误码率低，衰减小，传播延时很小，并有很强的抗干扰能力，适宜在泄漏信号、电气干扰信号严重的环境中使用，所以备受青睐。光缆适用于点对点链路，所以常应用于环状结构网络。光缆缺点是成本较高，还不能普遍使用。

双绞线、同轴电缆及光缆的性能比较见表 5-2。

表 5-2　常用通信介质性能比较

性　能	双绞线	同轴电缆	光　缆
传送速率	9.6kbit/s ~ 2Mbit/s	1 ~ 450Mbit/s	10 ~ 500Mbit/s
连接方法	点对点，多点 1.5km 不用中继器	点对点，多点 10km 不用中继器（频带） 1.3km 不用中继器（基带）	点对点 50km 不用中继器
传送信号	数字、调制信号 纯模拟信号（基带）	数字、调制信号（基带） 数字、声音、图像（频带）	调制信号（基带） 数字、声音、图像（频带）
支持网络	星形、环形 小型交换机	总线型、星形	总线型、环形
抗干扰	好	很好	极好

2. 软件配置

要实现 PLC 的联网控制，就必须遵循一些网络协议。不同公司的机型，通信软件各不相同。软件一般分为两类：一类是系统编程软件，用以实现计算机编程，并把程序下载到 PLC 中，且监控 PLC 的工作状态，如西门子公司的 STEP 7-Micro/WIN 编程软件；另一类为应用软件，各用户根据不同的开发环境和具体要求，用不同的编程语言编写的通信程序。

模块 2　PLC 网络及通信

知 识 积 累

5.2.1　PLC 与计算机通信

1. 通信接口

在工厂自动化中，计算机的通信功能作为各级之间的接口是十分必要的。可编程序控制器与计算机联网构成的综合系统，可使可编程序控制器与计算机互补功能的不足。对于控制，可编程序控制器对现场、对设备都极为方便，但打印图表、图形显示、中文输出就逊色一些，而这些功能正是计算机的特长。可编程序控制器与计算机联网时，计算机通常仅用于编程、修改参数、数据显示、系统管理等方面，而不直接参与控制过程，而可编程序控制器在第一线脱机运行，即使计算机发生故障，也不会影响生产过程的正常运行。

可编程序控制器与计算机之间的通信一般是通过 RS-485 接口和 RS-232C 接口进行的，信息交换的方式为字符串方式，运用 RS-485 和 RS-232C 通道，容易配置一个与计算机进行通信的系统。将所有软元件的数据和状态由可编程序控制器送入计算机，由计算机采集这些数据，进行分析及运行状态监测。用计算机改变可编程序控制器设备的初始值和设定值，从而实现计算机对可编程序控制器的直接控制。一旦确定了可编程序控制器的控制指令格式就能很方便地与计算机联机，可以这样说，凡具有 RS-232 接口并能输入输出字符串的计算机都可以用于通信。

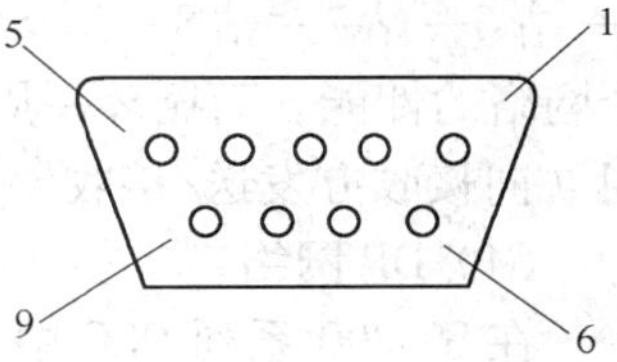

图 5-2-1　S7-200 系列 PLC 通信接口

为了适应联网，几乎所有的 PLC 都开发了与计算机通信的接口，例如 S7-200 系列 PLC 上都配备有专用于 RS-485 通信的标准 D 形插座，其插脚位置如图 5-2-1 所示，各插脚的用途见表 5-3。

表 5-3　S7-200 系列 PLC 通信口插脚分配

脚　号	Profibus 设计	Port 0 或 1	DP 口
1	屏蔽	逻辑 0	逻辑 0
2	24V 地线	逻辑 0	逻辑 0
3	RS-485 信号线 B	RS-485 信号线 B	RS-485 信号线 B
4	请求发送	没有使用	请求发送 *
5	5V 地线	逻辑 0	隔离的 5V 地线 * *
6	+5V	+5V（50mA）	隔离的 +5V（90mA）
7	+24V	+24V	+24V
8	RS-485 信号线 A	RS-485 信号线 A	RS-485 信号线 A
9	N/A	没有使用	没有使用
插座外壳	屏蔽	逻辑 0（CPU212/214）	机壳地
		机壳地（CPU215/216）	

注：*　在 CPU 作发送操作时，该脚为 V－OH（V－OH＝3.5V，1.6mA；V－OL＝0.6V，1.6mA）。

* *　在 DP 口上的信号线 A、B 和请求发送线与 CPU 的逻辑 0 是隔离的，它们都是相对于 5V 地线而言的。

2. 可编程序控制器与计算机通信的形式

（1）PC/PPI 网络

利用西门子公司的 PC/PPI 电缆，将 S7-200 系列 PLC 与装有 STEP 7 Micro/WIN 软件的计算机连接起来，可方便地组成 PC/PPI 网络。由于 PC/PPI 电缆上带有 RS-232/RS-485 电平转换器，因此连接是十分简单的。

（2）多主机网络

如果在一个网络中有多于 1 个以上的主机，则在编程计算机或由西门子公司提供的编程设备中插入一块多点接口（ MPI）卡。由于该卡本身具有 RS-232/RS-485 信号电平转换器，因此此时可使用一般电缆连接。

（3）令牌网络

令牌网络是多主机网络的一种特殊情况。

由于在一个令牌网络中，只有持有令牌的站才有权初始化通信，因此为给网络中的各个有可能通信的站点作初始化，必须将令牌作不断的交换，不妨设置交接次序为：站 3—站 5—站 6—站 7—站 8—站 9—站 3……即在 6 个主站之间循环。循环一周的时间长短决定了这个网络的性能。而循环一周的时间取决于网络中的主站数目和占有令牌的站初始化通信的时间（向接收方发送/接收一个双字信息），而后者决定于通信的波特率。

（4）DP 网络

在 S7-200 系列 PLC 中，只有 CPU 215 支持 DP 协议，且只能作为从机使用。

为了定义一台 CPU 215 作为支持 DP 协议的从机，必须做以下三个工作：

1）用 EN 50170 协议来定义该 CPU。

①EN 50170（profibus）描述了总线的路径和信息传输的协议，并确定信息传输介质的特性。

②EN 50170（DP 协议）描述了 DP 主机与 DP 从机之间周期性地高速交换数据的过程。这个标准也规定了网络组态和初始化参数等过程。

2）确定通信用的缓冲区，这个缓冲区可在 V 内存中的任意地方。CPU215 的数据缓冲器的大小见表 5-4。

表 5-4 CPU 215 的数据缓冲器的大小

组态	输出至主机的缓冲器	从主机读入的缓冲器	组态	输出至主机的缓冲器	从主机读入的缓冲器
1（默认）	1 个字	1 个字	7	8 个字	2 个字
2	2 个字	2 个字	8	16 个字	4 个字
3	4 个字	4 个字	9	32 个字	8 个字
4	8 个字	8 个字	10	2 个字	8 个字
5	16 个字	16 个字	11	4 个字	16 个字
6	32 个字	32 个字	12	8 个字	32 个字

3）用下述软件来组态主机：

①用 COM ET200（Windows）来组态 SIMATIC S5。

②用 STEP 7 来组态 SIMATIC S7。

③用 COM ET 200（Windows）和 TISOFT2 来组态 SIMATIC 500。

在新版本的 COM ET 200 或 STEP 7 中都已有一个 GSD 文件（它是组态主机的重要软件），而在旧版本的这些软件中可能没有 GSD 这个文件，因此需要向西门子公司或代理商申请复制这个软件。

5.2.2 PLC 之间的通信

用可编程序控制器构成的控制系统，要得到广泛应用必须考虑以下几个问题：一是对大、中、小控制任务都具有适应性；二是与现存系统有可连接性；三是保证系统有长期的使用价值。可编程序控制器网络的迅速发展使得其应用更加广泛。

可编程序控制器发展到今天，不少产品都在CPU本身加上具有网络功能的硬件及软件，组成可编程序控制器网络，相当方便。这种网络对任何一个站的操作都和使用同一台可编程序控制器一样方便，并且在网络中任何一个站都可以对其他站的元件及数据乃至程序进行操作。这种网络的设计思想是在辅助继电器（位）、数据寄存器（字）中专门开辟一个地址范围，将其分配给各台可编程序控制器，使得某台可编程序控制器可以写其中某些元件而其他所有站都可以读这些元件，然后再由这些元件去驱动其本身的软元件以达到通信目的，各站主机之间元件状态信息的交换是由可编程序控制器系统自己完成的，不需要用户编程。

1. 西门子SINEC LI LAN网络

SINEC LI LAN网络是用于西门子可编程序控制器间小量数据交换的低速通信网络；通信速率为9.6kbit/s通信方式为主从式，一个主站最多可挂30个从站。主站处于主动位置，协调网上的信息传输，从站为被动。BT777是网络耦合器，每站通过网络耦合器与网络连接。

（1）数据传输基本原理

用户必须为每个站定义一个发送“信箱”和接收“信箱”，有两个控制字节分别控制两个方向的数据传递，即接收和发送。所谓“信箱”，实际上是用户定义的用于存储接收数据和发送数据的一块数据区。网络上的站必须把要发送的数据存放在发送“信箱”、用置位控制字节中“起动发送”位的办法向主站发出发送申请。主站的微处理器按顺序查询从站的控制字节，从而判断是否有发送请求，查询顺序是按用户预先编制的查询顺序表进行的。

当主站查询到发送请求，就从发送“信箱”读取数据，并准备传送给目标站的接收“信箱”。每个站用编号区分，0号站为主站，从站可以由用户定义为1～30之间的数。只有接收站的“接收允许”位被置位时，才能进行传送服务。一旦传送结束，立即复位“发送请求”位，以表示数据已到达目的地。同时复位接收站的“接收允许”位，以说明有新数据输入，用户程序对新数据进行处理后，重新置位“接收允许”位，等待下一次接收。

（2）数据交换格式

SINEC LI LAN网络有三种数据交换格式：查询式、中断式、广播式。

在查询式传送中，主站微处理器按查询顺序表中的顺序与从站进行数据交换，如果一个从站在查询顺序表中出现多次，则服务多次，也就是说该站的服务频率高。传输可以是主站与从站之间，也可以是从站和从站之间。

在中断交换时，发送请求标志位和中断标志位均被置位。这种传输有最高优先权。若接收站的中断位也被置位，告知有数据传送，从而起动中断，调用组织块OB2。只有站号在中断表中的从站能产生中断，若同时有两个以上中断请求，则按中断表的顺序执行，这时中断方式必须与查询方式交叉进行，执行一次中断传输后，执行一次查询方式传输，再执行等待着的中断传输。

当某站任务号为31时，该站的数据被传送到所有站，这种交换方式称为广播式。

（3）主站、从站初始化

主站的通信控制模块CP530协调整个网络的信息交换，初始化就是要对CP530进行编程。COM530软件包用来支持编程。编程工作可以在线进行，也可以离线进行。主站初始化主要是定义站号、接口号，编制查询顺序表和中断表。

定义 CP530 为主站，定义站号和接口号。

编制查询顺序表。查询顺序表是一个列有从站号的清单，每个从站可以在表中出现多次，出现几次，在一个查询周期中就服务几次。查询顺序表最长不能超过 64 个编号。

中断表是允许发中断的从站号清单，清单的顺序规定了站的中断优先级，中断表最长为 30 个编号。

从站初始化只定义站号和接口号，不用编制查询顺序表和中断表。

（4）应用软件的编制

编制发送“信箱”和接收“信箱”。“信箱”由内存数字变量组成，两个“信箱”格式相同，“信箱”的第 1 个字节是要发送或接收的字节数，第 2 个字节是站号，从第 3 个字节开始为实际发送或接收的数据，“信箱”的具体格式见表 5-5。

表 5-5 信箱格式

字 号	高 字 节	低 字 节
字 1	要交换的字节数	站号
字 2	第 1 个字节	第 2 个字节
字 3	第 3 个字节	第 4 个字节
⋮	⋮	⋮
字 33	第 63 个字节	第 64 个字节

控制字节的格式见表 5-6。当有数据要发送时，必须把数据放入发送“信箱”，置位控制字节的第 7 位。数据发送结束时，操作系统复位控制字节的第 7 位，可以请求下一次发送。当接收的数据全部放入接收信箱时，操作系统复位接收站控制字节的第 7 位。此时用户程序可以从接收“信箱”读出数据，读完数据后，用户程序置位控制字节的第 7 位，准备接收下一次传送的数据。

表 5-6 控制字节的格式

位 号	发送控制字节	接收控制字节
0	0 = 无错 1 = 发送错	0 = 无错 1 = 接收错
1	—	0 = 运行正常 1 = 从站故障
2	—	0 = 总线停止 1 = 总线运行
3	0 = 无编程器 1 = 有编程器	0 = 无编程器 1 = 有编程器
4	0 = 无中断 1 = 有中断	0 = 无中断 1 = 有中断等待
5	—	—
6	—	—
7	0 = 发送结束 1 = 申请发送	0 = 传送结束 1 = 等待接收

标准功能块的调用：用于 SINEC LI LAN 网络通信的程序已写成标准功能块，是可编程序控制器系统软件的一部分，用户只要给这些功能块定义入口参数，编程调用就可以了。

用于 SINEC LI LAN 网络的标准功能块主要是发送功能块 FB244 SEND 和接收功能块 FB245 RECEIVE。

表 5-7 是 FB244 的图形调用方式和入口参数定义。

表 5-7　发送功能块 FB244 项目

参数说明	参数名称	参数类型	说　明
SEND SSNR　PAFE A-NR ANZW QTYP DBNR QANF QLAE	SSNR	D	通信接口号
	A-NR	D	任务号
	ANZW	I	任务状态字
	QTYP	D	数据源类型
	DBNR	D	数据块号
	QANF	D	数据源起始地址
	QLAE	D	数据源长度
	PAFE	O	参数设定错标志字

表 5-8 是 FB245 的图形调用方式和入口参数定义。

表 5-8　接收功能块 FB245 项目

参数说明	参数名称	参数类型	说　明
RECEIVE SSNR　PAFE A-NR ANZW ZTYP DBNR ZANF ZLAE	SSNR	D	通信接口号
	A-NR	D	任务号
	ANZW	I	任务状态字
	ZTYP	D	数据目标类型
	DBNR	D	数据块号
	ZANF	D	数据目标起始地址
	ZLAE	D	接收数据长度
	PAFE	O	参数设定错标志字

功能块的任务号是由编号定义的，表 5-9 给出了主站任务号的意义。

表 5-9　主站任务号的意义

功能块	任务号	CP530 执行方式	功能块	任务号	CP530 执行方式
FB244 SEND	1	发送到从站 1	FB245 RECEIVE	100	中断接收
	2	发送到从站 2		101	接收从站 1 数据
	⋮	⋮		102	接收从站 2 数据
	30	发送到从站 30		⋮	⋮
	31	广播式发送		130	接收从站 30 数据
	42	启/停母线		142	读控制字节
	43	查询顺序表送 CP		143	从 CP 读查询顺序表
	44	中断表送 CP		144	从 CP 读中断表
	222	系统参数送 CP		223	从 CP 读系统参数表

表 5-10 给出了从站任务号的意义。从表 5-9 和表 5-10 中可以看出主站和从站定义不完全一致。

表 5-10 从站任务号的意义

功能块	任务号	CP530 执行意义	功能块	任务号	CP530 执行意义
FB244 SEND	1	发送到从站 1	FB244 SEND	32	发送到主站
	2	发送到从站 2		222	系统参数送 CP
	⋮	⋮	FB245 RECEIVE	101	中断接收
	30	发送到从站 30		100	查询式接收
	31	广播式发送		223	从 CP 读系统参数

2. 西门子 SINEC HI LAN 可编程序控制器网络

SINEC HI LAN 是用于大型分布自动化控制系统的高速网络系统，数据传送速度为 10Mbit/s，该网上可挂 SIMATIC S7-200 和 SICOMP 计算机。

（1）结构

SINEC HI LAN 由独立的网段组成，每个网段长 500m，可挂 100 个站。网段之间用中继站连接。两站之间最多挂两个中继站。在一个网络中，一个中继站可分为一对远程中继站，远程中继站之间的距离为 1000m。每个站和中继站都通过 755 耦合器连到网上，可编程序控制器和网的通信是通过通信处理板 CP535 进行的。

（2）数据交换方式

SINEC HI LAN 相当于 Ethernet 网络，符合 IEEE802. 3 标准，竞争式存取，是载波侦听多重访问/冲突检测（CSMA/CD）信令方式。当某站有数据要发送时，就请求发送，如果网络处于“空闲”状态，该站就占有通道使用权，向网络发送数据，其他站识别并接收属于自己的信息。如果两站同时发出请求，两站能识别这种情况，请求均无效，需再请求。

（3）功能方式

SINEC HI LAN 有三种任务功能：发送功能、写功能、读功能。

在发送功能中，发送站发送数据，接收站接收数据。发送站定义数据源，接收站定义数据目标。对应用程序发出的发送请求，通信微处理器根据连接方式的优先级进行传送。

若优先级为 PRIO0 或 PRIO1，要传送的数据直接传给通信处理器，接收站立即进行数据接收，传送的数据长度不能超过 16 个字节。这种方式仅适用于特殊数据传送。

若优先级为 PRIO2、PRIO3 或 PRIO4，通信处理先把用户要传送的数据放入内部缓冲区，然后在“后备通信”方式下进行发送，接收时也一样。

在写方式中，发送站发送数据，接收站接收数据。与发送方式不同，在写方式下，数据源和数据目标都是由发送站定义的。即发送站不仅定义数据源，也定义数据目标。写数据方式只能在优先级 PRIO2 下进行。

在读方式中，接收站先向发送站发出读请求，发送站传送数据给请求站。与写方式相同，请求站定义数据源和数据目标。亦即用户可以决定从某站读取某部分数据。读方式只能在优先级 PRIO2 下进行。

（4）连接方式

连接方式有两种，直接连接方式和多掷连接方式。

所谓直接连接方式，不是指站与站之间的物理连接，是指数据传输是站与站之间进行的。通常可编程序控制器 S7-200 之间的连接是由接口号和任务号自动产生的，主动站建立连接，被动站确认之。

多揶连接方式用于快速数据传输，不需要应答。这种连接方式允许一个站向特定的一组站发送数据，特定组是在系统生成时定义的。在 SINEC HI 网络上，用户可以定义 64 个多揶组。如果多揶组为一个站，则称为数据电报。若多揶组包括所有站，则称为广播式。

（5）优先级

连接分以下五种优先级别：

PRIO0，称带中断申请的快速服务。用静态数据缓冲区建立永久性连接，要传输的数据优先发出，并向接收站发出中断申请。

PRIO1，为不带中断申请的快速服务。用静态数据缓冲区建立永久性连接，要传输的数据优先发出。

PRIO2，为永久性连接的标准服务。建立永久性连接，但所需的数据缓冲区是在执行任务时动态建立的。

PRIO3，为临时连接的标准服务。有数据传输时，临时建立连接和数据缓冲区，所建立的连接，由用户程序清除。

PRIO4，为临时连接的标准服务。有数据传输时，临时建立连接和数据缓冲区，数据传输完成后，立即清除连接和缓冲区。

（6）CP535 初始化

初始化分两部分：系统参数和连接参数初始化。系统参数是指通信板的级别、固化软件的版本、存储器的型号等。最主要的参数是 CP535 的接口号和 Ethernet 的物理地址。连接参数用于定义连接类型、任务方式、优先级别等。

（7）标准程序块调用

在发送方式中，仍调用标准发送功能块和接收功能块。写方式中直接调用发送功能块，只需 QTYP = RW。读方式中，由专用标准功能块 FB246 供调用，读功能块 FB246 的图形调用方式及参数说明见表 5-11。

表 5-11　读功能块 FB246 项目

功能块	参数名称	参数类型	说　明
FB246 SSNR　PAFE A-NR ANZW ZTYP DBNR ZANF ZLAE	SSNR	D	通信板接口号
	A-NR	D	任务号
	ANZW	I	任务状态字
	ZTYP	D	数据目标类型
	DBNR	D	数据块号
	ZANF	D	数据目标起始地址
	ZLAE	D	数据长度
	PAFE	Q	参数设定错标志字

知 识 拓 展

5.2.3 MAP 的产生

20 世纪 80 年代工业自动化技术发展的主流是计算机控制系统。在连续性生产的过程控制中，集散系统正占领市场；在不连续或批量生产的制造业中，由可编程序控制器、微型计算机、机器人组成的计算机制造系统不断出现在大工厂中。世界上许多著名的公司（如 IBM、Honeywell 等）推出了一系列这样的专利系统。但在这一自动化进程中，却存在着危险：用户往往对系统缺乏透彻的了解，或者计划不周，反而造成浪费。更为严重的是同一工厂、不同部门分别引入不同厂家生产的专利系统，而它们又互不兼容，形成了一个个“自动化孤岛”。无论是生产厂家还是用户都希望有一个高效能、低价格的网络系统，将各家的专利系统连在一起，实现互相通信。工业自动化的努力集中到“自动化工厂”技术之上，但是“自动化工厂”必须发展一个简便、廉价、性能优良、能被广泛接收的通信网，使整个工厂的来自不同厂家的可编程序控制器、工业计算机、自动化仪表等设备和控制系统连成一个整体，一个通用的网络技术、一个公共的通信标准 MAP（Manufacture Automation Protocol）制造自动化协议产生了。

1980 年，美国通用汽车公司（GM）苦于为公司内不同厂家设备的互不兼容的网络建立通信联系进行了很大的投资，目的是使遵守这样标准的不同厂家的机器实现互相通信。1981 年他们采用了国际标准局（ISO）的开发系统基本参考模式（OSI）。这一模式是 1978 年由 ISO 专门研究信息过程标准的 97 技术委员会（TC97）的下一级委员会（SC16）研究发表的。这是早期的 MAP 工作组。MAP 采用国际电气电子工程师协会 IEEE802 标准。

1982 年，MAP 工作组公布了第一个 MAP 规范 MAP1.1。1984 年成立了 MAP 用户指导委员会，发表了第二个规范 MAP1.2。同年，MAP 在国家计算机会议上公布，并成立了 MAP 用户集团，IBM 公司宣布支持 MAP。1985 年 MAP 用户集团发展到 15 个国家 400 多家公司。

1985 年初，MAP2.1 规程发表，在这个规程里确定了自动装配工厂和产品设备集成的基本要求。1986 年初，为了实现工厂自动化与办公自动化的集成，MAP 用户集团扩展为 MAP/TOP 用户集团，将 TOP（技术与办公室协议）囊括其内，现在已有来自世界各国的 1 600多家公司加入了 MAP/TOP 用户集团。

1986 年 10 月美国仪器仪表学会（ISA）的年会上对 MAP 进行了专门讨论。1987 年第一季度，一个更为成熟的 MAP3.0 被公布了。

5.2.4 MAP 简介

与开放系统（ISO）参考模型一样，MAP 的功能机制也分为 7 层，即第 1 层物理层，第 2 层数据链路层，第 3 层网络层，第 4 层传送层，第 5 层对话层，第 6 层表示层，第 7 层应用层。每一功能层互相独立，但 7 层功能相互配合成为一个整体。MAP 的第 1 层、第 2 层以 IEEE802 的象征总线和宽带/载带规程为基础。第 3 ~ 7 层以 ISO-OSI 为基础加入了通用电气公司研制的一些规程。图 5-2-2 表示了 MAP2.1 的 7 层功能是由 ISO-OSI 和 IEEE802.4 为基础的情况。现在将采用 RS-511 规程，而第 1 层也将引入 MAP 光纤的新规程。这些都包括在 MAP3.0 中。

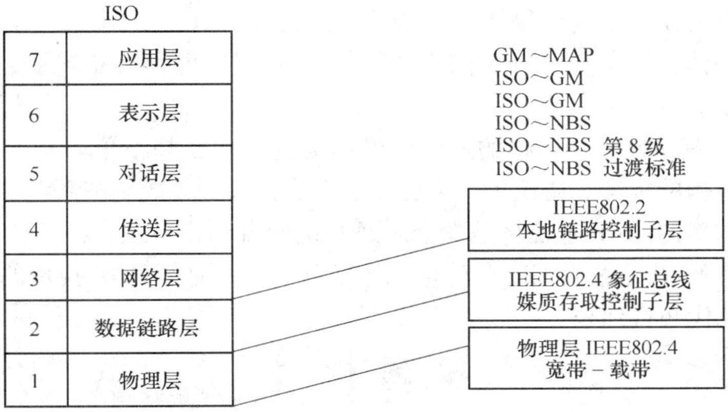

图 5-2-2 MAP 与 ISO-OSI 功能对照

MAP 的 7 层功能模式是这样实施的：将一条用作技术分享的宽频带电缆作为本地网络的主干（back bone）横贯整个工厂。MAP 网络的节点与各分厂和车间进行灵活通信。网络节点的适配器将不同厂家的可编程序控制器等自动化装置连接入网。它可以用“闸门通道”（gate way）将控制工作站或专利网络接入 MAP 系统。

最近，MAP 出现了几种结构形式：

（1）宽带 MAP 和载带 MAP

最早出现的并已应用的宽带 MAP，它的数据通道是在同轴电缆实用带宽范围内的多频率通道。传送用一种频率，接收用另一种频率。需要一个预备重调调节器来调节频率。带宽总线可以支持许多子网络，宛如人的中枢脊椎一样，称为 MAP 的主干。它一般延伸至整个工厂，覆盖范围大。

1986 年，一种载带 MAP 投入使用。它仅有一条数据通道，所有节点以同一频率传送或接收，无需调节器。虽然覆盖范围小但十分适合小工厂或小环境。它结构简单，安装、调整、维护方便。一般载带 MAP 总线用柔性电缆，延伸限制在 100m 范围内，可带的终端工作站不超过 100 个。它可以作为宽带 MAP 的子网络来应用，它们的衔接通过“桥”来连接。

（2）全 MAP 和小 MAP

按 MAP2.1 的 7 层功能组成的 MAP 称为全 MAP。省去 3～6 层，仅有 1、2、7 功能层组成的 MAP 称为小 MAP。仅用小 MAP 可能变成“自动化孤岛”。通过智能站桥可以与宽带 MAP 总线相连，小 MAP 可以与全 MAP 相连。

MAP 的基本功能表现在第 1 层物理层与第 2 层数据链路层。物理层提供一种在物理媒体上传输信号和比特的实际手段；而数据链路层为物理链路两端设备之间提供可靠的数据交换。美国和欧洲的一些著名半导体公司已将这两层功能集成于芯片之中，形成了 MAP 功能芯片。在此基础上，各整机公司都在使自己的系统与 MAP 兼容，开发出了各种 MAP 模板。MAP 的最大优点恰恰在于它可以方便地与各种专利系统连接。已经出现了与 VME 总线兼容的 MAP 接口板。它带有一个 32 位 68020 微处理器，一个 MC68824MAP 芯片，并在 VME 总线板上加一个 640KB 以上的存储器。这样一块功能板上具有 MAP2～7 层所有功能。

MAP 系统已在美国通用汽车公司应用成功。MAP 在不连续、批量生产中的成功应用，结束了过程工业自动化水平高于制造业的局面。反过来，MAP 的发展，使各厂家生产的自动化设备能连成一体，结束了“自动化孤岛”的局面。MAP 系统占领工业自动化系统市场已是确定无疑的了。

MAP 作为一个高效能、低价格的通信标准而诞生，现在却不单单是使整个工厂不同厂家设备实现互相通信的标准和协议了。它已经是组成计算机集成制造系统的基本原则。按照这一原则所组建的新的 MAP 系统将是一个四通八达的自动化系统，而不受专利系统“自动化孤岛”的局限。MAP 是振兴工业自动化的强有力工具，随着 MAP 技术的发展，计算机集成制造（CIM）时代必将到来。

技 能 训 练

5.2.5 两台 PLC 间的通信

S7-200 系列 PLC 的可编程通信接口模式具有足够的灵活性，可利用它来实现各种各样的通信功能。下面以最简单的硬件接线和通信功能的程序实例来说明其通信的实质和步骤。当然，也完全可以利用可编程通信接口模式来实现更复杂的功能，如多机通信、借助公用电话网的有限远程通信。

在 S7-200 系列 PLC 的系统特殊存储区中，有一个专门用于控制通信功能的控制字节 SMB30。默认的设置是点对点模式。这也是唯一的与标准的编程装置以及操作员接口（OP）实现通信的协议。要想改变通信功能的特性，如串行通信的波特率、奇偶校验特性、字符长度等，则必须改写这个控制字节而进入可编程通信接口模式。此时，PLC 就失去了与标准装置的通信功能。因此，系统将工作模式在“STOP”状态时的通信模式强制为点对点模式，从而保证了编程装置对 PLC 的编程和控制功能。

为方便实际应用可编程通信模式，仍以列表的方式来阐述。只需根据所需的功能在表 5-12 中查找相应的控制字节值即可（若要恢复点对点通信方式，只需将 SM30.0 复位）。

表 5-12 SM30 通信功能控制字节值与可编程通信模式特性选项参照表

波特率 bit/s		38.4k(CPU214) 19.2k(CPU212)	19.2k	9.6k	4.8k	2.4k	1.2k	600	300	说 明
8 位字符	无校验	01H 81H	05H 85H	09H 89H	0DH 8DH	11H 91H	15H 95H	19H 99H	1DH 9DH	两组数任取
	偶校验	41H	45H	49H	4DH	51H	55H	59H	5DH	
	奇校验	C1H	C5H	C9H	CDH	D1H	D5H	D9H	DDH	
7 位字符	无校验	21H A1H	25H A5H	29H A9H	2DH ADH	31H B1H	35H B5H	39H B9H	3DH BDH	两组数任取
	偶校验	61H	65H	69H	6DH	71H	75H	79H	7DH	
	奇校验	E1H	E5H	E9H	EDH	F1H	F5H	F9H	FDH	

在对 SMB30 赋值之后，通信模式就被确定。要发送数据则使用 XMT 指令；要接收数据则可在相应的中断程序中直接从特殊存储区中的 SMB2（可编程通信模式的接收寄存器）中

读取。若采用有奇偶校验的可编程通信模式，还需在接收数据之前检查特殊存储区中的SMB3.0（可编程通信模式的校验错标志位，置位时表示出错）。下面以双机单向主从式通信为例加以说明。

【例】 要使两台 S7-200 系列 PLC（分别称为 A 机和 B 机）采用可编程通信模式进行数据交换。A 机的 IB0 控制 B 机的 QB0。对发送接收的时间配合关系无特殊要求。

（1）要点分析

1）由于对两台 PLC 的发送与接收配合时间无特殊要求（这是一种最简单的通信），且一台 PLC 只有一种功能，即接收或发送。故两台 PLC 的程序可相对独立地编制而无需考虑其间的握手信号处理。

2）对 A 机，在设置了可编程通信模式之后，只要循环反复地将 IB0 送至在变量缓冲区中开辟的一个表格中的字节地址，且不断执行发送指令 XMT 即可；同理，对 B 机，设置可编程通信模式之后，将接收中断（事件号 8）连接到一个中断程序，再开中断，然后循环地从 SMB2 中读取数据再送到 QB0 即可。

（2）发送程序

发送程序的梯形图及指令表如图 5-2-3 所示。

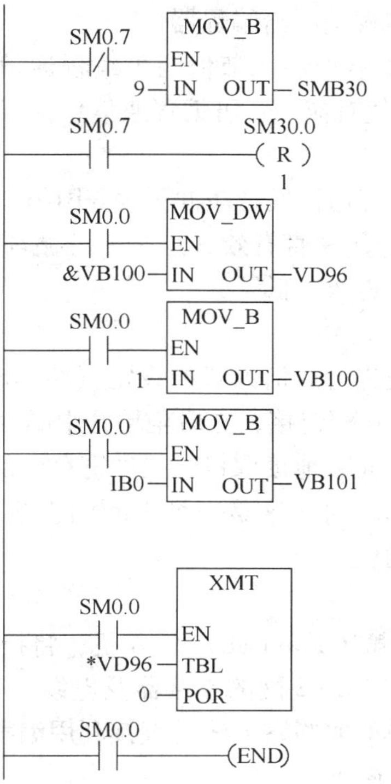


```
LDN    SM0.7
MOVB   9,SMB30
LD     SM0.7
R      SM30.0,1
LD     SM0.0
MOVD   &VB100,VD96
LD     SM0.0
MOVB   1,VB100
LD     SM0.0
MOVB   IB0,VB101
LD     SM0.0
XMT    *VD96,0
LD     SM0.0
END
```

图 5-2-3 发送程序的梯形图及指令表

（3）接收程序。

接收程序的梯形图及指令表如图 5-2-4 所示。

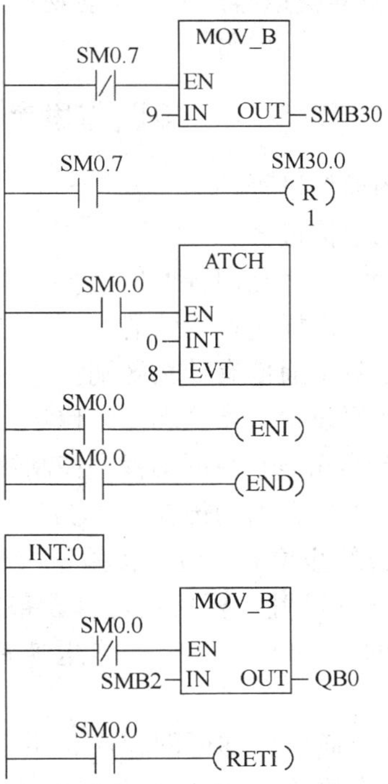


```
LDN    SM0.7
MOVB   9,SMB30
LD     SM0.7
R      SM30.0,1
LD     SM0.0
ATCH   0,8
LD     SM0.0
ENI
LD     SM0.0
END
INT    0
LD     SM0.0
MOVB   SMB2,QB0
LD     SM0.0
CRETI
```

图 5-2-4 接收程序的梯形图及指令表

（4）程序注释

1）发送程序。

由于指令 XMT 的格式要求，其 PORT 端除支持直接寻址方式外，还可支持间接寻址。考虑到该程序对发送数据所存放地址的灵活性，故选用指针方式的间接寻址。指针的内容放在 VD96 中（Network3）。

①由于需一直监视系统的通信模式，故对 SMB30 的设置编写在主程序中（Network 1 ~ 2），这样可随时将监控权交回给编程器。

②查 SMB30 通信功能控制字节值与可编程通信模式特性选项参照表（表 5-12），可知（Network 1）09H 控制值对应于：可编程通信口模式，每字符 8 位，无奇偶校验，波特率为 9600bit/s 等特性。

③一直将 IB0 的内容送往发送缓冲区表 VB101 中（Network 5），这样可保证 A 机的 IB0 对 B 机的 QB0 的控制作用一直有效（这是一种循环的发送方式，当主程序需处理的指令较少时适用，否则就会显得效率低了）。

2）接收程序。

①同发送程序，先进行通信方式的设定（Network 1 ~ 2）。在主程序中将接收中断（事件号 8）与中断子程序 0 相连接，之后全局开中断（Network 3）。

②在子程序中只是简单地读取接收缓冲寄存器的内容即可（Network 6），这也符合中断程序编制得越短越好的原则（这是一种中断的接收方式，在主程序中有较多的指令需处理时尤其显示出效率高的优越性）。

（5）调试

1）将发送程序下载（download）至 A 机，将接收程序下载至 B 机。

2）采用西门子 SINEC L2 网的连接器及电缆，在断电状态时将两台 PLC 通过 PPI 编程接口相连。一种最简单的实验室方法是直接利用编程器 PG 740 或 PG 720 所附带的 MPI 编程电缆来直接将 A、B 机相连。

3）上电运行后将 A、B 机的模式开关打到 TERM 位置。

4）接通或断开 A 机的模拟器开关，应能观察到 B 机的输出 QB0 会跟随 A 机的 IB0 同步变化。

习题与思考题 5

1. 试述并行通信的通信过程。
2. 试述串行通信的通信过程。
3. 什么是异步通信？什么是同步通信？
4. 全双工通信方式是怎样进行通信的？
5. 半双工通信和全双工通信有什么区别？
6. 串行通信为什么要设置起始位和停止位？
7. 网络拓扑结构有哪几类？在可编程序控制器的通信中主要采用哪几种拓扑结构？
8. 在串行异步通信中，数据的传输速率为每秒传送 960 字符，一个传送字符由 7 位有效位、1 位起始位、1 位终止位和 1 位奇校验位构成，求波特率。
9. 如何进行以下通信设置？要求：远程设备地址为 4；本地设备地址为 0；用 PC/PPI 电缆连接到本计算机的 COM2 串行口；传送速率为 19200 波特；传送字符格式为默认值。
10. 编写一段自由口通信的梯形图程序，用一台 CPU226 作为本地 PLC，一台 CPU224 作为远程 PLC。由一外部脉冲启动本地 PLC 向远程 PLC 发送 100 个字节的信息，任务完成后用显示灯显示。波特率要求为 4800B/S，每个字符 8 位，无奇偶校验，不设立超时时间。

11. 在设备正常的条件下，发生 Micro/WIN 软件不能与 CPU 通信的原因主要有哪些？

12. S7-200 系列 PLC 的远距离通信有哪些方式？

13. PPI 网络读写通信需要注意什么？

14. 举例说明如何实现异或校验。

15. S7-200 系列 PLC 与计算机之间可以用哪些方法通信？

16. 使用自由口通信模式应注意什么问题？

17. S7-200 的 TERM 运行模式有什么作用？

附　　录

附录 A　常用电工仪表及设备的使用

A.1　常用电工仪表

A.1.1　常用电工仪表的介绍

指针式电工仪表测量电路的作用是将被测量 x（如电流、电压、相位、功率等）转换为测量机构可以直接接受的过渡量 y（如电流），并保持一定的变换比例。测量电路通常由电阻、电感、电容及电子元件组成。

同一种测量机构配合不同的测量电路，可组成多种测量仪表。指针式电工仪表的测量过程如图 A-1-1 所示。

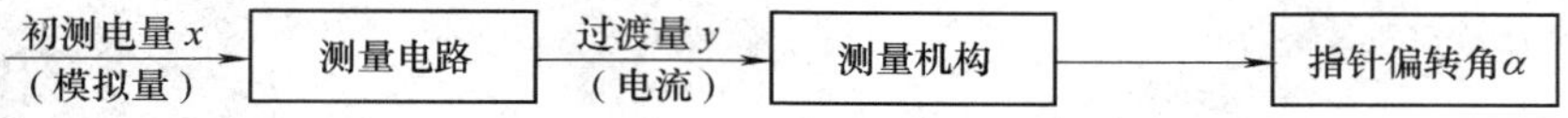

图 A-1-1　指针式电工仪表的测量过程

1. 常用电工仪表的分类

电工仪表的种类很多，主要按以下几个方面分类：

1）按测量原理可分为磁电系、电磁系、电动系、感应系、静电系、整流系、热电系、电子系等。

2）按测量对象可分为电流表（安培表、毫安表、微安表等）、电压表（伏特表、毫伏表等）、功率表（又称瓦特表）、电能表、欧姆表、高阻表（兆欧表）、相位表、频率表、万用表。

3）按仪表工作电流的种类可分为直流仪表、交流仪表、交直流两用表。

4）按仪表使用方式可分为安装式仪表（板式仪表）和可携式仪表等。

5）按测量方法可分为比较法仪表和直读法仪表两种。比较测量法是将被测量值与同类的标准量相比较，从而得出被测量的数据，如电桥、电位差计等；直读法使用的仪表称为直读法仪表。

2. 常用电工仪表的符号和意义

国家标准规定把仪表的结构特点、电流种类、测量对象、使用条件、工作位置、准确度等级等用不同的符号标明在仪表的刻度盘上，这些符号称为仪表的表面标记。各种符号及其所表示的意义见表 A-1。选用仪表时必须注意表面标记。

表 A-1 常用电工仪表的符号和意义

分 类	符 号	名 称	被测量的种类
电流种类	⎓	直流电表	直流电流、电压
	～	交流电表	交流电流、电压、功率
	≂	交直流两用表	直流电量或交流电量
	≋ 或 3～	三相交流电表	三相交流电流、电压、功率
测量对象	(A) (mA) (μA)	安培表、毫安表、微安表	电流
	(V) (kV)	伏特表、千伏表	电压
	(W) (kW)	功率表、千瓦表	功率
	kW·h	千瓦时表	电能量
	(φ)	相位表	相位差
	(f)	频率表	频率
	(Ω) (MΩ)	欧姆表、兆欧表	电阻、绝缘电阻
工作原理		磁电系仪表	电流、电压、电阻
	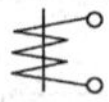	电磁系仪表	电流、电压
	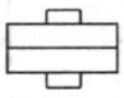	电动系仪表	电流、电压、电功率、功率因数、电能量
	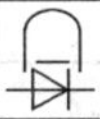	整流系仪表	电流、电压
		感应系仪表	电功率、电能量
准确度等级	1.0	1.0 级电表	以标尺量限的百分数表示
	(1.5)	1.5 级电表	以指示值的百分数表示
绝缘等级	ϟ 2kV	绝缘强度试验电压	表示仪表绝缘经过 2kV 耐压试验
工作位置	→	仪表水平放置	
	↑	仪表垂直放置	
	∠60°	仪表倾斜 60°放置	
端钮	+	正端钮	
	−	负端钮	
	± 或 ⋇	公共端钮	
	⊥ 或 ⏚	接地端钮	

A.1.2 磁电系（永磁动圈式）仪表

磁电系仪表在电测量指示仪表中占有极其重要的地位，应用广泛。它有准确度、灵敏度高，消耗功率小，刻度均匀等优点，用于直流电路中测量电流和电压。加上整流器时，用来测量交流电流和电压；加上变换器时，用于多种非电量（例如磁量、温度、压力等）的测量；采用特殊结构时，还可以制成检流计，用来测量极其微小的电流。磁电系仪表问世最早，由于近年来磁性材料的发展使其性能日益提高，成为最有发展前景的指示仪表之一。

1. 磁电系仪表的结构

磁电系仪表根据磁路形式的不同，分为外磁式、内磁式和内外磁结合式三种结构。

1）外磁式测量机构如图 A-1-2 所示。由于永久磁铁放在可动线圈之外，所以称为外磁式。整个结构为两大部分，即固定部分和可动部分。固定部分主要由磁路系统组成，由永久磁铁 3、极掌 4 和圆柱铁心 9 组成，在极掌和铁心之间有一气隙，在气隙里的磁感应强度均匀且足够大。可动部分包括铝框及绕在铝框上的线圈 2、指针 8 等，均固定在可以转动的轴 1 上。线圈两端分别与上、下两个游丝 6 相连。游丝用来产生反作用力，同时又把电流引入可动线圈。绕在铝框上的线圈可在气隙里自由转动。

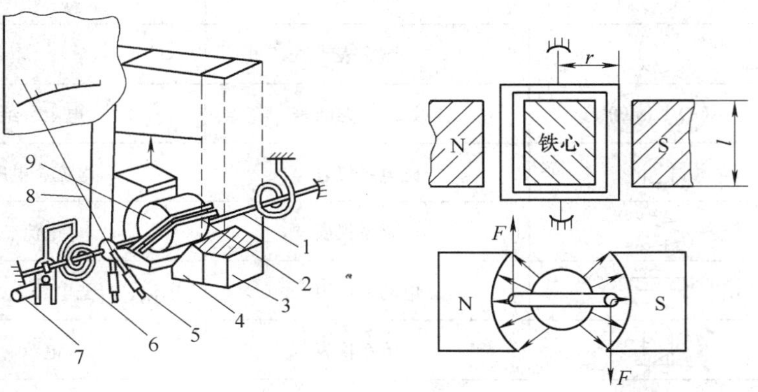

图 A-1-2 磁电系外磁式测量机构

1—转轴 2—可动线圈 3—永久磁铁 4—极掌 5—平衡锤
6—游丝 7—调零器 8—指针 9—圆柱形铁心

2）内磁式测量机构如图 A-1-3 所示，与外磁式相比最大区别在于永久磁铁 4 做成圆柱形并放在动圈 2 之内，它既是磁铁又是铁心。为了能形成工作气隙 3，并能在工作气隙中产生一个均匀的磁场，磁场方向能处处与铁心的圆柱垂直，在磁铁外面压嵌一个扇形断面的磁极 5，在线圈外面加一个导磁环 6。磁力线穿过气隙后经导磁环闭合，以形成工作气隙的磁场。

采用这种结构之后，由于磁极和导磁环都用磁导率很高的软磁材料，所以闭合磁路的漏磁小，磁感应强度大，仪表防御外磁场干扰的能力也得到增强，而且仪表对外界其他设备中的磁敏感元件的影响也减少了。加上内磁式整个结构比较紧凑，成本较低，所以与外磁式相比，是一种比较先进的结构。内磁式可动部分的构造则与外磁式基本相同。

3）内外磁结合式除了在可动线圈外部装了永久磁铁之外，线圈内部的圆柱形铁心也改用永久磁铁，所以称它为内外磁结合式。这种形式的特点是工作气隙内的磁感应强度比较强，其他特点与外磁式相似。

内磁式特点：受外磁场干扰较小，磁路短，铁磁材料少，重量轻，但难以形成很强的磁场，在可动线圈和游丝相同时，灵敏度较低。

外磁式特点：铁磁材料用得较多，较重，易受外磁场干扰（但可加屏蔽以消除干扰），灵敏度较高。

2. 磁电系仪表的工作原理

当有电流通过线圈时，电流与磁场相互作用，线圈的两边受到一对大小相等、方向相反的力，如图 A-1-2 所示。力的方向可由左手定则确定，力的大小与线圈在磁场内的有效长度、线圈匝数、气隙里的磁感应强度、通过线圈的电流以及线圈的宽成正比。

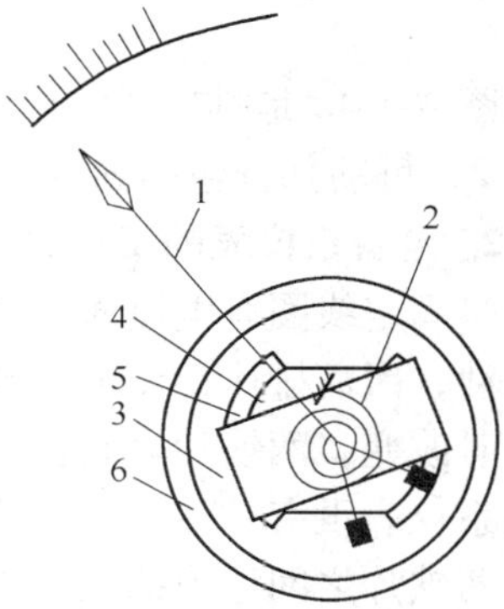

图 A-1-3　磁电系内磁式测量机构
1—指针　2—动圈　3—工作气隙　4—永久磁铁　5—磁极　6—导磁环

3. 磁电系仪表的主要优缺点

（1）优点

1）准确度高。可达 0.5～0.1 级。因永久磁铁的磁场很强，气隙又小，磁路近于闭合，可动线圈转动力矩大，因此由摩擦、温度及外磁场的影响引起的误差相对较小。

2）灵敏度高。测量机构的内部磁场强，使很小的电流产生足够大的力矩，因此磁电系测量机构灵敏度较高，可做成测量较小电流的仪表，如微安表、指零表和检流表。

3）功耗小。由于灵敏度高，经过可动线圈的电流小，所以仪表本身消耗的功率也就小。

4）刻度均匀。测量机构指针偏转角与被测电流的大小成正比，因此仪表刻度是均匀的。

（2）缺点

1）过载能力小。因为被测电流要通过游丝和可动线圈，游丝和可动线圈的导线都很细，若电流过载，容易导致游丝过热而产生弹性系数变化或线圈损坏。

2）只能测量直流。

A. 1. 3　电磁系仪表

目前工程上测量交流电流和电压常用电磁系仪表，它的测量机构主要有排斥式和吸引式两种，如图 A-1-4 所示。

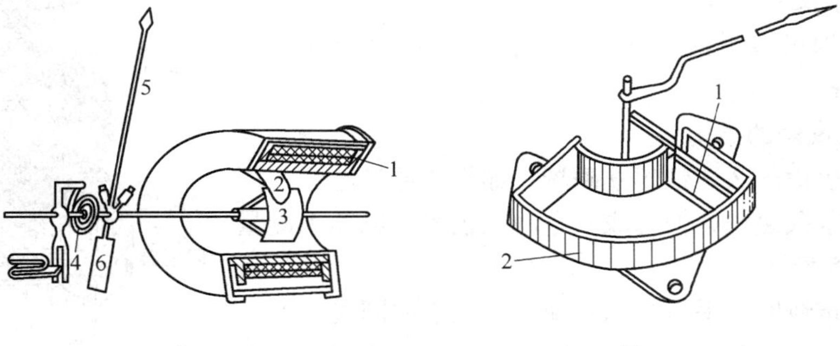

a)　　b)

图 A-1-4　电磁系测量机构

1. 电磁系仪表的机构

排斥式和吸引式仪表的工作原理都是利用磁化后的铁片被吸引或排斥作用而产生转动力矩。

图 A-1-4a 是排斥式结构示意图，这种结构的固定部分是线圈 1 及安放在线圈内壁上的铁片 2，可动部分包括固定在轴上的可动铁片 3、游丝 4、指针 5、阻尼翼片 6。

2. 电磁系仪表的工作原理

当固定线圈有电流通过时，电流的磁场使铁片 2、3 同时磁化，而且两铁片的同侧是同一极性，因而排斥，使可动部分转动。当固定线圈里的电流方向改变时，两铁片的磁化方向也同时改变，两铁片之间仍然是排斥的。可见转动方向与固定线圈中的电流方向无关。因此电磁系仪表没有“+”、“-”极性，既可以用来测交流，也可用来测直流。

两铁片之间斥力的大小正比于每个铁片磁性的强弱。铁片未饱和前，它们的磁性正比于线圈内磁场的强弱，而线圈磁场强弱又正比于线圈中的电流。所以瞬时转动力矩与线圈内瞬时电流的二次方成正比。

吸引式仪表的结构与排斥式相似，即当线圈通入电流时产生磁场并将铁片磁化，磁场吸引铁片进入线圈的空隙，在转轴上产生转动力矩，带动可动部分偏转。

3. 电磁系仪表的主要优缺点

（1）优点

1）电磁系测量机构可用于直流，也可用于交流，测量交变量的有效值（正弦或非正弦）。

2）电流不经过游丝而是进入固定线圈，而固定线圈可用较粗导线，故可直接测量较大电流，过载能力强。

3）结构简单，成本较低。

（2）缺点

1）测量机构内部磁场较弱（磁路除铁片外均是空气），受外磁场影响较大，需采用磁屏蔽。

2）由于铁片的磁滞、涡流现象，使直流测量时磁滞误差大，交流测量时受频率影响大，仪表的准确度较低，但用优质导磁材料构成的仪表仍可以为具有一定准确度的交直流两用表。

3）标尺刻度不均匀。

A.1.4　电动系仪表

电动系机构可以做成电压表、电流表，也可做成功率表。

1. 电动系仪表的结构

磁电系仪表由永久磁铁建立磁场。如果用通过电流的固定线圈来代替永久磁铁，便构成了电动系仪表。电动系测量机构如图 A-1-5 所示。

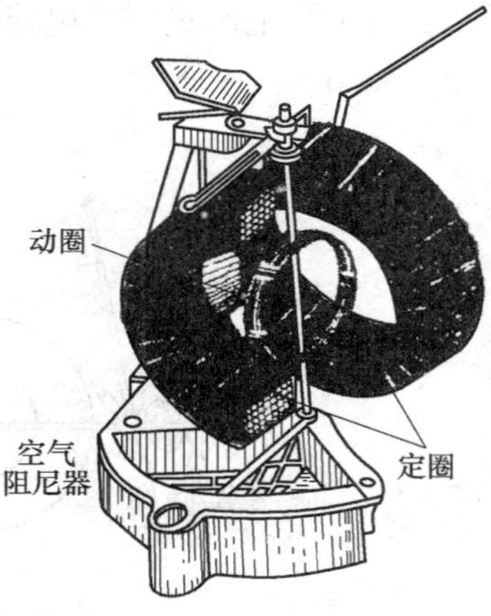

图 A-1-5　电动系测量机构

有两个固定线圈，平行排列，使两个固定线圈之间产生的磁场比较均匀。在两个固定线圈之间放上可动线圈，它固定在可以转动的轴上。在轴上还装有指针、两个游丝、阻尼片等。

2. 电动系仪表的工作原理

当两个固定线圈通过电流后，在线圈间产生磁场。可动线圈中的电流通过两个游丝流入，当可动线圈内有电流时，与固定线圈产生的磁场相互作用就形成了转矩。瞬间转矩与两个线圈里的瞬时电流的乘积成正比。

3. 电动系仪表的主要优缺点

（1）优点

1）准确度高。电动系测量机构不含铁磁性物质，没有磁滞等误差，可做成等级较高的交流电流表、电压表，准确度可达0.1级。

2）可以交直流两用。

（2）缺点

1）过载能力差。可动线圈的导线一般很细，它和游丝容易在强电流时烧坏或永久性变形，比较脆弱。

2）功率消耗大。因为工作磁场要由电流足够大的固定线圈产生，故消耗的功率比较大。

3）用电动系测量机构制成的电流表和电压表，活动部分偏转角与两个线圈的电流乘积成正比，测量的是有效值（正弦量或非正弦量），标尺刻度不均匀。

4）测交流时，由于线圈的感抗随频率变化，因此会引起频率误差。

5）受外磁场的影响较大。由于磁路不闭合，空气磁阻大，测量机构内部的工作磁场较弱。但可采用磁屏蔽和无定位结构克服外磁场影响。

A.1.5　感应系仪表

感应系仪表主要用于交流电能表。

1. 感应系仪表的结构

感应系测量机构如图A-1-6所示，主要由以下四部分组成：

1）驱动部分：由电流元件、电压元件组成，电流与电压元件均由铁心和绕在其上的线圈构成。电流元件的线圈线径粗，匝数少，与负载串联；电压元件的线圈线径细，匝数多，与负载并联。

2）转动部分：由铝质转盘、转轴构成。

3）制动部分：由永久磁铁构成，在铝盘转动时产生制动转矩。

4）积算机构：由涡轮、蜗杆、齿轮等组成。用于计算铝盘在一定时间内转过的转数，以便达到累计电能的目的。

2. 感应系仪表的工作原理

当线圈通过交变电流时，铝盘被感应产生涡流，这些涡流与交变磁通作用产生电磁力，该电磁力不作用在铝盘中心，从而产生转矩，引起可动部分转动。可以证明转矩M与被测电路的有功功率成正比。

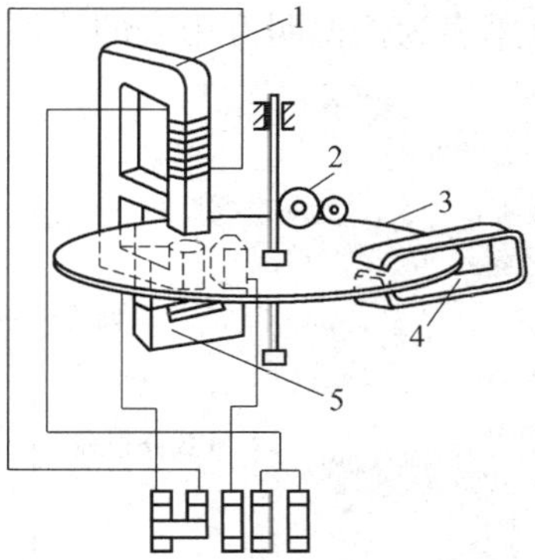

图A-1-6　感应系测量机构
1—电压元件　2—积算机构
3—铝盘　4—永久磁铁
5—电流元件

3. 感应系仪表的优缺点

优点：转矩大，过载能力大，防外磁能力强，工艺简单，结构牢固，造价低。

缺点：准确度低，仪表内部功率耗损大，只能用于一定频率的交流电路中。

A.2 万用表

万用表是一种多用途、多量程的电子仪表。在表面板上标有“A－V－Ω”符号。通过转换开关，万用表可以用来测量直流电流和交流电流、直流电压和交流电压及不同数量级的电阻值，有的万用表还可测量电容、电感及晶体管参数等。

万用表种类繁多，基本可以分成指针式和数字式两大类，它们的区别主要在于显示方式的不同。指针式万用表采用高灵敏度的磁电测量机构，使表头指针偏转与输入量保持一定对应关系，利用指针偏转指示被测量的大小。数字式万用表是使用电子电路，对被测信号进行处理，然后送到液晶显示器上将被测数值直接显示出来。就目前情况而言，数字式万用表的优越性是相当明显的，在将来一段时期内，数字式万用表将取代指针式万用表。

A.2.1 指针式万用表

指针式万用表的类型很多，外形及大小都有所不同，但结构原理及使用方法都基本相同。它均由磁电系测量机构（亦称表头）、整流器、干电池、转换开关和一些电阻元件等组成，如图 A-2-1 所示。只要切换面板上转换开关的挡位，就可改变测量电路的结构，即可把各种被测量的电量分别转换成适合于表头测量范围的直流电流，再通过表头指针指示出被测量电量的数值。

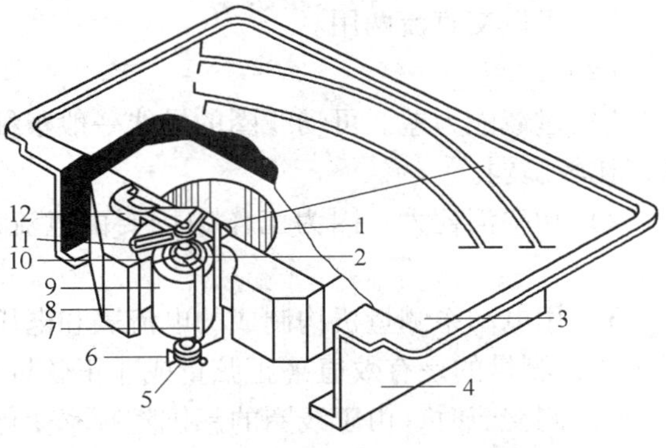

图 A-2-1 指针式万用表表头结构图
1—刀形指针磁钢 2—上游丝 3—表盘 4—表托 5—下游丝 6—下调零杆 7—动圈 8—极掌 9—圆柱形软铁 10—平衡指针用的金属 11—上调零杆 12—蝴蝶形支架

常用万用表刻度盘如图 A-2-2 所示。较常用的是 500 型和 MF 型万用表，下面以 MF 型万用表为例说明万用表的使用方法及使用时的注意事项。

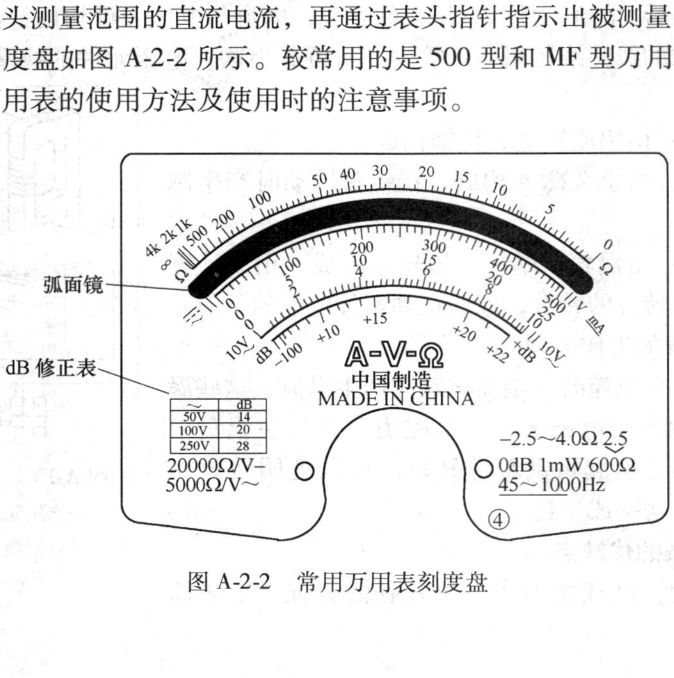

图 A-2-2 常用万用表刻度盘

1. MF47 型万用表的面板

MF47 型指针式万用表面板图如图 A-2-3 所示。面板图由刻度盘（表盘）、测量范围选择开关、调整旋钮和插孔组成，下面分别介绍它们的作用与功能。

1）MF47 型万用表刻度盘共有 4 条刻度线，分别对应于电阻挡、直流电压与直流电流挡、交流电压挡和分贝挡的刻度。在这几条刻度线中，电阻刻度线是非线性的，而电流、电压是线性刻度线。在估读线性刻度时，只要均匀分隔刻度线之间的区域，就可以读取数据。而非线性刻度线的刻度是不等间隔的，在读取非线性刻度时，必须注意各刻度线所代表的正确刻度值。MF47 型万用表的量程范围如下：

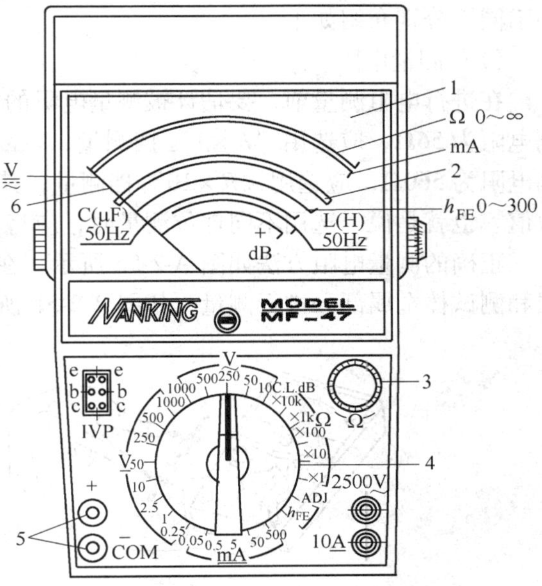

图 A-2-3　MF47 型指针式万用表面板图
1—面板　2—反射镜　3—零欧姆调整旋钮
4—功能转换开关　5—电表接插孔　6—指针

直流电流（DCA）：0 ~ 0.05mA ~ 0.5mA ~ 5mA ~ 50mA ~ 500mA，∗0 ~ 10A。

直流电压（DCV）：0 ~ 0.25V ~ 1V ~ 2.5V ~ 10V ~ 50V ~ 250V ~ 500V ~ 1000V，∗0 ~ 2500V。

交流电压（ACV）：0 ~ 10V ~ 50V ~ 250V ~ 500V ~ 1000V，∗0 ~ 2500V。

电阻（Ω）：$R\times1$；$R\times10$；$R\times100$；$R\times1k$；∗$R\times10k$。

其中有∗号的量程为大量程挡：

如∗0 ~ 10A——插座为公用端“－”（COM）和标有“10A”标记的插孔。

如∗0 ~ 2500V——插座为公用端“－”（COM）和标有“2500V”的插孔。

2）在面板图下方是测量范围选择开关（转换开关），利用该开关置于不同位置，即可选择不同的被测电量（电压、电流、电阻）及测量的不同挡位（倍率）。

3）MF47 型万用表面板上有一对插孔，在测量前，要将万用表所附的两根表笔（红、黑各一根）分别插入对应插孔中。其中红表笔插入标有“＋”符号的插孔内，黑表笔插入标有“－”（COM）符号的插孔内。

4）MF47 型万用表面板上有两个旋钮。一个位于表盘正下方，可以使用旋具进行调节，称为“机械零位调整”旋钮。使用万用表测量前，指针应在零位，若指针不在零位，应调节“机械零位调整”旋钮，使指针回到零位，否则会影响测量准确性。另一个旋钮位于测量范围选择开关右上方，称为“零欧姆调整”旋钮，在测量电阻前，要进行欧姆调零。将两支表笔短接后，直接用手调节“零欧姆调整”旋钮，使指针指示在“Ω”刻度尺的“0”刻度上，如图 A-2-4 所示。要注意的是，在万用表无故障的情况下，若调零无法使指针到达欧姆零位，则说明电池的电压太低，应

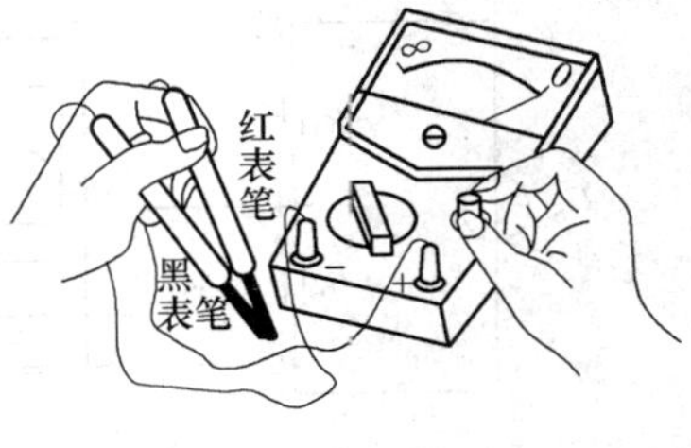

图 A-2-4　零欧姆调整

更换电池。

2. MF47 型万用表的使用方法

一般指针式万用表的使用方法基本相同。对于 MF30 型万用表的使用方法，根据被测量的不同，分别介绍如下：

（1）测量电阻

在进行电阻测量前，要估计被测量电阻的大小，选择相应的量程（量限）。例如估计待测电阻为 56Ω，应选用“$R\times1$”挡测量，在欧姆刻度上直接读出待测的电阻值。若估计待测电阻为 560Ω，应选用“$R\times10$”挡测量，其阻值应为指针在刻度上指示的数值乘 10 倍的数值。也就是说，选用不同挡位测量时，应将刻度读数乘以挡位的倍率才是实际电阻值。

正确的测量电阻方法如图 A-2-5a 所示。在测量电阻时，不能两个手指同时接触电阻引线和测试棒金属部分进行测量，如图 A-2-5b 所示。

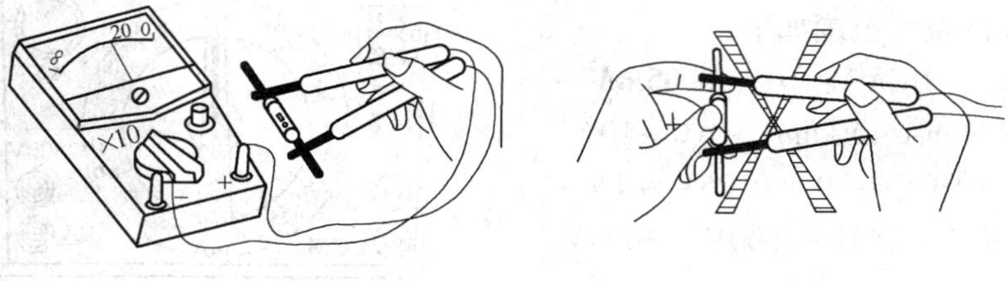

a) b)

图 A-2-5 电阻测量

a）正确方法 b）错误方法

（2）测量电压

MF47 型万用表可以测量交、直流电压。无论测量哪种电压，都应先估计被测量大小，适当选择合适的测量挡位。如果是测量直流电压，要注意正、负极性，红表笔（插在“+”孔内）应接在高电位端，而黑表笔（插在“-”或“COM”孔内）应接在低电位端，如图 A-2-6 所示。如果接错会引起表针反偏转，严重时会将表针打弯而损坏仪表。

在测量较高电压时（如交流 220 V 电压），应特别注意不能碰触到表笔的金属部分，防止被电击而造成人身伤亡。

（3）测量电流

MF47 型万用表可以测量直流电流。由于是直流电流的测量，所以被测的电流必须从表笔（“+”插孔）流入，从黑表笔（“-”或“COM”插孔）流出，如图 A-2-7 所示。

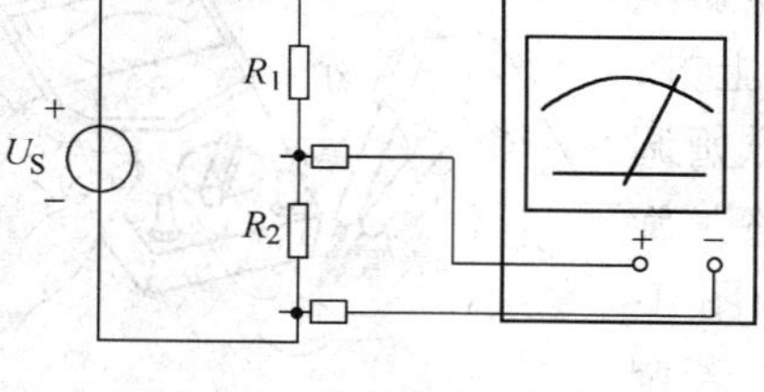

图 A-2-6 直流电压测量

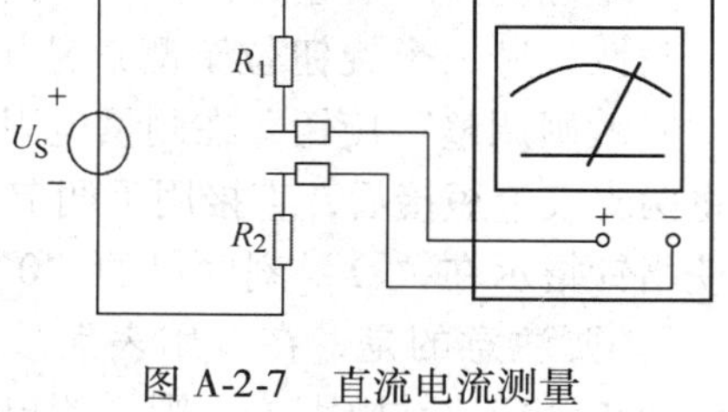

图 A-2-7 直流电流测量

由于万用表电流挡的内阻很小，所以在使用电流挡测量时，要将两只表笔串入电路，千万不可并联在电源上，否则会形成短路电流烧毁万用表。

3. 指针式万用表的使用注意事项

在指针式万用表的使用过程中，为保证人身、仪表的安全和测量的准确度，应注意以下事项：

1）在测量前，指针应在零位，若指针不在零位，应进行“机械调零”。在每次测量电阻前，还应进行“欧姆调零”。

2）在进行测量前，应估计被测量的大小，然后合理选用相应的挡位。若无法估计，可选用最大量程进行快速测量（点测）。根据表头大概指示位置重新选用合适的量程。为使测量结果更准确，量程的选择应使读数在整个标尺的一定刻度范围内。例如，在测量电流和电压时，应使指针在满刻度1/2以上；在测量电阻时，指针应尽量接近标尺的中间位置，这样测量的结果就相对比较准确。

3）注意标有“＋”插孔插红表笔，标有“－”、“COM”（或“＊”）插孔插黑表笔。在表面板上标“＋”插孔是与表内电池“－”极相连，而表面板上标“－”（COM）插孔是与表内电池“＋”极相连。万用表面板上标“＋”和“－”（COM）是指在测直流电流和直流电压时，“＋”应接高电位，“－”（COM）应接低电位。

4）测电压和电流时，若发现选用挡位不合适，不允许带电换挡，这样易损坏万用表。另外，测量电阻时不允许带电测量，否则除了会引起较大误差外，还可能导致电阻上电压窜入表内，甚至烧毁表头。

5）万用表使用完毕，应将转换开关旋至空挡，若该表没有空挡位置（如MF47型万用表无空挡），应将其旋至交流电压最大挡位。这样可以防止在下次测量时由于粗心而发生事故。

A.2.2　数字式万用表

数字式万用表是一种多功能、多量程的数字仪表。它与传统的指针式万用表不同，通过数码管将测量结果以离散的数字在液晶数字显示屏上显示出来（被测量值的大小）。数字式万用表的显示位数（单元）一般为4位，因最高位不能显示从0～9的所有数字，称为“半位”，写成1/2位。例如，DT-890型数字式万用表有4个显示单元，它的最大值是1999或－1999，最高位只能显示1，习惯上称为“3（1/2）位”。

它与指针式万用表比较，具有一系列的优点，它不仅体积小，重量轻，便于携带，尤其是因这种仪表在测量中以数字显示被测量值，故反应快，且消除了视差和减少了人为误差，具有准确度高和灵敏度高的特点，使用也很方便，测电压时的输入阻抗也比指针式万用表高。同时，还具有自动极性和溢外显示，或具有自动量程和自动计量单位选择，能减少仪表损坏事故和误差，其抗磁性能也强，所以正在逐步取代老式的指针式万用表。

数字式万用表种类很多，但结构基本相同，一般都是由交流电压-直流电压转换器、电流-电压转换器、电阻-电压转换器及数字电压表等部分构成的。它的核心部分就是数字电压表。一般都可测量交流电压、直流电压、交流电流、直流电流、电阻、二极管、晶体管、电感、电容等。各种数字式万用表的使用方法及注意事项基本相同。下面以DT-890型数字万用表为例说明数字式万用表的使用方法及注意事项。

1. DT-890 型数字式万用表的面板

DT-890 型数字式万用表面板图如图 A-2-8 所示。

1）A 电流插孔，测量 200μA ~ 200mA 电流用。

2）COM 公共插孔，公共“ - ”或输入低端。

3）V/Ω 插孔，测电压、电阻时用。

4）10A 插孔，测 200mA ~ 10A 大电流时用。

5）量程转换开关。

6）晶体管插座，测晶体管 h_{FE} 用。

7）发光二极管，连续检测导通指示。

8）液晶显示屏，直流量程时负输入显示“ - ”，溢出时最高位显示“1”。

9）电容测试插座，CX_1 接电容器正极，CX_2 接电容器负极。

10）电容测量调零旋钮。

11）电源按键开关。

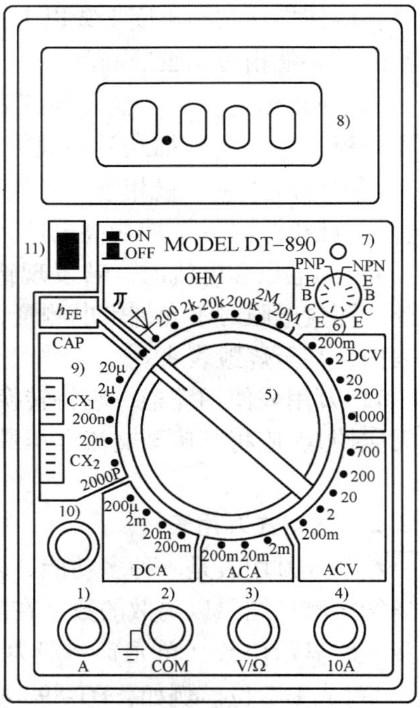

图 A-2-8 DT-890 型数字式万用表面板图

2. DT-890 型数字式万用表的使用方法

使用前应首先检查电池电压：按下 ON/OFF 开关，若液晶显示屏右边显示“LOBAT”或“BAT”，则电池电压过低，应更换新电池。若无上述字符，则可进行有关测量。

（1）测量直流电压

黑表笔插入 COM 孔，红表笔插入 V/Ω 孔。将量程转换开关旋转到 DCV 量程的选择量限挡。将两表笔的另一端可靠地接触两测试点，即在液晶显示屏上显示出被测直流电压值的大小。若溢出则可另选高挡量程继续测量。

（2）测量交流电压

黑表笔插入 COM 孔，红表笔插入 V/Ω 孔，将量程转换开关旋转到 ACV 量程的选择量限挡。将两表笔的另一端可靠地分别接触两测试点，液晶显示屏上即显示出被测交流电压值的大小。

（3）测量直流电流

黑表笔插入 COM 孔，红表笔插入 A 孔（若估计被测电流大于 200mA，小于 10A，红表笔应插入 10A 孔）。将量程转换开关旋转到 DCA 量程的选择量限挡。将数字式万用表通过两表笔的另一端串接在被测电路中，液晶显示屏上即显示出被测电路直流电流值的大小。

（4）测量交流电流

黑表笔插入 COM 孔，红表笔插入 A 孔（若估计被测电流大于 200mA，小于 10A，则红表笔应插入 10A 孔）。将量程转换开关旋转到 ACA 量程的选择量限挡。将数字式万用表通过两表笔的另一端串接在被测电路中，液晶显示屏上即显示出被测交流电流值的大小。

（5）测量电阻

黑表笔插入 COM 孔，红表笔插入 V/Ω 孔。将量程转换开关旋转到 OHM 的选择挡，表笔开路时显示“1”。将两表笔的另一端分别接在被测电阻两端，在液晶显示屏上即显示出被测电阻值的大小。

（6）测量电容

将量程转换开关旋转到 CAP 选择挡，并调整 ZEROAD 旋钮，使显示为“000”或“001”。将被测电容进行放电。将被测电容插入 CX_1 和 CX_2 插座中，有极性电容应注意其正负，“+”接 CX_1，“-”接 CX_2，则可测得其电容值。

（7）测量二极管

黑表笔插入 COM 孔，红表笔插入 V/Ω 孔。将量程转换开关旋转到ΠΓ→|-位置。将红、黑表笔分别接二极管的正负极，即可测出其正向压降值。

（8）检测开路

黑表笔插入 COM 孔，红表笔插入 V/Ω 孔。将量程转换开关旋转到ΠΓ→|-位置。将两表笔各端接触被测电路中的测试点，若两点间电阻值小于 30Ω，则蜂鸣器发声且发光二极管亮。

（9）测试晶体管 h_{FE}

将量程转换开关旋转到 h_{FE} 位置。根据管子是 NPN 型还是 PNP 型，将管脚正确插入测试插座，即可显示其 h_{FE} 值。

3. 数字式万用表的使用注意事项

1）不要随意拆装仪表。

2）更换电池或熔丝管时，应先取下表笔，并关掉电源开关，切断电源，且未装好电池门时，切勿使用。同时，更换的熔丝管应是与原机相同的 0.2A/250V。

3）测量电压、电流时，应注意绝对不能超越测量范围。如果不能估计出被测电压或电流的合理量程，就应先将量程开关置于最大量程挡，然后视情况选择合理量程。超过 1000V 的直流电压和超过 700V 的交流电压切勿测量，以免损坏仪表。测量较高的直流和交流电压时，应避免触及高压线路，以保证安全。同时，在测量中，不允许拨换量程开关，而应使表笔与被测电路脱离后，再转换量程，重新接入测量。

4）测量电阻时，应先将回路断电，并使回路中电容器（大电容）放电后才能进行，不允许在通电回路中进行测量。且当开关拨至“Ω”挡时，切勿将表笔连接至电源。

5）测量电容器切勿使用外接电源和测量已充电的电容器（特别是大电容）。测量较大容量的电容器时，应预先进行短路放电，才能插入测量插座，以免造成仪器损坏或测量不准。

6）检测开路时，不允许在被测电路通电情况下进行测量。

7）测量二极管显示的为正向电压，当二极管反接时，液晶显示屏只显示“1”字。

8）存放应避免潮湿和高温。

A.3　钳形电流表

用一般电流表测量电流时，必须将电路断开后，再将电流表串接在被测电路中，才能测量该电路的电流。而钳形电流表则是一种不需要断开电路就可以进行电流测量的仪表，使用很方便。各种钳形电流表虽然外观有所不同，但结构基本相同，都是由电流互感器和电流表组成的。表头测量机构所采用的是整流式的电磁系仪表，只能用于测量交流电流，其测量准确度不算高。有的国产产品采用电磁系，如国产 MG20、MG21 型交直流钳形电流表。进行测量时，将被测载流导线钳入钳形电流表，则此导线就相当于电流互感器的一次绕组（一次 N_1），钳形电流表铁心上绕有互感器的二次绕组（二次 N_2）与整流系仪表串联，二次绕组产生感应电流，使与其串联的电流表指针发生偏转，于是电流表即可指示出被测电流的数值。其外形结构如图 A-3-1 所示。钳形电流表的使用步骤见表 A-2。

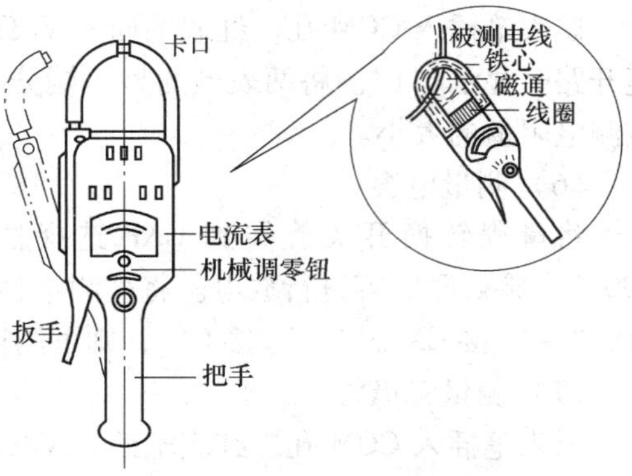

图 A-3-1 钳形电流表

表 A-2 钳形电流表的使用步骤

步骤	使用要领
机械调零	使用前，检查钳形电流表的指针是否指向零位。如发现没指向零位，可用小螺钉旋具轻轻旋动机械调零钮，使指针回到零位上
清洁钳口	测量前，要检查钳口的开合情况以及钳口面上有无污物。如钳口面有污物，可用溶剂洗净，并擦干；如有锈斑，应轻轻擦去
选择量程	测量时，应将量程选择旋钮置于合适位置，使测量时指针偏转后能停在精确刻度上，以减少测量的误差
测量数值	紧握钳形电流表把手和扳手，按动扳手打开钳口，将被测电路的一根载流导线置于钳口内中心位置，再松开扳手使两钳口表面紧紧贴合，将表拿平，然后读数，即测得电流值
高量程挡存放	测量完毕，退出被测电线。将量程选择旋钮置于高量程挡位置，以免下次使用时不慎损伤仪表

A.4 兆欧表

兆欧表（绝缘电阻表）是用来测量绝缘电阻的仪表。绝缘材料的绝缘性能会因受潮、发热、老化等原因而下降，当其达不到规定的要求时，设备就不能正常使用。兆欧表主要由一台小容量、高输出电压的手摇发电机和一只磁电系比率表及测量电路组成，由于兆欧表在测量电阻时要摇动手柄产生高电压，所以兆欧表俗称摇表。兆欧表外形如图 A-4-1 所示。

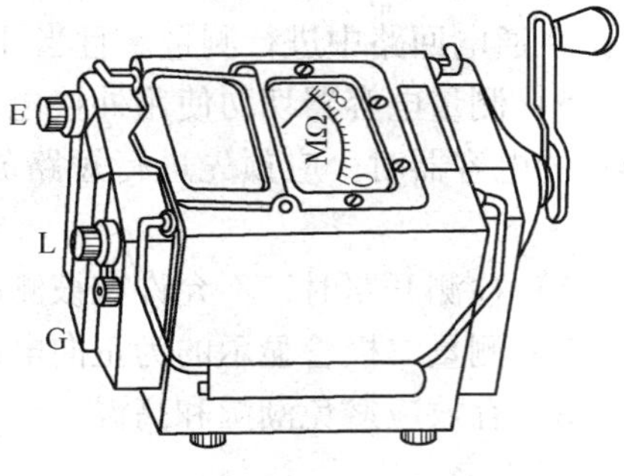

图 A-4-1 兆欧表外形

由图 A-4-1 可见，兆欧表上有 3 个接线柱，分别是“线（L）”、“地（E）”和“屏蔽（G）”。测量时一般只使用兆欧表的“线（L）”和“地（E）”两个接线端接被测对象，测量照明或动力、电动机的绝缘电阻电路如图 A-4-2 所示。但在测量特高电阻或被测物表面有较严重漏电时需使用“屏蔽（G）”端子，以消除漏电引起的误差。

测量电路如图 A-4-3 所示。这时的测量对象为电缆的绝缘电阻。

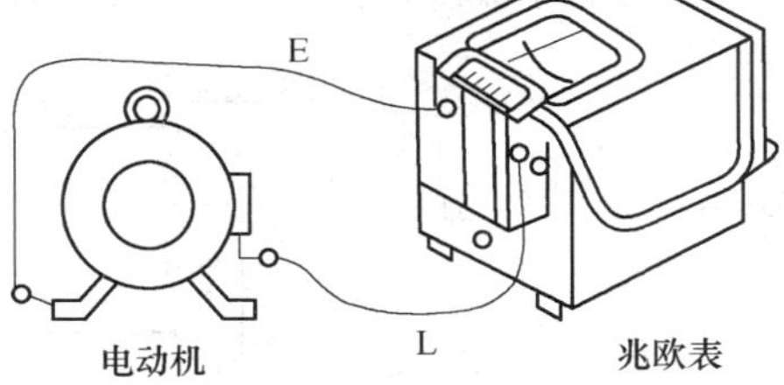

图 A-4-2　兆欧表一般接法

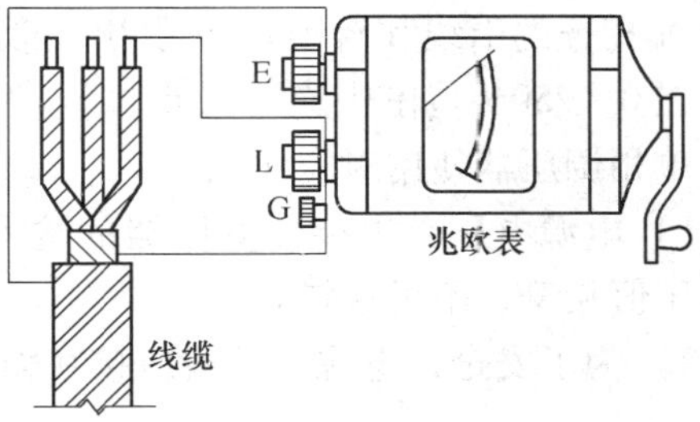

图 A-4-3　需屏蔽时兆欧表接线

兆欧表使用时需注意以下事项：

1）测量前需使被测设备与电源完全脱离，禁止在设备带电状态下测量。测量前要对被测设备充分放电，防止设备电容的储能在测量时放电，对操作人员和兆欧表造成损害。

2）兆欧表应平稳放置，使用时应远离大电流的导体和有外磁场的场合，否则可能会影响测量结果。

3）测量前检查兆欧表是否正常。将兆欧表“线（L）”、“地（E）”和“屏蔽（G）”端子开路，表针应在“∞”刻度处，然后将“线（L）”、“地（E）”短接，缓慢摇动手柄（摇动速度不可太快，以免产生大电流烧毁兆欧表的线圈），观察兆欧表指针是否指向“0”刻度处，若不能，则兆欧表有故障不能使用。

4）连接兆欧表与被测对象应该使用单股导线。不能选用双股并列导线或多股绞合导线分别连接“线（L）”、“地（E）”和“屏蔽（G）”，以免多股导线的线间绝缘电阻影响测量结果。

5）实际测量时，手柄的摇动速度应尽量保持在 120r/min，指针稳定 1 min 后进行读数。

6）如果被测物有大电容，测量完毕后先降低手柄摇动速度，并将“线（L）”端子与被测对象断开（不能碰触金属部分，防止电击），然后停止摇动手柄，拆开其他引线。防止设备电容对兆欧表放电，损坏兆欧表。

A. 5　调压变压器

调压变压器又称调压器或自耦变压器，是实验室用来调节交流电压的常用设备。单相调压器外形如图 A-5-1 所示，原理图如图 A-5-2 所示。

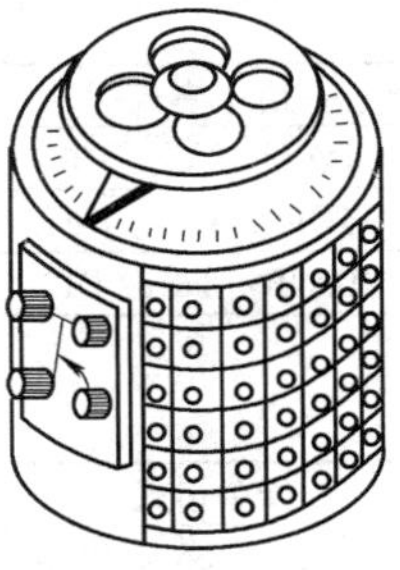

图 A-5-1　单相调压器外形

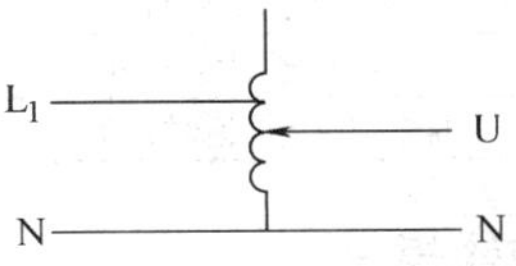

图 A-5-2　单相调压器原理图

使用时，输入电源（一般为 220 V）接入单相调压器一次侧 L_1、N 端，输出电压从与输入端 N 相连的引线和滑动端 U 引出。改变滑动手柄的位置，二次侧输出电压也随之改变，其值在 0 ~ 250V 范围中连续调节。

单相调压器使用时应注意：

1）电源电压必须接到变压器的输入端，并且要与输入端标明的电压值相符，不可接错。

2）为了安全，电源中性线应接在输入与输出的公共端钮上（N 端）。

3）电源电压和各种电流不得超过调压器铭牌上所示的额定值。

4）使用调压器时，每次都应该从零开始逐渐增加，直到所需的电压值。因此，接通电源前，调压器的手柄位置应在零位。使用完毕，也应随即把手柄调回到零位，然后断开电源。

三相调压器是由三台单相调压器接成星形联结而成的，如图 A-5-3 所示。

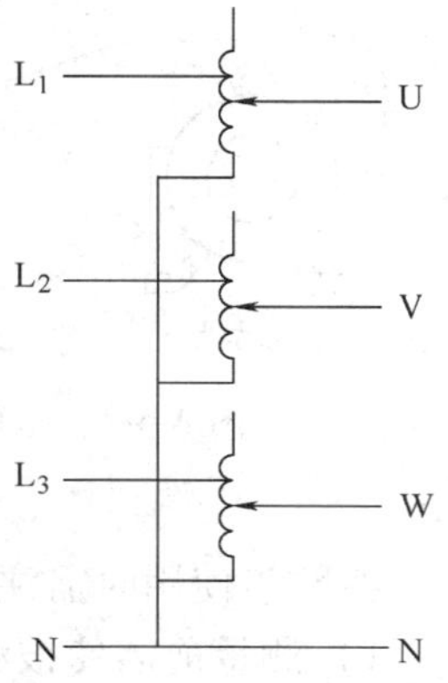

图 A-5-3 三相调压器原理图

由图可见，L_1、L_2、L_3、N 为输入端，U、V、W、N 为输出端。三个单相调节电压的滑块固定在一根转轴上，当旋转手柄即改变滑块位置时，能同时调节三相输出电压。

附录 B S7-200 系列 PLC 的指令集表

1. 触点指令

指令格式	初始装载	指令格式	初始装载
初始装载	LD bit	或	O bit
初始装载非	LDN bit	或非	ON bit
与	A bit	上升沿检测	EU
与非	AN bit	下降沿检测	ED

2. 输出指令

指令格式	初始装载
线圈驱动	= bit
置位	S bit, n
复位	R bit, n

3. 定时器指令

指令名称	指令格式
接通延时定时器	TON Txxx, PT
断开延时定时器	TOF Txxx, PT
保持型接通延时定时器	TONR Txxx, PT

4. 计数器指令

指令名称	指令格式
递增计数器	CTU Cxxx, PV
递减计数器	CTD Cxxx, PV
增/减计数器	CTUD Cxxx, PV

5. 程序控制指令

指令名称	指令格式	指令名称	指令格式
程序的条件结束	END	调用子程序	CALL　n (nl, ...)
切换到停止模式	STOP	从子程序返回	CRET
看门狗复位	WDR	循环	FOR　INDX, INIT, FINAL
跳到定义的标号	JMP　n	循环结束	NEXT
定义一个跳转的标号	LBL　n	诊断 LED	DLED

6. 数据传送指令

指令名称	指令格式	指令名称	指令格式
传送字节	MOVB　IN, OUT	字节立即写	BIW　IN, OUT
传送字	MOVW　IN, OUT	传送字节块	BMB　IN, OUT, N
传送双字	MOVD　IN, OUT	传送字块	BMW　IN, OUT, N
传送实数	MOVR　IN, OUT	传送双字块	BMD　IN, OUT, N
字节立即读	BIR　IN, OUT	字节交换	SWAP　IN

7. 移位与循环移位指令

指令名称	指令格式	指令名称	指令格式
字节右移位	SRB　OUT, N	字节循环左移	RLB　OUT, N
字节左移位	SLB　OUT, N	字循环右移	RRW　OUT, N
字右移位	SRW　OUT, N	字循环左移	RLW　OUT, N
字左移位	SLW　OUT, N	双字循环右移	RRD　OUT, N
双字右移位	SRD　OUT, N	双字循环左移	RLD　OUT, N
双字左移位	SLD　OUT, N	移位寄存器	SHRB　DATA, S-BIT, N
字节循环右移	RRB　OUT, N		

8. 数据转换指令

指令名称	指令格式	指令名称	指令格式
整数转 BCD 码	IBCD　OUT	实数截位取整为双整数	TRUNC　IN,　OUT
BCD 码转整数	BCDI　OUT	7 段译码	SEG　IN,　OUT
字节转整数	BTI　IN,　OUT	ACSII 码转十六进制数	ATH　IN,　OUT,　LEN
整数转字节	ITB　IN,　OUT	十六进制数转 ACSII 码	HTA　IN,　OUT,　LEN
整数转双整数	ITD　IN,　OUT	整数转 ACSII 码	ITA　IN,　OUT,　FMT
双整数转整数	DTI　IN,　OUT	双整数转 ACSII 码	DTA　IN,　OUT,　FMT
双整数转实数	DTR　IN,　OUT	实数转 ACSII 码	RTA　IN,　OUT,　FMT
实数四舍五入为整数	ROUND　IN,　OUT		

9. 表功能指令

指令名称	指令格式
填表	ATT DATA, TBL
查表（满足等于条件时）	FND = TBL, PTN, INDX
查表（满足不等于条件时）	FND < > TBL, PTN, INDX
查表（满足小于条件时）	FND < TBL, PTN, INDX
查表（满足大于条件时）	FND > TBL, PTN, INDX
先入先出	FIFO TBL, DATA
后入先出	LIFO TBL, DATA
填充	FILL IN, OUT, N

10. 读写实时时钟指令

指令名称	指令格式
读实时时钟	TODR T
写实时时钟	TODW T

11. 字符串指令

指令名称	指令格式	指令名称	指令格式
求字符串长度	SLEN IN, OUT	复制子字符串	SSCPY IN, INDX, N, OUT
复制字符串	SCPY IN, OUT	字符串搜索	SFND IN1, IN2, OUT
字符串连接	SCAT IN, OUT	字符搜索	CFND IN1, IN2, OUT

12. 逻辑运算指令

指令名称	指令格式	指令名称	指令格式
字节取反	INVB OUT	字与	ANDW IN1, OUT
字取反	INVW OUT	字或	ORW IN1, OUT
双字取反	INVD OUT	字异或	XORW IN1, OUT
字节与	ANDB IN1, OUT	双字与	ANFD IN1, OUT
字节或	ORB IN1, OUT	双字或	ORD IN1, OUT
字节异或	XORB IN1, OUT	双字异或	XORD IN1, OUT

13. 数学运算指令

指令名称	指令格式	指令名称	指令格式
整数加法	+I IN1, OUT	双整数除法	/D IN2, OUT
整数减法	-I IN2, OUT	实数加法	+R IN1, OUT
整数乘法	*1 1N1, OUT	实数减法	-R IN2, OUT
整数除法	/I IN2, OUT	实数乘法	*R IN1, OUT
双整数加法	+D IN1, OUT	实数除法	/R IN2, OUT
双整数减法	-D IN2, OUT	整数乘法产生双整数	MUL IN1, OUT
双整数乘法	*D IN1, OUT	带余数的整数除法	DIV IN2, OUT

（续）

指令名称	指令格式	指令名称	指令格式
字节加 1	INBC　IN	正弦	SIN　IN，OUT
字节减 1	DECB　IN	余弦	COS　IN，OUT
字加 1	INCW　IN	正切	TAN　IN，OUT
字减 1	DECD　IN	平方根	SQRT　IN，OUT
双字加 1	INCD　IN	自然对数	LN　IN，OUT
双字减 1	DECD　IN	指数	EXP　IN，OUT

14. 中断指令

指令名称	指令格式	指令名称	指令格式
允许中断	ENI	断开中断事件和中断程序的连接	DTCH EVNT
禁止中断	DISI	清除中断事件	CEVNT EVNT
连接中断事件和中断程序	ATCH　INT EVNT	从中断程序中有条件返回	CRETI

15. 高速计数器指令

指令名称	指令格式
定义高速计数器模式	HDEF　HSC MODE
激活高速计数器	HSC　N
脉冲输出	PLS　X

16. 比较指令

指令名称	字节比较	整数比较	双字整数比较	实数比较	字符串比较
指令格式	LDB = IN1，IN2 AB = IN1，IN2 OB = IN1，IN2 LAB < = IN1，IN2 AB < = IN1，IN2 OB < = IN1，IN2 LDB > = IN1，IN2 AB > = IN1，IN2 OB > = IN1，IN2 LDB < > IN1，IN2 AB < > IN1，IN2 OB < > IN1，IN2 LDB > IN1，IN2 AB > IN1，IN2 OB > IN1，IN2	LDB < IN1，IN2 AB < IN1，IN2 OB < IN1，IN2 LDW = IN1，IN2 AW = IN1，IN2 OW = IN1，IN2 LAW < = IN1，IN2 AW < = IN1，IN2 OW < = IN1，IN2 LDW > = IN1，IN2 AW > = IN1，IN2 OW > = IN1，IN2 LDW < > IN1，IN2 AW < > IN1，IN2 OW < > IN1，IN2	LDW > IN1，IN2 AW > IN1，IN2 OW > IN1，IN2 LDW < IN1，IN2 AW < IN1，IN2 OW < IN1，IN2 LDD = IN1，IN2 AD = IN1，IW2 OD = IN1，IN2 LAD < = IN1，IN2 AD < = IN1，IN2 OD < = IN1，IN2 LDD > = IN1，IN2 AD > = IN1，IN2 OD > = IN1，IN2	LDD < > IN1，IN2 AD < > IN1. IN2 OD < > IN1，IN2 LDD > IN1，IN2 AD > IN1，IN2 OD > IN1，IN2 LDD < IN1，IN2 AD < IN1，IN2 OD < IN1，IN2 LDR = IN1，IN2 AR = IN1，IN2 OR = IN1，IN2 IAR < = IN1，IN2 AR < = IN1，IN2 OR < = IN1，IN2	LDS = IN1，IN2 AS = IN1，IN2 OS = IN1，IN2 LDS < > IN1，IN2 AS < > IN1，IN2 OS < > IN1，IN

17. 通信指令

指令名称	指令格式	指令名称	指令格式
网络读	NETR　TBL，PORT	接收	RCV　TBL，PORT
网络写	NETW　TBL，PORT	读取端口地址	GPA　ADDR，PORT
发送	XMT　TBL，PORT	设置端口地址	SPA　ADDR，PORT

参 考 文 献

［1］ 张万忠、刘明芹．电器与 PLC 控制技术［M］．北京：化学工业出版社，2003.
［2］ 杨文焕．电机与拖动基础［M］．西安：西安电子科技大学出版社，2008.
［3］ 熊幸明．工厂电气控制技术［M］．北京：清华大学出版社，2009.
［4］ 苏家健，许晋仙．电气控制与 PLC 实训［M］．西安：西安电子科技大学出版社，2009.
［5］ 阮友德．电气控制与 PLC［M］．北京：人民邮电出版社，2010.
［6］ 王晓敏，陶恒林．电气控制与 PLC 应用［M］．北京：中国电力出版社，2010.
［7］ 张伟林．电气控制与 PLC 综合应用技术［M］．北京：人民邮电出版社，2009.
［8］ 夏燕兰．数控机床电气控制［M］．北京：机械工业出版社，2006.
［9］ 程周主．电气控制技术与应用［M］．福州：福建科学技术出版社，2004.
［10］ 王兆明．电气控制与 PLC 技术［M］．北京：清华大学出版社，2005.
［11］ 周绍英，储方杰．交流调速系统［M］．北京：机械工业出版社，1996.
［12］ 张连仲．电机与电气传动基础［M］．北京：兵器工业出版社，1997.
［13］ 程周．电工基础实验［M］．北京：高等教育出版社，2004.
［14］ 金国砥．电工实训［M］．北京：电子工业出版社，2003.
［15］ 戴一平．可编程控制器技术及应用：欧姆龙机型［M］．北京：机械工业出版社，2010.
［16］ 李长军，刘福祥，王明礼．西门子 S7-200 PLC 应用实例解说［M］．北京：电子工业出版社，2011.